ちくま学芸文庫

微分積分学

吉田洋一

筑摩書房

まえがき

この《微分積分学》は大学初年級向きの読みやすくわかりやすい参考書または教科書を提供する意図をもって書かれた．

微分積分学は初学者にとってわかりにくい学科であるとされている．これをわかりやすく説明するための方策はいろいろあるであろう．たとえば，高等学校の数学において，しばしばめんどうな定理の証明を省略したり，あるいは，もっともらしい（その実正確でない）説明をあたかも証明であるかのようにして与えたりしているのも，そういう方策の一つであるといえよう．ただ，この方策によるときは，教えられたことを鵜呑み（うの）にすることを好まない学生には種々の疑念を抱かしめ，ひいては，微分積分学そのものへの不信の感をおこさしめる危険がないとはいわれない．こういうことを考慮して，この本では，高等学校で学んだことの復習を兼ねて，微分積分学をそのはじめのところから，もう一度ていねいに厳密な形で説明を与えることにした．このとき読みやすくわかりやすくするために採用した方針をあげれば次のとおりである．

1）　なるべく具体的な事柄（実例，特殊な場合）から話をはじめ，これが終わってから一般的な事柄の説明にはいるようにした．たとえば，一般的な極限値についての話をあとにまわし，第I章からいきなり微分法にとりかかったのも，また，この方針のあらわれの一つにすぎない．極限値の概念が微分積分学の根底をなすことは，もとより，かくれもないことながら，たいせつなのは極限の考えかたなのであって，《極限》ということばではないであろう．一般的な極限値の説明のために巻頭で多くのページを費やすよりも，具体的な極限値である微分係数をただちに紹介し，なるべく早く微分法積分法に習熟させるほうが得策であると考えたのである．

2)　微分積分学において厳密な証明その他が初学者にとってわかりにくいところは数個所にわたるが，そういう困難をその個所個所においていちいち克服しようと努めることは労多くして功少ない行きかたであろう．この本では，それらの困難をすべて積分と上限下限の概念とによって処理することをこころみた．微分積分学の本である以上，いずれにしても積分についての説明が詳細になることがまぬかれないことを考えれば，積分をていねいに定義したうえで，他の多くの困難の解決の責任を積分に負わせて，それにより他の部分の荷を軽くするのが適切であるように思われるのである．

3)　いま2)で述べたことのあらわれとして，対数関数は積分をもちいて定義しておいた．指数関数は対数関数の逆関数として定義される．こうすることにより，従来ややもすればあいまいに扱われてきた対数関数や指数関数の定義も明確に与えられたことになるわけである.

4) さきに,《厳密な形で説明を与える》と述べたが, これはこの本の巻頭からいわゆる ε, δ 方式を採用するという意味ではない. 連続関数や微分係数の定義はこの方式で与えることがもっとも望ましいことはいうまでもないが, これが初学者にとってなかなか理解しにくい定義であることも否定しがたい. この本では, 第I章から第VIII章までの間1変数の関数の微分法積分法については, ε, δ 方式を採らないでも, 厳密に説明できるよう多少の工夫をこらしてみたつもりである. こうして読者が微分積分学に十分習熟したころを見計らって, 第IX章 (極限値) においてはじめて ε, δ 方式を採り入れ, これについて, ていねいに説明を与える方針を採用した.

以上のようなしだいで, この本における記述の順序は在来の本とは多少異なるところがないではないが, 内容については他の本とくらべて特に過不足はない. 通常の教科書に盛られている材料はすべて収容してあるつもりである.

最後に, この本は昭和30年刊行の同じ著者による《微分積分学》の改訂版である. 改訂は全体にわたっているが, 特に第IX, X, XI, XII章において著しい. 上記4) に述べたように ε, δ 方式を導入したことなどその一例である. また, 旧版よりも盛られた内容が豊富になっていることもいい添えておこう. なお, 初版以来, この本の成立に関してはいろいろな方々のお世話になった．とくに今回の改訂にあたっては，校正その他に関して埼玉大学助教授佐藤祐吉氏が多大の援助を与えられた．これらの方々に対し，ここに，謹しんで感謝の意を表しておきたい．

昭和 41 年 12 月

吉 田 洋 一

目　次

IX. 関数の極限値

X. 数列と級数

XI. 偏微分法

XII. 重 積 分

付録　微分方程式の解法

微分積分学

この本を読むときの注意

1) ▶ ◀で挟まれた部分は読まないでさきへ進んでもさしつかえないように書いてある．はじめてこの本を読むときは，この部分を飛ばしたほうが得策であろう．

2) たとえば，引用に際してX, §1とあるのは第X章の第1節という意味である．単に§6とあればその章の第6節という意味を表わす．

3) $P \Rightarrow Q$は《PならばQである》という意味の記号である(p. 28)．

4) 高等学校で学んだ集合についての記号は説明なしに使ってある．

a) $A \cup B$は集合AとBとの和集合（結び）．

b) $A \cap B$は集合AとBとの共通部分（交わり）．

c) $A-B$はBの元（要素）でないAの元全部の集合．

d) $\emptyset$は空集合を表わす記号．したがって，$A \cap B=\emptyset$は集合AとBとが共通の元をもたないことを表わす．$A \cap B \neq \emptyset$は集合AとBとに共通の元のあることを表わす．

e) $x \in A$はxがAの元であること，$x \notin A$はxがAの元でないことを表わす．

f) $A \subseteq B$はAがBの部分集合であることを表わす．

g) たとえば，$\{x \mid x^2>x\}$は$x^2>x$であるようなx全部の集合を表わす．

5) カタカナで書いてあるのは特に重要な定理である．

I. 微分法

この章は高等学校で学んだ微分法についての復習である．ただし，高等学校の教科書よりも，もっとくわしく，もっと正確に書いてある．たとえば，《§7. 微分》などその一例である．この章をとばしてさきへ進むのも一つの行きかたではあるが，前記§7のほか，§8，§9（微分係数と接線）などだけは読んでおくことが望ましい．

§1. 関　数

x^2, $1+x+x^2$, $\sqrt{1-x^2}$, $\sin x$ 等は x の《関数》であるといわれる．いうこころは，x にいかなる数値を与えるかによってこれらの式の値が定まることを指すのである．たとえば，$1+x+x^2$ において $x=1$ とすればその値は $1+1+1^2=3$ と定まり，また $x=\frac{1}{2}$ とすれば $1+\frac{1}{2}+\frac{1}{2^2}=\frac{7}{4}$ と定まるがごとくである．この意味において x 自身も x の関数であると考えられる．

上における x のように，文字がかならずしも一定の数を表わすものと限定されず，これに種々の数値を与えうるものと考えるとき，その文字を**変数**と称する．したがって，たとえば

$$y=1+x+x^2$$

とおけば，y もまた変数——他の変数 x に従属する変数である．ただし，本書で数というとき，とくにことわらない

でも，いつでも実数を意味することに約束しておく．したがって，変数の表わしうる数値はいつでも実数である．

変数ということばをもちいて《関数》の定義をあらためて述べれば次のごとくなる：

変数xトyトガアッテ，xノ値ヲ与エレバコレニヨッテyノ値ガ定メラレルトキ，yヲxノ**関数**トイウ．

このとき，また，xを**独立変数**，yを**従属変数**という名でよぶことがある．

変数xの関数を表わすには，一般に

$$f(x),\quad g(x),\quad \varphi(x),\quad \psi(x)$$
$$F(x),\quad G(x),\quad \Phi(x),\quad \Psi(x)$$

等の記号をもちいる．これは，x^2, $1+x+x^2$, $\sqrt{1-x^2}$, $\sin x$等個々の関数を$f(x)$等の記号をもって代表的に表わすという意味である．あたかも，2, $\sqrt{5}$, $-\frac{7}{13}$等個々の数をa, b, c等の文字をもって代表的に表わすのに似ているといえよう．

関数を表わすのに上記の記号$f(x)$等をもちいたとき，xの個々の値，たとえば$x=\frac{1}{2}$に対する関数$f(x)$の値は記号$f\left(\frac{1}{2}\right)$で表わすことになっている．$1+x+x^2$を$f(x)$で表わしたものとすれば

$$f(1)=3,\ f\left(\frac{1}{2}\right)=\frac{7}{4}$$

である．

問 1. $f(x)\equiv x^4+3x-2$であるとき，$f(0)$, $f(1)$, $f(-1)$, $f\left(\frac{1}{2}\right)$を求める．

問2. $f(x)\equiv 1-\frac{x^2}{2}+\frac{x^4}{24}$ ならば

$$f(-x)=f(x) \tag{1}$$

$f(x)\equiv x-\frac{x^3}{6}+\frac{x^5}{120}$ ならば

$$f(-x)=-f(x) \tag{2}$$

であることを確かめる.

一般に,(1) が成りたつときは $f(x)$ は**偶関数**であるという. また,(2) が成りたつときは $f(x)$ は**奇関数**であるという.

§2. 変数と定数

前節で説明した《変数》に対立するものとして《定数》ということばがある. これについて説明しておく:

物体が空中からしぜんに地上に向かって落ちるとき, 落ちはじめた時刻を a とすれば, 時刻 x までに落下した距離は変数 x の関数

$$\frac{1}{2}g\cdot(x-a)^2 \tag{1}$$

として表わされる. ここに, $\frac{1}{2}$ はもとより一定の数, g はいわゆる《重力の加速度》を表わし物体のいかんにかかわらずその地点によって定まる数である*. また, a は落ちはじめた時刻を表わすのであるから, この運動を考えているかぎり, a の値は変数 x の値によって影響されない. かような意味で $\frac{1}{2}, g, a$ はいずれも定数であるといわれる.

---

* C.G.S. 単位によるとき, g の値はだいたい 980 にひとしい.

すなわち，**定数**とは一定の数を表わす文字および数字を指すのである．

通常，定数を表わす文字としてはアルファベットのはじめのほうの文字 a, b, c 等がもちいられ，また，変数を表わすにはおわりのほうの文字 x, y, z 等がもちいられることが多い．

ところで，変数ということばの意味については§1で，ひととおり，説明しておいたが，これをくわしくいい直すと次のようになる．

> 実数バカリヲ元トスル一ツノ集合 E ガアッテ，集合 E ノドノ元デモ文字 x ノ数値トシテ与エウルトキ，x ハ集合 E ヲ**変域**トスル**変数**デアルトイウ．

この定義によると，変数 x の変域 E がただ一つの元 a しかもたないとき，すなわち，$E=\{a\}$ であるときは，x に与えうる数値は a 以外にはないことになる．したがって，この場合，変数 x とはいっても，じつは定数 a にほかならないわけである．さきに，《定数》を《変数》に対立することばであるといったが，こうしてみると，定数は変数の特殊な場合——変数がただ一つの元しかもたない場合——にあたると考えることができる．あたかも，静止は運動の特殊な場合——運動距離が0にひとしい場合——であると考えるのに似た考えかたである．

§3. 関数の定義域と値域

§1で例にあげた関数のうち，x^2，$1+x+x^2$，$\sin x$ は，

独立変数xにどのような数値を与えたときにも定義されている関数である．これに反し，関数$\sqrt{1-x^2}$については，$|x|\leqq 1$でないと根号の中が負数になるので，その定義されているのは$|x|\leqq 1$なるxの値だけに限られ，$|x|>1$なるxに対しては$\sqrt{1-x^2}$は定義されない．このことは，いいかえると，関数$\sqrt{1-x^2}$の定義されている範囲は集合

$$\{x \mid -1\leqq x\leqq 1\} \tag{1}$$

であるということになる．

一般に，関数$f(x)$の定義されている範囲——独立変数xの変域——を関数$f(x)$の**定義域**と称する．これに対し，関数$f(x)$がとりうる値の範囲，いいかえると，$y=f(x)$とおいたときの従属変数yの変域を関数$f(x)$の**値域**と名づける．これらのことばを使うと，関数$\sqrt{1-x^2}$の定義域は集合（1）で，その値域は集合

$$\{x \mid 0\leqq x\leqq 1\}$$

であるということになる．

もう一つ例をあげると，関数$\sin x$の定義域は実数全部から成る集合で，その値域は集合（1）である．

上にあげた例のように，関数の定義域はできるだけ広くとるのがふつうであるが，いつもそうであるとはかぎらない．たとえば，関数$1+x+x^2$をxが集合（1）に属するときだけに限定して考えることもあるのである．そういうときには，今後，《集合（1）を定義域とする関数》というように，いちいち，ことわることにする．

こんなわけで，関数を考えるときには，いつでもその定

義域を念頭におく必要がある．よって，§1で述べた関数の定義をもっと正確にいい直すと，次のようなことになる：

> Dハ実数カラ成ルアル集合デアルトシ，Dノドノ元xヲ与エテモソレニ対応シテ一ツノ実数$f(x)$ガ定メラレルトキ，$f(x)$ハ集合Dヲ定義域トスル関数デアルトイウ．

この本で扱う関数の定義域は次にあげるような集合であるか，もしくは，そのようないくつかの集合の結び（和集合）であることが多い．

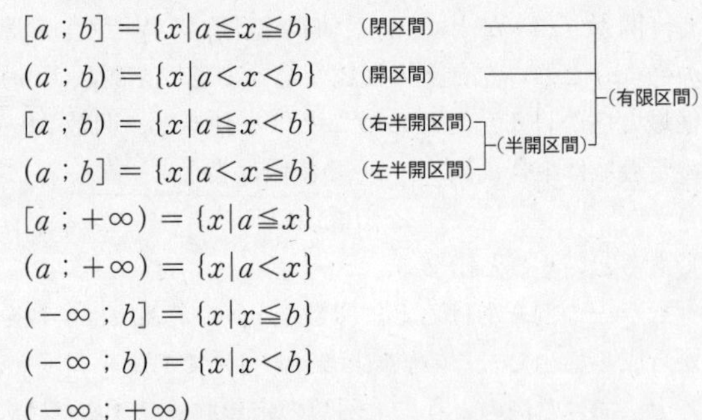

$[a\,;\,b]=\{x|a\leqq x\leqq b\}$

$(a\,;\,b)=\{x|a<x<b\}$

$[a\,;\,b)=\{x|a\leqq x<b\}$

$(a\,;\,b]=\{x|a<x\leqq b\}$

$[a\,;\,+\infty)=\{x|a\leqq x\}$

$(a\,;\,+\infty)=\{x|a<x\}$

$(-\infty\,;\,b]=\{x|x\leqq b\}$

$(-\infty\,;\,b)=\{x|x<b\}$

$(-\infty\,;\,+\infty)$

最後の$(-\infty\,;\,+\infty)$は実数全体を表わす記号である．

これらの集合は総称して**区間**とよばれる．また，いずれの場合にも，aはそれぞれの区間の**左端**，bはそれぞれの区間の**右端**であるという．単に**端点**といえば，これは区間の左端および右端のいずれをも指すことばである．

例 1. $\sqrt{1-x^2}$ の定義域は $[-1\,;\,1]$ である．

例 2. $\sqrt{x}$ の定義域は $[0\,;\,+\infty)$ である.

例 3. $\dfrac{1}{1-x^2}$ の定義域は $(-\infty\,;\,-1)\cup(-1\,;\,1)\cup(1\,;\,+\infty)$ である.

問 1. 次の関数の（できるだけ広い）定義域を求める：

1) $\dfrac{1}{x}$　2) $\dfrac{1}{\sqrt{1-x^2}}$　3) $\dfrac{1}{x+\sqrt{2-x^2}}$.

注意 1. 今後，とくにことわらないかぎり，関数の定義域はできるだけ広い定義域を考えることにする.

注意 2.《関数 $f(x)$ が集合 E で定義されているとき》ということばを使うことがある．これは《E が $f(x)$ の定義域の部分集合であるとき》という意味である．$f(x)$ の定義域を D とすれば《$E\subseteq D$ であるとき》ということになる．E と D とが一致するときにも，このことば使いはもちいられるが，そうでない場合のあることに注意する.

注意 3.《関数 $f(x)$ が x_0 の近傍で定義されているとき》というのは，

$$a < x_0 < b,\ (a\,;\,b)\subseteq D\quad (D\text{ は } f(x) \text{ の定義域})$$

なる開区間 $(a\,;\,b)$ があるとき，という意味である．注意 2 で述べたことば使いをもちいると，これは，《$a<x_0<b$ で，かつ $(a\,;\,b)$ で $f(x)$ が定義されているとき》というのと同じことになる.

§2 において，変数の変域がただ一つの元しかもたない集合である場合について述べておいたが，定義域（独立変数の変域）がそういう集合であるような関数はあまり出てこない．しかし，関数の値域（従属変数の変域）がただ一つの元しかもたないことは，じっさい，起こりうるのである.

たとえば，物体の質量を変数 x で表わすことにすると，

x の値を与えれば一定地点において物体に対する重力の加速度の値が定まり，この加速度は，いちおう，x の関数であると考えられる．しかるに，さきにも述べたように，重力の加速度は物体の質量 x にかかわりなく一定数 g にひとしい．すなわち，質量 x の物体に対する重力の加速度を $f(x)$ で表わしたとすれば，$f(x)$ はじつは定数 g にほかならないのである．

一般に，関数の値域がただ一つの元しかもたないとき，すなわち，定義域に属する独立変数のどの値に対しても関数の値が一定の数にひとしいとき，その関数は**定数値関数**であるといわれる．質量 x の関数としての重力の加速度は定数値関数の一例である．

§4. 関数とグラフ

独立変数 x の値を変動させるときは，これにともなって，一般には関数の値も変動をこうむる．関数値の変動のもようは $y=f(x)$ とおいて描いたグラフによって図形的に表わされる．くわしくいえば，解析幾何学の方法によって平面上に直交座標軸をとり，横座標が x にひとしく縦座標が $f(x)$ にひとしいようなあらゆる点 $(x, f(x))$ を平面上に描くのである．すなわち，関数 $f(x)$ のグラフとは条件 $y=f(x)$ を満足する点 (x, y) の軌跡

$$\{(x, y) \mid x \in D, y=f(x)\} \quad (D \text{ は } f(x) \text{ の定義域})$$

にほかならない．

ここに，関数 x^2, x^3 のグラフを掲げておく．

関数が与えられれば，これを表示するグラフが定まるが，逆にグラフが与えられれば，これによって表示される関数が定まる．すなわち，変数 x にある値を与えたとき，その値を表わす x 軸上の点をとおって縦線* を描き，これとグラフとの交点を求めて，この 2 点間の距離を測れば，その x の値に対する関数の値が求められるからである．

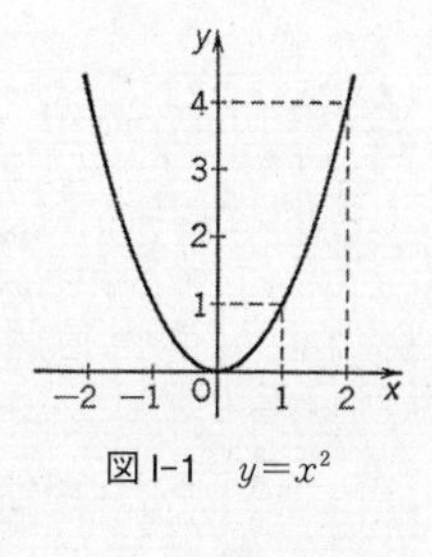

図 I-1　$y=x^2$

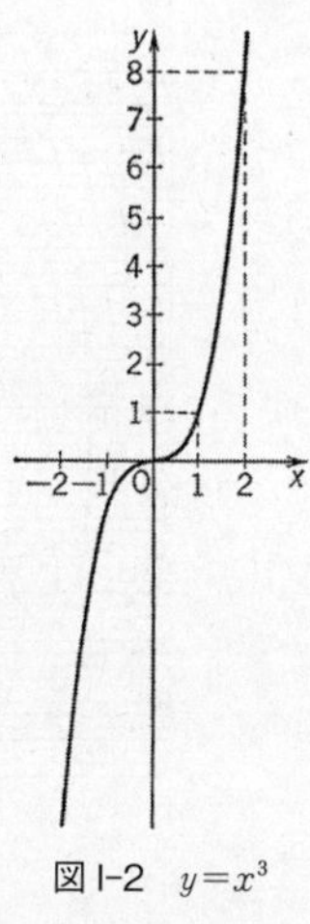

図 I-2　$y=x^3$

例 1．たとえば，一定地点における気温は時計じかけの自記温度計によってグラフの形に記録される(図 I-3)．時刻を変数 x で表わすことにすれば，すなわち，気温はこのグラフによって表示されるところの変数 x の関数とみなされるわけである．この関数は簡単な式で表わしえない関数の一例である．

もう一つ，簡単な式で表わしがたい関数の例をあげる．いま，ある区間に対する鉄道旅客運賃が 200 円であるとする．これは大人の運賃であるから，6 歳以上 12 歳未満の小児に対する運賃は半額の 100 円である．よって年齢別による運賃のグラフを描けば，すなわち図 I-4 が得られる．ただし，年齢を変数 x で表わし，

---

*　**縦線**とは縦軸（y 軸）に平行な直線を指す．これに対し，横軸（x 軸）に平行な直線を**横線**という．

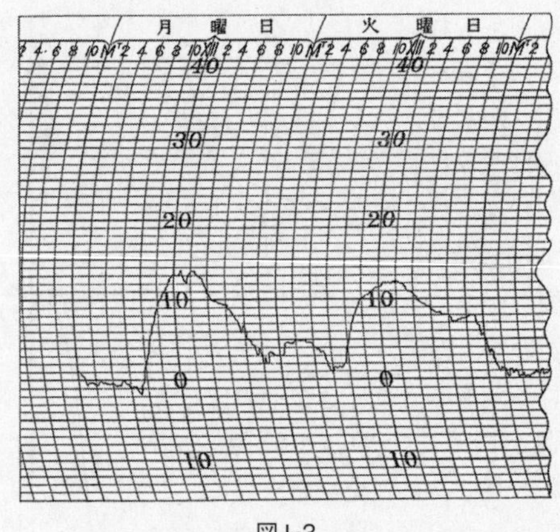

図 I-3

$a=6,\ b=12,\ M=100$ とおいたものとする．つまり，このグラフで表示される関数はその値が

$0<x<a$ ならば 0 にひとしく，

$a \leqq x<b$ ならば M にひとしく，

$b \leqq x$ ならば $2M$ にひとしい

ような関数であるということになる，

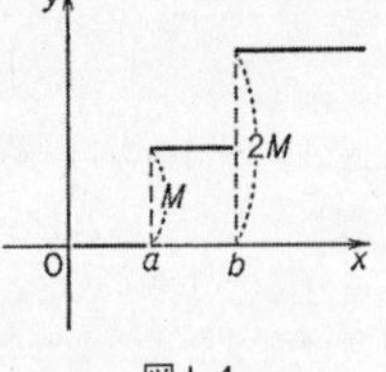

図 I-4

グラフによる表示をもちいるときは，独立変数 x の値は横軸上の点で表示される．よって，今後，《独立変数 x の値 a》というかわりに《点 $x=a$》，あるいは単に《点 a》ということばを使うことがある．

注意 1． 本書で扱う関数は《式》で表わされるものが大部分である．しかし，一般に《関数》というときは単に §1, §2 で定義しただけの意味であって，なかには《式》で表わしえないもののあることを心得ておくことがたいせつである．

問 1. 関数 $2x+3$ のグラフを描け．

問 2. 2 なる値の定数値関数（これを簡単に《定数 2》ともいう）のグラフを描け．

問 3. 偶関数 $f(x)$ のグラフは y 軸に関し対称であることを確かめよ．例：x^2．

問 4. 奇関数 $f(x)$ のグラフは原点 $(0,0)$ に関し対称であることを確かめよ．例：x^3．

§5. 微分係数

関数の値の変動のもようは，グラフを見ることにより，そのだいたいを知ることができるが，これをさらにくわしく調べるための手段として，ここに微分法について説明する．

まず例をとって話を始める：

物体が空中からしぜんに地上へ向かって落ちるとき，落ちはじめた瞬間を起点として測った時刻を t で表わすことにすれば，時刻 t までに落下した距離は

$$\frac{1}{2}gt^2$$

である（これは§2,（1）において $a=0$ としたものにあたる）．

時刻 $t=2$ から $t=2+h$ に至る間に物体は

$$\frac{1}{2}g(2+h)^2-\frac{1}{2}g\cdot 2^2$$

だけ落下するから，単位時間につき平均

$$\frac{\frac{1}{2}g(2+h)^2-\frac{1}{2}g\cdot 2^2}{(2+h)-2}=2g+\frac{1}{2}gh \qquad (1)$$

だけの距離の割合で落下する勘定になる．これが時刻 $t=2$ から時刻 $t=2+h$ に至る間の**平均速度**とよばれるものである．

平均速度は，(1) の右辺を見ればわかるように，h の値いかんによってその値は一定ではない．しかしながら，h の値が 0 にひじょうに近いときには，$2g$ にきわめて近い．すなわち，h を 0 に近づければ平均速度は $2g$ という（h に関係のない）数にいくらでも近づいていく．いいかえれば平均速度と $2g$ との差 $\frac{1}{2}gh$ は h とともに 0 に近づく．この $2g$ を時刻 $t=2$ における《**速度**》と称する．これは，いわば，時刻 $t=2$ を経過する瞬間における平均速度の値であると考えることもできよう．

物体の落下距離を表わす関数 $\frac{1}{2}gt^2$ についておこなったことをそのまま一般の関数 $f(x)$ にあてはめて，《平均速度》および《速度》に相当するものを考えてみる：

変数 x の値が c から $c+h$ まで変動すれば*関数 $f(x)$ の値は $f(c)$ から $f(c+h)$ まで変動する．したがって，独立変数 x の値が単位の大きさだけ変動するときの関数の値の変動は，平均すれば

$$\frac{f(c+h)-f(c)}{h} \qquad (2)$$

の割合になる．

いま，h の値が 0 にきわめて近いとき《**平均変動****》(2)

---

*　$h \neq 0$ とする．ただし，$h>0$ の場合ばかりでなく $h<0$ の場合も考える．

**　**平均変化率**ともいう．

の値が（h の値に無関係な）一定の数にきわめて近いような場合を考える．べつのことばでいえば，h を 0 に近づけるとき，これとともに平均変動の値が（h の値に無関係な）一定の数にいくらでも近づく場合を考えようというのである．こういう場合，この《一定の数》を点 $x=c$ における関数 $f(x)$ の**微分係数**または**微分商**と名づけ，これを記号

$$f'(c) \quad \text{または} \quad Df(c)$$

で表わす．

かような意味で点 $x=c$ において微分係数 $f'(c)$ が存在する場合，関数 $f(x)$ は点 $x=c$ において**微分可能**であるといわれる．くわしくいえば，$f(x)$ が点 $x=c$ で微分可能であるというのは，《一定の数》$f'(c)$ があって，h を 0 に近づけるにともない

$$\frac{f(c+h)-f(c)}{h}-f'(c)$$

も 0 に近づくことを指すのである．

以上のことを記号をもちいて

$$h \to 0 \quad \text{ならば} \quad \frac{f(c+h)-f(c)}{h}-f'(c) \to 0 \qquad (3)$$

あるいはまた

$$h \to 0 \quad \text{ならば} \quad \frac{f(c+h)-f(c)}{h} \to f'(c) \qquad (4)$$

と書くと簡潔に表わすことができる．ここに → は近づくという意味を表わす記号である．

記号化をさらに一歩進めて，(3)，(4) をそれぞれ

$$h \to 0 \quad \Rightarrow \quad \frac{f(c+h)-f(c)}{h}-f'(c) \to 0$$

$$h \to 0 \quad \Rightarrow \quad \frac{f(c+h)-f(c)}{h} \to f'(c)$$

と書くこともできる．ここに，⇨は《ならば》を表わす記号で，この場合にかぎらず，今後しばしばもちいることがある．

なお，《微分する》とは関数が微分可能な場合にその微分係数の値を求めることを指すことばである．

例 1．$f(x) \equiv \alpha x+\beta$ （α および β は定数）：

$$\frac{f(c+h)-f(c)}{h}=\frac{[\alpha(c+h)+\beta]-[\alpha c+\beta]}{h}=\frac{\alpha \cdot h}{h}=\alpha.$$

すなわち，平均変動の値は h の値が何であっても定数 α にひとしい．したがって*

$$f'(c)=\alpha.$$

ここで，とくに $\alpha=0$ である場合には $f(x)$ は定数値関数 β にほかならない．よって

例 2．$f(x)$ が定数値関数ならば $f'(c)=0$.

つぎに，$\alpha=1$, $\beta=0$ ならば $f(x) \equiv x$ である．よって

例 3．$f(x) \equiv x$ ならば $f'(c)=1$.

例 4．$f(x) \equiv x^2$ とすれば

$$\frac{f(c+h)-f(c)}{h}=\frac{(c+h)^2-c^2}{h}=\frac{(c^2+2ch+h^2)-c^2}{h}$$

$$=\frac{2ch+h^2}{h}=2c+h.$$

---

* このように平均変動が一定の数にひとしい場合も《一定の数に近い場合》の一つとみなすことにする．

ここで $h\to 0 \Rightarrow 2c+h\to 2c$. よって

$$f'(c) = 2c.$$

例 5. $f(x)\equiv\sqrt{x}\equiv x^{\frac{1}{2}}$, $c>0$とすれば

$$\begin{aligned}\frac{f(c+h)-f(c)}{h} &= \frac{\sqrt{c+h}-\sqrt{c}}{h}\\ &= \frac{(\sqrt{c+h}-\sqrt{c})(\sqrt{c+h}+\sqrt{c})}{h(\sqrt{c+h}+\sqrt{c})}\\ &= \frac{(c+h)-c}{h(\sqrt{c+h}+\sqrt{c})} = \frac{1}{\sqrt{c+h}+\sqrt{c}}.\end{aligned}$$

しかるに

$$h\to 0 \quad \Rightarrow \quad \sqrt{c+h}+\sqrt{c}\to 2\sqrt{c}$$

であるから

$$f'(c) = \frac{1}{2\sqrt{c}} = \frac{1}{2}c^{-\frac{1}{2}}.$$

注意 1. もうすこしくわしくいえば次のごとくである:

$$\begin{aligned}\left|\frac{f(c+h)-f(c)}{h}-\frac{1}{2\sqrt{c}}\right| &= \left|\frac{1}{\sqrt{c+h}+\sqrt{c}}-\frac{1}{2\sqrt{c}}\right|\\ &= \left|\frac{\sqrt{c}-\sqrt{c+h}}{(\sqrt{c+h}+\sqrt{c})\cdot 2\sqrt{c}}\right|\\ &= \left|\frac{(\sqrt{c}-\sqrt{c+h})(\sqrt{c}+\sqrt{c+h})}{2\sqrt{c}\,(\sqrt{c+h}+\sqrt{c})^2}\right|\\ &= \left|\frac{c-(c+h)}{2\sqrt{c}\,(\sqrt{c+h}+\sqrt{c})^2}\right|\\ &= \left|-\frac{h}{2\sqrt{c}\,(\sqrt{c+h}+\sqrt{c})^2}\right| < \frac{|h|}{2(\sqrt{c})^3}\end{aligned}$$

であるから

$$h\to 0 \quad \Rightarrow \quad \frac{f(c+h)-f(c)}{h}-\frac{1}{2\sqrt{c}}\to 0.$$

よって

$$f'(c) = \frac{1}{2}\cdot\frac{1}{\sqrt{c}}.$$

問1. $f(x)\equiv\dfrac{1}{x}$, $c\neq 0$ であるとき $f'(c)=-\dfrac{1}{c^2}$ を証明する.

ここでもう一度この節のはじめにもどって，これを以上で説明した記号をもちいて表わすと，しぜんに落下する物体の時刻 $t=2$ における速度は，$f(t)\equiv\dfrac{1}{2}gt^2$ とおくとき

$$f'(2) = 2g$$

であるということになる.

一般に，直線に沿って運動する質点の時刻 t における座標が $f(t)$ で与えられるときは，この質点の時刻 $t=c$ から時刻 $t=c+h$ に至る間の平均速度は $\dfrac{f(c+h)-f(c)}{h}$ にひとしく，したがって時刻 $t=c$ におけるその速度は微分係数 $f'(c)$ で表わされる.

さらに，一般に空間を運動する質点の時刻 t における座標 (x, y, z) が

$$x=\varphi(t),\quad y=\psi(t),\quad z=\chi(t)$$

で与えられる場合には，その質点の時刻 $t=c$ における速度の x 方向，y 方向，z 方向の成分（いわゆる分速度）はそれぞれ

$$\varphi'(c),\quad \psi'(c),\quad \chi'(c)$$

で表わされる.

関数 $f(x)$ が区間 $[a\,;c)$ で定義されているとし*，

$$h>0,\ h\to 0\quad \text{ならば}$$

$$\frac{f(a+h)-f(a)}{h}\ \text{は一定の数に近づく}$$

ような場合，$f(x)$ は $x=a$ で**右微分可能**であるという．このとき，この《一定の数》を $x=a$ における $f(x)$ の**右微分**

---

*　§3，注意2.

係数と名づけ，これを記号

$$D_+f(a) \quad \text{または} \quad f_+'(a)$$

で表わす．

例 6. $f(x) \equiv \sqrt{x^3}$ の定義域は $[0\,;\,+\infty)$ である．$h>0$, $h\to 0$ のとき

$$\frac{f(0+h)-f(0)}{h} = \frac{\sqrt{h^3}-0}{h} = \sqrt{h} \to 0$$

であるから，

$$D_+f(0) = 0.$$

同様にして，区間 $(c\,;\,b]$ で $f(x)$ が定義されているとし*,

$$h < 0,\ h \to 0 \quad \text{ならば}$$

$$\frac{f(b+h)-f(b)}{h} \text{が一定の数に近づく}$$

ような場合，$f(x)$ は $x=b$ で**左微分可能**であるという．このとき，この《一定の数》を $x=b$ における $f(x)$ の**左微分係数**と名づけ，これを記号

$$D_-f(b) \quad \text{または} \quad f_-'(b)$$

で表わす．

§6. 導関数

前節の例 1, 2, 3, 4, 5, 問 1 において，c はそれぞれの関数の定義域のいかなる値であってもさしつかえなく，その値にはべつに何の制限もついていない．よって，文字 c

---

* §3, 注意 2.

のかわりに文字xをもちいて

$$D(\alpha x+\beta)=\alpha \tag{1}$$

$$Dx=1 \tag{2}$$

$$Dx^2=2x \tag{3}$$

$$Dx^{\frac{1}{2}}=\frac{1}{2}x^{-\frac{1}{2}} \quad \text{すなわち} \quad D\sqrt{x}=\frac{1}{2}\cdot\frac{1}{\sqrt{x}} \qquad (x>0) \tag{4}$$

$$D\frac{1}{x}=-\frac{1}{x^2} \qquad (x\neq 0) \tag{5}$$

と書くことができる．かように書くときは，たとえば，$2x$は関数x^2の微分係数を表わすところの一つの関数であると考えられる．

一般に，関数$f(x)$の微分係数を変数xの関数とみなしたとき，これを関数$f(x)$の**導関数**と称する．$f(x)$の導関数とは，とりもなおさず，記号$f'(x)$または$Df(x)$で表わされる関数にほかならない．(1)，(2)，(3)，(4)，(5)はそれぞれ関数$\alpha x+\beta$, x, x^2, $x^{\frac{1}{2}}$, $\dfrac{1}{x}$の導関数を与える公式なのである．

注意 1. 閉区間$[a;b]$で定義された関数$f(x)$が開区間$(a;b)$の各点で微分可能，$x=a$では右微分可能，また$x=b$で左微分可能であるときには，《**$f(x)$は閉区間$[a;b]$で微分可能**》であるといい，

$$f'(a)=D_+f(a),\quad f'(b)=D_-f(b)$$

とおいて，この意味での$f'(x)$を**閉区間$[a;b]$における$f(x)$の導関数**とよぶ習慣になっている．

$f(x)$ の導関数を表わすのには，記号 $f'(x), Df(x)$ のほかに，しばしば

$$\frac{df(x)}{dx},\quad \frac{d}{dx}f(x)$$

という記号がもちいられる．（また，$y=f(x)$ とおいたときには，しぜん，

$$y',\quad Dy,\quad \frac{dy}{dx}$$

とも書かれる．）

この記号をもちいて（1），（2），（3），（4），（5）を書き直せば，

$$\frac{d(\alpha x+\beta)}{dx}=\alpha \tag{1'}$$

$$\frac{dx}{dx}=1 \tag{2'}$$

$$\frac{dx^2}{dx}=2x \tag{3'}$$

$$\frac{dx^{\frac{1}{2}}}{dx}=\frac{1}{2}x^{-\frac{1}{2}}\quad \text{すなわち}\quad \frac{d\sqrt{x}}{dx}=\frac{1}{2}\cdot\frac{1}{\sqrt{x}}\quad (x>0) \tag{4'}$$

$$\frac{d}{dx}\frac{1}{x}=-\frac{1}{x^2}\quad (x\neq 0). \tag{5'}$$

以上の例よりも多少複雑な形をした関数を微分する例として，$\varphi(x)\equiv 3x^2-2x+1$ の導関数を求めてみる：

$$\begin{aligned}\frac{\varphi(x+h)-\varphi(x)}{h}&=\frac{[3(x+h)^2-2(x+h)+1]-[3x^2-2x+1]}{h}\\&=3\cdot\frac{(x+h)^2-x^2}{h}+\frac{-2(x+h)+2x}{h}\\&=3(2x+h)+(-2)=6x-2+3h.\end{aligned}$$

ここでhを0に近づければ

$$\frac{d(3x^2-2x+1)}{dx}=6x-2.$$

この結果は，(1′)，(3′) により

$$\frac{d(3x^2-2x+1)}{dx}=3\cdot\frac{dx^2}{dx}+\frac{d(-2x+1)}{dx}$$

であることを示す．

いま，かりに，$f(x)\equiv x^2$，$g(x)\equiv -2x+1$，$\alpha=3$，$\beta=1$とおけば，この等式は

$$\boxed{\frac{d[\alpha f(x)+\beta g(x)]}{dx}=\alpha f'(x)+\beta g'(x)} \tag{6}$$

と書くことができる．じつは，上記の場合にかぎらず，一般にα,βが定数，$f(x),g(x)$が微分可能な関数ならば，$\alpha f(x)+\beta g(x)$はいつでも微分可能でかつ (6) が成りたつのである．このことは，

$$\begin{aligned}&\frac{[\alpha f(x+h)+\beta g(x+h)]-[\alpha f(x)+\beta g(x)]}{h}\\&\quad-[\alpha f'(x)+\beta g'(x)]\\&\qquad=\alpha\left[\frac{f(x+h)-f(x)}{h}-f'(x)\right]\\&\qquad\quad+\beta\left[\frac{g(x+h)-g(x)}{h}-g'(x)\right]\end{aligned}$$

において

$$h\to 0 \quad ならば \quad \frac{f(x+h)-f(x)}{h}-f'(x)\to 0,$$

$$\frac{g(x+h)-g(x)}{h}-g'(x)\to 0$$

であることから，これを知ることができる．

なお，(6) において$g(x)\equiv 1$とすれば

$$\frac{d[\alpha f(x)+\beta]}{dx}=\alpha f'(x) \tag{7}$$

が得られることに注意する．

問 1. 次の等式を証明する：

1) $\dfrac{d(1-x^2)}{dx}=-2x$

2) $\dfrac{dx^3}{dx}=3x^2$

3) $\dfrac{d}{dx}\left(x+\dfrac{1}{x}\right)=1-\dfrac{1}{x^2}\quad(x\neq 0)$

4) $\dfrac{d(x^3-3x^2+2)}{dx}=3x^2-6x$

5) $\dfrac{d(3x-x^3)}{dx}=3-3x^2$

6) $\dfrac{dx^{\frac{1}{3}}}{dx}=\dfrac{1}{3}x^{-\frac{2}{3}}\quad(x\neq 0).$

注意 2. n が正の偶数である場合には，$x<0$ ならば $x^{\frac{1}{n}}$ は虚数であるが，$x\geqq 0$ なるすべての x に対してこの関数 $x^{\frac{1}{n}}$ は意味をもっている．また，n が正の奇数の場合に関数 $x^{\frac{1}{n}}$ が x のあらゆる値に対し定義されていることはいうまでもない．いずれにしても，関数 $x^{\frac{1}{n}}$ は $x=0$ においても定義されているのである．しかるに，上記において $\dfrac{dx^{\frac{1}{2}}}{dx}$ および $\dfrac{dx^{\frac{1}{3}}}{dx}$ を求めるとき，$x=0$ の場合は考慮の外におかれた．これについては次のような事情があるのである：

例として $x^{\frac{1}{3}}$ の場合を考えることとし，$f(x)\equiv x^{\frac{1}{3}}$ とおけば

$$\frac{f(0+h)-f(0)}{h}=\frac{(0+h)^{\frac{1}{3}}-0^{\frac{1}{3}}}{h}=\frac{h^{\frac{1}{3}}}{h}=\frac{1}{h^{\frac{2}{3}}}. \tag{8}$$

ここで，h を 0 に近づければこの等式の最後の辺の分母は 0 に近

づく．したがって，ここに書いた平均変動 (8) は h が 0 に近づくとき一定の値に近づかない．すなわち，点 $x=0$ においては関数 $x^{\frac{1}{3}}$ は微分可能でないのである．

それでは，h を 0 に近づけるに従い平均変動の値がどういう動きを見せるかといえば，上式の最後の辺からみられるように，(8) の値はいくらでも大きくなっていく．いかに大きな数をもってきても，h を 0 に近づけるに従い，(8) の値はついにはその大きな数を乗り越えて増大するのである．このことを表わすのに記号 $f'(0)=+\infty$ をもちいる習慣である．

$x^{\frac{1}{3}}$ にかぎらず，一般に，関数 $f(x)$ が $x=c$ において定義されていて，かつ平均変動

$$\frac{f(c+h)-f(c)}{h} \tag{9}$$

の値が，h の 0 に近づくにともない，いくらでも大きくなる場合には，

$$f'(c) = +\infty \tag{10}$$

と書くことになっている．

また，平均変動 (9) の値が負であって，しかもその絶対値が，h を 0 に近づけたとき，いくらでも大きくなる場合には，

$$f'(c) = -\infty \tag{11}$$

という記号がもちいられる．

たとえば，$f(x)\equiv -x^{\frac{1}{3}}$ ならば $f'(0)=-\infty$ である．

(10) である場合，また (11) である場合，いずれの場合にも $f(x)$ は点 $x=c$ において微分可能ではない．したがって，$f(x)$ の導関数 $f'(x)$ すなわち $\dfrac{df(x)}{dx}$ は点 $x=c$ では定義されていないわけであるが，(10) や (11) という記号がもちいられるところから，(10) の場合には

《$f(x)$ の導関数 $\dfrac{df(x)}{dx}$ は点 $x=c$ に

おいて $+\infty$（正無限大）である》

という言いまわしがもちいられる．同様に，(11) の場合には

《$f(x)$ の導関数 $\dfrac{df(x)}{dx}$ は点 $x=c$ に

おいて $-\infty$（負無限大）である》

といわれる．

注意 3. 関数 $f(x)$ が関数 $F(x)$ の導関数であるとき，すなわち，

$$F'(x) = f(x)$$

であるとき，$F(x)$ は $f(x)$ の**原始関数**または**不定積分**とよばれる．$f(x)$ はその導関数 $f'(x)$ の原始関数（不定積分）である．不定積分についてはIV章で詳説する．

§7. 微　分

関数 $f(x)$ が $x=c$ において微分可能であるときは定義により，平均変動

$$\frac{f(c+h)-f(c)}{h} \quad (h \neq 0)$$

は，h が0に近づくとともに，$f'(c)$ に近づく．いいかえれば，

$$\frac{f(c+h)-f(c)}{h} - f'(c)$$

は0に近づく．すなわち，

$$\rho(h) = \frac{f(c+h)-f(c)}{h} - f'(c) \quad (h \neq 0) \qquad (1)$$

とおくときは

$$h \to 0 \quad \Rightarrow \quad \rho(h) \to 0 \tag{2}$$

である.

(1) を書き直せば

$$f(c+h)-f(c) = f'(c)h+\rho(h)h = [f'(c)+\rho(h)]h \tag{3}$$

であるが，ここに$\rho(h)$は (1) によって定義された変数hの関数であるから，$\rho(h)$は$h=0$に対しては定義されていない．したがって，等式 (3) も$h=0$に対しては，元来は，意味をもたないのである．しかしながら，ここで便宜上$\rho(0)=0$であるものと定めて$h=0$においても$\rho(h)$が意味をもつようにすれば，(3) の両辺は$h=0$の場合にいずれも0にひとしくなる．すなわち，$h=0$の場合，等式 (1) はもとより無意味なものであるが，等式 (3) のほうはこの場合にも成りたつのである．今後，いつでも以上のように$\rho(0)=0$であるものと規約して，等式 (3) が$h=0$でも成立するようにしておく．

(3) から，ただちに，

$$h \to 0 \quad \Rightarrow \quad f(c+h)-f(c) \to 0,$$

すなわち

$$h \to 0 \quad \Rightarrow \quad f(c+h) \to f(c) \tag{4}$$

であることが知られる．

一般に，関数$f(x)$について (4) が成立するとき，関数$f(x)$は$x=c$で**連続**であるといわれる．上に述べたことは，$f(x)$が$x=c$で微分可能ならば$f(x)$は$x=c$で連続であるということにほかならない．ただし，$f(x)$が$x=c$

で連続であっても微分可能とはかぎらないことに注意する．なお，$f(x)$ がその定義域 D の各点で連続であるときは，$f(x)$ は**連続関数**とよばれる*.

(3) において $f'(c)\neq 0$ であるときには，$|h|$ を十分小さくすれば**，$|\rho(h)|$ は $|f'(c)|$ にくらべて小さくなり，したがって，$f(c+h)-f(c)$ の値は $f'(c)h$ に近いことになる．すなわち，$f'(c)h$ は $f(c+h)-f(c)$ の近似値，よって

$f(c)+f'(c)h$ ハ $f(c+h)$ ノ近似値デアル $(f'(c)\neq 0)$

と考えられる．このことを記号

$$f(c+h) \fallingdotseq f(c)+f'(c)h \tag{5}$$

で表わす習慣である***.

ついでに，この記号をもちいると，(1)，(2) をまとめて

$$\frac{f(c+h)-f(c)}{h} \fallingdotseq f'(c) \quad (f'(c)\neq 0) \tag{6}$$

と書けることに注意する．

なお，$f'(c)\neq 0$ であるときは，$|h|$ が十分小さいところでは $f'(c)+\rho(h)\neq 0$ であるから，正数 δ を十分小さくえらべば，$|h|<\delta$ なるかぎり，

---

* 関数の連続についてくわしいことはIII, §1, §2, §4で説明する．

** $|h|$ は h の絶対値を表わす．すなわち，$h>0$ ならば $|h|=h$，$h=0$ ならば $|h|=0$，$h<0$ ならば $|h|=-h$.

*** 数表などで《比例部分》による補間法がもちいられるのは (5) に根拠をおいているわけである．

$$h = \frac{f(c+h)-f(c)}{f'(c)+\rho(h)}.$$

ゆえに，あらかじめ話を$|h|<\delta$なる範囲にかぎっておくと

$$f(c+h)-f(c) \to 0 \quad \Rightarrow \quad h \to 0 \tag{7}$$

であるということになる．

例1．$(2.01)^3$の近似値：$f(x)\equiv x^3$，$c=2$，$h=0.01$と考えれば
$(2.01)^3 = f(c+h)$，$f(c) = 2^3 = 8$，$f'(c) = 3c^2 = 3\times 2^2 = 12$
であるから，(5) により

$$(2.01)^3 \fallingdotseq 8+12\times 0.01 = 8+0.12 = 8.12.$$

一方，じっさい2.01を3乗すれば$(2.01)^3=8.120601$となり，4捨5入したとしても，小数点以下第2位までは近似値と真の値とが一致している．

なお，ついでに，関数x^3の場合$\rho(h)$を計算すれば

$$\rho(h) = \frac{(c+h)^3-c^3}{h}-3c^2 = 3ch+h^2.$$

$c=2$，$h=0.01$とすれば

$$\begin{aligned}\rho(h)\cdot h &= [3\times 2\times 0.01+(0.01)^2]\times 0.01\\ &= (0.06+0.0001)\times 0.01 = 0.000601.\end{aligned}$$

一般に（$f'(c)=0$であるときにも）

$$f'(c)h \tag{8}$$

を$x=c$における$f(x)$の**微分**と称する．微分の値が一般にhの値いかんによって左右されることはいうまでもない．

とくに$f(x)\equiv x$の場合には，§6，(2) により$f'(x)\equiv 1$であるから，その微分はhにひとしい．よって一般の関数

$f(x)$ の微分 (8) とこれとを比較すれば，$f'(c)$ は $x=c$ における $f(x)$ の微分と x の微分との商にひとしいことがわかる．$f'(c)$ を微分商あるいは微分係数とよぶのはこのゆえである．

c のかわりに x と書いたとき，$f(x)$ の x における微分を $df(x)$ と書く習慣である．すなわち

$$df(x) = f'(x)h.$$

しかるに，いま述べたように，h は x の微分であるから $h=dx$，よって

$$df(x) = f'(x)dx$$

と書くことができる．

たとえば，$dx^2=2xdx$，$dx^3=3x^2dx$ である．

§8. 微分係数とグラフの接線

ここに一つの曲線があって，Pをその曲線上の一定点とする．同じ曲線上にPとは異なる任意の点Qをとり，点Pと点Qとを結ぶ直線をひく．かような直線PQは点Pにおけるその曲線の**割線**という名でよばれる．Pをとおる横線がQをとおる縦線と交わる点をRとすれば，割線PQの方向係数（傾き）は $\dfrac{\mathrm{RQ}}{\mathrm{PR}}$ にひとしい．

いま，点Qが曲線に沿ってしだいにPに近づくとき，割線PQの方向係数 $\dfrac{\mathrm{RQ}}{\mathrm{PR}}$ が一定値 λ に限りなく近づくような場合を考える．このとき，点Pをとおって方向係

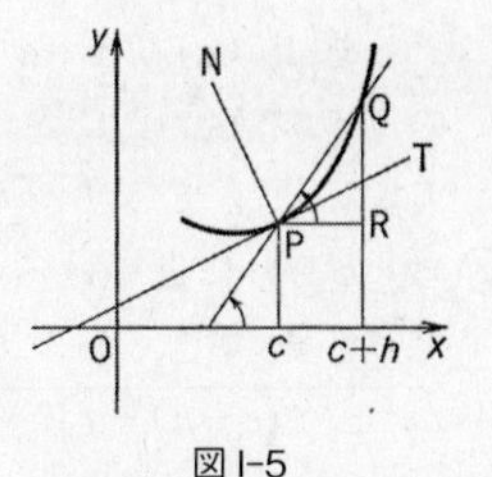

図 I-5

数がλにひとしいような直線PTを描けば，QがPに近づくにともなって割線PQはしだいに直線PTの位置にせまる．この直線PTがすなわち点Pにおける曲線の**接線**と称せられるものである．

また，このとき，Pをこの接線の**接点**と名づけ，Pをとおり直線PTに垂直な直線PNを点Pにおける曲線の**法線**と名づける．

曲線が円である場合には，その接線は，通常，ギリシア以来の伝統に従って，円とただ一つの共有点をもつ直線であると定義されている．かような直線が，円の場合には，いましがた上に述べた接線の定義にあてはまることは，幾何学的に容易にこれを確かめることができる．

曲線がとくに関数$f(x)$のグラフである場合を考えよう．点PおよびQの横座標をそれぞれcおよび$c+h$とすれば，PR$=h$，RQ$=f(c+h)-f(c)$であるから

$$\frac{\mathrm{RQ}}{\mathrm{PR}}=\frac{f(c+h)-f(c)}{h}. \tag{1}$$

すなわち，割線PQの方向係数は，じつは，$f(x)$の平均変動にひとしいのである．

いま，$f(x)$が$x=c$で連続（§7, p. 39）であるとし，そのグラフが点Pにおいてy軸に平行でない接線をもっているとしてみる．$f(x)$は$x=c$で連続なのであるから，hを0に近づけるときは，RQ$=f(c+h)-f(c)$もまた0に近づき，したがって，また$\overline{\mathrm{PQ}}=\sqrt{\overline{\mathrm{PR}}^2+\overline{\mathrm{RQ}}^2}=\sqrt{h^2+[f(c+h)-f(c)]^2}$もやはり0に近づく．いいかえ

れば，Qはグラフに沿ってPに近づくのである．よって，仮定により割線PQの方向係数，すなわち(1)の左辺は定数λに近づくから，けっきょくhを0に近づければ，(1)の右辺すなわち$f(x)$の平均変動もλに近づくことになってくる．これは，点Pにおいてy軸に平行でないグラフの接線が存在するときは$f(x)$が点$x=c$において微分可能で，しかも$f'(c)$は接線の方向係数にひとしいことを意味する．

こんどは，逆に，$f(x)$は点$x=c$において微分可能であると仮定してみる．$|h|=\overline{\mathrm{PR}}\leqq\overline{\mathrm{PQ}}$であるから，Qがグラフに沿ってPに近づくとき，$h$が0に近づくことは明らかである．したがって，(1)の右辺は$f'(c)$に近づくので，その左辺すなわち割線PQの方向係数もまた$f'(c)$に近づく．すなわち，$f(x)$が点$x=c$で微分可能ならば$f(x)$のグラフは点Pにおいて接線を有し，その接線の方向係数は$f'(c)$にひとしいということになる．

こうして，微分係数は関数のグラフの接線の方向係数にほかならないことが明らかになった．$x=c$における関数$f(x)$のグラフの接線の方程式を書けば，すなわち

$$\boxed{y=f(c)+f'(c)(x-c)}$$

である．

また，$x=c$における$f(x)$のグラフの法線の方程式は*，$f'(c)\neq 0$ならば

---

* 直線$y-b=\lambda(x-a)$と$y-b_1=\lambda_1(x-a_1)$とが直交するための条件は$\lambda\lambda_1+1=0$である．

$$\boxed{y = f(c) - \frac{1}{f'(c)}(x-c)}$$

$f'(c)=0$ ならば

$$\boxed{x = c}$$

である.

例 1. $x=1$ における関数 x^2 のグラフの接線の方程式は

$$y = 1+2\times1\times(x-1),$$

すなわち

$$y = 1+2(x-1).$$

また, 法線の方程式は

$$y = 1-\frac{1}{2}(x-1).$$

問 1. 点 $x=c$ における関数 x^3 のグラフの接線および法線の方程式を求める.

§9. 曲線とその接線

平面曲線を表わす方程式の最も標準的なものは

$$x = \varphi(t), \quad y = \psi(t) \tag{1}$$

なる形のものである*.

注意 1. 曲線の方程式が $y=f(x)$ であるときは, これを

$$x = t, \quad y = f(t)$$

と書いて (1) と同じ形に直せることに注意する.

たとえば, 直線は方程式

---

* 《助変数》t は時刻を表わし (1) は平面上を運動する質点が時刻 t において占める位置の座標を与える式であると考えればわかりやすい. このとき曲線は質点の径路にあたるわけである.

$$x = a+\lambda t,\quad y = b+\mu t$$
$$(a, b, \lambda, \mu \text{ は定数},\ |\lambda|+|\mu|\neq 0) \tag{2}$$

によって表わされる．また

$$x = \frac{1-t^2}{1+t^2},\quad y = \frac{2t}{1+t^2}\quad (0\leqq t\leqq 1) \tag{3}$$

は原点を中心として1を半径とする円——いわゆる単位円——の第1象限にある弧（四分円弧）を表わす．

注意 2. 直線の方程式 (2) から t を消去すると

$$\mu x-\lambda y-\mu a+\lambda b = 0$$

となる．よって，$\lambda\neq 0$ ならば直線 (2) の方向係数は $\dfrac{\mu}{\lambda}$ であり，また，$\lambda=0$ ならば直線 (2) は y 軸に平行である．

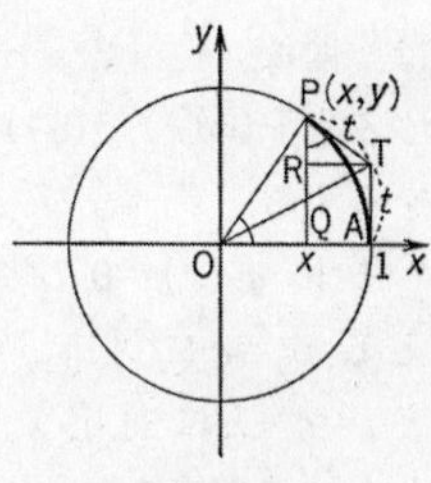

図 I-6

注意 3. 四分円弧の方程式 (3) は次のようにして求められる．図 I-6 において，点 A における接線と点 P における接線との交点を T，P から x 軸へおろした垂線の足を Q，T から PQ へおろした垂線の足を R とすれば

$$\triangle\mathrm{TRP} \backsim \triangle\mathrm{PQO}.$$

したがって

$$\overline{\mathrm{RT}}:\overline{\mathrm{QP}} = \overline{\mathrm{PR}}:\overline{\mathrm{OQ}} = \overline{\mathrm{PT}}:\overline{\mathrm{OP}}.$$

いま，$t=\overline{\mathrm{AT}}=\overline{\mathrm{PT}}$ とおけば

$$\overline{\mathrm{RT}} = \overline{\mathrm{QA}} = 1-x,\ \overline{\mathrm{QP}} = y,\ \overline{\mathrm{OQ}} = x,\ \overline{\mathrm{PT}} = t,\ \overline{\mathrm{OP}} = 1,$$
$$\overline{\mathrm{PR}} = \overline{\mathrm{QP}}-\overline{\mathrm{QR}} = \overline{\mathrm{QP}}-\overline{\mathrm{AT}} = y-t$$

であるから，上の等式から

$$\frac{1-x}{y} = \frac{y-t}{x} = \frac{t}{1}.$$

これから (3) を導くことは容易である.

問1. 直線

$$ax+by+c=0 \quad (|a|+|b|\neq 0)$$

を (2) の形の方程式で表わしてみる.

$t=c$ に対して $\varphi(t)$ および $\psi(t)$ が微分可能でかつ

$$|\varphi'(c)|+|\psi'(c)|\neq 0$$

であるとき, いいかえれば, $\varphi'(c)$ および $\psi'(c)$ のうち少なくとも一つが0でないときには, 曲線 (1) は $t=c$ に対応する点 $\mathrm{P}(\varphi(c), \psi(c))$ で接線を有する.

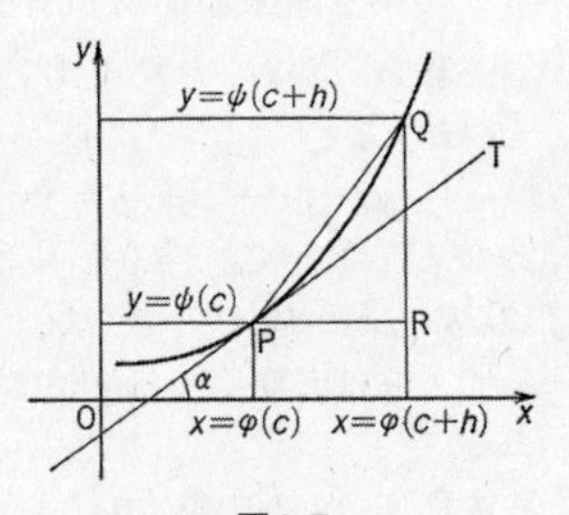

図 I-7

まず, $\varphi'(c)\neq 0$ の場合を考える. $t=c$ に対応する点Pと $t=c+h$ に対応する点Qとを結ぶ割線の方向係数は

$$\frac{\psi(c+h)-\psi(c)}{\varphi(c+h)-\varphi(c)}=\frac{\dfrac{\psi(c+h)-\psi(c)}{h}}{\dfrac{\varphi(c+h)-\varphi(c)}{h}}.$$

しかるに, $|\varphi(c+h)-\varphi(c)|=\overline{\mathrm{PR}}\leqq\overline{\mathrm{PQ}}$ であるから, $\overline{\mathrm{PQ}}\to 0$ ならば

$$\varphi(c+h)-\varphi(c)\to 0.$$

よって, Qが曲線に沿ってPに近づくときは§7, (7) により $h\to 0$. ところが, また,

$$h \to 0 \quad \Rightarrow \quad \frac{\varphi(c+h)-\varphi(c)}{h} \to \varphi'(c),$$

$$\frac{\psi(c+h)-\psi(c)}{h} \to \psi'(c)$$

なのであるから，けっきょく割線の方向係数は，Qを曲線に沿ってPに近づければ

$$\frac{\psi'(c)}{\varphi'(c)} \tag{4}$$

に近づく．すなわち，$t=c$ に対応する点においては曲線は接線を有し，その方向係数は (4) で与えられることになるのである．

$\varphi'(c)=0$, $\psi'(c)\neq 0$ である場合には，

$$\frac{\varphi(c+h)-\varphi(c)}{\psi(c+h)-\psi(c)} = \frac{\dfrac{\varphi(c+h)-\varphi(c)}{h}}{\dfrac{\psi(c+h)-\psi(c)}{h}}$$

について上と同様のことをおこなえば，h が 0 に近づくとともに，この比は 0 に近づく．すなわち，この場合には，y 軸に平行な接線が存在するわけである．

いずれの場合にも，接線の方程式は

$$\boxed{\psi'(c)[x-\varphi(c)]-\varphi'(c)[y-\psi(c)] = 0}$$

あるいはまた

$$\boxed{x = \varphi(c)+\varphi'(c)(t-c),\ y = \psi(c)+\psi'(c)(t-c)} \tag{5}$$

という形で与えられる．

注意 4. 方程式 (1) において，変数 t が時刻を表わすものと考えると，$\varphi'(t)$ および $\psi'(t)$ はそれぞれ質点の速度の x 方向，y 方向の成分を表わすものと考えられる（§5 参照）．すなわち，x 軸および y 軸のそれぞれ正の向きに向かう単位ベクトルを $\vec{i}$ および $\vec{j}$ で表わし

$$\overrightarrow{f(t)} = \varphi(t)\vec{i}+\psi(t)\vec{j} \tag{6}$$

とおくと，$\overrightarrow{f(t)}$ は質点の位置のベクトル表示であって，

$$\varphi'(t)\vec{i}+\psi'(t)\vec{j}$$

が速度を表わすベクトルにほかならない．

一般に，ベクトル $\overrightarrow{f(t)}$ の成分が変数 t の関数 $\varphi(t)$ および $\psi(t)$ であるとき，すなわち，$\overrightarrow{f(t)}$ が (6) で表わされるとき，$\overrightarrow{f(t)}$ は変数 t のベクトル関数とよばれる．とくに，$\varphi(t)$ および $\psi(t)$ が微分可能な場合には

$$\frac{d\overrightarrow{f(t)}}{dt} = \varphi'(t)\vec{i}+\psi'(t)\vec{j}$$

とおいて，これを $\overrightarrow{f(t)}$ の微分係数と称する．

なお，x, y 等の変数 t についての導関数をとくに記号 $\dot{x}, \dot{y}$ 等で表わすことがあることを付記しておこう（Newton（ニュートン）の記号）*．

例 1. 曲線が方程式

$$x = t^2,\quad y = 3t-t^3 \tag{7}$$

で与えられているときには，

$$\frac{dx}{dt} = 2t,\quad \frac{dy}{dt} = 3-3t^2 \quad あるいは$$

$$\dot{x} = 2t,\quad \dot{y} = 3-3t^2$$

であるから，$t=c$ に対応する点 $(c^2,\ 3c-c^3)$ における接線の方程式は

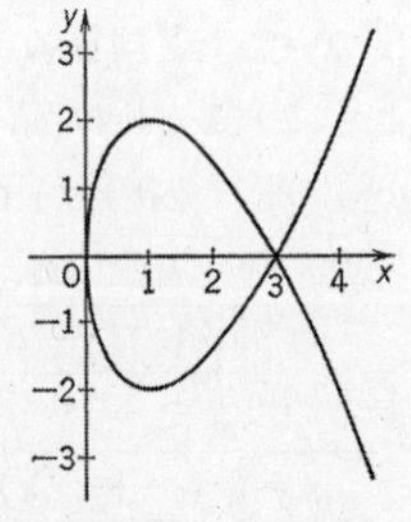

図 I-8　$x=t^2, y=3t-t^3$

* $\dot{x}$ は x ドット（dot）と読む．

$x=c^2+2c(t-c)$, $y=3c-c^3+3(1-c^2)(t-c)$. とくに, $t=0$ に対応する点 $(0,0)$ においては, 接線は y 軸 : $x=0$ と一致する.

問 2. 図 I-7 で

$$\sin\alpha = \frac{\psi'(c)}{\sqrt{[\varphi'(c)]^2+[\psi'(c)]^2}}, \quad \cos\alpha = \frac{\varphi'(c)}{\sqrt{[\varphi'(c)]^2+[\psi'(c)]^2}},$$

$$\tan\alpha = \frac{\psi'(c)}{\varphi'(c)}$$

であることを確かめる.

問 3. 曲線 (1) の $t=c$ における法線は方程式

$$x = \varphi(c)-\psi'(c)(t-c), \quad y = \psi(c)+\varphi'(c)(t-c)$$

で表わされることを確かめる.

問 4. 曲線 (7) の法線の方程式を求める ($t=c$).

注意 5. 以上では, 平面曲線や平面上のベクトルについて説明したが, 空間曲線や空間におけるベクトルについても, 同様のことがいえるのである.

たとえば, 空間曲線は方程式

$$x = \varphi(t), \quad y = \psi(t), \quad z = \chi(t)$$

で表わされる. このとき, $t=c$ に対し関数 $\varphi(t), \psi(t), \chi(t)$ が微分可能で,

$$|\varphi'(c)|+|\psi'(c)|+|\chi'(c)| \neq 0$$

ならば, この曲線は点 $(\varphi(c), \psi(c), \chi(c))$ において接線をもち, その接線の方程式は

$$x = \varphi(c)+\varphi'(c)(t-c), \quad y = \psi(c)+\psi'(c)(t-c),$$
$$z = \chi(c)+\chi'(c)(t-c)$$

で与えられる.

§10. 微分係数と関数値の変動

関数 $f(x)$ は点 $x=c$ で微分可能でかつ $f'(c)>0$ である

とする．h の値が 0 にきわめて近いときは，§7，(6) により

$$\frac{f(c+h)-f(c)}{h} \fallingdotseq f'(c)$$

であるから，平均変動の値は $f'(c)$ にきわめて近く，したがってこの場合 0 よりも大きい．いいかえれば，正数 δ を十分小さくえらぶときは

$$0<|h|<\delta \quad \Rightarrow \quad \frac{f(c+h)-f(c)}{h}>0$$

であるようにすることができるわけである．このことからただちに

$$\begin{aligned} -\delta<h<0 \quad &\Rightarrow \quad f(c+h)<f(c) \\ 0<h<\delta \quad &\Rightarrow \quad f(c+h)>f(c) \end{aligned} \tag{1}$$

であることがわかる．

この結果をグラフに関することばで述べれば次のごとくになる：

縦線 $x=c$ とグラフとの交点を P とし，P をとおる横線 $y=f(c)$ を g で表わすことにすれば，縦線 $x=c-\delta$ と縦線 $x=c$ との間ではグラフは横線 g の下方にあり，また縦線 $x=c$ と縦線 $x=c+\delta$ との間ではグラフは横線 g の上方にある（**左下右上の状態**）．

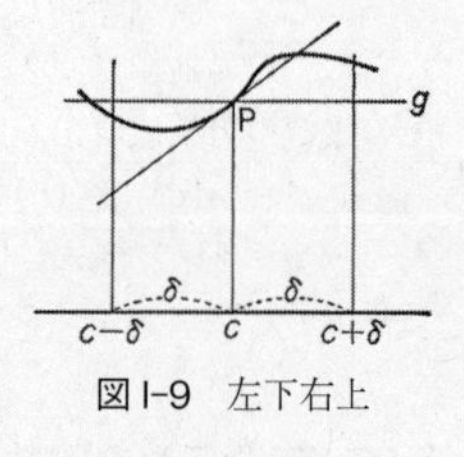

図 I-9　左下右上

つぎに，$f'(c)<0$ である場合には，正数 δ を十分小さく

えらんで

$$\begin{aligned} -\delta < h < 0 \quad &\Rightarrow \quad f(c+h) > f(c) \\ 0 < h < \delta \quad &\Rightarrow \quad f(c+h) < f(c) \end{aligned} \tag{2}$$

であるようにすることができる（**左上右下の状態**）．証明法は $f'(c)>0$ の場合と同様である．

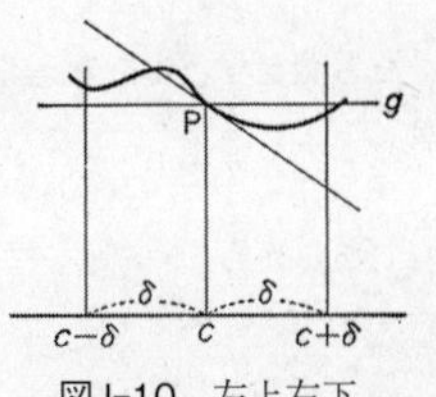

図 I-10　左上右下

例 1．$f(x)\equiv x^2$ の場合には $f'(x)=2x$ であるから，$c>0$ ならば $x=c$ において左下右上，また $c<0$ ならば $x=c$ においては左上右下である．

このような簡単な関数の場合には，微分法をもちいなくとも，直接 $f(c+h)-f(c)=(c+h)^2-c^2$ から上のようなことは見てとれるが，関数が複雑になると微分法の助けを借りるほうがはるかに便利であることが多い．

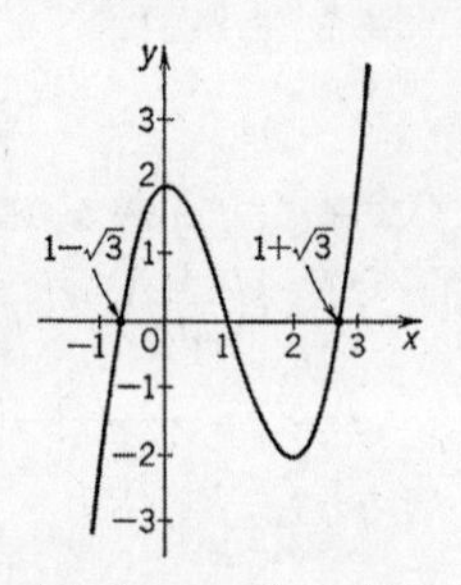

図 I-11　$y=x^3-3x^2+2$

例 2．$f(x)\equiv x^3-3x^2+2$ の場合には，$f'(x)=3x^2-6x=3x(x-2)$ であるから（§6），$f'(c)$ の符号を考えることにより，点 $x=c$ において，

$c<0$	ならば	左下右上
$0<c<2$	ならば	左上右下
$2<c$	ならば	左下右上

であることがわかる．

注意 1．$f'(c)>0$（左下右上）であるからといって，正数 δ を

十分小さくえらべば $[c-\delta\,;\,c+\delta]$ でグラフが右上がりの曲線になっているとはかぎらない．たとえば，

$$f(0)=0$$

$$f(x)=x^2\sin\frac{1}{x}+\frac{x}{2}\quad(x\neq 0)$$

なる関数 $f(x)$ を考えると（次ページの図 I-12），

$$h\to 0\ \Rightarrow\ \frac{f(h)-f(0)}{h}=h\sin\frac{1}{h}+\frac{1}{2}\to\frac{1}{2}$$

であるから

$$f'(0)=\frac{1}{2}>0$$

である．しかるに

$$\frac{1}{2n\pi}<\frac{2}{(4n-1)\pi}$$

であるのに，$n\geqq 4$ ならば

$$f\left(\frac{1}{2n\pi}\right)-f\left(\frac{2}{(4n-1)\pi}\right)$$
$$=\frac{1}{4n\pi}-\left[-\left(\frac{2}{(4n-1)\pi}\right)^2+\frac{1}{(4n-1)\pi}\right]>0.$$

すなわち，

$$f\left(\frac{1}{2n\pi}\right)>f\left(\frac{2}{(4n-1)\pi}\right).$$

注意 2. 注意 1 におけるように，あることを否定するために提出される例を**反例**とよんでいる．

§11．極大値と極小値

$f(x)$ が点 $x=c$ の近傍で定義され（§3，注意 3），点 $x=c$ において左下右上でも左上右下でもない場合，すなわち

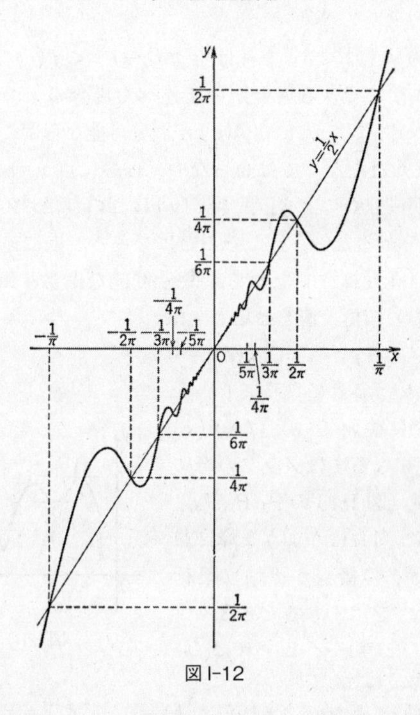

図 I-12

前節の (1) も (2) も成りたたない場合には，$f'(c)>0$ でもありえずまた $f'(c)<0$ でもありえない．したがって，$f(x)$ が $x=c$ で微分可能であるかぎり

$$f'(c) = 0 \tag{1}$$

でなければならない．

たとえば，正数 δ を十分小さくえらぶと

$$0<|h|<\delta \quad ならば^* \quad f(c+h)<f(c) \qquad (2)$$

であるようにできる場合がいま述べた場合の一つにあたる．したがって，$x=c$ で $f(x)$ が微分可能ならばこの場合(1) が成りたたなくてはならない．一般に点 $x=c$ において (2) が成りたつとき，関数 $f(x)$ はこの点において**極大値** $f(c)$ をとるという．このことばを使って上に述べたことをいい直せば，すなわち，微分可能な関数 $f(x)$ が点 $x=c$ において極大値をとるときは

$$f'(c)=0 \qquad (1)$$

であるということになる．

グラフについていえば，$f(x)$ が極大値になるのはグラフの峰にあたる点（図 I-13 の P_1, P_2, P_3）であって，(1) はかような峰においてグラフの接線が x 軸に平行であることを示すものである．

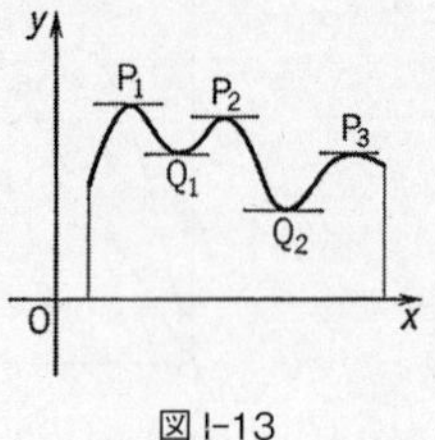

図 I-13

例 1．$f(x)\equiv 1-x^2$ とすれば，いかなる正数 δ に対しても

$$0<|h|<\delta \quad なるとき \quad f(0+h)=1-h^2<1=f(0)$$

であるから，$f(x)$ は点 $x=0$ において極大値 1 をとる**．$f'(x)=-2x$ であるから，上に述べたように，じっさい

$$f'(0)=-2\cdot 0=0$$

であることに注意する．

---

* 《$-\delta<h<0$ または $0<h<\delta$ ならば》といいかえても同じである．

** この関数の場合 $x=0$ における極大値 1 がじつはこの関数の最大値であることに注意する．

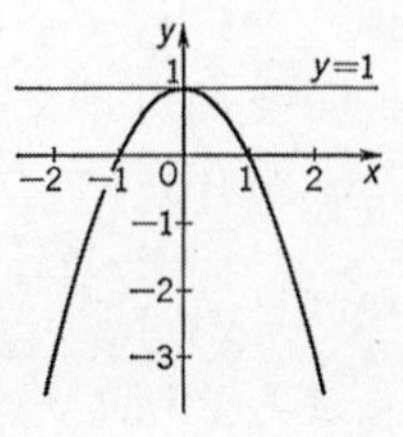

図 I-14　$y=1-x^2$

つぎに，正数δを十分小さくえらぶと

$$0<|h|<\delta \quad ならば^*$$
$$f(c+h)>f(c) \qquad (3)$$

であるようにできる場合には，関数$f(x)$は点$x=c$において**極小値**$f(c)$をとるといわれる．この場合にも，前節の(1)も(2)も成りたたないから，もし$f(x)$が$x=c$で微分可能ならば，かならず

$$f'(c)=0 \qquad (1)$$

でなければならない．

$f(x)$が極小値をとるのはグラフの谷にあたるところ(図 I-13 の Q_1, Q_2)であって，この場合(1)はこの谷のところで接線がx軸に平行であることをものがたるものである．

極大値および極小値を総称して**極値**という．$x=c$が$f(x)$の極値であるというのは，$f(x)$が$x=c$の近傍で定義されていることを予想しての話であることに注意する．

以上により関数$f(x)$の極値は次のようにして求められることがわかる．

1) マズ，$f(x)$ガ微分可能デナイ点オヨビ

$$f'(x)=0$$

デアルヨウナ点ヲ求メル．cヲソレラノ点ノ一ツトスル．

2) 十分小サイ正数δニ対シ

$$0<|h|<\delta \quad \text{ナラバ} \quad f(c+h)<f(c)$$

デアルトキハ $f(c)$ ハ極大値デアル.

3) 十分小サイ正数 δ ニ対シ

$$0<|h|<\delta \quad \text{ナラバ} \quad f(c+h)>f(c)$$

デアルトキハ $f(c)$ ハ極小値デアル.

いまえらび出した点以外に極値を与える点がありえないことは, 上の考察から明らかである.

例 2. $f(x)\equiv x^3-3x^2+2$ の極値 : $f'(x)\equiv 3x^2-6x=0$ の根を求めれば, $x=0$ および $x=2$.

i) 点 $x=0$: $f(0+h)-f(0)=(h^3-3h^2+2)-2=h^2(h-3)$. ゆえに

$0<|h|<3$ ならば

$$f(0+h)-f(0)<0 \quad \text{すなわち} \quad f(0+h)<f(0). \tag{4}$$

これは点 $x=0$ において $f(x)$ が極大値 $f(0)=2$ をとることを示す.

ii) 点 $x=2$: $f(2)=2^3-3\times 2^2+2=-2$ であるから

$$f(x)-f(2) = (x^3-3x^2+2)-(-2) = (x+1)(x-2)^2.$$

よって $f(2+h)-f(2)=(3+h)h^2$, したがって

$0<|h|<3$ ならば

$$f(2+h)-f(2)>0 \quad \text{すなわち} \quad f(2+h)>f(2).$$

ゆえに点 $x=2$ において $f(x)$ は極小値 $f(2)=-2$ をとるわけである (図 I-11).

注意 1. (1) が成りたつからといって点 $x=c$ において $f(x)$ はかならずしも極値をとるとはかぎらないことに注意する. 反例として, たとえば, $f(x)\equiv x^3$ とおくと, $f'(x)=3x^2$ であるから, $f'(0)=0$ である. しかしながら, $f(0+h)-f(0)=h^3-0=h^3$ であるから

$$h<0 \ \Rightarrow \ f(0+h)<f(0)$$

$$h > 0 \quad \Rightarrow \quad f(0+h) > f(0).$$

これは点 $x=0$ において x^3 が左下右上であることを示すものであって，x^3 はこの点で極大値にも極小値にもなりえない．また，点 $x=0$ 以外にこの関数は極値をとりえないのであるから，けっきょく x^3 は極値をもたない関数であるということになる（図 I-2）．

注意 2. $f(x)$ が微分可能でない点で極値をとる例をあげておく：$f(x) \equiv x^{\frac{2}{3}}$ とすれば

$$\frac{f(0+h)-f(0)}{h} = \frac{h^{\frac{2}{3}}}{h} = \frac{1}{h^{\frac{1}{3}}}$$

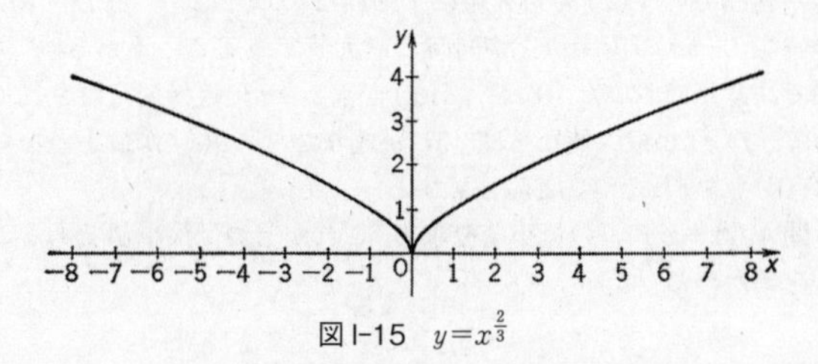

図 I-15　$y=x^{\frac{2}{3}}$

であるから，h を 0 に近づけるとき，この平均変動は一定値に近づかない．しかるに

$$h \neq 0 \quad \Rightarrow \quad f(h) \equiv h^{\frac{2}{3}} > 0 = f(0)$$

であるから，$x=0$ は $f(x)$ の極小値を与える点になっている．

注意 3. $f(x)$ は $x=c$ の近傍で定義されている関数であるとし，正数 δ を十分小さくえらんだとき，(2) または (3) のかわりに

$$0 < |h| < \delta \quad \Rightarrow \quad f(c+h) \leqq f(c) \tag{5}$$

または

$$0 < |h| < \delta \quad \Rightarrow \quad f(c+h) \geqq f(c) \tag{6}$$

であるとする．そのような場合には，$f(x)$ が $x=c$ で微分可能であるかぎり，やはり

$$f'(c) = 0$$

でなければならない．極値の場合と同様に左下右上でも左上右下でもないからである．

注意 4．最大値ということばと極大値ということばは区別しなければいけない．たとえば例 2 の関数 $f(x)\equiv x^3-3x^2+2$ の場合，$f(0)=2$ は極大値ではあるが，これは $f(x)$ の最大値ではない．このことは，$f(4)=18>2=f(0)$ からもわかる．ただし，x の値を $-3<x<3$（もしくは $-3\leqq x\leqq 3$）なる範囲に限定すれば，この範囲での $f(x)$ の最大値は $f(0)=2$ にひとしい．また，例 1 の関数 $1-x^2$ の極大値 1 が同時に最大値であることも p. 54 の脚注で注意しておいた．なお，$f(x)$ が点 $x=c$ の近傍で定義されていて，$f(c)$ が最大値ならば (5) が成りたち，$f(c)$ が最小値ならば (6) が成りたつことに注意する．

問 1．$1+x+x^2$ の極小値を求め，これがじつは最小値であることを確かめる．

演習問題 I.

次の関数のグラフを描く（1〜4）：

1. $\sqrt{1-x^2}$　　2. $x^{\frac{1}{2}}$
3. $2x+x^2$　　4. $|2x+1|$.

5. x を越えない（x より大きくない）最大の整数を $[x]$ で表わすとき，関数 $[x]$ のグラフを描く．この意味での記号 [ ] を Gauss（ガウス）の記号と称する．

次の関数を微分する（6〜15）：

6. a^2-x^2　　7. x^3+4x^2+3

8. $(1-x)^2$　　9. $\dfrac{1}{x^2}$

10. $\dfrac{a+bx+cx^2}{x}$　　11. $\sqrt{1+x}$

12. $4\sqrt{x}+\dfrac{5}{x}+3$　　13. $x(1-x^2)$

14. $\sqrt{1+x^2}$　　15. $\sqrt{1-x^2}$.

16. 一定量の気体の体積を v, 圧力を p とすれば, v は p の関数と考えられる. 一般に p を増せば v は減ずるので, 圧力 p を増減するときの体積の変化の割合は $-\dfrac{dv}{dp}$ で表わされる. $\dfrac{-\dfrac{dv}{dp}}{v}$ をこの気体の圧縮率という. $pv=K$ (K は定数) であるとして気体の圧縮率を求める.

17. 曲線 $y=x^3$ の一点における接線が原点Oと点 $(1,1)$ とを結ぶ直線に平行であるという. その接点を求める.

18. 曲線 $y=x^2$ の点P (ただしPは原点Oではないとする) から x 軸へおろした垂線の足をQとするとき, Pにおける接線は線分OQの中点をとおることを証明する.

19. $-1<c<1$ とし, 点 $x=c$ における関数 $\sqrt{1-x^2}$ のグラフの接線および法線の方程式を求め, この法線が原点をとおることを確かめる.

20. 曲線 $y=\dfrac{x^2-p^2}{2p}$ と $y=\dfrac{p^2-x^2}{2p}$ とは直交することを証明する. ただし p は定数. (一般に, 2曲線の交点においてそれぞれの接線が直交するとき, その2曲線は**直交する**という.)

次の関数の極値を求める (21〜23):

21. $1-2x+3x^2$　　22. $\sqrt{1-x^2}$

23. $\sqrt{x}+\dfrac{4}{x}$.

24. 周の一定な長方形のうち面積の最大なものを求める.

25. $x+\dfrac{b}{x}-a$ $(a>0, b>0)$ の極小値は0に等しいという. $a=$

$2\sqrt{b}$ であることを証明する.

26. 地上の一点Oを原点として南に向かって x の正軸をとり鉛直上方に向かって y の正軸をとる. 時刻 $t=0$ に点Oから南に向かい斜め上方に質点を投げるとき, 時刻 t における質点の座標は

$$x = at, \quad y = bt - \frac{1}{2}gt^2 \quad (a, b, g \text{ は定数})$$

で与えられる.

i) 質点の速度の x 成分および y 成分を求める.

ii) 質点がふたたび地上に落ちる時刻および落下した点PのOからの距離を求める.

iii) 質点が最高の高さに達する時刻およびその最高の高さを求める.

iv) iii) の時刻における質点のOからの水平距離は $\overline{\mathrm{OP}}$ の半分にひとしいことを確かめる.

27. 曲線 $y=f(x)$ 上の一点 $\mathrm{P}(x, y)$ における接線, 法線およびPから x 軸への垂線が x 軸と交わる点をそれぞれ T, N, M とするとき, $\overline{\mathrm{TM}}, \overline{\mathrm{MN}}, \overline{\mathrm{PT}}, \overline{\mathrm{PN}}$ をそれぞれPにおける**接線影**, **法線影**, **接線の長さ**, **法線の長さ**と名づける. これらがそれぞれ

$$\left|\frac{y}{y'}\right|, \quad |yy'|, \quad \left|\frac{y}{y'}\sqrt{1+y'^2}\right|, \quad |y\sqrt{1+y'^2}|$$

で表わされることを証明する.

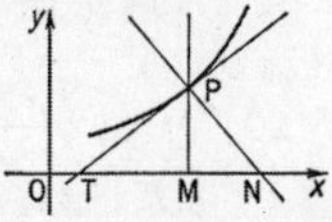

y
P
O T M N x

図 I-16

次の曲線の接線影, 法線影, 接線の長さ, 法線の長さを求める (28〜29):

28. $y = \sqrt{2px} \quad (p>0)$ **29.** $xy = C^2$.

30. 地上から高さ3mのところに街灯がついている. 身長165cmの男が毎分5mの速さで街灯の根もとから遠ざかっているとき, その男の影は毎分何mの割合で長くなるか.

II. 微分法の公式

この章も微分法の復習のつづきである．高等学校で学んだことも多いが，たとえば合成関数の微分法の公式の証明に際してはもっと厳密な方法を採用し，疑問の余地を残さないようにつとめた．この章で例として採用した関数は有理関数と無理関数だけに限られ，三角関数，指数関数，対数関数はここでは登場しない．これは，一つには，三角関数の微分法を厳密に定義するためには，いままでに学んだ方法では不十分な点があるのによるものである．さらに，指数関数や対数関数に至っては，関数そのものを定義することだけにでも，相当の準備を必要とする．これらの関数については，IV 章（積分法）を終えたのち，V 章，VI 章でくわしい説明をおこなうことになっている．

§1. 微分法の公式

この節では，$f(x)$ および $g(x)$ が微分可能であるとき $f(x)+g(x)$，$f(x)-g(x)$，$f(x)\cdot g(x)$，$\dfrac{f(x)}{g(x)}$ 等* も微分可能であることを証明し，あわせてこれらの関数の導関数を $f(x), g(x), f'(x), g'(x)$ で表わす公式を導くことにする．

最初に，$f(x)$ および $g(x)$ は微分可能であるとし

$$\Delta_1(h) = f(x+h)-f(x) = f'(x)h+\rho_1(h)h$$

---

* ただし $\dfrac{f(x)}{g(x)}$ の場合には $g(x)\neq 0$ とする．

$$\Delta_2(h) = g(x+h) - g(x) = g'(x)h + \rho_2(h)h \qquad (1)$$

とおくと，I, §7により

$$\rho_1(0) = 0, \quad \rho_2(0) = 0$$

で，かつ

$$h \to 0 \quad \Rightarrow \quad \rho_1(h) \to 0, \ \rho_2(h) \to 0, \\ \Delta_1(h) \to 0, \ \Delta_2(h) \to 0 \qquad (2)$$

であることに注意する.

1）**$\alpha f(x) + \beta g(x)$ の導関数**（α, β は定数）*：

$$\frac{[\alpha f(x+h) + \beta g(x+h)] - [\alpha f(x) + \beta g(x)]}{h}$$

$$= \frac{\alpha[f(x+h) - f(x)] + \beta[g(x+h) - g(x)]}{h}$$

$$= \frac{\alpha[f'(x)h + \rho_1(h)h] + \beta[g'(x)h + \rho_2(h)h]}{h}$$

$$= \alpha f'(x) + \beta g'(x) + \alpha\rho_1(h) + \beta\rho_2(h).$$

(2) により，$h \to 0 \ \Rightarrow \ \alpha\rho_1(h) + \beta\rho_2(h) \to 0$ であるから

$$\boxed{\frac{d}{dx}[\alpha f(x) + \beta g(x)] = \alpha f'(x) + \beta g'(x) \quad (\alpha, \beta \text{ は定数})} \qquad (\mathrm{A})$$

とくに $\alpha = \beta = 1$ の場合には

$$\frac{d}{dx}[f(x) + g(x)] = f'(x) + g'(x). \qquad (\mathrm{A}_1)$$

また，$\alpha = 1$, $\beta = -1$ の場合には

---

* I, §6で証明ずみであるが，念のためここでふたたび証明を書いておく.

$$\frac{d}{dx}[f(x)-g(x)] = f'(x)-g'(x). \qquad (\mathrm{A}_2)$$

さらに, $g(x)\equiv 1$ の場合には

$$\frac{d[\alpha f(x)+\beta]}{dx} = \alpha f'(x). \qquad (\mathrm{A}_3)$$

なお, 一般に有限個の関数 $f(x), g(x), \cdots, \varphi(x)$ が微分可能であるときは

$$\alpha f(x)+\beta g(x)+\cdots+\gamma\varphi(x)$$
$$(\alpha, \beta, \cdots, \gamma \text{ は定数})$$

も微分可能でかつ

$$\frac{d}{dx}[\alpha f(x)+\beta g(x)+\cdots+\gamma\varphi(x)]$$
$$= \alpha f'(x)+\beta g'(x)+\cdots+\gamma\varphi'(x) \qquad (\mathrm{A}_4)$$

であることは, 上と同様にして証明することができる*.

例 1.

$$\frac{d}{dx}(x^3-3x^2+2) = \frac{d}{dx}[x^3+(-3)x^2+2]$$
$$= \frac{dx^3}{dx}+(-3)\frac{dx^2}{dx}+\frac{d2}{dx}$$
$$= 3x^2+(-3)\times 2x+0 = 3x^2-6x.$$

これはI, §6 に出ていた問の一つである.

2) 関数の積の導関数：(1) により

$$f(x+h) = f(x)+\Delta_1(h), \quad g(x+h) = g(x)+\Delta_2(h)$$

であるから

---

* 厳密にいえば数学的帰納法で証明するのである.

$$
\begin{aligned}
&f(x+h)g(x+h)-f(x)g(x)\\
&\quad=[f(x)+\Delta_1(h)][g(x)+\Delta_2(h)]-f(x)g(x)\\
&\quad=\Delta_1(h)g(x)+f(x)\Delta_2(h)+\Delta_1(h)\Delta_2(h)\\
&\quad=[f'(x)h+\rho_1(h)h]g(x)+f(x)[g'(x)h+\rho_2(h)h]\\
&\qquad+[f'(x)h+\rho_1(h)h]\Delta_2(h).
\end{aligned}
$$

ゆえに

$$
\begin{aligned}
&\frac{f(x+h)g(x+h)-f(x)g(x)}{h}\\
&\quad=f'(x)g(x)+f(x)g'(x)+\rho_1(h)g(x)+f(x)\rho_2(h)\\
&\qquad+f'(x)\Delta_2(h)+\rho_1(h)\Delta_2(h).
\end{aligned}
$$

しかるに，(2) により，$h\to 0$ ならば

$$\rho_1(h)g(x)+f(x)\rho_2(h)+f'(x)\Delta_2(h)+\rho_1(h)\Delta_2(h)\to 0$$

であるから

$$\boxed{\frac{d}{dx}[f(x)g(x)]=f'(x)g(x)+f(x)g'(x)} \qquad \text{(B)}$$

例 2. $f(x)\equiv 1-x^2$, $g(x)\equiv 1-k^2x^2$（k は定数）の場合には

$$
\begin{aligned}
&\frac{d}{dx}[(1-x^2)(1-k^2x^2)]\\
&\quad=\frac{d(1-x^2)}{dx}\cdot(1-k^2x^2)+(1-x^2)\cdot\frac{d(1-k^2x^2)}{dx}\\
&\quad=\left(\frac{d1}{dx}-\frac{dx^2}{dx}\right)(1-k^2x^2)+(1-x^2)\left(\frac{d1}{dx}-k^2\frac{dx^2}{dx}\right)\\
&\quad=(0-2x)(1-k^2x^2)+(1-x^2)(0-2k^2x)\\
&\quad=-2(1+k^2)x+4k^2x^3.
\end{aligned}
$$

一方，$(1-x^2)(1-k^2x^2)=1-(1+k^2)x^2+k^2x^4$ であるから

$$\frac{d}{dx}[(1-x^2)(1-k^2x^2)]$$

$$= \frac{d}{dx}[1-(1+k^2)x^2+k^2x^4]$$

$$= \frac{d1}{dx}-(1+k^2)\frac{dx^2}{dx}+k^2\frac{dx^4}{dx} \quad ((\mathrm{A}_4) \text{ による})$$

$$= -(1+k^2)\cdot 2x+k^2\cdot 4x^3.$$

これは上に得た結果と一致している.

問 1. 次の関数を微分する：

1) $\sqrt{x}(1+3x^2+2x^3)$　　2) $(x^3+2x+5)(x^2+6x+1)$.

3) 関数の商の導関数：$g(x)\neq 0$ であるとして，まず，$\dfrac{1}{g(x)}$ の導関数を求める.

$$\frac{1}{h}\left\{\frac{1}{g(x+h)}-\frac{1}{g(x)}\right\} = -\frac{1}{h}\cdot\frac{g(x+h)-g(x)}{g(x+h)g(x)}$$

$$= -\frac{1}{h}\cdot\frac{g'(x)h+\rho_2(h)h}{[g(x)+\Delta_2(h)]g(x)}$$

$$= -\frac{g'(x)+\rho_2(h)}{[g(x)]^2+\Delta_2(h)g(x)}.$$

$h\to 0$ ならしめれば，(2) により，分子は $g'(x)$ に近づき，分母は $[g(x)]^2$ に近づく．よって

$$\frac{d}{dx}\frac{1}{g(x)} = -\frac{g'(x)}{[g(x)]^2}. \quad (g(x)\neq 0) \qquad (\mathrm{C}_1)$$

注意 1. くわしくいうと，

$$-\frac{g'(x)+\rho_2(h)}{[g(x)]^2+\Delta_2(h)g(x)}-\left[-\frac{g'(x)}{[g(x)]^2}\right]$$

$$= -\frac{[g(x)]^2\rho_2(h)-g(x)g'(x)\Delta_2(h)}{[[g(x)]^2+\Delta_2(h)g(x)][g(x)]^2}$$

において $h\to 0$ ならば分母は $[g(x)]^4$ に近づき，分子は0に近づく．したがって

$$h\to 0 \quad \Rightarrow \quad -\frac{g'(x)+\rho_2(h)}{[g(x)]^2+\Delta_2(h)g(x)}\to -\frac{g'(x)}{[g(x)]^2}.$$

ここで，積の導関数の公式（B）をもちいれば

$$\begin{aligned}\frac{d}{dx}\frac{f(x)}{g(x)} &= \frac{d}{dx}\left\{f(x)\cdot\frac{1}{g(x)}\right\}\\ &= \frac{df(x)}{dx}\cdot\frac{1}{g(x)}+f(x)\frac{d}{dx}\frac{1}{g(x)}\\ &= f'(x)\cdot\frac{1}{g(x)}+f(x)\left\{-\frac{g'(x)}{[g(x)]^2}\right\}.\end{aligned}$$

したがって

$$\boxed{\frac{d}{dx}\frac{f(x)}{g(x)} = \frac{f'(x)g(x)-f(x)g'(x)}{[g(x)]^2} \quad (g(x)\neq 0)} \qquad \text{(C)}$$

例 3.

$$\begin{aligned}\frac{d}{dx}\frac{1-x}{1+x} &= \frac{\dfrac{d(1-x)}{dx}(1+x)-(1-x)\dfrac{d(1+x)}{dx}}{(1+x)^2}\\ &= \frac{(-1)(1+x)-(1-x)\cdot 1}{(1+x)^2}\\ &= \frac{-2}{(1+x)^2}.\end{aligned}$$

問 2. 次の関数を微分する：

1）$\dfrac{a^2-x^2}{a^2+x^2}$（a は定数）　2）$\dfrac{\sqrt{x}}{1-x^3}$.

4）合成関数の導関数：たとえば，関数 $\sqrt{1+x^2}$ の場合に

$$f(y)\equiv\sqrt{y},\quad g(x)\equiv 1+x^2$$

とおけば

$$\sqrt{1+x^2} = f[g(x)]$$

と書くことができる.

一般に, 変数 y の関数 $f(y)$ があって, その変数 y がまた変数 x の関数 $g(x)$ であるとき, $f[g(x)]$ を $f(y)$ と $g(x)$ との**合成関数**と称する. $\sqrt{1+x^2}$ は, とりもなおさず, $\sqrt{y}$ と $1+x^2$ との合成関数というわけである.

注意 2. 合成関数 $f[g(x)]$ は $g(x)$ の値がいつでも $f(y)$ の定義域に属する場合でなければ考えられない. くわしくいうと次のごとくである : $g(x)$ および $f(y)$ の定義域をそれぞれ D および D' とし

$$x \in D \;\Rightarrow\; g(x) \in D' \tag{3}$$

であるとき, また, そういうときにかぎって, 合成関数 $f[g(x)]$ を考えうるのである. なお,

$$g(D) = \{g(x) \mid x \in D\}$$

とおいて関数 $g(x)$ の値域を $g(D)$ で表わすと, (3) は次のように書いても同じことになる :

$$g(D) \subseteq D'.$$

いま, $f(y), g(x)$ はそれぞれ変数 y の関数, 変数 x の関数として微分可能であるとし

$$k = \Delta_2(h) = g(x+h) - g(x) = g'(x)h + \rho_2(h)h$$

とおけば,

$$f(y+k) - f(y) = f'(y)k + \rho_1(k)k, \;\; g(x+h) = g(x) + k$$

であるから*

$$f[g(x+h)] - f[g(x)] = f[g(x)+k] - f[g(x)]$$
$$= f'[g(x)]k + \rho_1(k)k$$

---

* $k=0$ ならば $\rho_1(k)=0$ である.

$$= f'[g(x)][g'(x)h+\rho_2(h)h]$$
$$+\rho_1(k)[g'(x)h+\rho_2(h)h].$$

すなわち

$$\frac{f[g(x+h)]-f[g(x)]}{h}$$
$$= f'[g(x)]g'(x)+f'[g(x)]\rho_2(h)$$
$$+\rho_1(k)g'(x)+\rho_1(k)\rho_2(h).$$

ここで，(2) により，$h\to 0$ ならば $\Delta_2(h)\to 0$ すなわち $k\to 0$ であることに注意すれば，ふたたび (2) により

$$h\to 0 \quad \Rightarrow \quad \rho_1(k)\to 0.$$

したがって，$h\to 0$ ならば

$$f'[g(x)]\rho_2(h)+\rho_1(k)g'(x)+\rho_1(k)\rho_2(h)\to 0$$

であるから

$$\boxed{\frac{d}{dx}f[g(x)] = f'[g(x)]g'(x)} \qquad \text{(D)}$$

例 4. $f(y)\equiv\sqrt{y}$，$g(x)\equiv 1+x^2$ とすれば

$$f[g(x)] = \sqrt{1+x^2}, \quad f'(y) = \frac{1}{2}\cdot\frac{1}{\sqrt{y}}, \quad g'(x) = 2x.$$

よって

$$\frac{d\sqrt{1+x^2}}{dx} = \frac{1}{2}\cdot\frac{1}{\sqrt{1+x^2}}\cdot 2x = \frac{x}{\sqrt{1+x^2}}.$$

また，直接計算しても

$$\frac{\sqrt{1+(x+h)^2}-\sqrt{1+x^2}}{h}$$
$$= \frac{[1+(x+h)^2]-(1+x^2)}{h[\sqrt{1+(x+h)^2}+\sqrt{1+x^2}]}$$

$$= \frac{(x+h)^2-x^2}{h} \cdot \frac{1}{\sqrt{1+(x+h)^2}+\sqrt{1+x^2}}$$

$$= \frac{2x+h}{\sqrt{1+(x+h)^2}+\sqrt{1+x^2}}.$$

ゆえに

$h \to 0$ ならば

$$\frac{\sqrt{1+(x+h)^2}-\sqrt{1+x^2}}{h} \to \frac{2x}{2\sqrt{1+x^2}} = \frac{x}{\sqrt{1+x^2}}.$$

例 5. 放物線 $4y=x^2$ の上を点が動いているとき，その速度の x 成分と y 成分との間の関係を求める：y および x をそれぞれ時刻を表わす変数 t の関数と考え $4y=x^2$ の両辺を t について微分すれば，(D) により

$$4\frac{dy}{dt} = 2x\frac{dx}{dt}, \quad \text{すなわち} \quad 2\dot{y} = x\dot{x}.$$

ゆえに，たとえば，速度の x 成分と y 成分とがひとしくなる点を求めれば，その点の座標は $x=2$，$y=1$.

問 3. 次の関数を微分する：

1） $\sqrt{2x-\dfrac{1}{x^2}}$　　2） $\sqrt{x+\sqrt{1+x^2}}$　　3） $\sqrt{\dfrac{(a+x)(b+x)}{(a-x)(b-x)}}$.

注意 3. 合成関数 $f[g(x)]$ と書くかわりに $f\circ g(x)$ または $(f\circ g)(x)$ と書くことがある．また，$\alpha f(x)+\beta g(x)$，$f(x)\cdot g(x)$，$\dfrac{f(x)}{g(x)}$ をそれぞれ $(\alpha f+\beta g)(x)$，$(f\cdot g)(x)$，$(f/g)(x)$ と書いたりもする．もともと，$f(x)$ は独立変数の値 x に対応する関数（従属変数）の値を表わす記号なのであって，$f(x)$ で関数そのものを表わすのは，いわば，記号の借用なのである．そんなわけで，関数そのものを関数の値からきびしく区別して表わそうとするときには，しばしば，単に f とか g とかいう文字を記号としてもちいることがあるのである．この流儀の記号を使うとき，f と g との合成関数を表わす記号が，すなわち上に書いた $f\cdot g$ に

ほかならない. $\alpha f+\beta g$, $f\cdot g$, f/g についても同様である. なお, 関数そのものを表わす記号としては

$$f(\quad),\quad f(*)$$

などを使う人もあることを付言しておこう.

以上のようなしだいであるが, 本書の程度では, そういうやかましい区別をしないでもべつに不都合は起こらないから, いままでどおり, 関数を表わすのに $f(x)$ といった形の記号を使うことにする.

§2. 数学的帰納法

関数 x^2, x^3 の導関数はすでにI, §5, §6問1でこれを求めておいた. すなわち

$$\frac{dx^2}{dx}=2x,\quad \frac{dx^3}{dx}=3x^2$$

である. さきにこれらを求めるに際しては導関数の定義を直接そのよりどころとしたのであるが, 積の導関数の公式 (B) をもちいれば, これらはまた次のようにしても求めることができる.

前節の 2) において, $f(x)\equiv x$, $g(x)\equiv x$ とすれば, $f(x)$ および $g(x)$ は微分可能でかつ

$$x^2=f(x)g(x),\quad f'(x)=1,\quad g'(x)=1$$

である. したがって, x^2 は微分可能でかつ (B) により

$$\frac{dx^2}{dx}=1\times x+x\times 1,$$

すなわち

$$\frac{dx^2}{dx} = 2x. \tag{1}$$

つぎに，$f(x) \equiv x^2$，$g(x) \equiv x$ と考えれば，$f(x)$ および $g(x)$ は微分可能でかつ

$$x^3 = f(x) \cdot g(x), \quad f'(x) = 2x, \quad g'(x) = 1.$$

したがって，x^3 は微分可能でかつ

$$\frac{dx^3}{dx} = 2x \cdot x + x^2 \times 1,$$

すなわち

$$\frac{dx^3}{dx} = 3x^2. \tag{2}$$

さらに一歩を進めて，$f(x) \equiv x^3$，$g(x) \equiv x$ とすれば，$f(x)$ および $g(x)$ は微分可能でかつ

$$x^4 = f(x) g(x), \quad f'(x) = 3x^2, \quad g'(x) = 1.$$

よって，x^4 は微分可能でかつ

$$\frac{dx^4}{dx} = 3x^2 \cdot x + x^3 \times 1,$$

すなわち

$$\frac{dx^4}{dx} = 4x^3. \tag{3}$$

この方法をくりかえしてもちいれば，順々に

$$\frac{dx^5}{dx} = 5x^4, \quad \frac{dx^6}{dx} = 6x^5, \quad \frac{dx^7}{dx} = 7x^6, \cdots \tag{4}$$

であることが容易に証明される．

このことから，一般に次の定理：

n ガ自然数ナラバ x^n ハ微分可能デ，カツ

$$\boxed{\frac{dx^n}{dx} = nx^{n-1}} \tag{5}$$

の成りたつことが予想される．(1)，(2)，(3)，(4) は (5) においてそれぞれ $n=2, 3, 4, 5$ とおいたものにほかならない．

n の値が与えられたときは，その n がいかなる自然数であっても，上のような手続きをくりかえしていけば，その n に対して (5) の成りたつことがかならず証明できる．しかしながら，たとえば，$n=1{,}000{,}000$ の場合などそういう手続きを 999,999 回もくりかえしておこなうことは，時間と手数がかかりすぎて実際上は不可能であるというべきであろう．

そういう実際上の不便を避けるために，一挙にしてこの定理を証明する方法を考える．それには，(1)，(2)，(3)，(4) の証明にもちいた方法を一般的な形に直して，次の2項目を証明すれば十分である，

I) $n=1$ のとき，この定理は成立する．

II) もし $n=k$ のときこの定理が成立すると仮定すれば，
　$n=k+1$ のときにも定理は成立する．

I) および II) が証明されたとすると，まず，I) により $n=1$ の場合が成立するのであるから，II) により $n=1+1=2$ の場合にも定理は成立する．つぎに，$n=2$ の場合定理の成立することが示されたのであるから，また II) により $n=2+1=3$ の場合にも定理は成立する．つぎに，$n=3$ の

場合に定理が成立するのであるから，$n=3+1=4$ の場合にも…….かように続けていくときは，n がいかなる自然数であっても定理が成立せざるをえないことになってくる．いわば，I) を出発点としII) を推進力として自動的に定理が証明されてしまうのである．

さて，I) およびII) の証明であるが，x^1 すなわち x が微分可能でかつ

$$\frac{dx^1}{dx} = \frac{dx}{dx} = 1 = 1\cdot x^0$$

であることは，すでに，1, §5, 例3で学んだところであるから，これでI) は証明されていることになる．

つぎにII) を証明するために，まず，x^k は微分可能で，かつ

$$\frac{dx^k}{dx} = kx^{k-1}$$

であることがすでに証明されているものと仮定する．

$f(x) \equiv x^k$，$g(x) \equiv x$ とおけば $x^{k+1} \equiv f(x)\cdot g(x)$ であるから，前節2) により，x^{k+1} は微分可能で，かつ

$$\frac{dx^{k+1}}{dx} = kx^{k-1}\cdot x + x^k \times 1,$$

すなわち

$$\frac{dx^{k+1}}{dx} = (k+1)x^k.$$

これは (5) において $n=k+1$ とおいたものにほかならない．

かくしてI) およびII) が証明せられた．すなわち，上の定理の証明が完了したのである．

I)，II) を証明することによって定理の証明を達成する2段がまえの証明法は，上に掲げた定理の場合ばかりでなく，広く数学の各方面でもちいられている．この方法が**数学的帰納法**という名でよばれることは読者のすでに知るところであろう．

なお，次の2定理も上の定理と同様にして数学的帰納法により証明することができる．

$f(x)$ ガ微分可能ナラバ，$[f(x)]^n$ モ微分可能デカツ

$$\frac{d[f(x)]^n}{dx}=n[f(x)]^{n-1}f'(x).\quad (n\text{ ハ自然数})\tag{6}$$

$f_1(x), f_2(x), \cdots, f_{n-1}(x), f_n(x)$ ガ微分可能ナラバ，ソノ積

$$F(x)=f_1(x)f_2(x)\cdots f_{n-1}(x)f_n(x)$$

モ微分可能デカツ

$$\begin{aligned}\frac{d}{dx}&[f_1(x)f_2(x)\cdots f_{n-1}(x)f_n(x)]\\ &=f_1'(x)f_2(x)\cdots f_{n-1}(x)f_n(x)\\ &\quad+f_1(x)f_2'(x)\cdots f_{n-1}(x)f_n(x)\\ &\quad+\cdots\\ &\quad+f_1(x)f_2(x)\cdots f_{n-1}'(x)f_n(x)\\ &\quad+f_1(x)f_2(x)\cdots f_{n-1}(x)f_n'(x).\end{aligned}\tag{7}$$

シタガッテ，$F(x)\neq 0$ ナラバ

$$\frac{F'(x)}{F(x)} = \frac{f_1'(x)}{f_1(x)} + \frac{f_2'(x)}{f_2(x)} + \cdots$$
$$+ \frac{f_{n-1}'(x)}{f_{n-1}(x)} + \frac{f_n'(x)}{f_n(x)}. \tag{8}$$

注意 1. (7) において $f_1(x) \equiv f_2(x) \equiv \cdots \equiv f_{n-1}(x) \equiv f_n(x) \equiv f(x)$ とすれば, (6) を得る. また, (6) において $f(x) \equiv x$ とすれば (5) を得る. すなわち, (5) は (6) の特別な場合, (6) は (7) の特別な場合である.

問 1. (7) を証明する.

問 2. (D) と (5) とをもちいて (数学的帰納法によらないで) (6) を証明する.

§3. 有理関数とその導関数

§1, 1), 例 1 で示したように

$$x^3 - 3x^2 + 2$$

のような多項式はいつでも微分可能で, この場合には

$$\frac{d}{dx}(x^3 - 3x^2 + 2) = 3x^2 - 6x$$

である. このことを一般的に述べれば次のごとくなる:

a を定数, n を自然数とすれば, §1, (A_3) と §2, (5) とから

$$\frac{d(ax^n)}{dx} = a\frac{dx^n}{dx} = anx^{n-1} = nax^{n-1}.$$

また, 定数値関数の導関数は 0 にひとしい. よって, $a_0, a_1, a_2, \cdots, a_{n-1}, a_n$ を定数であるとすれば

$$\frac{da_0}{dx}=0,\ \frac{d(a_1x)}{dx}=a_1,\ \frac{d(a_2x^2)}{dx}=2a_2x,\cdots,$$

$$\frac{d(a_{n-1}x^{n-1})}{dx}=(n-1)a_{n-1}x^{n-2},\ \frac{d(a_nx^n)}{dx}=na_nx^{n-1}.$$

したがって§1，1）により，多項式

$$a_0+a_1x+a_2x^2+\cdots+a_{n-1}x^{n-1}+a_nx^n \tag{1}$$

は微分可能でかつ

$$\frac{d}{dx}(a_0+a_1x+a_2x^2+\cdots+a_{n-1}x^{n-1}+a_nx^n)$$

$$=a_1+2a_2x+\cdots+(n-1)a_{n-1}x^{n-2}+na_nx^{n-1}.$$

（(A_4) による） (2)

さらに，$b_0, b_1, b_2, \cdots, b_{m-1}, b_m$ は定数であるとすれば，上と同じく

$$b_0+b_1x+b_2x^2+\cdots+b_{m-1}x^{m-1}+b_mx^m \tag{3}$$

は微分可能である．よって，多項式 (3) が0にひとしくならないような x に対しては*，関数

$$\frac{a_0+a_1x+a_2x^2+\cdots+a_{n-1}x^{n-1}+a_nx^n}{b_0+b_1x+b_2x^2+\cdots+b_{m-1}x^{m-1}+b_mx^m} \tag{4}$$

は§1，3）により微分可能であるということになる．

例1.

$$\frac{d}{dx}\frac{1-x^2}{1-2ax+x^2}$$

---

* すなわち方程式 $b_0+b_1x+\cdots+b_mx^m=0$ の根でない x の値に対しては．

$$= \frac{(1-2ax+x^2)\dfrac{d}{dx}(1-x^2)-\dfrac{d}{dx}(1-2ax+x^2)\cdot(1-x^2)}{(1-2ax+x^2)^2}$$

((C) による)

$$= \frac{(1-2ax+x^2)(-2x)-(-2a+2x)(1-x^2)}{(1-2ax+x^2)^2}$$

$$= \frac{2a-4x+2ax^2}{(1-2ax+x^2)^2}.$$

この例の示すように，(4) の導関数は，商の導関数の公式 (C) と (2) とによって，ふたたび (4) と同じ形の式となる．しかし，その一般的な形を書くのは煩雑であるから省くこととし，とくに，$a_0=1$, $a_1=a_2=\cdots=a_{n-1}=a_n=0$, $b_0=b_1=\cdots=b_{m-1}=0$, $b_m=1$ の場合，すなわち

$$\frac{1}{x^m} \quad (x\neq 0)$$

の導関数を求めておこう．

§1, (C_1) によれば

$$\frac{d}{dx}\left[\frac{1}{x^m}\right] = -\frac{mx^{m-1}}{(x^m)^2} = -\frac{mx^{m-1}}{x^{2m}} = -\frac{m}{x^{m+1}}$$

であるが，ここで $n=-m$ と書けば，$\dfrac{1}{x^m}=x^{-m}=x^n$, $\dfrac{1}{x^{m+1}}=x^{-m-1}=x^{n-1}$ であるから，上の等式は

$$\frac{dx^n}{dx} = nx^{n-1} \quad (x\neq 0) \tag{5}$$

となり，§2, (5) と同じ形の等式が得られる．すなわち，§2, (5) は n が負の整数の場合にも成りたつのである．

(4) の形の関数を変数 x の**有理関数 (有理式)** と称する. (1) のような多項式は (4) において $b_0=1$, $b_1=b_2=\cdots=b_{m-1}=b_m=0$ となった特別の場合と考えられる. 多項式をまた**有理整関数 (有理整式)** ともよぶのはこのゆえである. (4) においてとくに分母が定数ではない多項式であることを強調するためには, (4) をよぶのに (有理) **分数式**または**分数関数**という名をもちいることもある. いずれにしても

有理関数ノ導関数ハヤハリ有理関数デアル

ことに注意する.

問 1. 次の有理関数を微分する:

1) x^3-3x　　2) x^4-6x^2+3

3) $\dfrac{1}{1+2ax+x^2}$　　4) $\dfrac{x^n}{1-x^n}$.

§4. 無理関数

有理関数に対するものとして

$$x+\sqrt{1+x^2},\quad \frac{6x}{(\sqrt{1+x^6}\,)^3},\quad \sqrt[3]{x}-1 \tag{1}$$

のごとく, 変数 x および定数に開方と加減乗除を有限回ほどこして得られる関数を**無理関数**と称する.

いま, たとえば

$$y=x+\sqrt{1+x^2}$$

とおけば

$$y-x=\sqrt{1+x^2}.$$

よって

$$(y-x)^2 = 1+x^2$$

であるから，y は

$$y^2-2xy-1 = 0 \tag{2}$$

という y についての代数方程式を満足する．同様にして

$$y = \frac{6x}{(\sqrt{1+x^6})^3}, \quad y = \sqrt[3]{x}-1$$

とおけば，これらの y はそれぞれ y に関する代数方程式

$$(1+x^6)^3y^2-36x^2 = 0, \quad y^3+3y^2+3y+1-x = 0 \tag{3}$$

を満足することが確かめられる．

(2)，(3) の代数方程式はいずれも

$$A_n(x)y^n+A_{n-1}(x)y^{n-1}+\cdots+A_1(x)y+A_0(x) = 0 \tag{4}$$

($A_n(x), A_{n-1}(x), \cdots, A_1(x), A_0(x)$ は x に関する多項式)

という形の代数方程式の特別な場合と考えられる．すなわち，無理関数はこれを y とおけば (4) という形の代数方程式を満足するということになるわけである．

一般に関数を y とおいたときその y が (4) の形の方程式を満足する場合，その関数は**代数関数**と名づけられる．無理関数は，とりもなおさず，代数関数の一種にほかならない．また，有理関数（前節 (4)）を y とおけば，この y は y に関し1次の代数方程式

$$(b_0+b_1x+\cdots+b_{m-1}x^{m-1}+b_mx^m)y$$
$$-(a_0+a_1x+\cdots+a_{n-1}x^{n-1}+a_nx^n) = 0$$

を満足するので，有理関数もまた代数関数の一種であることがわかる．代数関数でない関数は**超越関数**と称せられ

る．後章で説明する対数関数，指数関数，三角関数，逆三角関数は超越関数である．

注意 1. 代数関数のなかには無理関数や有理関数でないものもある．

さて，無理関数の微分法であるが，(1) の関数はそれぞれ

$$x+(1+x^2)^{\frac{1}{2}},\quad \frac{6x}{(1+x^6)^{\frac{3}{2}}},\quad x^{\frac{1}{3}}-1$$

と書かれるので，これらの関数の導関数を求めることは，§1，1)，2)，3) により，けっきょく

$$(1+x^2)^{\frac{1}{2}},\quad (1+x^6)^{\frac{3}{2}},\quad x^{\frac{1}{3}}$$

の導関数を求めることに帰する．しかるに，たとえば $(1+x^6)^{\frac{3}{2}}$ の場合，$f(y)\equiv y^{\frac{3}{2}}$，$y=1+x^6$ とおけば $(1+x^6)^{\frac{3}{2}}=f(1+x^6)$，したがって，§1，4) により

$$\frac{d(1+x^6)^{\frac{3}{2}}}{dx}=f'(1+x^6)\cdot\frac{d(1+x^6)}{dx}=f'(1+x^6)\cdot 6x^5$$

であるから，問題は，つまるところ，変数 y の関数 $y^{\frac{3}{2}}$ の導関数を求め得られれば解決するわけである．

かくして，無理関数の導関数を求める問題は，

$$x^{\frac{m}{n}}\quad (m, n\text{ は自然数})$$

なる形の関数を微分する問題に帰着せられた．これについては次節で説明することにする．

問 1. $y=\sqrt{1+x^3}+\sqrt[3]{1+x^3}$ とおくとき，y が (4) の形の代数方程式を満足することを確かめる．

§5. 無理関数の導関数

n は1より大きい自然数であるとし関数 $x^{\frac{1}{n}}$ の導関数を求める問題を考える．点 $x=0$ では $x^{\frac{1}{n}}$ は微分可能でないので*，以下本節ではいつも $x\neq0$ であるものと定めておく．また，n が偶数の場合には $x<0$ ならば $x^{\frac{1}{n}}$ は虚数になるから，この場合には $x>0$ である範囲に問題を限定することにする．

結果をまえもって書けば，上に述べた範囲の x に対し $x^{\frac{1}{n}}$ は微分可能でかつ

$$\frac{dx^{\frac{1}{n}}}{dx}=\frac{1}{n}x^{\frac{1}{n}-1} \tag{1}$$

である．

i) $x>0$ の場合：最初に，$h\neq0$，$x+h>0$ であるような h をとり**

$$k=(x+h)^{\frac{1}{n}}-x^{\frac{1}{n}}$$

とおくとき***

$$h\to0 \quad\Rightarrow\quad k\to0$$

であることを証明する：

$$\begin{aligned}h&=(x+h)-x=[(x+h)^{\frac{1}{n}}]^n-[x^{\frac{1}{n}}]^n\\&=[(x+h)^{\frac{1}{n}}-x^{\frac{1}{n}}][(x+h)^{\frac{n-1}{n}}+(x+h)^{\frac{n-2}{n}}x^{\frac{1}{n}}+\cdots\\&\qquad\qquad+(x+h)^{\frac{1}{n}}x^{\frac{n-2}{n}}+x^{\frac{n-1}{n}}]\end{aligned}$$

---

*　I，§6，注意2参照．

**　絶対値の小さい h だけが問題であるから，このように h を限定してもさしつかえないわけである．

***　$h\neq0$ であるから $k\neq0$ であることに注意．

において，$x>0$，$x+h>0$．したがって

$$(x+h)^{\frac{n-1}{n}}+(x+h)^{\frac{n-2}{n}}x^{\frac{1}{n}}+\cdots$$
$$+(x+h)^{\frac{1}{n}}x^{\frac{n-2}{n}}+x^{\frac{n-1}{n}}>x^{\frac{n-1}{n}}>0$$

に注意すれば

$$|h|>|k|\cdot x^{\frac{n-1}{n}},$$

すなわち

$$0<|k|<|h|\cdot x^{\frac{1-n}{n}}.$$

これは，とりもなおさず，hを0に近づければkもまた0に近づくことを示すものにほかならない．

いま

$$y=x^{\frac{1}{n}}$$

とおけば

$$x=y^n,\ k=(y^n+h)^{\frac{1}{n}}-y,$$

したがって

$$h=(y+k)^n-y^n$$

であるから

$$\frac{(x+h)^{\frac{1}{n}}-x^{\frac{1}{n}}}{h}=\frac{k}{(y+k)^n-y^n}=\frac{1}{\dfrac{(y+k)^n-y^n}{k}}.\quad(2)$$

ここで，$h\to0$ ならば $k\to0$，よって§2，(5) により，上式の最右辺の分母は ny^{n-1} に近づく．$ny^{n-1}=nx^{\frac{n-1}{n}}=nx^{1-\frac{1}{n}}$ であるから，(2) において h を0に近づければ，けっきょく

$$\frac{dx^{\frac{1}{n}}}{dx}=\frac{1}{nx^{1-\frac{1}{n}}}=\frac{1}{n}x^{\frac{1}{n}-1}.$$

ii) $x<0$ の場合：もとより n が奇数の場合だけを考える．

$$x^{\frac{1}{n}} = -(-x)^{\frac{1}{n}}$$

であるから，$f(y) \equiv -y^{\frac{1}{n}}$，$g(x) \equiv -x$ とおけば

$$x^{\frac{1}{n}} = f[g(x)]$$

と書くことができる．ここに，$y>0$ とすれば i）により

$$f'(y) = -\frac{1}{n}y^{\frac{1}{n}-1}.$$

したがって，$g(x) \equiv -x>0$ に注意すれば

$$f'[g(x)] = -\frac{1}{n}(-x)^{\frac{1}{n}-1}.$$

よって，§1，4）により

$$\frac{dx^{\frac{1}{n}}}{dx} = f'[g(x)]g'(x) = -\frac{1}{n}(-x)^{\frac{1}{n}-1}(-1)$$

$$= \frac{1}{n}(-x)^{\frac{1-n}{n}}.$$

n は奇数，したがって $1-n$ は偶数であるから

$$(-x)^{\frac{1-n}{n}} = [(-x)^{1-n}]^{\frac{1}{n}} = (x^{1-n})^{\frac{1}{n}} = x^{\frac{1-n}{n}} = x^{\frac{1}{n}-1}.$$

これを上式の右辺に代入すればすなわち（1）が得られる．

以上で（1）の証明は終わったので，今度は

$$\frac{dx^{\frac{m}{n}}}{dx} = \frac{m}{n}x^{\frac{m}{n}-1} \quad (m, n \text{ は自然数}) \tag{3}$$

の証明にとりかかる．ただし，$\frac{m}{n}$ は既約分数であるとし，n が偶数なる場合には $x>0$，また n が奇数になる場合には $x \neq 0$ であるとしておく．

$f(y) \equiv y^m$，$g(x) \equiv x^{\frac{1}{n}}$ とおけば

$$x^{\frac{m}{n}} = f[g(x)]$$

であるから，§1，4）により

$$\frac{dx^{\frac{m}{n}}}{dx} = f'[g(x)]\cdot g'(x) = m[g(x)]^{m-1}\cdot\frac{1}{n}x^{\frac{1}{n}-1}$$

$$= \frac{m}{n}x^{\frac{m-1}{n}}\cdot x^{\frac{1}{n}-1} = \frac{m}{n}x^{\frac{m}{n}-1}$$

これで証明は終わりである．

注意 1. n が奇数でかつ $\frac{m}{n}>1$ の場合には

$$\frac{(0+h)^{\frac{m}{n}}-0^{\frac{m}{n}}}{h} = \frac{h^{\frac{m}{n}}}{h} = h^{\frac{m}{n}-1}$$

であるから，$x=0$ における $x^{\frac{m}{n}}$ の微分係数は 0 にひとしい．これはこの場合 $x=0$ においても（3）の成立することを意味する．

注意 2.（1）を次のようにして証明する人がいる：$y=x^{\frac{1}{n}}$ とおくと $y^n=x$ であるから，この両辺を x について微分すれば，$ny^{n-1}\frac{dy}{dx}=1$，すなわち，$\frac{dy}{dx}=\frac{1}{ny^{n-1}}$．ここで，$y=x^{\frac{1}{n}}$ を代入すると，（1）が得られる――というのである．この証明は $x^{\frac{1}{n}}$ が微分可能であることを仮定しているので完全な証明とはいわれないことに注意する．

さて，§2，（5）においては $\alpha=n$，この節の（1）においては $\alpha=\frac{1}{n}$，（3）においては $\alpha=\frac{m}{n}$ とおけば，これらの公式はいずれも

$$\frac{dx^{\alpha}}{dx} = \alpha x^{\alpha-1} \tag{4}$$

という統一した形に書かれる．

いままではおもに $\alpha>0$ の場合を取り扱ってきたが，じつは，$\alpha<0$（α は有理数）の場合にも（4）の成りたつこと

を証明することができる．すなわち，$\alpha<0$ とし $\alpha=-\beta$ とおけば，$\beta>0$ でかつ

$$x^{\alpha}=x^{-\beta}=\frac{1}{x^{\beta}}.$$

ゆえに§1，3）により

$$\frac{dx^{\alpha}}{dx}=\frac{d}{dx}\left(\frac{1}{x^{\beta}}\right)=-\frac{\beta x^{\beta-1}}{x^{2\beta}}=(-\beta)x^{-\beta-1}=\alpha x^{\alpha-1}.$$

かくして，けっきょく，α が有理数ならば，x^{α} および $\alpha x^{\alpha-1}$ が意味をもつかぎり，(4) が成立するということになったわけである．

最後に，前節で述べたところを参照すれば，本節 (4) の結果として

無理関数ノ導関数ハヤハリ無理関数デアル

ことが確かめられることを注意しておく．

問 1．次の関数を微分する：1）$x^{-\frac{4}{3}}$　　2）$\sqrt[3]{(1+x+x^{2})^{2}}$.

§6. 導関数の求めかた

§5において，α が有理数であるとき，x^{α} および $x^{\alpha-1}$ が意味を有するかぎり*，公式

$$\boxed{\frac{dx^{\alpha}}{dx}=\alpha x^{\alpha-1}\quad(\alpha\text{ は有理数})}\tag{1}$$

の成りたつことが知られたので，これであらゆる有理関数，無理関数を微分する道具だてがととのえられた．あと

---

*　$\alpha=0$ の場合にも $x\neq0$ ならば公式は成りたつことに注意.

は，この公式と§1で得られた公式 (A)，(B)，(C)，(D) を使いこなすのに習熟するだけのことである．

例 1.

$$\frac{d}{dx}\frac{6x}{(\sqrt{1+x^6})^3} = 6\cdot\frac{d}{dx}\frac{x}{(\sqrt{1+x^6})^3} \quad ((\mathrm{A}_3)\text{ による})$$

$$= 6\cdot\frac{\dfrac{dx}{dx}(\sqrt{1+x^6})^3 - x\dfrac{d(\sqrt{1+x^6})^3}{dx}}{(\sqrt{1+x^6})^6}. \quad ((\mathrm{C})\text{ による})$$

しかるに，$y=1+x^6$ とおけば

$$(\sqrt{1+x^6})^3 = y^{\frac{3}{2}}, \quad \frac{dy^{\frac{3}{2}}}{dy} = \frac{3}{2}y^{\frac{1}{2}} = \frac{3}{2}(1+x^6)^{\frac{1}{2}}$$

であるから

$$\frac{d(\sqrt{1+x^6})^3}{dx} = \frac{d(1+x^6)^{\frac{3}{2}}}{dx} = \frac{3}{2}(1+x^6)^{\frac{1}{2}}\cdot\frac{d}{dx}(1+x^6), \quad ((\mathrm{D})\text{ による})$$

すなわち

$$\frac{d(\sqrt{1+x^6})^3}{dx} = \frac{3}{2}\sqrt{1+x^6}\cdot 6x^5 = 9x^5\sqrt{1+x^6}.$$

よって

$$\frac{d}{dx}\frac{6x}{(\sqrt{1+x^6})^3} = 6\cdot\frac{(\sqrt{1+x^6})^3 - x\cdot 9x^5\sqrt{1+x^6}}{(\sqrt{1+x^6})^6}$$

$$= 6\cdot\frac{(1+x^6)-9x^6}{(\sqrt{1+x^6})^5} = \frac{6(1-8x^6)}{(\sqrt{1+x^6})^5}.$$

習熟すれば以上の計算を簡単に次のように書く：

$$\frac{d}{dx}\frac{6x}{(\sqrt{1+x^6})^3} = 6\cdot\frac{1\cdot(\sqrt{1+x^6})^3 - x\cdot\dfrac{3}{2}\sqrt{1+x^6}\cdot 6x^5}{(\sqrt{1+x^6})^6}$$

$$= 6\cdot\frac{1+x^6-9x^6}{(\sqrt{1+x^6})^5} = \frac{6(1-8x^6)}{(\sqrt{1+x^6})^5}.$$

あるいはまた，次のように考えることもできる．

$$\frac{d}{dx}\frac{6x}{(\sqrt{1+x^6})^3} = 6\cdot\frac{d}{dx}\frac{x}{(\sqrt{1+x^6})^3} \quad ((\mathrm{A}_3)\text{ による})$$

$$= 6\cdot\left[\frac{dx}{dx}\cdot(1+x^6)^{-\frac{3}{2}} + x\cdot\frac{d(1+x^6)^{-\frac{3}{2}}}{dx}\right].$$

((B) による)

ここで，$y=1+x^6$ とおけば

$$(1+x^6)^{-\frac{3}{2}} = y^{-\frac{3}{2}}, \quad \frac{dy^{-\frac{3}{2}}}{dy} = -\frac{3}{2}y^{-\frac{5}{2}} = -\frac{3}{2}(1+x^6)^{-\frac{5}{2}}$$

であるから

$$\frac{d(1+x^6)^{-\frac{3}{2}}}{dx} = -\frac{3}{2}(1+x^6)^{-\frac{5}{2}}\cdot 6x^5. \quad ((\mathrm{D})\text{ による})$$

よって

$$\frac{d}{dx}\frac{6x}{(\sqrt{1+x^6})^3} = 6\left[1\cdot(1+x^6)^{-\frac{3}{2}} + x\left(-\frac{3}{2}\right)(1+x^6)^{-\frac{5}{2}}\cdot 6x^5\right]$$

$$= 6\left[\frac{1}{(1+x^6)^{\frac{3}{2}}} - \frac{9x^6}{(1+x^6)^{\frac{5}{2}}}\right]$$

$$= \frac{6(1+x^6-9x^6)}{(1+x^6)^{\frac{5}{2}}} = \frac{6(1-8x^6)}{(\sqrt{1+x^6})^5}.$$

演習問題 II.

次の関数を微分する（1〜15）：

1．x^5+4x^3+7x+3

2．$\dfrac{a+bx+cx^2}{\sqrt{x}}$

3. $\dfrac{3x+2}{1+x+x^2}$ 4. $\dfrac{x-a}{(x-b)(x-c)}$

5. $x(x+a)(x+b)$ 6. $\dfrac{1}{[(x-a)^2+b^2]^n}$

7. $\sqrt{a^4-x^4}$ 8. $\sqrt{(x-2)(x-3)}$

9. $\dfrac{\sqrt{1+2x}}{\sqrt[3]{1+3x}}$ 10. $\sqrt{\dfrac{1-\sqrt[3]{x}}{1+\sqrt[3]{x}}}$

11. $\dfrac{\sqrt{a^2+x^2}+\sqrt{a^2-x^2}}{\sqrt{a^2+x^2}-\sqrt{a^2-x^2}}$ 12. $(a^{\frac{2}{3}}-x^{\frac{2}{3}})^{\frac{3}{2}}$

13. $\dfrac{1}{(x+1)^m(x+3)^n}$

14. $x^m(a+bx^n)^p$ (m, n, p は有理数)

15. $\dfrac{1}{x+\sqrt{x^2+a^2}}$.

16. $p_1, p_2, \cdots, p_m, q_1, q_2, \cdots, q_n$ は有理数であるとし

$$F(x) \equiv \frac{[f_1(x)]^{p_1}[f_2(x)]^{p_2}\cdots[f_m(x)]^{p_m}}{[g_1(x)]^{q_1}[g_2(x)]^{q_2}\cdots[g_n(x)]^{q_n}}$$

とおくとき，§2,（7）を利用して次の等式を証明する．

$$F'(x) = F(x)\left[p_1\frac{f_1'(x)}{f_1(x)}+p_2\frac{f_2'(x)}{f_2(x)}+\cdots+p_m\frac{f_m'(x)}{f_m(x)}\right.$$
$$\left.-q_1\frac{g_1'(x)}{g_1(x)}-q_2\frac{g_2'(x)}{g_2(x)}-\cdots-q_n\frac{g_n'(x)}{g_n(x)}\right].$$

注意 この等式によって導関数$F'(x)$を求める方法を**対数微分法**という（V, p.223）．§2,（8）はこの等式の特別な場合（$p_1=p_2=\cdots=p_m=1$, $q_1=q_2=\cdots=q_n=0$）である．

対数微分法により次の関数を微分する（17〜20）：

17. $\dfrac{(x+1)^2}{(x+2)^3(x+3)^4}$ 18. $\sqrt[5]{(a^2+x^2)^4}\sqrt[3]{(b^2+x^2)^2}$

19. $\sqrt[3]{\dfrac{(a+x)(b+x)}{(a-x)(b-x)}}$　　20. $x^2(a^2+x^2)\sqrt{a^2-x^2}$.

21. 曲線 $y=ax^{\frac{m}{n}}$ (m, n は自然数) 上の一点Pにおける接線が x 軸および y 軸と交わる点をそれぞれQおよびRとすれば $\overline{\mathrm{QP}}:\overline{\mathrm{PR}}=n:m$ であることを証明する.

22. $f(x)\equiv a_0+a_1x+a_2x^2+\cdots+a_nx^n$ とおくとき, α が方程式 $f(x)=0$ の重根であるための必要十分な条件は $f(\alpha)=0$, $f'(\alpha)=0$ であることを証明する.

23. $P(x)=a_0+a_1x+a_2x^2+\cdots+a_mx^m$, $Q(x)=b_0+b_1x+b_2x^2+\cdots+b_nx^n$ とおくとき, λ が関数 $\dfrac{P(x)}{Q(x)}$ の極値ならば方程式 $P(x)-\lambda Q(x)=0$ は重根を有することを証明する.

24. 楕円 $\dfrac{x^2}{a^2}+\dfrac{y^2}{b^2}=1$ に内接する長方形のうち面積の最大なものを求める.

III. 平均値の定理

本章では高等学校で学んだ平均値の定理の厳密な証明を述べる．平均値の定理は微分積分学の根幹ともいうべき定理であって，今後いたるところにこれが登場する．この定理を証明するためには，I章で触れておいた連続関数についてのくわしい知識が必要なので，章のはじめの部分はこれについての説明のために費やされる．また，章のおわりでは，いわゆる逆関数について正確な説明を与えておいた．これは後に逆三角関数，指数関数について学ぶためにも，ぜひ，知っておかなければならない重要な予備知識である．

§1. 連続関数

図 III-1 のグラフで示される関数を $f(x)$ で表わすと

$$\begin{aligned} 0 < x < a \quad &\Rightarrow \quad f(x) = 0, \\ a \leqq x < b \quad &\Rightarrow \quad f(x) = M, \\ b \leqq x \quad &\Rightarrow \quad f(x) = 2M \end{aligned}$$

である．したがって，たとえば，変数 x の値が a から b へ向かって変動するとき，まさに b に到達しようとする瞬間において，関数の値は急激に M から $2M$ へ飛び上がる．このゆえをもって，この関数は点 $x=b$ において不連続な関数であるといわれる．

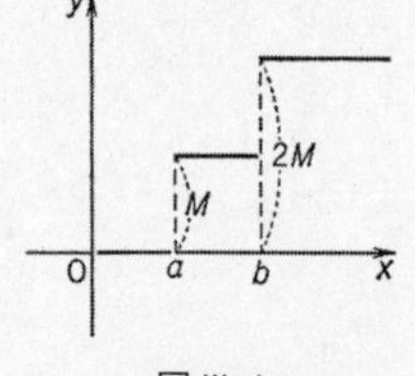

図 III-1

これに反し，たとえば，関数 $f(x) \equiv x^2$ の場合には

$$f(c+h)-f(c) = (c+h)^2-c^2$$

$$= 2ch + h^2 \quad (c\text{ は任意の数})$$

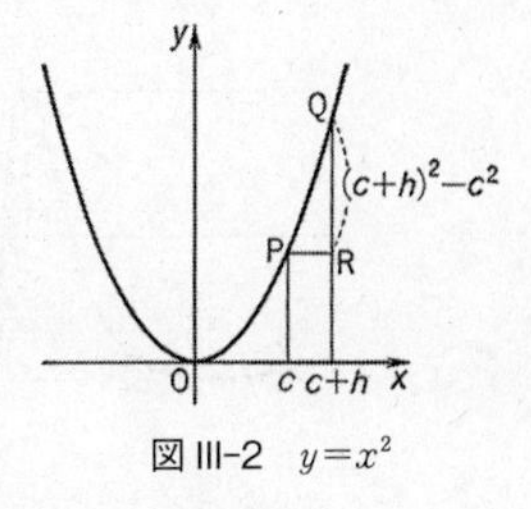

図 III-2　$y=x^2$

であるから，h の絶対値が微小ならば $f(c+h)-f(c)$ の絶対値もまた微小である．すなわち，独立変数の値の変動が微小ならば関数の値の変動も微小であって，そこには飛躍がない．この意味で関数 x^2 は点 $x=c$ で連続であるといわれる．

以上のことをべつのことばでいうと，h が0に近ければ $(c+h)^2-c^2$ も0に近い——記号で書くと

$$h \to 0 \quad \Rightarrow \quad (c+h)^2-c^2 \to 0,$$

$$\text{あるいは}\ h \to 0 \quad \Rightarrow \quad (c+h)^2 \to c^2$$

であるということになる．

一般に，I, §7で述べたように，関数 $f(x)$ が点 $x=c$ において条件：

$$h \to 0 \quad \Rightarrow \quad f(c+h)-f(c) \to 0$$

スナワチ

$$h \to 0 \quad \Rightarrow \quad f(c+h) \to f(c) \qquad (1)$$

を満足するとき，$f(x)$ は点 $x=c$ で**連続**であるという．点 $x=c$ で $f(x)$ が連続でない場合には，この点で $f(x)$ は**不連続**であるといわれる．

注意 1. $f(x)$ が点 $x=c$ で不連続であるというのは単に条件 (1) がみたされない場合を指すのであって，かならずしもこの節のはじめにあげた関数のような形の飛躍を示すものとはかぎらない．

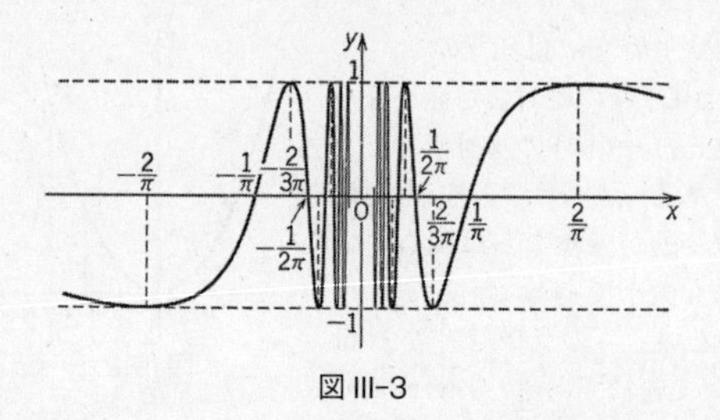

図 III-3

例 1.

$$f(0) = 0$$
$$f(x) = \sin\frac{1}{x} \quad (x \neq 0)$$

なる関数 $f(x)$ を考えてみる．n がどんなに大きな自然数でも

$$f\left(\frac{1}{\left(2n-\frac{1}{2}\right)\pi}\right) = -1, \quad f\left(\frac{1}{\left(2n+\frac{1}{2}\right)\pi}\right) = 1$$

であるから，h を 0 に近づけるとき，$f(h)$ は -1 と 1 との間を振動するばかりで，一定の数に近づくというわけにいかない（図 III-3）．したがって，もとより，

$$h \to 0 \;\Rightarrow\; f(h) \to f(0)$$

ではありえない．この $f(x)$ は $x=0$ で不連続な関数なのである．

$f(x)$ が点 $x=c$ で微分可能であるときには，I，§7，(3) により

$$f(c+h)-f(c) = f'(c)h+\rho(h)h$$
$$(h \to 0 \;\Rightarrow\; \rho(h) \to 0)$$

であるから，まさに (1) の条件がみたされる．よって，前にも述べたように，

関数 $f(x)$ ガ点 $x=c$ デ微分可能ナラバソノ点デ連続デアル．

注意 2. $f(x)$ が $x=c$ で連続であっても，そこで微分可能であるとはかぎらない．反例としては，

例 2.

$$f(0) = 0$$

$$f(x) = x \sin\frac{1}{x} \quad (x \neq 0)$$

なる関数 $f(x)$ を考えると，

$$x \to 0 \quad ならば \quad f(x) \to 0 \quad すなわち \quad f(x) \to f(0)$$

であるから，$f(x)$ は $x=0$ で連続な関数である．しかし，

$$\frac{f(0+h)-f(0)}{h} = \sin\frac{1}{h}$$

は $h \to 0$ のとき一定の数に近づかない（例 1）．

この結果，有理関数および無理関数はその分母が 0 にならないところでは連続であることになる．II 章に述べたごとく，そういう点を除けば，これらの関数は微分可能であるからである．とくに有理整関数，また定数値関数はいたるところ連続な関数である．

例 3. 有理関数 $\dfrac{1-x^2}{1-2ax+x^2}$ の場合，分母を 0 にひとしいとおいて得られる方程式 $1-2ax+x^2=0$ の根は $x=a+\sqrt{a^2-1}$ または $x=a-\sqrt{a^2-1}$ であるから，これら 2 点以外ではこの関数は連続である．とくに，$|a|<1$ ならば上記の二つの根はいずれも虚数となり，したがって，関数の分母は x の実数値に対してはけっして 0 になることはない．この場合にはこの関数はいたるところ連続である．

関数 $f(x)$ が変数 x のどんな値に対しても――その値に

対して $f(x)$ が定義されているかぎり――連続であるとき，これを単に**連続関数**と称する．

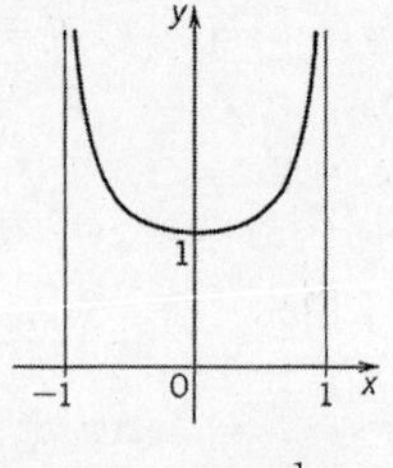

図 III-4　$y=\dfrac{1}{\sqrt{1-x^2}}$

たとえば，x^2 は x のすべての値に対して定義され，かつ x のすべての値に対して連続であるから連続関数である．また，関数 $\dfrac{1}{\sqrt{1-x^2}}$ は開区間 $(-1\,;1)$ において定義され，かつこの開区間の x に対して微分可能したがって連続であるから，連続関数である．

注意 3．関数 $\dfrac{1}{\sqrt{1-x^2}}$ は点 $x=\pm1$ では定義されていない．したがって，これらの点ではこの関数は連続であるとも不連続であるともいわないことになっている．関数が連続であるとか不連続であるとかいうのはその関数が定義されている点だけにかぎるのである．

例 4．関数 $f(x)\equiv\sqrt{1-x^2}$ は $-1<x<1$ なる x ―― 開区間 $(-1\,;1)$ に属する x ――に対しては微分可能であるから，かような x に対してはもとより，連続である．しかしながら，点 $x=-1$ および $x=1$ においては，この関数はさきの条件 (1) に文字どおりにはあてはまらない*．たとえば，$h>0$ ならば $1-(1+h)^2<0$ であるから，$f(1+h)=\sqrt{1-(1+h)^2}$ は虚数となり，(1) が無意味となってくるのである．しかし，ここで $h<0$ という制限をつけて $|h|$ の小さい範囲だけを考えると，

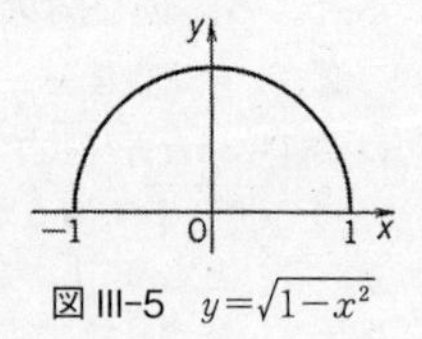

図 III-5　$y=\sqrt{1-x^2}$

$$h<0,\ h\to0\ \Rightarrow\ f(1+h)-f(1)\to0$$

---

*　もとより，$c=-1$ または $c=1$ と考えてのことである．

であることにはまちがいない．また，同様にして

$$h>0,\ h\to 0 \quad \Rightarrow \quad f(-1+h)-f(-1)\to 0$$

であることもただちに確かめられる．

かような意味で，$\sqrt{1-x^2}$ は閉区間 $[-1\,;1]$ で連続な関数であるということになっている．

一般に，$[a\,;c)$ で関数 $f(x)$ が定義されているとし，

$$h>0,\ h\to 0 \quad \Rightarrow \quad f(a+h)-f(a)\to 0$$

であるときは，$f(x)$ は $x=a$ で**右連続**であるという．

また，$(c\,;b]$ で $f(x)$ が定義されているとし，

$$h<0,\ h\to 0 \quad \Rightarrow \quad f(b+h)-f(b)\to 0$$

であるときは，$f(x)$ は $x=b$ で**左連続**であるという．

このようなことばを使うと，一般に区間で連続な関数を次のように定義することができる：すなわち，

閉区間 $[a\,;b]$ で定義された関数 $f(x)$ が $(a\,;b)$ の各点で連続，a では右連続，b では左連続であるとき，$f(x)$ は $[a\,;b]$ で連続な関数であるといわれる．同様にして，$[a\,;b)$ または $[a\,;+\infty)$ で定義された関数 $f(x)$ が a で右連続，定義域のその他の各点で連続であるとき，$f(x)$ は $[a\,;b)$ または $[a\,;+\infty)$ で連続な関数であるという．さらに，$(a\,;b]$ または $(-\infty\,;b]$ で定義された関数 $f(x)$ が b で左連続，定義域のその他の各点で連続であるとき，$f(x)$ は $(a\,;b]$ または $(-\infty\,;b]$ で連続な関数であるといわれるのである．

問 1． 関数 $|x|$ および $x^{\frac{2}{3}}$ はいたるところ連続であることを証明する*．

問 2． 関数 $|x|$ のグラフを描く．

問 3. 関数 $|x|$ および $x^{\frac{1}{3}}$ は点 $x=0$ で微分可能であるか否か.

問 4. $f(x)$ が右微分可能ならば右連続, 左微分可能ならば左連続であることを確かめる (I, §6, 注意 1).

§2. 連続関数の加減乗除

ここでは, まず

$f(x)$ オヨビ $g(x)$ ガ連続デアルトキハ

1) $\alpha f(x)+\beta g(x)$ (α, β ハ定数) 2) $f(x)\cdot g(x)$

3) $\dfrac{f(x)}{g(x)}$ (タダシ, $g(x)\neq 0$) 4) $|f(x)|$

モ連続デアル

ことを証明する.

証明にさきだち, 《連続》の定義により

$$\Delta_1(h) = f(x+h)-f(x), \quad \Delta_2(h) = g(x+h)-g(x)$$

とおくときは

$$h \to 0 \quad \Rightarrow \quad \Delta_1(h) \to 0, \ \Delta_2(h) \to 0 \tag{1}$$

であることに注意する.

1) の証明:

$$\begin{aligned}
&[\alpha f(x+h)+\beta g(x+h)]-[\alpha f(x)+\beta g(x)] \\
&\quad = \alpha[f(x+h)-f(x)]+\beta[g(x+h)-g(x)] \\
&\quad = \alpha\Delta_1(h)+\beta\Delta_2(h)
\end{aligned}$$

において, (1) により, $h\to 0$ ならば $\alpha\Delta_1(h)+\beta\Delta_2(h)\to 0$.

2) の証明:

$$f(x+h)g(x+h)-f(x)g(x)$$

---

* 関数 $x^{\frac{2}{3}}$ のグラフは p. 57 にある (図 I-15).

$$= [f(x)+\varDelta_1(h)][g(x)+\varDelta_2(h)]-f(x)g(x)$$
$$= f(x)\varDelta_2(h)+g(x)\varDelta_1(h)+\varDelta_1(h)\varDelta_2(h)$$

において，(1) により，$h\to 0$ ならば $f(x)\varDelta_2(h)+g(x)\varDelta_1(h)+\varDelta_1(h)\varDelta_2(h)\to 0$.

3) の証明：

$$\frac{f(x+h)}{g(x+h)}-\frac{f(x)}{g(x)}$$
$$=\frac{f(x+h)g(x)-f(x)g(x+h)}{g(x+h)g(x)}$$
$$=\frac{[f(x)+\varDelta_1(h)]g(x)-f(x)[g(x)+\varDelta_2(h)]}{[g(x)+\varDelta_2(h)]g(x)}$$
$$=\frac{\varDelta_1(h)g(x)-f(x)\varDelta_2(h)}{[g(x)]^2+\varDelta_2(h)g(x)}$$

において，(1) により $h\to 0$ ならば

$$[g(x)]^2+\varDelta_2(h)g(x)\to[g(x)]^2\neq 0,$$
$$\varDelta_1(h)g(x)-f(x)\varDelta_2(h)\to 0.$$

したがって

$$h\to 0 \quad\Rightarrow\quad \frac{f(x+h)}{g(x+h)}-\frac{f(x)}{g(x)}\to 0.$$

4) の証明：

$$|f(x+h)|=|[f(x+h)-f(x)]+f(x)|$$
$$\leqq|f(x+h)-f(x)|+|f(x)|,$$

すなわち　$|f(x+h)|-|f(x)|\leqq|f(x+h)-f(x)|$.

同様にして

$$|f(x)|-|f(x+h)|\leqq|f(x)-f(x+h)|$$

$$= |f(x+h)-f(x)|,$$

すなわち $-|f(x+h)-f(x)| \leqq |f(x+h)|-|f(x)|$.
したがって

$$||f(x+h)|-|f(x)|| \leqq |f(x+h)-f(x)| = |\varDelta_1(h)|.$$

ゆえに，(1) により $h \to 0$ ならば $|f(x+h)|-|f(x)| \to 0$.

証明は以上で終わりであるが，前節例 4 で扱った関数 $\sqrt{1-x^2}$ のように閉区間で連続な関数の場合にも 1)，2)，3)，4) の結果はそのままあてはまる．証明は上の証明法をすこし修正するだけのことである．

最後に

$f(y)$ オヨビ $g(x)$ ガソレゾレ変数 y オヨビ変数 x ノ関数トシテ連続デアルトキハ，$f[g(x)]$ モ連続デアル．

証明：$y=g(x)$ とし

$$k = \varDelta_2(h) = g(x+h)-g(x),$$

すなわち　$g(x+h) = g(x)+k = y+k$

とおくときは

$$f[g(x+h)]-f[g(x)] = f(y+k)-f(y).$$

しかるに，$h \to 0$ ならば (1) により $k \to 0$ で，$k \to 0$ ならば $f(y+k)-f(y) \to 0$ であるから，けっきょく $h \to 0$ ならば $f[g(x+h)]-f[g(x)] \to 0$ であることが知られる．

例 1. $\varphi(x)$ および $\phi(x)$ が連続関数ならば，2) により，$[\varphi(x)]^2$ および $[\phi(x)]^2$ も連続関数である．したがって，1) により $[\varphi(x)]^2+[\phi(x)]^2$ も連続関数である．しかるに $\sqrt{y}$ は変数 y の連続関数であるから，いま証明した定理により，

$\sqrt{[\varphi(x)]^2+[\psi(x)]^2}$ は連続な関数である.

問1. $\varphi(x)=\dfrac{|f(x)|+f(x)}{2}$ とおくときは, $f(x)\geqq 0$ ならば $\varphi(x)=f(x)$, $f(x)\leqq 0$ ならば $\varphi(x)=0$ であることを確かめる.

問2. $f(x)$ が連続関数ならば問1の $\varphi(x)$ も連続関数であることを確かめる.

§3. 上限と下限

開区間 $(-1\,;1)$ で連続な関数 $\dfrac{1}{\sqrt{1-x^2}}$ は, x を1もしくは -1 に近づけると分母が0に近づくので, その値がいくらでも大きくなる. これに反し, 閉区間 $[-1\,;1]$ で連続な関数 $\sqrt{1-x^2}$ はその値が1を越えることはない: $\sqrt{1-x^2}\leqq 1$.

一般に, 関数 $f(x)$ の定義域のあらゆる x に対して不等式

$$f(x)\leqq \Lambda$$

が成りたつような定数 Λ があるとき, $f(x)$ は**上に有界**な関数であるといい, Λ を $f(x)$ の**上界**と称する. Λ が $f(x)$ の上界ならば, Λ より大きな数はいずれも $f(x)$ の上界である.

上記の例についていえば, $\sqrt{1-x^2}$ は上に有界な関数で, 1はその上界の一つであるということになる. 1より大きな数, たとえば $\dfrac{3}{2}$ も $\sqrt{1-x^2}$ の上界である. また, $\dfrac{1}{\sqrt{1-x^2}}$ は上に有界でない関数の一例である.

ところで, 関数 $\sqrt{1-x^2}$ は点 $x=0$ においてはその値がちょうど1にひとしい. しかも, その他の点においては $\sqrt{1-x^2}<1$ なのであるから1はこの関数のとりうる最大の値であり, 点 $x=0$ に

おいて関数は《最大値》1に到達するわけである.

いまここで，条件

$$0<|x|\leqq 1 \quad \text{ならば} \quad \varphi(x)=\sqrt{1-x^2}$$

$$x=0 \quad \text{ならば} \quad \varphi(0)=\frac{1}{2}$$

で定められる関数 $\varphi(x)$ を考えてみる．$\varphi(x)$ は，やはり，閉区間 $[-1\,;1]$ を定義域とする関数であって，その値は1を越えることはない：

$$\varphi(x)\leqq 1.$$

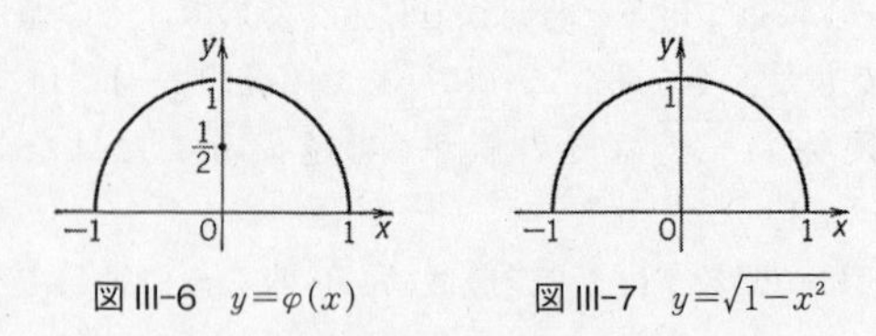

図 III-6　$y=\varphi(x)$　　図 III-7　$y=\sqrt{1-x^2}$

すなわち，$\varphi(x)$ は上に有界な関数であって，1はその上界である．ただ，前の場合とちがって，この関数は x を0に近づけるとき，その値は1にいくらでも近くはなるが，けっして1にひとしくなることはない．点 $x=0$ において $\varphi(x)$ は不連続であって，このためその上界1に到達することをはばまれ，最大値を有しえないのである．

こういう場合にも何か《最大値》に代わるものを考えられないであろうか．

いまも述べたように，$\varphi(x)$ はつねに1より小さいことは小さいが，また1にいくらでも近い値をとる．ことばをかえていえば，1に近いいかなる数 $1-\delta$（ただし $\delta>0$）をとっても

$$\varphi(x)>1-\delta$$

なる x がかならず見いだされるのである．この事実に着目して，

ここに,《上限》ということばが導入される.

一般に,関数$f(x)$が上に有界で,Λ_0をその上界の一つとするとき,Λ_0に近いいかなる数$\Lambda_0-\delta$(ただし$\delta>0$)をとってもかならず

$$f(x)>\Lambda_0-\delta$$

なるxが存在する場合には,Λ_0は$f(x)$の**上限**と称せられる.上限とは,とりもなおさず,上界のうちの最も小さいものを指すのである.

《上に有界》,《上界》,《上限》ということばは関数値の場合ばかりでなく,他の場合にもしばしばもちいられる.たとえば,条件

$$\sqrt{1-x^2}>x \tag{1}$$

に適するxを考えてみる.$\sqrt{1-x^2}$が実数であるためには$x>1$ではありえないから,とにかく

$$x\leqq 1$$

でなければならない.このことを《条件(1)に適するxは上に有界で1はかようなxの上界である》ということばで表わす.また,$x\geqq\dfrac{1}{\sqrt{2}}$ならば$\sqrt{1-x^2}\leqq x$であるから,$x$が条件(1)に適するならば

$$x<\frac{1}{\sqrt{2}}$$

でなければならない.この意味で,$\dfrac{1}{\sqrt{2}}$もまた条件(1)に適するxの上界の一つであるといわれる.しかも,$\dfrac{1}{\sqrt{2}}$に近いいかなる数$\dfrac{1}{\sqrt{2}}-\delta$(ただし,$\delta>0$)をとっても,たとえば$x=\dfrac{1}{\sqrt{2}}-\dfrac{\delta}{\sqrt{2}}$とおけば条件(1)が満足され,したがって

$$x>\frac{1}{\sqrt{2}}-\delta,\quad \sqrt{1-x^2}>x$$

なるxがかならずあることになる.この意味で$\dfrac{1}{\sqrt{2}}$は条件(1)

に適する x の上限，あるいは，集合

$$\{x|\sqrt{1-x^2}>x\}$$

の上限であるといわれる．

一般に，E は実数を元とする一つの集合であるとし，E のどの元 x をとっても，不等式

$$x \leqq \Lambda \quad (\Lambda \text{ は定数})$$

が成りたつとき，いいかえると，

$$x \in E \quad \Rightarrow \quad x \leqq \Lambda$$

であるとき，《集合 E は**上に有界である**》といい，Λ は集合 E の**上界**とよばれる．また，Λ_0 が E の上界の一つで，しかも Λ_0 に近いどのような数 $\Lambda_0-\delta$（ただし $\delta>0$）をとっても

$$x \in E,\ x > \Lambda_0-\delta$$

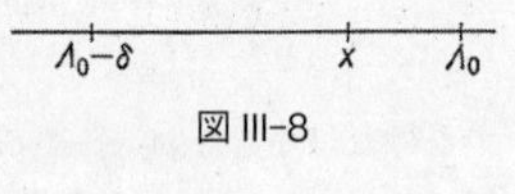

図 III-8

なる x が存在するとき，いいかえれば，Λ_0 が E の最小の上界であるときは，

$$\Lambda_0 = \sup E$$

と書いて，これを E の**上限**と称する*．

とくに，$\Lambda_0=\sup E$ が E の元であるときは，上限 Λ_0 はじつは E の最大値にほかならない．E の最大値を表わすには記号

$$\max E$$

がもちいられる**．

---

*　sup はラテン語 supremum の略である．

**　max はラテン語 maximum の略である．

最初に説明した関数 $f(x)$ の上界や上限は，$f(x)$ の定義域を D とすると，集合

$$\{f(x)|x \in D\}$$

の上界や上限であると考えられる．

上界および上限に対立するものとして，下界および下限ということばがある．

$$x \in E \quad \Rightarrow \quad x \geqq \lambda \quad (\lambda \text{は定数})$$

であるとき，集合 E は**下に有界**であるといい，λ は E の**下界**とよばれる．また，λ_0 が E の下界の一つで，しかも λ_0 に近いどのような数 $\lambda_0+\delta$（ただし $\delta>0$）をとっても

λ_0 x $\lambda_0+\delta$

図 III-9

$$x \in E, \ x < \lambda_0+\delta$$

なる x がかならず存在するとき，いいかえれば，λ_0 が E の最大の下界であるときは，

$$\lambda_0 = \inf E$$

と書いて*，これを E の**下限**と称する．

とくに，$\lambda_0=\inf E$ が E の元であるときは，E の下限 λ_0 はじつは E の最小値にほかならない．E の最小値を表わすには記号

$$\min E$$

がもちいられる**．

なお，$f(x)$ の定義域が D であるとし，集合

---

* inf はラテン語 infimum の略である．

** min はラテン語 minimum の略である．

$$\{f(x)|x \in D\}$$

が下に有界であるとき，簡単に《関数 $f(x)$ は下に有界である》といい，また，この集合の下界や下限を関数 $f(x)$ の下界や下限とよぶことが多い．

さらに，単に《集合 E が**有界**である》といえば，E が上にも有界，下にも有界であることを意味する．《関数 $f(x)$ が有界》というのも，同様に，$f(x)$ が上にも有界，下にも有界という意味である．

注意 1．一般に，たとえば $E=\{x|\sqrt{1-x^2}>x\}$ のように，集合 E がある条件によって定められる集合のときには，《E が上に有界》とか《E の上界，上限，最大値》とかいうかわりに，《その条件に適する x は上に有界》とか《その条件に適する x の上界，上限，最大値》とかいういいかたももちいられる．《E が下に有界》，《E の下界，下限，最小値》，《E が有界》についても同様である．

以上で上限や下限が何を意味するかを説明したが，集合 E が上に有界なとき，《いつでも上限（上界のなかで最小のもの）がはたして存在するのか》という疑問があるかもしれない．E が下に有界なときの下限の存在についても，同様の疑問が考えられる．

この疑問に対しては，《上限や下限の存在は微分積分学の出発点となるべき基本的仮定――いわゆる**公理**――の一つである》という答が与えられる．この公理は《**連続の公理**》とよばれ，微分積分学のみならず，数学全体にとっても重要な基本的公理なので，ここにあらためてこれを特筆しておくことにする.

連続ノ公理：実数バカリヲ元トシテモツ集合 $\boldsymbol{E}$ ガ上ニ有界ナトキハ，上限スナワチ最小ノ上界ガ存在スル．マタ，$\boldsymbol{E}$ ガ下ニ有界ナトキハ下限スナワチ最大ノ下界ガ存在スル.

問 1. 連立不等式 $y>x^2$, $2x-y+3>0$ に適する x の上限下限, y の上限下限を求める.

問 2. $\inf\left\{\frac{1}{n}-\frac{1}{n^2}\,\middle|\, n=1,2,3,\cdots\right\}$ を求める.

§4. 連続関数の最大値と最小値

前節の関数 $\varphi(x)$ は，すでに説明したように，その上限 1 にひとしくなることがない．しかるに，関数 $\sqrt{1-x^2}$ のほうは，点 $x=0$ において，その上限 1 に到達する――いいかえれば，1 は関数 $\sqrt{1-x^2}$ の最大値なのである．これは $\varphi(x)$ が点 $x=0$ において不連続であるのに反し，$\sqrt{1-x^2}$ が閉区間 $[-1\,;1]$ で連続関数であるのによるのであって，偶然の事情によるのではない．じじつ，一般に，閉区間で連続な関数はいずれも有界でしかもその上限下限に到達するのである．以下順を追ってこのことを証明しよう.

まず

$f(x)$ ガ閉区間 $[a\,;b]$ デ連続ナラバ，$f(x)$ ハ上ニ有界デアル.

証明：点 $x=a$ に近いところでは $f(x)$ の値は $f(a)$ に近いのであるから，ξ を a に十分近くとれば，$a\leqq x\leqq\xi$ なる

xに対しては$f(x)$の値は$f(a)+1$を越ええない．すなわち

$$閉区間 [a\,;\xi] において f(x) は上に有界である \quad (1)$$

ようにξをえらびうるのである．いま，条件 (1) に適合するようなξの上限をcで表わせば，すなわち，

$$c=\sup\{\xi\,|\,[a\,;\xi] で f(x) は上に有界\}$$

とおけば（前節注意 1），上限の定義から明らかなように，δがいかに小さい正数であっても$\xi>c-\delta$でかつ条件 (1) に適するξがかならず存在しなければならない．こういうξをとれば，$\xi>c-\delta$でしかも閉区間$[a\,;\xi]$で$f(x)$は上に有界なのであるから，$f(x)$は閉区間$[a\,;c-\delta]$でも，もとより，上に有界であることに注意する．

以下，じつは$c=b$であることを示そう．

かりに，$a<c<b$であるとしてみると，点$x=c$に近いところでは$f(x)$の値は$f(c)$に近いのであるから，正数δを十分小さくとるときは，閉区間$[c-\delta\,;c+\delta]$では$f(x)$の値は$f(c)+1$を越えない．そのうえ，上に注意したように閉区間$[a\,;c-\delta]$で$f(x)$は上に有界であるから，$f(x)$は閉区間$[a\,;c+\delta]$でも上に有界でなければならない．これは，cが条件 (1) に適するξの上限であるという仮定に反する．よって，$c<b$ではありえない．いいかえれば，$c=b$であることがこれで示されたわけである．

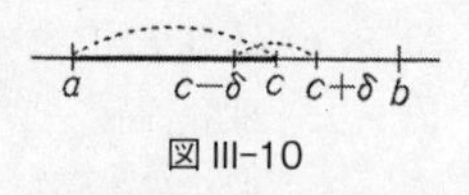

図 III-10

bが条件 (1) に適するξの上限であることになったうえ

は，閉区間 $[a\,;b]$ で $f(x)$ が上に有界なことを示すのは容易である．すなわち，正数 δ を十分小さくとれば閉区間 $[b-\delta\,;b]$ では $f(x)$ の値は $f(b)+1$ を越ええない．しかるに，一方また，前と同じ議論で閉区間 $[a\,;b-\delta]$ では $f(x)$ は上に有界なのであるから，$f(x)$ は閉区間 $[a\,;b]$ においても上に有界でなければならないのである．

$f(x)$ が上に有界であることがわかったので，今度は $f(x)$ がその上限に到達することを証明する．すなわち

$f(x)$ ガ閉区間 $[a\,;b]$ デ連続関数デアルトキ，ソノ上限ヲ M デ表ワセバ

$$f(c)=M, \quad a\leqq c\leqq b \tag{2}$$

ナル c ガカナラズ存在スル．スナワチ，上限 M ハジツハ $f(x)$ ノ最大値ナノデアル．

証明：かりにもしそういう c が存在しないならば，$M-f(x)\neq 0$ であるから，関数

$$\frac{1}{M-f(x)}$$

は，やはり，閉区間 $[a\,;b]$ で連続であるはずである．よって，この関数は上に有界であり，その上限を Λ とすれば

$$0<\frac{1}{M-f(x)}\leqq \Lambda \quad (\Lambda>0)$$

でなければならない．ところが，この不等式を書き直してみれば

$$f(x)\leqq M-\frac{1}{\Lambda}$$

となり，$f(x)$ は M よりも小さい上界 $M-\dfrac{1}{\Lambda}$ を有することになってしまう．これは M が $f(x)$ の上限——上界のなかの最小のもの——であるという仮定に反する．条件 (2) に適する c の存在がこれで証明されたわけである．

下限についても，上限についてと同様に

$f(x)$ ガ閉区間 $[a\,;\,b]$ デ連続関数ナラバ，$f(x)$ ハ下ニ有界デ，カツソノ下限ヲ m トスルトキ

$$f(c') = m,\quad a \leqq c' \leqq b$$

ナル c' ガカナラズ存在スル

ことが証明できる．この場合下限 m はじつは $f(x)$ の最小値にほかならない．

ここで，この節で得られた結果をまとめて述べると，

閉区間 $[a\,;\,b]$ デ連続ナ関数 $f(x)$ ハ有界デ，カツソノ最大値オヨビ最小値ヲ有スル

ということになる．

問 1. $h>0$ であるとし，閉区間 $[c\,;\,c+h]$ における連続関数 $f(x)$ の最大値および最小値をそれぞれ $M(h)$ および $m(h)$ で表わすとき，

$$h \to 0 \quad \Rightarrow \quad M(h)-m(h) \to 0$$

であることを証明する．

閉区間 $[a\,;\,b]$ で連続な関数 $f(x)$ が端点 $x=a$ および $x=b$ 以外の点 $x=c$ で最大値をとる場合，すなわち

$$f(c) = M,\quad a<c<b$$

である場合には，閉区間 $[a\,;\,b]$ のどの x についても

$$f(c) \geqq f(x)$$

すなわち

$$f(c) \geqq f(c+h) \quad (a \leqq c+h \leqq b)$$

であるから，点 $x=c$ においては左下右上でも左上右下（I, §10）でもありえない．したがって，もし点 $x=c$ で $f(x)$ が微分可能であるならば，$f'(c)>0$ でも $f'(c)<0$ でもありえず

$$f'(c)=0$$

でなければならない．点 $x=c$ $(a<c<b)$ で $f(x)$ が最小値をとる場合にも同様である．

してみると

閉区間 $[a\,;\,b]$ デ連続ナ関数 $f(x)$ ガ開区間 $(a\,;\,b)$ ノ各点デ微分可能デアルトキ，$f(x)$ ガ最大値（モシクハ最小値）ヲトル点ハ，方程式

$$f'(x)=0$$

ノ根オヨビ端点 $x=a$，$x=b$ 以外ニハアリエナイ

ことが知られる．

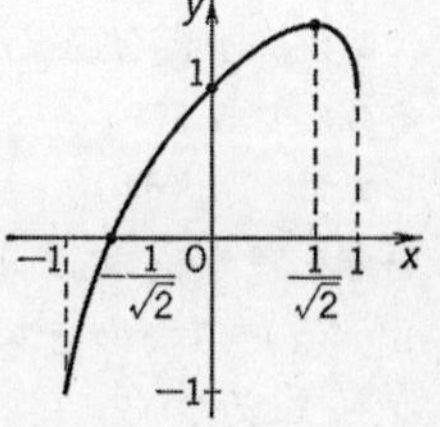

図 III-11　$y=x+\sqrt{1-x^2}$

例 1. $f(x)\equiv x+\sqrt{1-x^2}$ は閉区間 $[-1\,;\,1]$ で連続で，かつ開区間 $(-1\,;\,1)$ では微分可能である：

$$f'(x)=1-\frac{x}{\sqrt{1-x^2}}. \quad (-1<x<1)$$

これを0にひとしいとおいた方程式の根を求めれば

$$x=\frac{1}{\sqrt{2}}.$$

ところが

$$f(-1) = -1,\ f\left(\frac{1}{\sqrt{2}}\right) = \frac{1}{\sqrt{2}} + \frac{1}{\sqrt{2}} = \sqrt{2},\ f(1) = 1$$

であるから，この三者をくらべてみれば，$\sqrt{2}=f\left(\frac{1}{\sqrt{2}}\right)$ が最大値，$-1=f(-1)$ が最小値であることがわかる．

問 2. $\sqrt{1+x}+\sqrt{1-x}$ の最大値および最小値を求める．

§5. 平均値の定理

前節におけると同じく

$f(x)$ ハ閉区間 $[a\,;b]$ デ連続デカツ開区間 $(a\,;b)$ デ微分可能ナ関数デアルトスル．コノトキモシ

$$f(a) = f(b) = 0 \quad (1)$$

ナラバ，

$$f'(c) = 0,\ a<c<b \quad (2)$$

ナル c ガナケレバナラナイ．

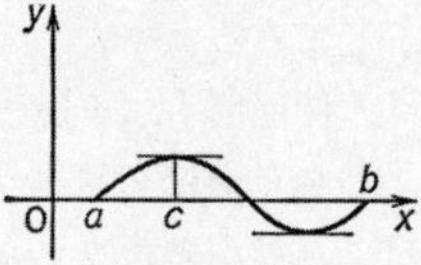

図 III-12

この定理は **Rolle（ロル）の定理**とよばれ，$f(x)$ のグラフについてのことばでいいかえれば，a から b へ至る途中に x 軸に平行な接線がかならずあるということを主張するものである．

まず，閉区間 $[a\,;b]$ のいたるところで $f(x)=0$ である場合を考える．この場合には，開区間 $(a\,;b)$ のどの点でも $f'(x)=0$ なのであるから，たとえば $c=\dfrac{a+b}{2}$ とおけば，c は条件 (2) に適することになる．

つぎに，$f(x)>0$ であるような点 x がある場合を考える．$f(x)$ の最大値を M とすれば $M>0$ であるから，

$f(c)=M$ とすれば c は a とも b とも異なる点である．すなわち，$a<c<b$ であるから，前節で説明したごとく，この c に対しては (2) が成立しなければならない．

最後に，$f(x)<0$ なる点がある場合には，$f(x)$ が最小値をとる点を考えれば，上と同じく (2) の成りたつ点 c の存在することが示される．

Rolle の定理から (1) という仮定を取り除くと，この場合には，《$f(x)$ のグラフは点 $\mathrm{P}(a, f(a))$ と点 $\mathrm{Q}(b, f(b))$ とを結ぶ弦に平行な接線を有する》という定理が得られる：

$f(x)$ ガ閉区間 $[a\,;b]$ デ連続デカツ開区間 $(a\,;b)$ デ微分可能ナ関数デアルトキハ，

$$\frac{f(b)-f(a)}{b-a}=f'(c),$$

$$a<c<b \qquad (3)$$

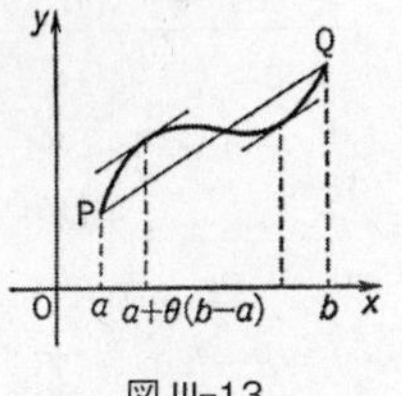

図 III-13

スナワチ

$$f(b)=f(a)+f'(c)(b-a),$$
$$a<c<b \qquad (4)$$

ナル c ガ存在スル．

証明：

$$\varphi(x)\equiv f(x)-f(a)-\mu\cdot(x-a),\quad \mu=\frac{f(b)-f(a)}{b-a}$$

とおけば，$\varphi(x)$ は $f(x)$ と同じく閉区間 $[a\,;b]$ で連続，開区間 $(a\,;b)$ で微分可能な関数で，しかも

$$\varphi(a)=\varphi(b)=0$$

である．よって，Rolleの定理により

$$\varphi'(c) = 0, \quad a<c<b$$

なるcがなければならない．

$$\varphi'(x) = f'(x)-\mu = f'(x)-\frac{f(b)-f(a)}{b-a}$$

に注意すれば，(3) すなわち (4) はただちに出てくる．

この定理は**平均値の定理**とよばれ，いわば微分積分学の中心となる重要な定理である．この平均値の定理において$f(a)=f(b)=0$であると仮定すれば，これはRolleの定理にほかならないことを注意する．

(4) のかわりに，しばしば，$c=a+\theta(b-a)$とおいて

$$\boxed{f(b) = f(a)+f'[a+\theta(b-a)](b-a) \quad (0<\theta<1)} \tag{5}$$

あるいはさらに$h=b-a$とおいて

$$f(a+h) = f(a)+f'(a+\theta h)h \tag{6}$$

という書きかたももちいられる．なお，$1-\theta=\theta_1$，$h_1=-h=a-b$とおけば，

(5) および (6) はそれぞれ

$$f(a) = f(b)+f'[b+\theta_1(a-b)](a-b) \quad (0<\theta_1<1) \tag{7}$$

$$f(b+h_1) = f(b)+f'(b+\theta_1 h_1)h_1 \qquad (0<\theta_1<1) \tag{8}$$

と書きうることに注意する．

また，$a\leqq x\leqq b$ならば，もとより$f(x)$は閉区間$[a\,;x]$および$[x\,;b]$において連続，開区間$(a\,;x)$および$(x\,;$

$b)$ において微分可能であるから，上と同じ理由で

$$f(x) = f(a)+f'[a+\theta(x-a)](x-a)$$
$$(0<\theta<1,\ a<x\leqq b) \tag{9}$$
$$f(x) = f(b)+f'[b+\theta_1(x-b)](x-b)$$
$$(0<\theta_1<1,\ a\leqq x<b) \tag{10}$$

と書くことができる．ただし，一般にこの θ および θ_1 は x の値いかんによって一定ではないこともちろんである．なお，$x=a$ の場合 (9) の両辺はそれぞれ $f(a)$ にひとしくなるので，この場合にもじつは (9) が成りたつことに注意しておく．$x=b$ の場合の (10) についても同様である．

問 1. $f(x)\equiv x^2$ のときには，(6) における θ は $\frac{1}{2}$ にひとしいことを証明する．

問 2. 閉区間 $[a\,;b]$ で連続な関数 $f(x)$ および $g(x)$ が開区間 $(a\,;b)$ で微分可能でかつ $g'(x)\neq 0$ ならば

$$f(b)-f(a) = \frac{f'(\xi)}{g'(\xi)}[g(b)-g(a)] \quad (a<\xi<b)$$

なる ξ があることを証明する．これは Cauchy（コーシー）の平均値の定理とよばれる．（指針：$f(b)-f(a)=\lambda[g(b)-g(a)]$ によって λ を定め，$\varphi(x)=f(x)-f(a)-\lambda[g(x)-g(a)]$ とおいて $\varphi(x)$ に Rolle の定理を適用する．）

§6. 関数値の変動と導関数

I 章のおわり数節で，関数の値の局部的変動のようすを導関数の値から察知する方法について説明しておいた．平均値の定理をもちいると，もっと広い範囲にわたる関数の動きについての展望が得られる．

たとえば，I章で示したとおり，定数値関数の導関数は0にひとしいが，逆に

　イタルトコロ $f'(x)=0$ ナラバ $f(x)$ ハ定数値関数デアル

ことが証明されるのである．ただし，$f(x)$ の定義域は閉区間または開区間であるとする．

まず，$f(x)$ が閉区間 $[a;b]$ で連続でかつ開区間 $(a;b)$ では $f'(x)=0$ である場合を考える*．この場合には，前節の (9) において $f'[a+\theta(x-a)]=0$ なのであるから，$a<x\leqq b$ ならば

$$f(x)=f(a).$$

これは閉区間 $[a;b]$ において関数 $f(x)$ がつねに定数 $f(a)$ にひとしいことを意味する．

注意1．$f(x)$ が閉区間 $[a;b]$ で微分可能（I，§6，注意1）ならば $f(x)$ は $[a;b]$ で連続である（§1，問4）．したがって，閉区間 $[a;b]$ で $f'(x)=0$ ならば $f(x)$ は $[a;b]$ で定数であるわけである．

$f(x)$ の定義域が開区間 $(a;b)$ である場合には次のようにして証明する．すなわち，$a<x_1<x_2<b$ なる任意の2点をとれば，$f(x)$ は閉区間 $[x_1;x_2]$ において連続関数で**かつ $f'(x)=0$ なのであるから，この閉区間では $f(x)$ は定数 $f(x_1)$ にひとしい．ゆえに，とくに

---

*　$(a;b)$ の各点 x で $f'(x)=0$ であるから，$(a;b)$ では $f(x)$ が連続であることは，じつはことわるまでもなく，わかっている．

**　脚注 * 参照．

$$f(x_2) = f(x_1).$$

これは，開区間 $(a\,;\,b)$ のいかなる2点をとっても，その2点における $f(x)$ の値は相ひとしいことを意味する．ということは，また，$f(x)$ が開区間 $(a\,;\,b)$ で定数値関数であるということにほかならない．

この証明法は $f(x)$ の定義域が $(a\,;\,+\infty)$，$(-\infty\,;\,b)$，$(-\infty\,;\,+\infty)$ であるような場合にも適用することができる．

問1. $f(x)$ が $[a\,;\,b)$，$[a\,;\,+\infty)$，$(a\,;\,b]$ または $(-\infty\,;\,b]$ で連続な関数で，左端あるいは右端以外の区間の各点 x で $f'(x)=0$ ならば $f(x)$ はそれぞれの区間で定数値関数であることを証明する．

問2. $f(x)$ および $g(x)$ が閉区間 $[a\,;\,b]$ で連続でかつ開区間 $(a\,;\,b)$ で $f'(x)=g'(x)$ ならば

$$f(x) = g(x)+C \quad (C\text{ は定数})$$

であることを証明する．

つぎに，$f(x)$ が閉区間 $[a\,;\,b]$ で連続でかつ開区間 $(a\,;\,b)$ でつねに

$$f'(x) \geqq 0 \quad \text{ならば} \quad f(a) \leqq f(b),$$

また，つねに

$$f'(x) > 0 \quad \text{ならば} \quad f(a) < f(b)$$

であることは，前節の (5) において

$$b-a > 0,\ f'[a+\theta(b-a)] \geqq 0$$
$$\text{あるいは } f'[a+\theta(b-a)] > 0$$

であることから明らかであろう．

問3. $f(x)$ が閉区間 $[a\,;\,b]$ で連続でかつ開区間 $(a\,;\,b)$ で

$f'(x) \geqq 0$ であるとき，もし，$a<c<b$，$f'(c)>0$ なる c があれば $f(a)<f(b)$ であることを証明する．

なお，いままでどおり，$f(x)$ の定義域は区間であるとし，x_1 および x_2 がその定義域の2点で，かつ $x_1<x_2$ であるとき，閉区間 $[x_1\,;\,x_2]$ について上と同様の考察をおこなえば，つねに $f'(x) \geqq 0$ である場合には

$$f(x_1) \leqq f(x_2),$$

また，つねに $f'(x)>0$ である場合には

$$f(x_1) < f(x_2)$$

であることがわかる．

一般に，x_1 および x_2 が $f(x)$ の定義域の2点であるとき

$$x_1 < x_2 \text{ ならばかならず } f(x_1) \leqq f(x_2)$$

であるような場合には，$f(x)$ は**増加関数**であるといわれる．また

$$x_1 < x_2 \text{ ならばかならず } f(x_1) < f(x_2)$$

であるような場合には，$f(x)$ は**狭義の増加関数**であるといわれる．

問 4. $f(x)$ および $g(x)$ がいずれも増加関数ならば $f(x)+g(x)$ も増加関数であることを証明する．

問 5. 問4と同じ仮定の下にさらに $f(x) \geqq 0$，$g(x) \geqq 0$ であるとすれば $f(x) \cdot g(x)$ も増加関数であることを証明する．

このことばを使えば，上に証明したことは

$f(x)$ ガ閉区間 $[a\,;\,b]$ デ連続デカツ開区間 $(a\,;\,b)$ ノドノ点デモ

$$f'(x) \geqq 0 \tag{1}$$

ナラバ, $f(x)$ ハ閉区間 $[a\,;b]$ デ増加関数デアル. マタ

$$f'(x) > 0 \tag{2}$$

ナラバ, 狭義ノ増加関数デアル

ということに帰する. なお, $f(x)$ ガ微分可能ナ増加関数ナルトキ (1) ノ成リタツことは明らかである.

つぎに

$x_1 < x_2$ ならばかならず $f(x_1) \geqq f(x_2)$

である場合 $f(x)$ は**減少関数**と称する. また

$x_1 < x_2$ ならばかならず $f(x_1) > f(x_2)$

である場合には, $f(x)$ は**狭義の減少関数**とよばれる. 増加関数と減少関数とを総称して**単調関数**ということがある.

上と同様にして

$f(x)$ ガ閉区間 $[a\,;b]$ デ連続デカツ開区間 $(a\,;b)$ ノ各点デ

$$f'(x) \leqq 0 \tag{1'}$$

ナラバ, $f(x)$ ハ閉区間 $[a\,;b]$ デ減少関数デアル. マタ

$$f'(x) < 0$$

ナラバ, 狭義ノ減少関数デアル.

なお, $f(x)$ ガ減少関数ナルトキ (1′) ノ成リタツことは明らかである.

例 1. $f(x) \equiv x^3$ とおけば $f'(x) \equiv 3x^2$ であるから, $x \neq 0$ なら

ば $f'(x)>0$ である．ゆえに，$x_1<x_2$ とすれば，$x_1<x<x_2$ なる x に対しては $f'(x)\geqq 0$ で，しかも $x_1<c<x_2$, $f'(c)>0$ なる c がかならずあるのであるから，問3により，$f(x_1)<f(x_2)$．すなわち，x^3 は狭義の増加関数である．

例 2. $f(x)\equiv x^3-3x^2+2$ とおけば*，$f'(x)=3x^2-6x=3x(x-2)$ であるから

$$\begin{aligned} x<0 &\quad \text{ならば} \quad f'(x)>0 \\ x=0 &\quad \text{ならば} \quad f'(0)=0 \\ 0<x<2 &\quad \text{ならば} \quad f'(x)<0 \\ x=2 &\quad \text{ならば} \quad f'(2)=0 \\ 2<x &\quad \text{ならば} \quad f'(x)>0. \end{aligned}$$

x	$-$	0	$\cdots$	2	$\cdots$
$f'(x)$	$+$	0	$-$	0	$+$
$f(x)$	増加	2	減少	-2	増加

よって，$f(x)$ は $x\leqq 0$ なる範囲で狭義の増加関数，閉区間 $[0\,;\,2]$ で狭義の減少関数，$2\leqq x$ なる範囲で狭義の増加関数である．すなわち，x を負の値からしだいに大きくしていくとき，$f(x)$ の値は増加しながら $f(0)=2$ に近づき，点 $x=0$ を過ぎると今度は減少しはじめる．このゆえに，$x=0$ における $f(x)$ の値 2 が極大値であることがわかる．つぎに，$f(x)$ は x が 2 より小さい間は減少を続けて $f(2)=-2$ に至り，点 $x=2$ を過ぎると増加しはじめる．よって，点 $x=2$ における $f(x)$ の値 -2 は極小値であることが知られる．

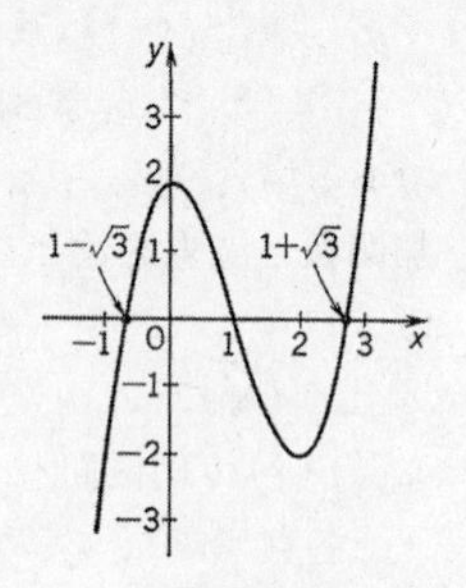

図 III-14
$y=x^3-3x^2+2$

この例にかぎらず，一般に x が増大するに従い，点 $x=c$ を境目として

$f'(x)$ ガ正ノ値カラ負ノ値へ移レバ $f(c)$ ハ極大値

---

* I, §10, 例 2.

$f'(x)$ ガ負ノ値カラ正ノ値へ移レバ $f(c)$ ハ極小値

である．

例 3. $f(x)\equiv a-b(x-c)^{\frac{2}{3}}$ $(b>0)$ とすれば，$x\neq c$ なるかぎり

$$f'(x) = -\frac{2b}{3(x-c)^{\frac{1}{3}}} \neq 0.$$

よって，$f(x)$ が極値をとるとすれば，$f(x)$ が微分可能でない点 $x=c$ でなければならない．しかるに

$$x<c \quad \Rightarrow \quad f'(x)>0$$
$$x>c \quad \Rightarrow \quad f'(x)<0$$

であるから，$f(c)=a$ は $f(x)$ の極大値である．

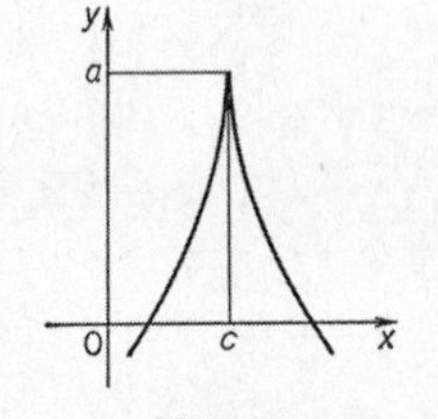

図 III-15
$y=a-b(x-c)^{\frac{2}{3}}$

例 4. $a_1, a_2, \cdots, a_n$ が正数ならば

$$\boxed{\frac{a_1+a_2+\cdots+a_n}{n} \geqq \sqrt[n]{a_1a_2\cdots a_n}} \tag{3}$$

ここに等号の成りたつのは $a_1=a_2=\cdots=a_n$ である場合にかぎる．なお，(3) の左辺を $a_1, a_2, \cdots, a_n$ の**相加平均**（**算術平均**），右辺をその**相乗平均**（**幾何平均**）と名づける．以下この定理を数学的帰納法によって証明する：

i) $a_1+a_2-2\sqrt{a_1a_2}=(\sqrt{a_1}-\sqrt{a_2})^2\geqq 0$ であるから $\dfrac{a_1+a_2}{2}\geqq\sqrt{a_1a_2}$．のみならず，また，$\dfrac{a_1+a_2}{2}=\sqrt{a_1a_2}$ ならば $a_1=a_2$ であることも明らかである．よって $n=2$ の場合には定理の成りたつことが示された．

ii) $n=k$ のとき定理が真であると仮定する：$a_1+a_2+\cdots+a_k\geqq k\sqrt[k]{a_1a_2\cdots a_k}$．$n=k+1$ のときも定理が成立することをいうのには，a_{k+1} のかわりに x と書き，

$$f(x)\equiv\left(\frac{a_1+a_2+\cdots+a_k+x}{k+1}\right)^{k+1}-a_1a_2\cdots a_kx$$

とおいて，$x>0$ ならば $f(x)\geqq 0$ であることを示せばよいわけである．

$$f'(x)=\left(\frac{a_1+a_2+\cdots+a_k+x}{k+1}\right)^k-a_1a_2\cdots a_k$$

であるから，$f'(0)\geqq 0$ である場合には $x>0$ ならば $f'(x)>0$，ゆえに $f(x)$ は $x\geqq 0$ なる範囲で狭義の増加関数，したがって $x>0$ ならば $f(x)>f(0)=\left(\dfrac{a_1+a_2+\cdots+a_k}{k+1}\right)^{k+1}>0$．また，$f'(0)<0$ すなわち $a_1+a_2+\cdots+a_k<(k+1)\sqrt[k]{a_1a_2\cdots a_k}$ なる場合には

$$x_0=(k+1)\sqrt[k]{a_1a_2\cdots a_k}-(a_1+a_2+\cdots+a_k)$$

とおけば $x_0>0$，$f'(x_0)=0$ で，しかも $0\leqq x<x_0$ ならば $f'(x)<0$，$x_0<x$ ならば $f'(x)>0$ であるから，$f(x_0)$ は $f(x)$ の極小値，じつは $x\geqq 0$ なる範囲における $f(x)$ の最小値である．しかるに

$$f(x_0)=a_1a_2\cdots a_k(a_1+a_2+\cdots+a_k-k\sqrt[k]{a_1a_2\cdots a_k})\geqq 0.$$

これで $x>0$ ならば $f(x)\geqq 0$ なることが示された．なお，$f(x)=0$ となるのは $x=x_0$ で $f(x_0)=0$ である場合にかぎる．この場合には $a_1+a_2+\cdots+a_k=k\sqrt[k]{a_1a_2\cdots a_k}$ であるから，仮定により，$a_1=a_2=\cdots=a_k$，したがって $x_0=a_1=a_2=\cdots=a_k$ でなければならない．

問6. $n>1$，$x>0$ ならば $(1+x)^n>1+nx$ であることを証明する．

問7. $(x-2)^2(x+1)^3$ の極大値，極小値を求める．

§7. 中間値の定理

前節で狭義の増加関数，減少関数について触れたが，次節においてこれらの関数について深入りして調べる準備として，この節ではいわゆる《中間値の定理》を証明しておくことにする．

まず，関数 $f(x)$ が点 $x=c$ で連続でかつ $f(c)>0$ であ

る場合を考える．$h \to 0$ ならば $f(c+h)-f(c) \to 0$ である わけであるが，これは h の値が 0 に近ければ $f(c+h)$ の値が $f(c)$ に近いということであるから，$f(c)>0$ である以上，$|h|$ の小さい範囲では $f(c+h)>0$ でなければならない．いいかえれば

$f(x)$ ガ点 $x=c$ デ連続デカツ $f(c)>0$ ナラバ，c ニ近イ x ノ値ニ対シテハ

$$f(x) > 0.$$

同様にして

$f(x)$ ガ点 $x=c$ デ連続デカツ $f(c)<0$ ナラバ，c ニ近イ x ノ値ニ対シテハ

$$f(x) < 0$$

である．

この結果をもちいれば，次の定理を証明することができる．

$f(x)$ が閉区間 $[a\,;b]$ デ連続デ $f(a)<0<f(b)$ カ $f(a)>0>f(b)$ ナラバ，$f(x)$ ノグラフハ x 軸ト交ワル．コノ交点ヲ $x=c$ トスレバ，スナワチ

$$f(c) = 0, \quad a<c<b. \tag{1}$$

証明：$f(a)<0$ なのであるから，a に近い x の値に対しては $f(x)<0$ でなければならない．よって，ξ（ただし $a<\xi$）を a に十分近くとれば

$$a \leqq x < \xi \quad \Rightarrow \quad f(x) < 0 \tag{2}$$

なる条件がみたされる．いま，条件 (2) に適する ξ の上限を c で表わし，この c に対しては (1) が成りたつことを証

明しよう.

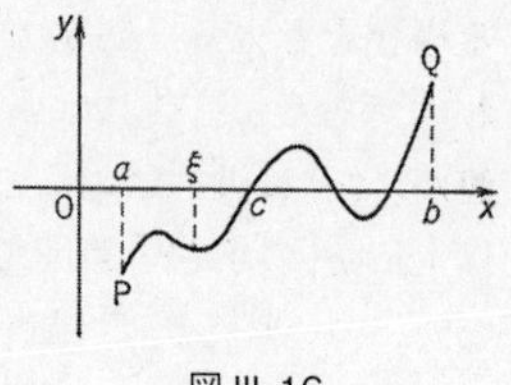

図 III-16

かりに，もし$f(c)>0$であるとすれば，cに近いxの値に対しては$f(x)>0$でなければならない．すなわち，正数δを小さくえらべば，閉区間$[c-\delta\,;c]$では$f(x)>0$であるはずである．しかるに，cは条件 (2) に適するξの上限である以上，$c-\delta<\xi<c$でしかも条件 (2) に適するξがなければならない．いいかえれば，閉区間$[c-\delta\,;c]$の中に$f(x)<0$なるxがあることになり，これはまさにいま述べたことと矛盾するのである．よって，$f(c)>0$ではありえず，したがってまた，$c\neq b$，すなわち$c<b$であることがわかる．

つぎに，かりに，もし$f(c)<0$であるとすれば，cに近いxの値に対しては$f(x)<0$であることになり，したがって，$c<\xi$でしかも条件 (2) に適するようなξがあることになる．これはcが条件 (2) に適するξの上限であるという仮定に反する．こうして，また，$f(c)<0$ではありえないことがわかった．

$f(c)>0$でも$f(c)<0$でもありえないとすれば，当然$f(c)=0$でなければならない．すなわち，(1) が証明されたのである．

いま証明した定理から，さらに一般的な次の定理がひき出される：

$f(x)$ ガ閉区間 $[a\,;b]$ デ連続関数デカツ $f(a)\neq f(b)$ デアルトキ，μ ヲ $f(a)$ ト $f(b)$ トノ間ニアル任意ノ数トスレバ，条件

$$f(c)=\mu,\quad a<c<b \tag{3}$$

ヲミタスヨウナ点 $x=c$ ガ存在スル．

証明：$f(a)<\mu<f(b)$ の場合だけを証明する．$\varphi(x)=f(x)-\mu$ とおけば，$\varphi(x)$ もまた連続関数でかつ $\varphi(a)<0<\varphi(b)$ である．よって，前の定理により

$$\varphi(c)=0,\quad a<c<b$$

なる c がなければならない．これが，とりもなおさず，(3) にほかならないことは明らかであろう．

この定理の内容を簡単に《連続関数ハ中間値ヲトル》ということばで表わし，また，この定理を《**中間値の定理**》と称する．中間値の定理は連続関数のグラフが切れ目のない曲線であることを語るものである．

注意 1． $f(x)$ が $[a\,;b]$ で定義された関数であるとき，どの閉区間

$$[x_1\,;x_2]\quad (a\leqq x_1<x_2\leqq b) \tag{4}$$

でも，$f(x)$ が中間値をとるからといって，$f(x)$ は $[a\,;b]$ で連続であるとはかぎらない．たとえば，§1，例 1 の関数 $f(x)$ がその一例である．なお，中間値の定理については演習問題 III，19 を参照．

問 1． 3 次方程式

$$x^3+ax^2+bx+c=0\quad (a, b, c \text{ は実数})$$

はかならず実根を有することを証明する．（指針：方程式の左辺を $f(x)$ とおけば x の十分大きな値に対しては $f(x)>0$，また符

号が負で絶対値の十分大きい x の値に対しては $f(x)<0$ であることに着目する.)

§8. 逆関数

この節では狭義の増加関数についてすこしくわしく考えてみることにする.

狭義の増加関数について，まず注意すべきことは，そういう関数は同じ値を二度とることがないということである．すなわち，$f(x)$ が狭義の増加関数で $x_1 \neq x_2$ ならば，$x_1<x_2$ の場合には $f(x_1)<f(x_2)$ であり，また $x_2<x_1$ の場合には $f(x_2)<f(x_1)$ であるから，いずれにしても $f(x_1) \neq f(x_2)$ であって，けっして $f(x_1)=f(x_2)$ となることはありえない．このことは狭義の減少関数についても同様である.

いま，c を狭義の増加関数 $f(x)$ の定義域の一点，δ を任意の小さい正数とする．もし，$\delta \leqq h$ ならば $c+\delta \leqq c+h$ であるから $f(c)<f(c+\delta) \leqq f(c+h)$，また，$h \leqq -\delta$ ならば $c+h \leqq c-\delta$ であるから $f(c+h) \leqq f(c-\delta)<f(c)$，すなわち，$-\delta<h<\delta$ でないかぎり，$f(c+h)$ の値は，$f(c+\delta)$ あるいは $f(c-\delta)$ という壁があるので，$f(c)$ に近づきえない．これをいいかえれば，$f(c+h)-f(c)$ を 0 に近くするためには $-\delta<h<\delta$ ならしめなければならな

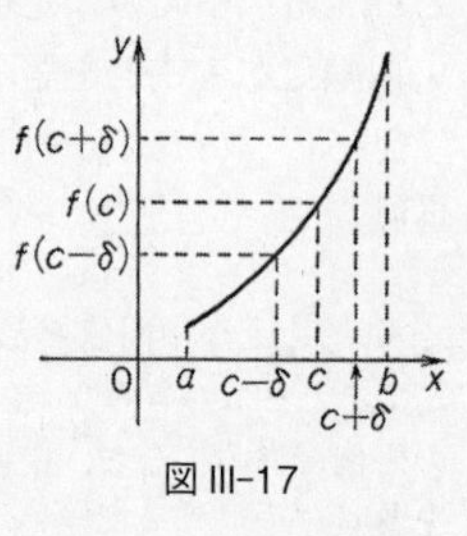

図 III-17

いということになる．正数δをいかに小さくとったときでもそうなのであるから，これは$f(c+h)-f(c)$が0に近いためにはhも0に近くなければならないというにひとしい．記号で表わせば，すなわち

$$f(c+h)-f(c)\to 0 \quad \Rightarrow \quad h\to 0 \tag{1}$$

ということになる．

これだけ準備しておいて，今度は閉区間$[a\,;b]$で狭義の増加関数$f(x)$が連続関数である場合を考える．

$\alpha=f(a)$，$\beta=f(b)$とおいて，$\alpha<\gamma<\beta$なる任意のγをとれば，中間値の定理により

$$f(c)=\gamma,\quad a<c<b$$

なるcがかならず存在し，しかもさきに注意したところにより，かようなcはただ一つしかない．したがって，いま，$\alpha\leqq x\leqq\beta$であるとし

$$f(y)=x \tag{2}$$

であるようなyを$f^{-1}(x)$で表わすことにすれば，ここに閉区間$[\alpha\,;\beta]$を定義域とする関数$f^{-1}(x)$が得られたことになる．

以上のようにして関数$f^{-1}(x)$を定義すれば，等式

$$y=f^{-1}(x) \tag{3}$$

はけっきょく等式(2)と同じことを表わすものにほかならない．このことから，$f^{-1}(x)$のグラフが直線$y=x$を軸として$f(x)$のグラフに対称で

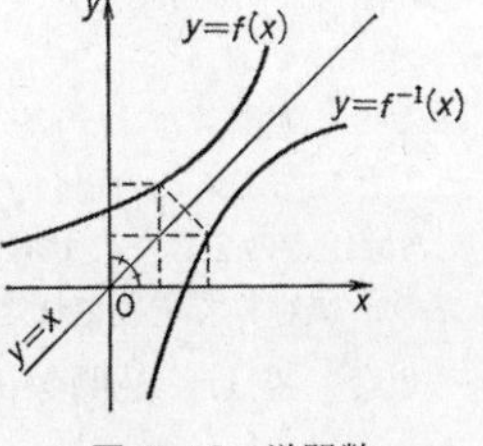

図 III-18　逆関数

あることがわかる．なお，(2) および (3) から

$$\boxed{f[f^{-1}(x)] = x,\ f^{-1}[f(y)] = y} \qquad (4)$$

が出てくることに注意する．

(4) が成りたつところから，$f^{-1}(x)$ は $f(x)$ の**逆関数**とよばれる．同じ理由で $f(x)$ はまた $f^{-1}(x)$ の逆関数である．

例 1．$f(x) \equiv x^2$ とすれば $f'(x) \equiv 2x$ であるから，$x \geqq 0$ なる範囲で x^2 は連続な狭義の増加関数である．b を任意の正数とし閉区間 $[0\,;b]$ で x^2 について以上の考察をおこないその逆関数を求めてみる．この場合 (2) は

$$y^2 = x$$

であるから，逆関数 $f^{-1}(x)$ はすなわち $x^{\frac{1}{2}}$ であるということになる．$x^{\frac{1}{2}}$ はいちおう閉区間 $[0\,;b^2]$ を定義域とする関数であるが，b は任意の正数であるから，けっきょく $x^{\frac{1}{2}}$ は $[0\,;+\infty)$ を定義域とする関数になるわけである．

例 2．$f(x) \equiv x^3$ とすれば，§6，例 1 で示したように，$f(x)$ は連続な狭義の増加関数である．任意の 2 数 a, b （ただし $a<b$） をとり閉区間 $[a\,;b]$ において

$$y^3 = x$$

によって逆関数 $f^{-1}(x)$ を求めれば，$f^{-1}(x)$ はすなわち $x^{\frac{1}{3}}$ ということになる．この場合 $f^{-1}(x)$ の定義域は $[a^3\,;b^3]$ であるが，a, b は任意の 2 数なのであるから，けっきょく，逆関数 $x^{\frac{1}{3}}$ はすべての x に対して定義された関数であることになるわけである．

以下，少しく逆関数 $f^{-1}(x)$ の性質を調べてみることにする．まず

$f^{-1}(x)$ ハ閉区間 $[\alpha\,;\beta]$ ニオイテ狭義ノ増加関数デアル．

証明：x_1 および x_2 を閉区間 $[\alpha\,;\beta]$ の任意の2点とし

$$f^{-1}(x_1) = y_1,\ \ f^{-1}(x_2) = y_2,$$

すなわち $\quad x_1 = f(y_1),\ x_2 = f(y_2)$

とおいてみる．$f(x)$ は狭義の増加関数なのであるから，もし $y_2 \geqq y_1$ ならば，$f(y_2) \geqq f(y_1)$，すなわち $x_2 \geqq x_1$ でなければならない．よって，$x_1 < x_2$ ならば $y_1 < y_2$，いいかえれば $f^{-1}(x_1) < f^{-1}(x_2)$ であるということになる．

つぎに，

$f^{-1}(x)$ ハ連続関数デアル．

証明：$\alpha < \gamma < \beta$，$\gamma = f(c)$ すなわち $c = f^{-1}(\gamma)$ であるとし

$$h = f^{-1}(\gamma+k) - f^{-1}(\gamma) = f^{-1}(\gamma+k) - c$$

とおけば

$$f^{-1}(\gamma+k) = c+h, \quad \text{すなわち} \quad \gamma+k = f(c+h)$$

であるから

$$k = f(c+h) - \gamma = f(c+h) - f(c).$$

しかるに，k と h との間にこのような関係があるときは (1) により，$k \to 0$ ならば $h \to 0$，すなわち

$$k \to 0 \quad \Rightarrow \quad f^{-1}(\gamma+k) - f^{-1}(\gamma) \to 0.$$

これは $f^{-1}(x)$ が点 $x = \gamma$ で連続であるということにほかならない．

なお，端点 $x = \alpha$ と $x = \beta$ とに関しては

$$k > 0,\ k \to 0 \quad \Rightarrow \quad f^{-1}(\alpha+k) - f^{-1}(\alpha) \to 0$$

であること，また

$$k < 0,\ k \to 0 \quad \Rightarrow \quad f^{-1}(\beta+k) - f^{-1}(\beta) \to 0$$

であることも，上とほぼ同様の方法で証明することができる．

最後に，

$\alpha<\gamma<\beta$，$f^{-1}(\gamma)=c$ スナワチ $\gamma=f(c)$ トスルトキ，モシ $f(x)$ ガ点 $x=c$ デ微分可能デカツ $f'(c)\neq 0$ ナラバ，逆関数 $f^{-1}(x)$ モ点 $x=\gamma$ デ微分可能デカツ

$$Df^{-1}(\gamma)=\frac{1}{f'(c)} \tag{5}$$

証明：例によって

$$h=f^{-1}(\gamma+k)-f^{-1}(\gamma)=f^{-1}(\gamma+k)-c$$

とおけば

$$\gamma+k=f(c+h),\quad \text{すなわち}\quad k=f(c+h)-f(c)$$

で，かつ $k\neq 0$ であるかぎり $h\neq 0$ であるから，

$$\frac{f^{-1}(\gamma+k)-f^{-1}(\gamma)}{k}=\frac{h}{f(c+h)-f(c)}$$

$$=\frac{1}{\dfrac{f(c+h)-f(c)}{h}}.$$

しかるに，(1) により $k\to 0$ ならば $h\to 0$ なのであるから

$$k\to 0 \quad \Rightarrow \quad \frac{f(c+h)-f(c)}{h}\to f'(c),$$

$$\text{すなわち}\quad \frac{f^{-1}(\gamma+k)-f^{-1}(\gamma)}{k}\to\frac{1}{f'(c)}.$$

γ のかわりに x，$c=f^{-1}(\gamma)$ のかわりに $f^{-1}(x)$ と書けば，(5) は

$$\boxed{\frac{df^{-1}(x)}{dx}=\frac{1}{f'[f^{-1}(x)]}} \tag{6}$$

と書かれる.

例 3. いまの定理を使えば, II, §5 で得た公式

$$\frac{dx^{\frac{1}{n}}}{dx}=\frac{1}{n}x^{\frac{1}{n}-1} \tag{7}$$

を次のようにして導き出すことができる. $y=x^{\frac{1}{n}}$ とおけば

$$y^n=x \tag{8}$$

であるから, $x^{\frac{1}{n}}$ は x^n の逆関数である. よって

$$\frac{dx^{\frac{1}{n}}}{dx}=\frac{1}{\dfrac{dy^n}{dy}}=\frac{1}{ny^{n-1}}=\frac{1}{n}\frac{y}{y^n}=\frac{1}{n}\frac{x^{\frac{1}{n}}}{x}=\frac{1}{n}x^{\frac{1}{n}-1}.$$

これはまた次のように考えてもよい：(8) において, 上の定理により y の微分可能なことがすでにわかっているのであるから, この両辺を x について微分すると, 合成関数の微分法の定理により,

$$ny^{n-1}\frac{dy}{dx}=1.$$

この等式で $y=x^{\frac{1}{n}}$ とおくと, やはり, (7) が出てくるのである (II, §5, 注意 2).

注意 1. 以上狭義の増加関数だけについて述べたが, 連続な狭義の減少関数の場合にもほぼ同様の方法で逆関数が定義され, また微分可能でかつ導関数が 0 でない場合には (5) の成りたつことが証明される.

例 4. 曲線が方程式

$$x=\varphi(t),\quad y=\phi(t)$$

で与えられ, $\varphi(t)$ および $\phi(t)$ が連続な導関数を有するとする. $\varphi'(c)>0$ ならば, 十分小さい正数 δ に対し閉区間 $[c-\delta\,;\,c+\delta]$

で$\varphi'(t)>0$であるから，$\varphi(t)$はこの閉区間で狭義の増加関数である．よって，$y=\psi(t)$においてtのかわりに$\varphi^{-1}(x)$を入れれば

$$y=\psi[\varphi^{-1}(x)].$$

すなわち，曲線は点$(\varphi(c),\psi(c))$の近くではこの単一の方程式で表わされる．$\varphi'(c)<0$の場合もまた同様である．なお，$\psi'(c)\neq 0$の場合には曲線は点$(\varphi(c),\psi(c))$の近くで

$$x=\varphi[\psi^{-1}(y)]$$

なる方程式で表わすことができる．

演習問題 III.

1. 方程式$x^3-3x^2+1=0$は3個の実根をもつことを証明する．

2. 方程式$x^3-2x^2+5=0$はいくつ実根をもつか．

3. 方程式$x^3-ax^2-2a=0$（$a>0$）の実根としてはaより大きい根がただ一つしかないことを証明する．

4. $p>0$，$q>0$ならば方程式$x^3+px+q=0$は正根をもたないことを証明する．

5. $x^3+px+q=0$が3個の実根をもつための必要かつ十分な条件は$4p^3+27q^2<0$であることを証明する．

次の関数の値の変動を調べその極値を求める（6〜10）：

6. $3x^4-4x^3-12x^2+5$　　7. $\dfrac{x^2-x+2}{x^2+x+2}$

8. $\sqrt[3]{(x-1)(x-2)^2}$　　9. $|2x^3+3x^2-12x-10|$

10. $|x^3-3x+8|$.

11. $(x-a_1)^2+(x-a_2)^2+\cdots+(x-a_n)^2$を最小ならしめるような$x$の値を求める．（$a_1, a_2, \cdots, a_n$はある量を$n$回測定して得た値であると考えるとき，求める$x$の値をその量の**最確値**と称する．）

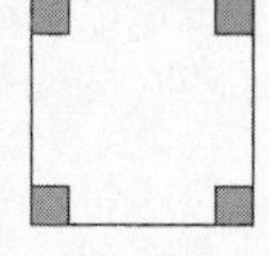
図 III-19

12. 定正方形の四隅から相ひとしい正方形を切り取り，残りをもってなるべく大きい箱（蓋なし）を作ろうとする．切り取るべき正方形の一辺の長さを求める（図 III-19）．

13. A, B は定直線の同側にある 2 点，C はその定直線上の点であるとし，$\overline{\mathrm{AC}}+\overline{\mathrm{BC}}$ が最小であるようにするには C をどこにえらべばよいか．

14. 点 (a, b) をとおる直線が x 軸の正の部分および y 軸の正の部分と交わる点をそれぞれ P および Q とするとき，$\overline{\mathrm{PQ}}$ の最小値を求める（$a>0, b>0$）．

15. $p>0$, $q>0$, $\dfrac{1}{p}+\dfrac{1}{q}=1$, $\alpha \geqq 0$, $\beta \geqq 0$ のとき，$\alpha\beta \leqq \dfrac{\alpha^p}{p}+\dfrac{\beta^q}{q}$ を証明する．

16. 関数 x^2+x+1 は $x \geqq -\dfrac{1}{2}$ なる範囲で狭義の増加関数であることを証明し，次の三つを求める．

i) この関数の逆関数を表わす式

ii) 逆関数の定義域

iii) 逆関数の導関数．

17. $f(x)$ が微分可能であるとき，$f(a)<f(b)$, $a<b$ ならば $f'(x)>0$, $a<x<b$ なる x が無限に多くあることを証明する．

18. $f(x)$ が微分可能であるとき，$f'(a)f'(b)<0$, $a<b$ ならば $f'(c)=0$, $a<c<b$ なる c があることを証明する．

19. $f(x)$ が微分可能であるとき，$f'(a)<\mu<f'(b)$, $a<b$ ならば $f'(c)=\mu$, $a<c<b$ なる c があることを証明する（Darboux（ダルブー）の定理）．

20. $\dfrac{f'(x)}{f(x)} \equiv \dfrac{g'(x)}{g(x)}$ ならば $f(x) \equiv Cg(x)$（C は定数）なることを証明する．

21. $f(x), g(x)$ は微分可能で，かつ $f'(x)g(x)-f(x)g'(x) \neq 0$ であるとする．このとき，$f(x_1)=f(x_2)=0$, $x_1<x_2$ ならば

$g(x_3)=0,\ x_1<x_3<x_2$ なる x_3 があることを証明する．

22. $f(x), \varphi(x), \psi(x)$ が閉区間 $[a\,;b]$ で連続で，かつ開区間 $(a\,;b)$ で微分可能であるときは

$$\begin{vmatrix} f(a) & \varphi(a) & \psi(a) \\ f(b) & \varphi(b) & \psi(b) \\ f'(\xi) & \varphi'(\xi) & \psi'(\xi) \end{vmatrix} = 0, \quad a<\xi<b$$

なる ξ があることを証明する．

23. $a\leqq x<a+h$ なるとき $m\leqq f'(x)\leqq M$ であるとし，$f(a+h)$ の近似値として $f(a)+f'(a)h$ をとればその誤差*の絶対値は $(M-m)h$ より小さいことを証明する．

24. $\sqrt{1.01}\fallingdotseq 1.005$ とするとき誤差の絶対値は 0.000025 より小さいことを証明する．

---

* 真の値と近似値との差．

IV. 積 分 法

この章の本論は§7から始まる．その前の数節は，いわば，高等学校で学んだ積分法の復習である．§7では定積分を，他書とちがい上限下限の概念だけを使って厳密に定義し，極限の概念をもちいていない．このほうがいっそう簡明でわかりやすいと思われたからである．もっとも，極限概念を使っての定義も後に，IX章において，ひととおり述べておくことは怠っていない．

なお，曲線の長さを表わす公式についても§12において初等的な，しかも厳密な証明を与えておいた．これをもとにして，後章において三角関数の微分法があいまいさなしに証明されることも付言しておこう．

本章で，微分積分学の基本的知識の記述は一段落を告げる．次章から以後は，いわば，各論に進むことになるわけである．

▶§1. 微分方程式

次のような問題を考えてみる：

関数のグラフの各点における法線がつねに原点をとおるとしたならば，その関数はいかなる関数であるべきか

というのである．

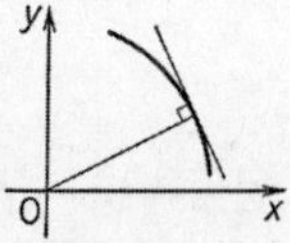

図 IV-1

この問題を解くために，求める関数を $f(x)$ で表わし，そのグラフの一点 $(x, f(x))$ における法線の方程式を書けば*

$$X-x+f'(x)[Y-f(x)]=0.$$

これが原点 $(0, 0)$ をとおるのであるから

$$-x-f'(x)f(x)=0, \quad \text{すなわち} \quad f(x)f'(x)+x=0. \quad (1)$$

(1) を満足するような関数 $f(x)$ を求めるには次のようにする：II, §2, (6) により

$$\frac{d[f(x)]^2}{dx}=2f(x)f'(x), \quad \text{また} \quad \frac{dx^2}{dx}=2x$$

であるから，方程式 (1) は

$$\frac{d}{dx}\frac{[f(x)]^2+x^2}{2}=0, \quad \text{あるいは} \quad \frac{d}{dx}[[f(x)]^2+x^2]=0$$

と書くことができる．これは関数 $[f(x)]^2+x^2$ が定数にひとしいことを示す．よって

$$[f(x)]^2+x^2=C, \quad (C\text{は定数}, \ C>0)$$

すなわち

$$f(x)\equiv\sqrt{C-x^2} \quad \text{または} \quad f(x)\equiv-\sqrt{C-x^2}.$$

このいずれをとっても方程式 (1) に適することは，ただちに，これを確かめることができる．$\sqrt{C-x^2}$ のグラフは原点を中心とし $\sqrt{C}$ を半径とする円の上半分であり，また $-\sqrt{C-x^2}$ のグラフは同じ円の下半分である（図 IV-2）．

(1) のように未知関数の導関数を含んでいる方程式は**微分方程式**——くわしくいうと1階常微分方程式とよばれる．未知関数を y で表わして，たとえば (1) の場合，微分方程式を

$$yy'+x=0$$

のように書くのがふつうである．また，上記の場合における $\sqrt{C-x^2}$ や $-\sqrt{C-x^2}$ のごとく，与えられた微分方程式に適する関数をその微分方程式の解と称し，かような解を求めることを《微分方程式を解く》という**.

微分方程式は，数学はもとより，他の諸科学わけても物理学化

---

* 法線の上の点の座標を X, Y とする．

** 付録参照.

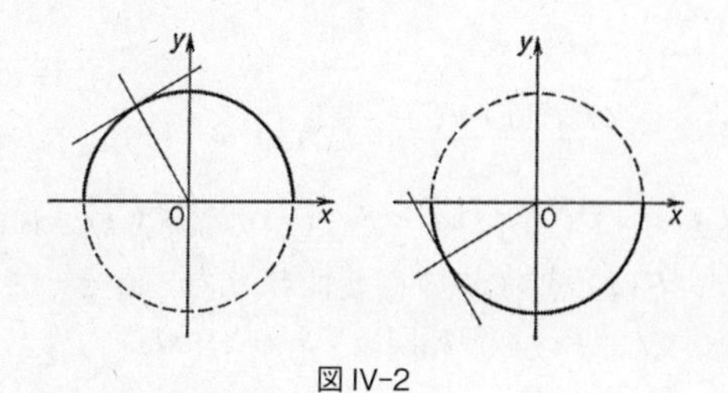

図 IV-2

学等自然科学の研究において重要な役割を演ずる．このことは，たとえば，速度が導関数として表わされ，また加速度が速度の導関数と考えられることからもうかがい知ることができよう．

微分方程式を解くためには，上の例からもわかるように，与えられた関数を導関数とする関数を知る必要が起こる．そういう関数を求める方法について説明するのがこの章の目的である．◀

§2. 原始関数

関数 $f(x)$ が関数 $F(x)$ の導関数であるとき，すなわち

$$F'(x) = f(x) \tag{1}$$

であるとき，$F(x)$ を $f(x)$ の**原始関数**または**不定積分**と称する．たとえば

$$\frac{dx^3}{dx} = 3x^2$$

であるから，x^3 は $3x^2$ の原始関数である．

$f(x)$ の原始関数を求めることを《**$f(x)$ を積分する**》という．

$F(x)$ が $f(x)$ の原始関数であるとき，C を定数とすれ

ば

$$\frac{d[F(x)+C]}{dx} = F'(x) = f(x)$$

であるから，$F(x)+C$ もまた $f(x)$ の原始関数である．

逆に，$F(x)$ が $f(x)$ の原始関数であるとき，さらに $\Phi(x)$ もまた $f(x)$ の原始関数であるとすれば

$$\frac{d[\Phi(x)-F(x)]}{dx} = \Phi'(x)-F'(x) = f(x)-f(x) = 0.$$

ゆえに

$$\Phi(x)-F(x) = C,\quad \text{すなわち}\quad \Phi(x) = F(x)+C$$

（C は定数）

でなければならない．

このようにして，与えられた関数の原始関数は，もしあるとすれば，一つとかぎらず無限にたくさんある．と同時に，そのうちの一つが得られれば，その一つに定数を加えた関数をつくることによって，他のすべての原始関数が得られるのである．

$f(x)$ の原始関数（不定積分）を表わすには記号

$$\int f(x)dx$$

がもちいられる．$f(x)$ の原始関数の一つを $F(x)$ とすれば，他のすべての原始関数 $\int f(x)dx$ は等式

$$\int f(x)dx = F(x)+C \quad (C\text{ は定数}) \tag{2}$$

によって与えられる*．つまり，(1) と (2) とは同じこと

を表わす等式であるわけである.

例 1.

$$\int 3x^2dx = x^3+C.$$

II, §6によれば, α が有理数なるときは

$$\frac{dx^\alpha}{dx} = \alpha x^{\alpha-1}$$

であるから, $\alpha \neq 0$ でかつ x^α および $x^{\alpha-1}$ が意味をもつかぎり

$$\frac{d}{dx}\frac{x^\alpha}{\alpha} = \frac{1}{\alpha}\frac{dx^\alpha}{dx} = \frac{1}{\alpha}\cdot\alpha x^{\alpha-1} = x^{\alpha-1},$$

すなわち $\displaystyle\int x^{\alpha-1}dx = \frac{x^\alpha}{\alpha}+C.$ (C は定数)

ここで, $\alpha-1$ のかわりに α と書くことにすれば

$\alpha \neq -1$ でかつ x^α および $x^{\alpha+1}$ が意味をもつかぎり

$$\boxed{\int x^\alpha dx = \frac{x^{\alpha+1}}{\alpha+1}+C \quad (\alpha \text{ は有理数, } C \text{ は定数})} \tag{3}$$

という公式が得られる.

とくに $\alpha=0$ の場合には $x^\alpha=x^0=1$ であるから

$$\int 1dx = x+C. \quad (C \text{ は定数})$$

なお, この左辺を簡単にして

$$\int dx = x+C$$

* このCを《積分定数》とよぶことがある.

とも書くことを付記しておく.

問 1. 次の不定積分を求める:

1)* $\int \frac{dx}{\sqrt{x}}$ 2) $\int x^3\sqrt{x}\,dx$.

§3. 不定積分の公式

1) 関数の和の原始関数: α および β が定数, $F(x)$ および $G(x)$ がそれぞれ $f(x)$ および $g(x)$ の原始関数ならば

$$F'(x) = f(x), \quad G'(x) = g(x)$$

であるから

$$\frac{d[\alpha F(x)+\beta G(x)]}{dx} = \alpha F'(x)+\beta G'(x)$$

$$= \alpha f(x)+\beta g(x).$$

よって

$$\int [\alpha f(x)+\beta g(x)]dx = \alpha F(x)+\beta G(x)+C,$$

すなわち $|\alpha|+|\beta|\neq 0$ とすれば

$$\boxed{\int [\alpha f(x)+\beta g(x)]dx = \alpha\int f(x)dx+\beta\int g(x)dx} \tag{1}$$

とくに $\alpha=\beta=1$ の場合には

$$\int [f(x)+g(x)]dx = \int f(x)dx+\int g(x)dx.$$

また, $\alpha=1$, $\beta=-1$ の場合には

---

* $\int \frac{dx}{\sqrt{x}}$ は $\int \frac{1}{\sqrt{x}}dx$ を表わす. 以下これにならう.

$$\int [f(x)-g(x)]dx = \int f(x)dx - \int g(x)dx.$$

さらに，$\alpha \neq 0$, $\beta = 0$ の場合には

$$\int \alpha f(x)dx = \alpha \int f(x)dx.$$

なお，一般に有限個の関数 $f(x), g(x), \cdots, \varphi(x)$ のおのおのが原始関数を有する場合には，

$\alpha f(x)+\beta g(x)+\cdots+\gamma\varphi(x)$

($\alpha, \beta, \cdots, \gamma$ は定数，$|\alpha|+|\beta|+\cdots+|\gamma| \neq 0$)

も原始関数を有し，かつ

$$\boxed{\begin{aligned}&\int [\alpha f(x)+\beta g(x)+\cdots+\gamma\varphi(x)]dx \\ &\quad = \alpha\int f(x)dx+\beta\int g(x)dx+\cdots+\gamma\int\varphi(x)dx\end{aligned}} \qquad (2)$$

例 1.

$$\int (3x^2-6x)dx = 3\int x^2dx - 6\int xdx$$

$$= 3\cdot\frac{x^3}{3} - 6\cdot\frac{x^2}{2} + C = x^3-3x^2+C.$$

問 1.

$$\int (a_0+a_1x+a_2x^2+\cdots+a_nx^n)dx$$

$$= a_0x+\frac{a_1}{2}x^2+\frac{a_2}{3}x^3+\cdots+\frac{a_n}{n+1}x^{n+1}+C$$

を証明する．ただし $a_0, a_1, a_2, \cdots, a_n$ は定数.

2) 置換積分法：$F'(t)=f(t)$，すなわち $\int f(t)dt=F(t)+C$ でかつ $g(x)$ が微分可能な関数であるとき，$t=g(x)$ とおけば微分法の公式 (D) (II, §1) により

$$\frac{d}{dx}F[g(x)] = F'[g(x)]g'(x) = f[g(x)]g'(x).$$

ゆえに

$$\int f[g(x)]g'(x)dx = F[g(x)]+C,$$

すなわち

$$\boxed{\int f[g(x)]g'(x)dx = \int f(t)dt,\ \ t = g(x)} \qquad (3)$$

あるいは変数 x と t とをとりかえて書けば

$$\boxed{\int f(x)dx = \int f[g(t)]g'(t)dt,\ \ x = g(t)} \qquad (4)$$

例 2.

$$\int \frac{x}{\sqrt{1+x^2}}dx.$$

i) (3) によることとし，$f(x) \equiv \dfrac{1}{\sqrt{1+x^2}}$，$g(x) \equiv 1+x^2$ と考えれば，$g'(x) = 2x$：

$$\int \frac{x}{\sqrt{1+x^2}}dx = \frac{1}{2}\int \frac{1}{\sqrt{1+x^2}}\cdot(2x)dx$$
$$= \frac{1}{2}\int \frac{1}{\sqrt{1+x^2}}\frac{d(1+x^2)}{dx}dx.$$

よって，$1+x^2=t$ とおけば

$$\int \frac{x}{\sqrt{1+x^2}}dx = \frac{1}{2}\int \frac{1}{\sqrt{t}}dt = \frac{1}{2}\int t^{-\frac{1}{2}}dt$$
$$= t^{\frac{1}{2}}+C = \sqrt{1+x^2}+C.$$

ii) (4) によることとし，$f(x) \equiv \dfrac{x}{\sqrt{1+x^2}}$，$g(t) \equiv \sqrt{t-1}$ と考えれば，$g'(t) = \dfrac{1}{2}\dfrac{1}{\sqrt{t-1}}$．よって

$$\int\frac{x}{\sqrt{1+x^2}}dx=\int\frac{\sqrt{t-1}}{\sqrt{1+(t-1)}}\cdot\frac{1}{2}\cdot\frac{1}{\sqrt{t-1}}dt.$$

$$=\frac{1}{2}\int\frac{1}{\sqrt{t}}dt=t^{\frac{1}{2}}+C=\sqrt{t}+C.$$

$x=\sqrt{t-1}$, すなわち $t=1+x^2$ から

$$\int\frac{x}{\sqrt{1+x^2}}dx=\sqrt{1+x^2}+C.$$

i), ii) いずれにしても同じことであるが, i) のほうが手っ取り早い. i) の方法によるためには, 積分すべき関数が $f[g(x)]g'(x)$ なる形であるとき, これを見やぶるのに習熟することを要する.

問 2. $\int(ax+b)^n dx=\frac{(ax+b)^{n+1}}{(n+1)a}+C$ $(a\neq 0, n\neq -1)$ を証明する.

問 3. $\int x^2(x^3+5)^2dx$ を求める.

3) 部分積分法：微分法の公式 (B) (II, §1) によれば

$$f(x)g'(x)=\frac{d}{dx}[f(x)g(x)]-f'(x)g(x)$$

であるから, $f'(x)g(x)$ が不定積分を有する場合には 1) により $f(x)g'(x)$ も不定積分を有し, かつ

$$\boxed{\int f(x)g'(x)dx=f(x)g(x)-\int f'(x)g(x)dx} \tag{5}$$

この公式により, $f(x)g'(x)$ なる形の関数を積分することは $f'(x)g(x)$ を積分することに帰せられる. (5) においてとくに $g(x)\equiv x$ とすれば

$$\boxed{\int f(x)dx=xf(x)-\int xf'(x)dx} \tag{6}$$

例 3.

$$\int(ax+b)^3x^2dx = \frac{1}{3}\int(ax+b)^3\frac{dx^3}{dx}dx$$

$$= \frac{1}{3}(ax+b)^3x^3-\frac{1}{3}\int 3(ax+b)^2ax^3dx$$

$$= \frac{1}{3}(ax+b)^3x^3-a\int(ax+b)^2x^3dx.$$

また

$$\int(ax+b)^2x^3dx = \frac{1}{4}\int(ax+b)^2\frac{dx^4}{dx}dx$$

$$= \frac{1}{4}(ax+b)^2x^4-\frac{1}{4}\int 2(ax+b)ax^4dx$$

$$= \frac{1}{4}(ax+b)^2x^4-\frac{a}{2}\int(ax+b)x^4dx.$$

ここに $\int(ax+b)x^4dx=\int(ax^5+bx^4)dx=a\cdot\frac{x^6}{6}+b\cdot\frac{x^5}{5}+C.$

以上をまとめれば

$$\int(ax+b)^3x^2dx = \frac{(ax+b)^3x^3}{3}-\frac{a(ax+b)^2x^4}{4}+\frac{a^3x^6}{12}$$

$$+\frac{a^2bx^5}{10}+C.$$

問 4. m および n は自然数とし，$I_{m,n}=\int(ax+b)^mx^ndx$ とおけば

$$I_{m,n} = \frac{(ax+b)^mx^{n+1}}{n+1}-\frac{ma}{n+1}I_{m-1,n+1}$$

であることを証明する．

§4. 定積分（幾何学的定義）

II 章で見たように，有理関数を微分して得られる導関数はやはり有理関数であり，また無理関数を微分して得られ

る導関数はやはり無理関数である．しかしながら，微分法の逆算法である積分法に関しては事情は微分法の場合のように簡単ではない．たとえば，後章で説明するように，有理関数 $\frac{1}{x}$ の原始関数はいわゆる対数関数であり（V 章），また無理関数 $\frac{1}{\sqrt{1-x^2}}$ の原始関数はいわゆる逆三角関数の一種であって（VI，§3），これらはいずれも有理関数でもなければ無理関数でもないのである．

また，本書で取り扱う関数は主として有理関数，無理関数，指数関数，対数関数，三角関数，逆三角関数およびこれらを有限回組み合わせて得られる関数——いわゆる《**初等関数**》なのであるが，これも後章で示すごとく，初等関数を微分して得られる導関数はつねに初等関数である．ところが，これに反し，初等関数の原始関数を同じ初等関数の範囲内で求めようとするとこれを得られない場合がしばしば生ずるのをまぬかれない．

このことは，しかしながら，かような場合にかならずしも原始関数が存在しないことを意味するものではないのであって，じつは，一般に

連続関数ハカナラズ原始関数ヲ有スル

ことが証明されているのである．この節では，この定理を証明するための準備として，まず，定積分なる概念について説明をこころみることにする．

$f(x)$ が連続関数であるとき，縦線 $x=a$，縦線 $x=b$，グラフ $y=f(x)$ および x 軸の四つで囲まれた図形を a から

b までの $f(x)$ の**縦線集合**と称する.

注意 1. とくに, $a<b$, $f(x)\geqq 0$ であるときは, a から b までの $f(x)$ の縦線集合は集合

$$\{(x,y)\,|\,a\leqq x\leqq b, 0\leqq y\leqq f(x)\}$$

にほかならない.

$a<b$ である場合, 縦線集合が x 軸の上方にあるときには (図 IV-3, すなわち $f(x)\geqq 0$ であるときには), その面積を記号

$$\int_a^b f(x)dx \qquad (1)$$

で表わす.

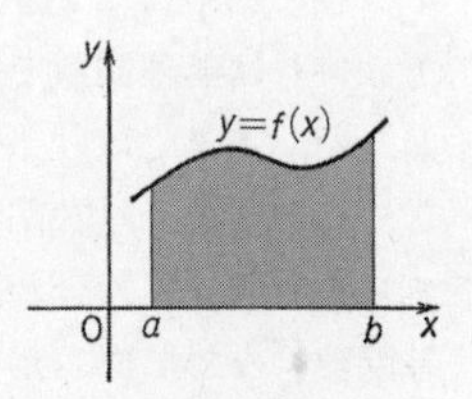

図 IV-3

また, 縦線集合が x 軸の下方にあるときには (図 IV-4, すなわち $f(x)\leqq 0$ であるときには), その面積に負号をつけたものが (1) であると定める.

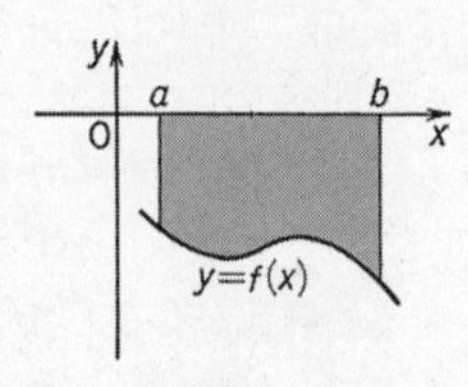

図 IV-4

さらにまた, 縦線集合が x 軸の上方下方にまたがるときには (図 IV-5), (1) は上方にある部分の面積から下方にある部分の面積を減じたものを表わすものと約束する.

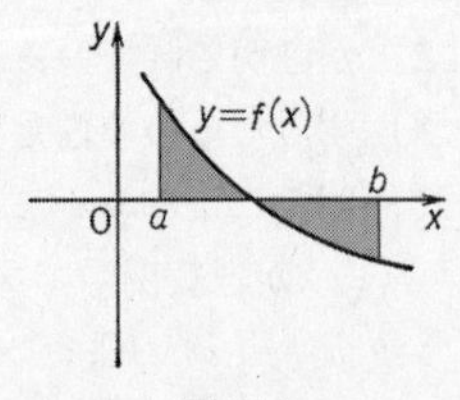

図 IV-5

以上は $a<b$ である場合について述べたのであるが, $a>b$ であ

る場合，すなわち $b<a$ である場合には

$$\int_a^b f(x)dx = -\int_b^a f(x)dx \tag{2}$$

によって記号（1）の意味を定める．

$a=b$ である場合，また，$f(x)\equiv 0$ である場合には (1) の値は 0 であると考える．

これで，あらゆる場合に記号 (1) の意味が定まったのであるが，この

$$\int_a^b f(x)dx \tag{1}$$

を a から b までの $f(x)$ の**定積分**（または単に積分）と称し，a および b をそれぞれこの定積分の**下端**および**上端**と名づける．また，(1) を求めることを《$\boldsymbol{f(x)}$ **を** $\boldsymbol{a}$ **から** $\boldsymbol{b}$ **まで積分する**》という．

注意 2. (1) は，たとえばこれを $\int_a^b f(t)dt$ と書いてもその値には変わりがない．すなわち，定積分の値は積分記号 $\int$ の中にある《**積分変数**》をどんな文字で表わすかにはかかわりがないのである．

例 1. 定数値関数の縦線集合は長方形であるから，μ が定数でかつ $\mu>0$, $a<b$ である場合には

$$\int_a^b \mu dx = \mu\cdot(b-a). \tag{3}$$

このほかの場合（たとえば $\mu<0$, $a<b$ である場合）にも等式 (3) の成立することは容易にこれを確かめることができる．

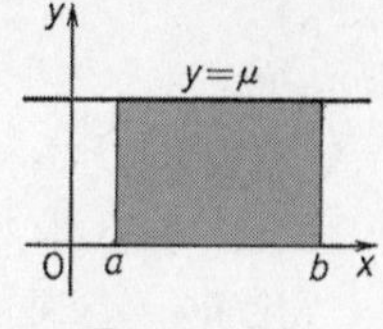

図 IV-6　$y=\mu$

例 2. 関数xの0からξまでの縦線集合は底辺および高さがいずれも$|\xi|$にひとしい三角形であるから，$\xi>0$ならば

$$\int_0^{\xi} xdx = \frac{1}{2}\xi^2.$$

$\xi \leqq 0$の場合にもこの等式の成立することは容易に確かめられる．

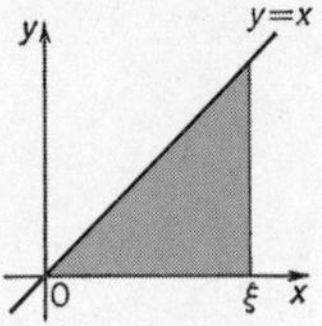

図 IV-7　$y=x$

問 1. $\int_a^b xdx = \dfrac{b^2-a^2}{2}$ を証明する．

ここで，定義からただちに導かれる定積分のおもな性質について述べておこう．

1）**定積分の加法性**：$a<c<b$とすれば，定積分の定義からただちに（図 IV-8）

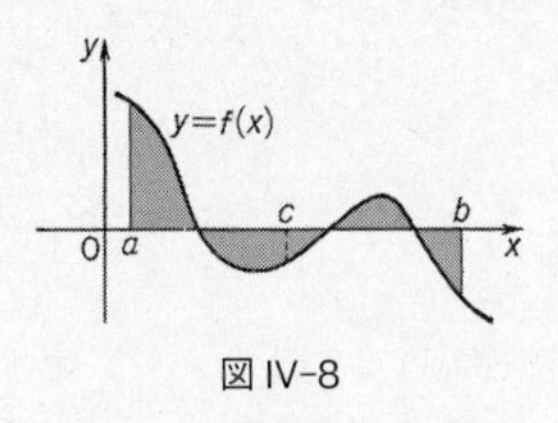

図 IV-8

$$\boxed{\int_a^b f(x)dx = \int_a^c f(x)dx + \int_c^b f(x)dx} \tag{4}$$

じつをいえば，等式 (4) はa, b, cの大小の順序にかかわりなく成立する．たとえば，$c<a<b$であるときは

$$\int_c^b f(x)dx = \int_c^a f(x)dx + \int_a^b f(x)dx$$

$$= -\int_a^c f(x)dx + \int_a^b f(x)dx$$

であるから，この等式の最左辺と最右辺との間で移項をおこなえば等式 (4) が出てくる．等式 (4) の成りたつことを《定積分ハ区間ニ関シ**加法性**ヲ有スル》ということばで

いい表わすことになっている．

問 2. a, b, c の大小の順序がどうであっても等式（4）の成立することを確かめる．

2）第一平均値の定理：μ が定数であるとき

$f(x) \geqq \mu$ ナラバ，$f(x) \equiv \mu$ デナイカギリ

$$\int_a^b f(x)dx > \mu \cdot (b-a)$$

（タダシ，$a<b$）．　(5)

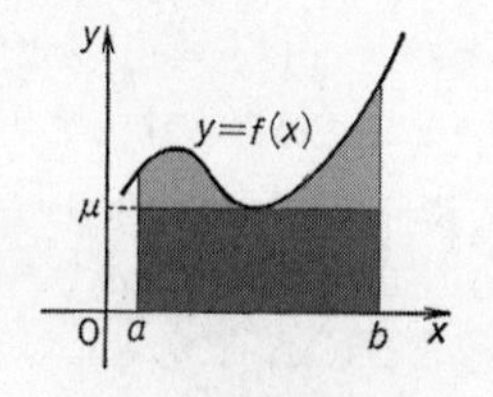

図 IV-9

マタ，$f(x) \leqq \mu$ ナラバ，$f(x) \equiv \mu$ デナイカギリ

$$\int_a^b f(x)dx < \mu \cdot (b-a)$$

（タダシ，$a<b$）．　(6)

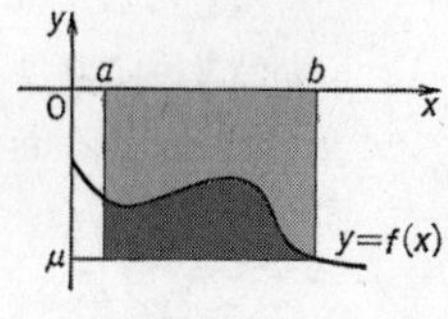

図 IV-10

であることは図 IV-9 および IV-10 から明らかである．

これだけのことから次の重要な定理を導くことができる：

$$\int_a^b f(x)dx = f[a+\theta(b-a)](b-a) \quad (0<\theta<1) \qquad (7)$$

ただし，（7）は a と b の間のある値 $a+\theta(b-a)$ に対してこの等式が成りたつという意味である．この定理は**積分法の第一平均値の定理**とよばれる*．

---

* 積分法の第二平均値の定理というものがあるが本書では扱わない．

最初に$a<b$であるとして証明する．要するに

$$\int_a^b f(x)dx = \mu\cdot(b-a) \quad (8)$$

とおいてμを定め

$$f(\xi) = \mu, \quad a<\xi<b \quad (9)$$

なるξの存在することを証明すればよいわけである．

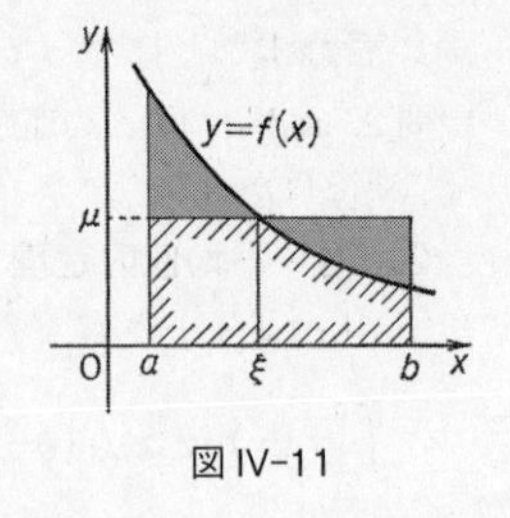

図 IV-11

まず，$f(x)\equiv\mu$である場合には，$a<\xi<b$なる任意のξをとれば，このξに対しては (9) は確かに成立する．

つぎに，$f(x)\equiv\mu$でない場合を考えると，このとき，もし，いたるところ$f(x)\geqq\mu$ならば不等式 (5) が成りたつことになって，これは (8) と相いれない．よって，$f(x_1)<\mu$, $a\leqq x_1\leqq b$なるx_1がかならず存在しなければならない．同様にして，$f(x_2)>\mu$, $a\leqq x_2\leqq b$であるようなx_2の存在することが示される．$f(x_1)<\mu<f(x_2)$なのであるから，中間値の定理によれば，x_1とx_2との間に$f(\xi)=\mu$なる値ξがあるはずである．$a<\xi<b$であることは明らかであろう．

これで，$a<b$であるかぎり，すべての場合に (9) の成りたつようなξのあることがわかったことになる．$a>b$である場合の証明は，(2) に注意すれば，$a<b$である場合の証明に帰着させることができる．$a=b$の場合には (7) の両辺が0なのであるから，この場合は証明するまでもないであろう．

問 3. $0<a<1$ であるとき

$$a < \int_0^a \frac{1}{\sqrt{1-x^2}}dx < \frac{a}{\sqrt{1-a^2}} \tag{10}$$

なることを証明する.

§5. 連続関数の原始関数

前節で説明した定積分をもちいて，さきに予告しておいたように

連続関数ハ原始関数ヲ有スル

ことを証明しよう．証明の根拠となるのは定積分の加法性（前節（4））と第一平均値の定理（前節（7））とである.

$f(x)$ を連続関数，α をその定義域の一定点とし

$$\Phi(x) = \int_\alpha^x f(t)dt \tag{1}$$

とおけば，ここに $f(x)$ の定義域で定義された関数 $\Phi(x)$ が得られる.

前節（4）により

$$\int_\alpha^b f(x)dx = \int_\alpha^a f(x)dx + \int_a^b f(x)dx,$$

すなわち　$\Phi(b) = \Phi(a) + \int_a^b f(x)dx$

であるから,

$$\int_a^b f(x)dx = \Phi(b) - \Phi(a). \tag{2}$$

この等式において $b=a+h$（ただし $h\neq0$）とおき，第一

平均値の定理（前節（7））を使えば

$$\Phi(a+h)-\Phi(a)=\int_a^{a+h} f(x)dx=f(a+\theta h)\cdot h,$$

$$(0<\theta<1)$$

すなわち

$$\frac{\Phi(a+h)-\Phi(a)}{h}=f(a+\theta h).$$

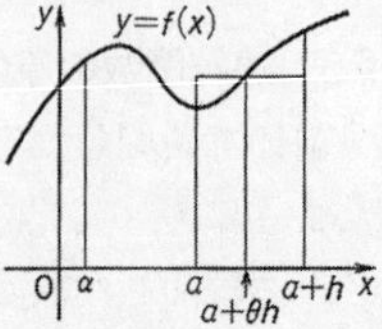

ここで

$$h\to 0 \quad \Rightarrow \quad \theta h\to 0$$

であることに注意すれば，$f(x)$ は連続関数なのであるから

$$h\to 0 \quad \Rightarrow \quad f(a+\theta h)\to f(a).$$

図 IV-12

したがって，$\Phi(x)$ は $x=a$ で微分可能でかつ

$$\Phi'(a)=f(a).$$

a は $f(x)$ の定義域の任意の点であるから，a のかわりに x と書けば，

$$\Phi'(x)=f(x),$$

すなわち

$$\boxed{\frac{d}{dx}\int_\alpha^x f(t)dt=f(x)}$$

かくして，問題の定理はここに証明されたのであるが，この結果を利用すると，逆に，連続関数 $f(x)$ の原始関数 $F(x)$ を知っているときには，これを用いて $f(x)$ の定積分したがって $f(x)$ の縦線集合の面積を計算することができる．すなわち，

$$F'(x) = f(x)$$

であるときは，§2により

$$\Phi(x) = F(x)+C \quad (C\text{は定数})$$

なのであるから

$$\Phi(b)-\Phi(a) = F(b)-F(a).$$

よって，(2) に注目すれば

$$\int_a^b f(x)dx = F(b)-F(a). \tag{3}$$

この等式の右辺を $[F(x)]_a^b$ と略記することにすれば，(3) はまた

$$\int_a^b f(x)dx = [F(x)]_a^b \tag{4}$$

と書くことができる．

とくに，$f(x)$ の導関数 $f'(x)$ が連続関数である場合には，(3), (4) により

$$\boxed{\int_a^b f'(x)dx = [f(x)]_a^b = f(b)-f(a)} \tag{5}$$

であることに注意する．

例 1．定数値関数 μ：

$$\int_a^b \mu dx = [\mu x]_a^b = \mu\cdot(b-a).$$

例 2．

$$\int_0^\xi x dx = \left[\frac{x^2}{2}\right]_0^\xi = \frac{\xi^2}{2}.$$

以上 2 例の結果は§4においてすでに縦線集合の面積を

直接計算して出しておいたが，関数が複雑になると (3) によらないで縦線集合の面積を計算することは困難な場合が多い．

例 3.

$$\int_0^1 x^3 dx = \left[\frac{x^4}{4}\right]_0^1 = \frac{1}{4}.$$

問 1. $\int_0^2 \sqrt{x}\,dx$ を計算する．

問 2. 図 IV-13 において図形 AA′B′OBA の面積と三角形 AOA′ との比を求める．

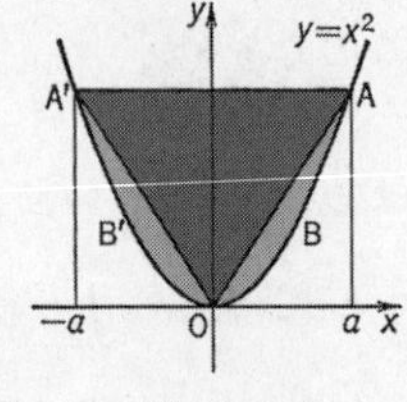

図 IV-13

§6. 定積分の公式

1）関数の和の定積分：α および β が定数，$f(x)$ および $g(x)$ が連続関数で

$$F'(x) = f(x), \quad G'(x) = g(x)$$

ならば

$$\frac{d[\alpha F(x)+\beta G(x)]}{dx} = \alpha f(x)+\beta g(x)$$

であるから，§5，(3) により

$$\int_a^b [\alpha f(x)+\beta g(x)]dx$$

$$= [\alpha F(b)+\beta G(b)]-[\alpha F(a)+\beta G(a)]$$

$$= \alpha[F(b)-F(a)]+\beta[G(b)-G(a)].$$

よって，ふたたび§5，(3) に注意すれば

$$\boxed{\int_a^b [\alpha f(x)+\beta g(x)]dx = \alpha\int_a^b f(x)dx+\beta\int_a^b g(x)dx} \tag{1}$$

さらに，一般に，$\alpha, \beta, \cdots, \gamma$ が定数で $f(x), g(x), \cdots, \varphi(x)$ が連続関数ならば

$$\int_a^b [\alpha f(x)+\beta g(x)+\cdots+\gamma\varphi(x)]dx$$

$$= \alpha\int_a^b f(x)dx+\beta\int_a^b g(x)dx+\cdots+\gamma\int_a^b \varphi(x)dx.$$

2）置換積分法： $f(t)$ および $g'(x)$ が連続関数でかつ $F'(t)=f(t)$ であるときは

$$\frac{d}{dx}F[g(x)] = F'[g(x)]g'(x) = f[g(x)]g'(x).$$

よって§5，(3) により

$$\int_a^b f[g(x)]g'(x)dx = F[g(b)]-F[g(a)],$$

すなわち

$$\boxed{\int_a^b f[g(x)]g'(x)dx = \int_{g(a)}^{g(b)} f(t)dt} \tag{2}$$

例 1. §3，例 2 により，$t=1+x^2$ とおけば

$$\int_0^1 \frac{x}{\sqrt{1+x^2}}dx = \frac{1}{2}\int_1^2 t^{-\frac{1}{2}}dt = [\sqrt{t}\,]_1^2 = \sqrt{2}-1.$$

3）部分積分法： $f'(x)$ および $g'(x)$ が連続関数であるときは，

$$\frac{d}{dx}[f(x)\cdot g(x)] = f'(x)g(x)+f(x)g'(x)$$

に§5, (5) を適用すれば

$$\int_a^b [f'(x)g(x)+f(x)g'(x)]dx = [f(x)\cdot g(x)]_a^b.$$

よって1) により

$$\int_a^b f'(x)g(x)dx+\int_a^b f(x)g'(x)dx = [f(x)\cdot g(x)]_a^b.$$

ここで移項すれば

$$\boxed{\int_a^b f(x)g'(x)dx = [f(x)\cdot g(x)]_a^b-\int_a^b f'(x)g(x)dx} \tag{3}$$

とくに $g(x)\equiv x$ とすれば

$$\boxed{\int_a^b f(x)dx = [xf(x)]_a^b-\int_a^b xf'(x)dx} \tag{4}$$

例 2.

$$\int_{-1}^1 (x-1)^3(x+1)dx = \left[\frac{(x-1)^4}{4}(x+1)\right]_{-1}^1 -\frac{1}{4}\int_{-1}^1 (x-1)^4dx$$

$$= -\frac{1}{4}\left[\frac{(x-1)^5}{5}\right]_{-1}^1 = -\frac{8}{5}.$$

4) §4の (3), (5), (6) から

閉区間 $[a\,;\,b]$ デ

$$m \leqq f(x) \leqq M \quad (m\ オヨビ\ M\ ハ定数)$$

ナラバ

$$m(b-a) \leqq \int_a^b f(x)dx \leqq M(b-a) \quad (a<b)$$

(5)

トクニ

$$f(x) \geqq 0$$

ナラバ

$$\int_a^b f(x)dx \geqq 0 \quad (a<b).$$

いま，閉区間 $[a\,;b]$ で $f(x) \geqq g(x)$ であるとすれば，$f(x)-g(x) \geqq 0$ であるから

$$\int_a^b [f(x)-g(x)]dx \geqq 0.$$

しかるに，(1) によれば

$$\int_a^b [f(x)-g(x)]dx = \int_a^b f(x)dx - \int_a^b g(x)dx,$$

よって

$$\int_a^b f(x)dx - \int_a^b g(x)dx \geqq 0.$$

すなわち

閉区間 $[a\,;b]$ デ

$$f(x) \geqq g(x)$$

ナラバ

$$\int_a^b f(x)dx \geqq \int_a^b g(x)dx. \quad (a<b)$$

とくに

$$-|f(x)| \leqq f(x) \leqq |f(x)|$$

であるから

$$\boxed{\begin{aligned} -\int_a^b |f(x)|dx &\leqq \int_a^b f(x)dx \\ &\leqq \int_a^b |f(x)|dx \quad (a<b) \end{aligned}} \tag{6}$$

(6) はまた

$$\boxed{\left|\int_a^b f(x)dx\right| \leqq \int_a^b |f(x)|dx \quad (a<b)} \tag{7}$$

と書いても同じことである.

例 3. $0 \leqq x \leqq 1$ ならば $\dfrac{x^n}{2} \leqq \dfrac{x^n}{1+x} \leqq x^n$, ゆえに $\displaystyle\int_0^1 \frac{x^n}{2}dx \leqq \int_0^1 \frac{x^n}{1+x}dx \leqq \int_0^1 x^n dx$, すなわち $\dfrac{1}{2(n+1)} \leqq \displaystyle\int_0^1 \frac{x^n}{1+x}dx \leqq \frac{1}{n+1}$. ただし n は自然数.

§7. 定積分（解析的定義）

§4において定積分を定義し，この概念をもちいて§5において連続関数が原始関数を有することをいちおう証明したのであるが，よく考えると，この証明にはまだ不満足な点があるのをまぬかれない．定積分の定義が縦線集合の《面積》をもとにしているところに不安が感ぜられるのである．

$f(x)$ が定数値関数である場合，また $f(x) \equiv x$ である場合には，縦線集合は直線形であるから，その面積は，§4の例1，例2で見たように，明確な意味をもっている．しかしながら，一般には，連続関数 $f(x)$ の縦線集合は，その周の一部をなすところの $f(x)$ のグラフが直線でないため，その面積といってもそれが何を意味するか，これについてはいままでになんら定義を与えられていないのである．もとより，面積については人は漠然たる観念をもってはいるものの，明確な定義を与えられていない漠然たる観念をもととして数学を建設することは望ましいことではない．

こういう見地から，この節では，$f(x)$ が連続関数であるとき《縦線集合の面積》なる概念を全然もちいないで，定積分

$$\int_a^b f(x)dx \tag{1}$$

に新たな定義——解析的定義*を与えることをこころみる．こうして定積分 (1) の意味が図形とは無関係に定まったうえで，今度は§4 におけるとは反対に，とくに $f(x) \geqq 0$, $a<b$ の場合には《定積分 (1) の値をもって縦線集合の面積と定義する》ということにして，いままで定義されていなかった《縦線集合の面積》ということばにあらためて明確な意味を与えようというのである．まさに，いままでとは逆のコースをたどるというべきであろう．

定積分の解析的定義は次のとおりである：

$a<b$ の場合を考えることとし，まず，閉区間 $[a\,;b]$ に

---

* ここに《解析的》というのは《図形には無関係な》というほどの意味である．

《分点》

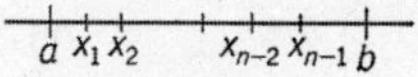

$x_1,\ x_2,\ \cdots,\ x_{n-2},\ x_{x-1}$

(ただし $a<x_1<x_2<\cdots$

$<x_{n-2}<x_{n-1}<b$) (2)

図 IV-14

を設け，これによって $[a\,;b]$ を

$$[a\,;x_1],[x_1\,;x_2],\cdots,[x_{n-2}\,;x_{n-1}],[x_{n-1}\,;b] \tag{3}$$

なる小閉区間に分割する．つぎに (3) の各小閉区間における連続関数 $f(x)$ の最小値をそれぞれ

$$m_1,\ m_2,\ \cdots,\ m_{n-1},\ m_n$$

で表わし

$$s=m_1(x_1-a)+m_2(x_2-x_1)+\cdots$$
$$+m_{n-1}(x_{n-1}-x_{n-2})+m_n(b-x_{n-1})$$

とおいて，この s を分割 (3) に対する $f(x)$ の**不足和**とよぶことにする*.

閉区間 $[a\,;b]$ における $f(x)$ の最大値を M で表わせば

$$m_1\leqq M,\ m_2\leqq M,\ \cdots,\ m_{n-1}\leqq M,\ m_n\leqq M$$

であるから

$$s\leqq M(x_1-a)+M(x_2-x_1)+$$
$$\cdots+M(x_{n-1}-x_{n-2})+M(b-x_{n-1})$$
$$=M[(x_1-a)+(x_2-x_1)+$$
$$\cdots+(x_{n-1}-x_{n-2})+(b-x_{n-1})],$$

すなわち

$$s\leqq M(b-a). \tag{4}$$

---

* $f(x)>0$ のとき，不足和 s は図 IV-15 において柱状グラフの形をした図形の面積を表わしている．

ここに$M(b-a)$は分点（2）には無関係な数であるから，分点（2）のえらびかたがどうあろうとも，不足和sはけっして一定値を越えないわけである．いいかえれば，（2）のような分点をあらゆる方法でえらび，それによる分割のおのおのについてそれぞれ不足和をつくったものと考えれば，かような不足和の値全部の集合は上に有界で，$M(b-a)$はその上界の一つである*ということになる．かような不足和の値全部の集合の上界のうちで最も小さいもの――上限*を記号

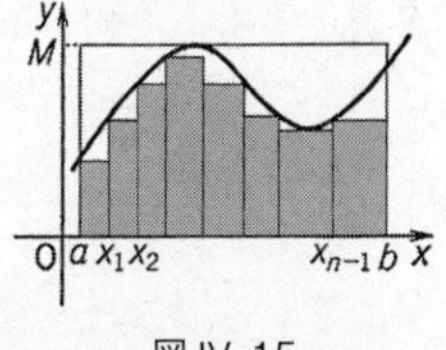

図 IV-15

$$\int_a^b f(x)dx \tag{1}$$

で表わし，これをaからbまでの$f(x)$の定積分と称する．

こうして定積分を定義した以上，sがいかなる分割に対する不足和であっても，つねに

$$s \leqq \int_a^b f(x)dx \quad (a<b)$$

であり，また$\int_a^b f(x)dx$より小さいいかなる数$\int_a^b f(x)dx-\delta$（$\delta>0$）をとっても，かならず不等式

$$s > \int_a^b f(x)dx-\delta$$

＊ III，§3.

を満足する不足和 s が見いだされるわけである．なお，閉区間 $[a;b]$ における $f(x)$ の最小値を m で表わせば，(4) と同様にして

$$m(b-a) \leqq s \tag{5}$$

であるから，これと (4) とから不等式

$$\boxed{m(b-a) \leqq \int_a^b f(x)dx \leqq M(b-a)} \tag{6}$$

の出てくることに注意する．

以上は $a<b$ である場合について述べたのであるが，$a>b$ である場合には§4におけると同様に

$$\int_a^b f(x)dx = -\int_b^a f(x)dx$$

によって定積分 (1) の意味を定める．$a=b$ であるとき (1) の値を 0 と定めることも前と同様である．

以上の定義に従って，§5，例1，2の定積分を求めてみよう．

例 1. 定数値関数 μ の場合には，分割 (3) がどうあろうとも，

$$m_1 = m_2 = \cdots = m_{n-1} = m_n = \mu$$

であるから

$$s = \mu(x_1-a)+\mu(x_2-x_1)+\cdots+\mu(b-x_{n-1}) = \mu(b-a).$$

ゆえに

$$\int_a^b \mu\cdot dx = \mu(b-a).$$

例 2. 関数 x の場合：分割 (3) において

$$m_1=a,\ m_2=x_1,\ \cdots,\ m_{n-1}=x_{n-2},\ m_n=x_{n-1}$$

であるから

$$s = a(x_1-a)+x_1(x_2-x_1)+x_2(x_3-x_2)+\cdots+x_{n-1}(b-x_{n-1}).$$

しかるに

$$a<\frac{a+x_1}{2},\ x_1<\frac{x_1+x_2}{2},\ x_2<\frac{x_2+x_3}{2},\ \cdots,\ x_{n-1}<\frac{x_{n-1}+b}{2}$$

であるから

$$\begin{aligned} s &< \frac{a+x_1}{2}(x_1-a)+\frac{x_1+x_2}{2}(x_2-x_1)+\cdots+\frac{x_{n-1}+b}{2}(b-x_{n-1}) \\ &= \frac{1}{2}[(x_1{}^2-a^2)+(x_2{}^2-x_1{}^2)+(x_3{}^2-x_2{}^2)+\cdots+(b^2-x_{n-1}{}^2)] \\ &= \frac{1}{2}(b^2-a^2). \end{aligned}$$

これで，まず，$\frac{1}{2}(b^2-a^2)$ が s の上界の一つであることがわかる．

つぎに，閉区間 $[a\,;b]$ を n 等分した分割を考えることとし，この分割に対する不足和を s_n で表わすこととする．$h=\dfrac{b-a}{n}$ とおけば

$$\begin{aligned} s_n &= ah+(a+h)h+(a+2h)h+\cdots \\ &\quad +[a+(n-2)h]h+[a+(n-1)h]h \\ &= nah+h^2[1+2+\cdots+(n-2)+(n-1)] \\ &= nah+h^2\cdot\frac{n(n-1)}{2} \\ &= a(b-a)+\frac{1}{2}(b-a)[(b-a)-h] \\ &= \frac{b^2-a^2}{2}-\frac{(b-a)h}{2}. \end{aligned}$$

よって，δ がいかに小さい正数であっても，

$$h<\frac{2}{b-a}\delta \text{ すなわち } n>\frac{(b-a)^2}{2\delta} \text{ ならば，}$$

$$s_n>\frac{b^2-a^2}{2}-\delta$$

である．これは $\dfrac{b^2-a^2}{2}$ が関数 x の不足和の集合の上限であるこ

とを示すものであるから

$$\int_a^b xdx = \frac{b^2-a^2}{2} = \frac{1}{2}(a+b)(b-a).$$

とくに $a=0$, $b=\xi$ とすれば

$$\int_0^\xi xdx = \frac{\xi^2}{2}.$$

問 1. 例 2 の方法にならい

$$\int_0^\xi x^2dx = \frac{\xi^3}{3} \quad (\xi>0)$$

を証明する.（指針：$1^2+2^2+\cdots+n^2=\frac{1}{6}n(n+1)(2n+1)$ をもちいる.）

さきに《幾何学的定義》による定積分に関し§4, §5および§6で述べた諸定理は《解析的定義》による定積分に関してもそのまま成立する. 次の§8でこのことを証明しよう.

§8. 定積分に関する諸定理

1）定積分の加法性：前節において新たに定義された定積分についても, §4, (4) と同じ等式

$$\int_a^b f(x)dx = \int_a^c f(x)dx + \int_c^b f(x)dx \tag{1}$$

が成立する.

証明：$a<c<b$ の場合だけを証明すれば十分である.

前節におけると同じく閉区間 $[a\,;\,b]$ を任意に分割して前節 (3) を得たものとし, まず, c が前節 (2) の分点の一つ x_i と一致している場合を考える. このとき

$$[a\,;\,x_1],\ [x_1\,;\,x_2],\ \cdots,\ [x_{i-1}\,;\,c]$$

は閉区間 $[a\,;c]$ の分割になっているのであるから

$$s_1 = m_1(x_1-a)+m_2(x_2-x_1)+\cdots+m_i(c-x_{i-1})$$

とおけば*, s_1 は閉区間 $[a\,;c]$ における一つの不足和である. 同様にして

$$s_2 = m_{i+1}(x_{i+1}-c)+\cdots+m_{n-1}(x_{n-1}-x_{n-2})+m_n(b-x_{n-1})$$

も閉区間 $[c\,;b]$ における不足和であって**, かつ

$$s = s_1+s_2.$$

しかるに, 前節で述べたごとく

$$s_1 \leqq \int_a^c f(x)dx, \quad s_2 \leqq \int_c^b f(x)dx$$

であるから

$$s \leqq \int_a^c f(x)dx+\int_c^b f(x)dx. \tag{2}$$

つぎに, c が前節の (2) の分点のいずれとも一致していない場合を考えることとし, $x_{i-1}<c<x_i$ であるとする. 閉区間 $[x_{i-1}\,;c]$ および $[c\,;x_i]$ における $f(x)$ の最小値をそれぞれ μ_1 および μ_2 で表わし

$$s' = m_1(x_1-a)+m_2(x_2-x_1)+\cdots$$
$$\cdots+\mu_1(c-x_{i-1})+\mu_2(x_i-c)+\cdots$$
$$+m_n(b-x_{n-1})$$

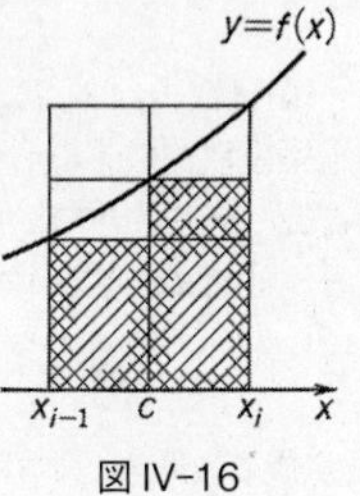

図 IV-16

とおけば, 前の場合と同様にして

$$s' \leqq \int_a^c f(x)dx+\int_c^b f(x)dx.$$

しかるに, $m_i \leqq \mu_1$, $m_i \leqq \mu_2$ であるから

$$m_i(x_i-x_{i-1}) = m_i(c-x_{i-1})+m_i(x_i-c)$$
$$\leqq \mu_1(c-x_{i-1})+\mu_2(x_i-c).$$

---

* m_i は閉区間 $[x_{i-1}\,;x_i]$ における $f(x)$ の最小値を表わす.

** m_{i+1} は閉区間 $[x_i\,;x_{i+1}]$ における $f(x)$ の最小値を表わす.

よって，$s \leqq s'$ であることになり，この場合にもやはり不等式 (2) の成立することがわかる．

こうして，閉区間 $[a\,;\,b]$ における任意の不足和 s について不等式 (2) の成りたつことがわかったうえは，s のかわりにその上限 $\int_a^b f(x)dx$ をおきかえてもよいはずである．よって

$$\int_a^b f(x)dx \leqq \int_a^c f(x)dx + \int_c^b f(x)dx. \qquad (3)$$

今度は，前と反対に，閉区間 $[a\,;\,c]$ に任意に分点を設けて分割をおこない，その分割に対する不足和を s_1 で表わし，また閉区間 $[c\,;\,b]$ についても同様にして不足和 s_2 をつくる．しかるときは，s_1+s_2 は，とりもなおさず，閉区間 $[a\,;\,b]$ における一つの不足和にほかならないから，

$$s_1+s_2 \leqq \int_a^b f(x)dx.$$

閉区間 $[a\,;\,c]$ におけるいかなる不足和 s_1 についても，また，閉区間 $[c\,;\,b]$ におけるいかなる不足和 s_2 についても，この不等式が成りたつ以上，s_1 および s_2 の上限 $\int_a^c f(x)dx$ および $\int_c^b f(x)dx$ についても不等式

$$\int_a^c f(x)dx + \int_c^b f(x)dx \leqq \int_a^b f(x)dx$$

が成りたたなければならない．

この不等式と (3) とを見くらべれば，等式 (1) の成りたつことは，もはや明らかであろう．

2) $f(x)$ は $[a\,;\,b]$ で連続な関数，μ は定数であるとき，

$f(x) \geqq \mu$ ならば，$f(x) \equiv \mu$ でないかぎり，

$$\int_a^b f(x)dx > \mu\cdot(b-a).$$

また，$f(x) \leqq \mu$ ならば，$f(x) \equiv \mu$ でないかぎり，

$$\int_a^b f(x)dx < \mu\cdot(b-a)$$

証明：前半だけ証明する．

$f(x)\equiv\mu$ でないとすると，$a<c<b$, $f(c)-\mu>0$ なる c がなければならない．もし，$a<x<b$ なるどの x に対しても $f(x)=\mu$ ならば，$f(x)$ は連続関数なのであるから，$f(a)=\mu$, $f(b)=\mu$ となり，$[a\,;b]$ で $f(x)\equiv\mu$ ということになってしまうからである．

このcに近い x の値に対しては $f(x)-\mu>0$ であるから（III, §7），正数 δ を十分小さくえらぶと，

$$c-\delta \leqq x \leqq c+\delta \quad \Rightarrow \quad f(x) > \mu.$$

よって，$m_0=\min\{f(x)\,|\,x\in[c-\delta\,;c+\delta]\}$ とおけば，$x_0\in[c-\delta\,;c+\delta]$, $f(x_0)=m_0$ なる x_0 があるのであるから，$f(x_0)>\mu$ により，$m_0>\mu$ でなければならない．

ここで，定積分の加法性を2回くりかえしもちいて

$$\int_a^b f(x)dx = \int_a^{c-\delta} f(x)dx+\int_{c-\delta}^{c+\delta} f(x)dx+\int_{c+\delta}^b f(x)dx$$

と書き，この右辺の各積分について前節 (6) を適用してみる．ともかくも，$f(x)\geqq\mu$ なのであるから

$$\int_a^{c-\delta} f(x)dx \geqq \mu[(c-\delta)-a],$$

$$\int_{c+\delta}^b f(x)dx \geqq \mu[b-(c+\delta)].$$

また，閉区間 $[c-\delta\,;c+\delta]$ では $f(x)\geqq m_0$ なのであるから

$$\int_{c-\delta}^{c+\delta} f(x)dx \geqq m_0[(c+\delta)-(c-\delta)]$$
$$> \mu[(c+\delta)-(c-\delta)].$$

これらの不等式を加えあわせれば

$$\int_a^b f(x)dx > \mu[[(c-\delta)-a]+[(c+\delta)-(c-\delta)]$$
$$+[b-(c+\delta)]] = \mu(b-a).$$

3) いま証明した2) を使えば，いわゆる第一平均値の定理

$$\int_a^b f(x)dx = f[a+\theta(b-a)](b-a) \quad (0<\theta<1) \quad (4)$$

がすぐ出てくる．証明の方法は§4 (p.148) とまったく同じである．

4) **原始関数**：定積分の加法性 (3) および平均値の定理 (4) と，かように道具だてがそろったうえは，解析的に定義された定積分についても§5, §6での議論をすべてそのままあてはめることができる．したがって，たとえば，§5 におけるように

$$\Phi(x) = \int_\alpha^x f(t)dt$$

とおけば

$$\Phi'(x) = f(x) \quad (5)$$

であり，また $F(x)$ が $f(x)$ の原始関数であれば

$$\int_a^b f(x)dx = [F(x)]_a^b = F(b)-F(a) \quad (6)$$

であることが証明されるのである．

こうして，けっきょく，§4のはじめに掲げた懸案の定理：

《連続関数ハ原始関数ヲ有スル》

が，ここに，縦線集合の面積というようなあいまいな概念をもちいないで，明確に証明されるに至ったわけである．

5) $f(x)$ が $[a\,;b]$ で連続ならば (5) が成りたつことが証明されてみると，§6で述べた定理がこの節であらためて定義した積分にもそのままあてはまることがわかる．証明法は§6における証明のしかたそのままである．念のため，§6の1)，2)，3)，4) を再録しておこう．

$$\int_a^b [\alpha f(x)+\beta g(x)]dx=\alpha\int_a^b f(x)dx+\beta\int_a^b g(x)dx.$$

置換積分法：$f(t)$ および $g'(x)$ が連続ならば

$$\int_a^b f[g(x)]g'(x)dx=\int_{g(a)}^{g(b)} f(t)dt.$$

部分積分法：$f'(x)$ および $g'(x)$ が $[a\,;b]$ で連続ならば

$$\int_a^b f(x)g'(x)dx=[f(x)\cdot g(x)]_a^b-\int_a^b f'(x)g(x)dx.$$

$[a\,;b]$ で $f(x)$ および $g(x)$ が連続であるとき，

$$f(x)\geqq g(x) \text{ ならば } \int_a^b f(x)dx\geqq\int_a^b g(x)dx. \tag{7}$$

問1．(7) において，$f(x)\equiv g(x)$ でないかぎり

$$\int_a^b f(x)dx>\int_a^b g(x)dx$$

であることを証明する．

▶§9. 第一平均値の定理再説

いわゆる第一平均値の定理（前節の3)）はもっと一般的な定理の形に直すことができる．すなわち，

$f(x)$ および $g(x)$ が $[a\,;\,b]$ で連続な関数で，$[a\,;\,b]$ でいつも $g(x)\geqq 0$ （$g(x)\leqq 0$）であるときは

$$\int_a^b f(x)g(x)dx = f[a+\theta(b-a)]\int_a^b g(x)dx. \quad (0<\theta<1) \qquad (1)$$

証明：$g(x)\geqq 0$ の場合だけを証明する．

開区間 $(a\,;\,b)$ で $g(x)\equiv 0$ のときには*，（1）の両辺は0にひとしいから，$0<\theta<1$ なるどの θ をとっても（1）は成立する．よって，開区間 $(a\,;\,b)$ で $g(x)\equiv 0$ でない場合，すなわち

$$g(c)>0, \quad a<c<b \qquad (2)$$

なる c のある場合だけを証明すれば十分である．

いま，λ は等式

$$\int_a^b f(x)g(x)dx = \lambda\int_a^b g(x)dx$$

に適する定数であるとすると，§8，5）により

$$\int_a^b [f(x)g(x)-\lambda g(x)]dx = 0. \qquad (3)$$

最初に，$[a\,;\,b]$ で

$$f(x)g(x)-\lambda g(x)\equiv 0$$

である場合を考えると，条件（2）に適する c に対しては

$$f(c)g(c)=\lambda g(c), \quad g(c)>0$$

であるから，当然，$f(c)=\lambda$．よって，$c=a+\theta(b-a)$ とおけば

---

* $g(x)$ は閉区間 $[a\,;\,b]$ で連続なのであるから，このとき，じつは，$[a\,;\,b]$ で $g(x)\equiv 0$ なのである．

(1) が成りたつわけである.

つぎに, $f(x)g(x)-\lambda g(x)\equiv 0$ でないとすると, (3) が成りたつ以上

$$f(x_1)g(x_1)-\lambda g(x_1)>0,\quad a\leqq x_1\leqq b \tag{4}$$

$$f(x_2)g(x_2)-\lambda g(x_2)<0,\quad a\leqq x_2\leqq b \tag{5}$$

なる x_1 および x_2 がなければならない. もし, かりに, $[a\,;b]$ で $f(x)g(x)-\lambda g(x)\leqq 0$ であるとすると, 前節 2) により $\int_a^b[f(x)g(x)-\lambda g(x)]dx<0$ となるし, また, $[a\,;b]$ で $f(x)g(x)-\lambda g(x)\geqq 0$ であるとすると $\int_a^b[f(x)g(x)-\lambda g(x)]dx>0$ となってしまうからである.

条件 (4), (5) に適する x_1 および x_2 があるとなると, $g(x_1)\neq 0$, $g(x_2)\neq 0$ であるから, 仮定により, $g(x_1)>0$, $g(x_2)>0$. したがって, (4), (5) により

$$f(x_2)<\lambda<f(x_1).$$

中間値の定理によれば, これは x_1 と x_2 との間に

$$f(c)=\lambda$$

なる c の存在することを意味する. もとより, $a<c<b$ であるから, $c=a+\theta(b-a)$ とおけば, これで (1) の証明が完結するわけである.

(1) において $g(x)\equiv 1$ とおいたものは, とりもなおさず, 前節 (4) にほかならない. すなわち, 前節の (4) は (1) の特別な場合にあたるのである. (1) を, 前節の (4) と同様, 積分法の第一平均値の定理とよんでいる. 《第一》というのは積分法の第二平均値の定理 (本書では省略) と区別するためである. ◀

§10. 定積分と面積

以上で, 図形とは関係なく定積分を《解析的》に定義する仕事はひととおり終わった. こうして, かねて予告した

ように，$f(x)$ が閉区間 $[a\,;b]$ で連続でかつ $f(x)\geqq 0$ である場合には，縦線集合の面積は解析的に定義された定積分

$$\int_a^b f(x)dx \tag{1}$$

であると定義を下すことにより，《縦線集合の面積》ということばに明確な意味を与えることが可能になったわけである．しかも，§7，例1，例2にてらしてみてもわかるように，縦線集合が長方形，台形，三角形のように直線図形の場合には，定積分で与えられるその面積は初等幾何学で学んだそれらの図形の面積と一致しているのである．

このようにして，《縦線集合の面積とは何か》という問題に対していちおうの解決が与えられたわけであるが，なお，ここに次のような問題が残っていることに注意を促しておきたい．

さきに§7において定積分 (1) を定義するにあたり，その出発点となったものはいわゆる《不足和》であった．不足和というのは，さきにも述べたとおり，閉区間 $[a\,;b]$ を小さい閉区間に分割し，その小閉区間のおのおのにおける $f(x)$ の最小値にその小閉区間の長さを乗じて加えあわせたものである．ところで，いまもし各小閉区間において $f(x)$ の最小値のかわりに $f(x)$ の最大値をとり，これにその小閉区間の長さを乗じて加えあわせた和をつくったならば，これを出発点として定積分 (1) に類似のものを定義できないであろうか．かような和をかりに過剰和と名づ

け，不足和の上限たる定積分（1）に対立するものとして，あらゆる過剰和の集合の下限を考えることにしたら，この下限はいかなる性質のものであろうか．また，これはさきに定義した定積分（1）に対していかなる関係に立つであろうか．

これらの問題について以下少しく解明をこころみることにする．

§7 におけると同じく閉区間 $[a\,;b]$ を小さい閉区間

$$[a\,;x_1],\ [x_1\,;x_2],\ \cdots,\ [x_{n-2}\,;x_{n-1}],\ [x_{n-1}\,;b] \quad (2)$$

に分割し，（2）の各閉区間における連続関数 $f(x)$ の最大値をそれぞれ

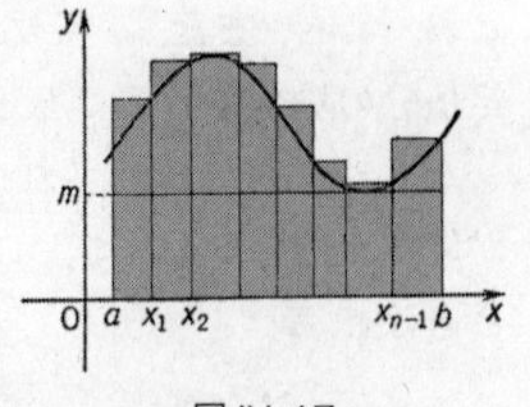

図 IV-17

$$M_1,\ M_2,\ \cdots,\ M_{n-1},\ M_n$$

で表わし

$$S = M_1(x_1-a)+M_2(x_2-x_1)+\cdots +M_{n-1}(x_{n-1}-x_{n-2})+M_n(b-x_{n-1})$$

とおいて，この S を分割（2）に対する $f(x)$ の**過剰和**とよぶことにする．

閉区間 $[a\,;b]$ における $f(x)$ の最小値を m で表わせば

$$S \geqq m(b-a).$$

すなわち，分割（2）の分点 $x_1, x_2, \cdots, x_{n-1}$ のえらびかたいかんにかかわらず過剰和 S は下に有界である．よって，あらゆる過剰和全体の下限を記号

$$\overline{\int_a^b} f(x)dx \tag{3}$$

で表わし，しばらく，これを a から b までの $f(x)$ の上積分とよぶことにする．

$a>b$ ならば

$$\overline{\int_a^b} f(x)dx = -\overline{\int_b^a} f(x)dx$$

とおくこと，また，$a=b$ ならば (3) の値を 0 とすることは定積分の場合と同様である．

かようにして定義された上積分について§7 から§8 にかけて定積分についておこなったと類似の議論をおこなうときは

$$\overline{\int_a^b} f(x)dx = \overline{\int_a^c} f(x)dx + \overline{\int_c^b} f(x)dx$$

であること（加法性），また

$$\overline{\int_a^b} f(x)dx = f[a+\theta(b-a)](b-a) \quad (0<\theta<1)$$

なる θ があること（第一平均値の定理）は容易に証明することができる．

かくなるうえはあとは定積分の場合と同様であって，§5 における議論を，$\alpha=a$ として上積分にあてはめて

$$\Psi(x) = \overline{\int_a^x} f(t)dt \tag{4}$$

とおくとき

$$\Psi'(x) = f(x)$$

であることも，しぜん証明されてくる道理である．

こうしてみると，

$$\Phi(x) = \int_a^x f(t)dt$$

も (4) で定義された $\Psi(x)$ もともに同じ関数 $f(x)$ の原始関数なのであるから，当然

$$\Psi(x) \equiv \Phi(x)+C \quad (C \text{ は定数})$$

でなければならない．

この等式において $x=a$ とおいてみれば，$\Psi(a)=0$, $\Phi(a)=0$, したがって $C=0$. よって，上の等式は

$$\Psi(x) \equiv \Phi(x)$$

となり，ここでとくに $x=b$ とすれば

$$\overline{\int_a^b} f(x)dx = \int_a^b f(x)dx \tag{5}$$

という結果が得られる．

例 1．関数 x の場合には

$$M_1=x_1,\ M_2=x_2,\ M_3=x_3,\ \cdots,\ M_n=b$$

であるから

$$S = x_1(x_1-a)+x_2(x_2-x_1)+x_3(x_3-x_2)+\cdots+b(b-x_{n-1}).$$

しかるに

$$x_1>\frac{x_1+a}{2},\ x_2>\frac{x_2+x_1}{2},\ x_3>\frac{x_3+x_2}{2},\ \cdots,\ b>\frac{b+x_{n-1}}{2}$$

であるから

$$S > \frac{x_1+a}{2}(x_1-a)+\frac{x_2+x_1}{2}(x_2-x_1)+\frac{x_3+x_2}{2}(x_3-x_2)+\cdots$$
$$+\frac{b+x_{n-1}}{2}(b-x_{n-1})$$

$$= \frac{1}{2}[(x_1{}^2-a^2)+(x_2{}^2-x_1{}^2)+(x_3{}^2-x_2{}^2)+\cdots+(b^2-x_{n-1}{}^2)]$$

$$= \frac{1}{2}(b^2-a^2).$$

これで，まず，$\frac{1}{2}(b^2-a^2)$ が S の集合の下界であることがわかる．

つぎに，閉区間 $[a\,;b]$ を n 等分した分割を考えることとし，この分割に対する過剰和を S_n で表わすこととする．$h=\frac{b-a}{n}$ とおけば

$$S_n = (a+h)h+(a+2h)h+\cdots+[a+(n-1)h]h+(a+nh)h$$

$$= nah+h^2[1+2+\cdots+(n-1)+n] = nah+h^2\cdot\frac{n(n+1)}{2}$$

$$= a(b-a)+\frac{1}{2}(b-a)[(b-a)+h] = \frac{b^2-a^2}{2}+\frac{(b-a)h}{2}.$$

ゆえに，δ がいかに小さい正数であっても

$h < \frac{2}{b-a}\delta$ すなわち $n > \frac{(b-a)^2}{2\delta}$ ならば，$S_n < \frac{1}{2}(b^2-a^2)+\delta$

である．これは $\frac{b^2-a^2}{2}$ が関数 x の過剰和 S の集合の下限であることを示すものであるから

$$\overline{\int_a^b} xdx = \frac{b^2-a^2}{2}.$$

この結果と§7，例2とをくらべると，じっさい $\overline{\int_a^b} xdx = \int_a^b xdx$ であることがわかる．

問 1．$\overline{\int_a^b} x^2dx$ を計算する．

等式 (5) は，とりもなおさず，いわゆる上積分が§7で定義した定積分と一致することを示すものであるが，このことにより，$f(x)\geqq 0$, $a<b$ である場合に定積分 $\int_a^b f(x)dx$ をもって $f(x)$ の縦線集合の面積と定義することがいかに自然であるかが図 IV-18 を見ればよく納得さ

れるであろう．不足和 s に対応する柱状グラフ形の図形はつねに縦線集合の中にあり，また，縦線集合は過剰和 S に対応する柱状グラフ形の図形の中にある．このとき，

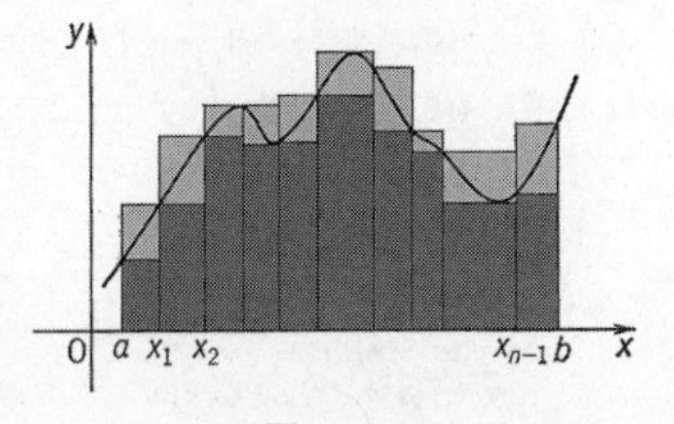

図 IV-18

不足和 s の上限たる定積分の値と過剰和 S の下限たる上積分の値とが一致するとすれば，この一致した値を縦線集合の面積と考えるのはきわめて無理のない定義のしかたであるというべきであろう．

注意 1. 一般の平面図形の面積はあらまし次のようにして定義される：図形を方眼紙の上に描き，図形の中に完全に含まれるすべての方眼の面積の和を s で表わし，また図形と共通点をもつすべての方眼の面積の和を S で表わす．もとより，$s \leqq S$ である．一般に s および S の値は方眼の精粗により一定ではなく，方眼をこまかくすればするほど s の値は増大し S の値は減少するのが一般である．いま，考えうるあらゆる方眼紙について s および S を求めたものと考え，s の上限をこの図形の内面積，S の下限をこの図形の外面積と称する．一般に内面積の値は外面積の値を越えないが，とくに，内面積の値と外面積の値が一致する場合には，その値を単に面積と名づける．内面積と外面積とが一致しない場合にはその図形は面積を有しないものと考える．正値の連続関数 $f(x)$ の a か

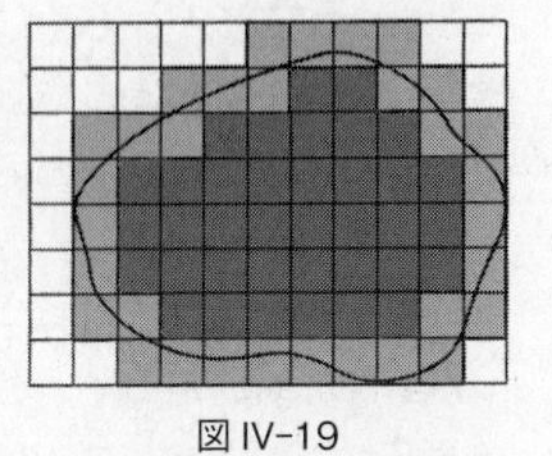
図 IV-19

ら b までの縦線集合の場合に以上の定義を適用すると，縦線集合は面積を有しその値が $\int_a^b f(x)dx$ にひとしいことが証明されるのである（XII，§4，例 2）．

§11. 平面図形の面積の計算

そもそも定積分なるものをとりあげてこれに明確な定義を解析的に与えようとした動機は，元来，連続関数の原始関数の存在を証明するためのよすがを求めることにあった．理論上の問題としてはそのとおりであるが，一方，上に説明したように，縦線集合の面積が定積分で表わされ，またその定積分が§8，(6) により原始関数で表わされることとなってみると，とくに原始関数が知られているような場合には，ひるがえって，縦線集合の面積がその原始関数から簡単に計算されるという便宜が生じてくる．定積分の実際上の応用は多くこの方面にあるのである．

縦線集合の面積を計算する実例はすでに§5，§6でいくつかあげておいたので，ここでふたたび実例を掲げることはさし控えることとし，以下縦線集合より少しく複雑な図形の面積を計算する方法を述べよう．

$\varphi_1(x)$ オヨビ $\varphi_2(x)$ ガ閉区間 $[a\,;b]$ デ連続デカツ $\varphi_1(x) \leqq \varphi_2(x)$ ナラバ，$y=\varphi_1(x)$，$y=\varphi_2(x)$，$x=a$，$x=b$ デ囲マレル点集合

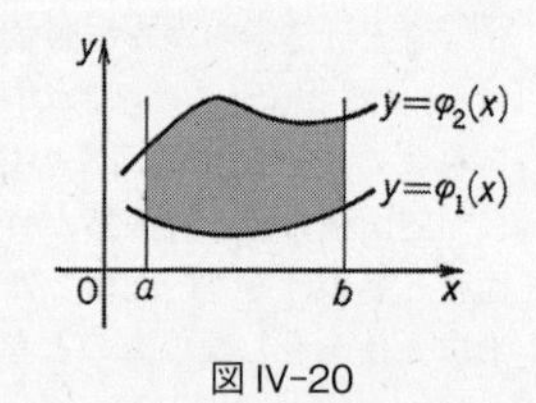

図 IV-20

$$\{(x,y)\,|\,a \leqq x \leqq b,\ \ \varphi_1(x) \leqq y \leqq \varphi_2(x)\}$$

ノ面積ハ

$$\int_a^b [\varphi_2(x) - \varphi_1(x)]dx \tag{1}$$

ニヒトシイ.

注意 1. このような点集合を**縦線型集合**という.

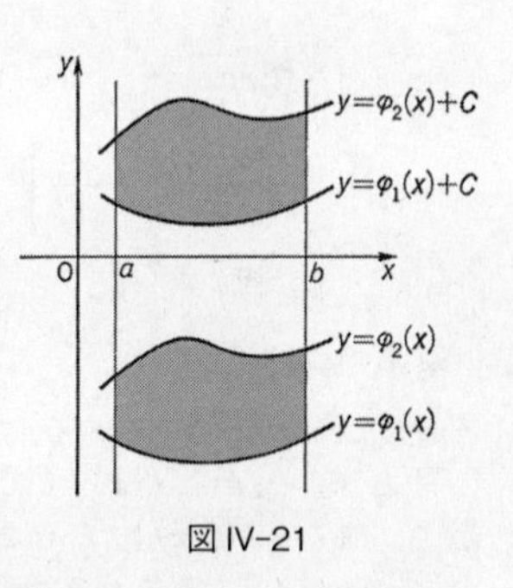

図 IV-21

証明：$\varphi_2(x) \geqq \varphi_1(x) \geqq 0$ の場合には，求める面積は二つの縦線集合の面積 $\int_a^b \varphi_2(x)dx$ と $\int_a^b \varphi_1(x)dx$ の差と考えられる．これは明らかに (1) にひとしい．これ以外の場合には，定数 C を十分大きくえらんで $\varphi_1(x)+C>0$ であるようにすれば，曲線 $y=\varphi_2(x)+C$ および $y=\varphi_1(x)+C$ はそれぞれ曲線 $y=\varphi_2(x)$ および $y=\varphi_1(x)$ を y 軸の正の向きに平行移動したものにほかならない．よって求める面積は $y=\varphi_2(x)+C$, $y=\varphi_1(x)+C$, $x=a$, $x=b$ で囲まれた図形の面積にひとしく，

$$\int_a^b [(\varphi_2(x)+C)-(\varphi_1(x)+C)]dx$$

$$= \int_a^b [\varphi_2(x)-\varphi_1(x)]dx$$

で与えられる．

例 1. 二つの放物線 $y^2=4px$, $x^2=4py$ $(p>0)$ で囲まれる図形の面積：2 曲線の交点の横座標は $\dfrac{x^4}{4^2p^2}=4px$ により $x=0$ または $x=4p$. ゆえに求める面積は

$$\int_0^{4p}\left(2\sqrt{px}-\frac{x^2}{4p}\right)dx$$

$$=\left[\frac{4\sqrt{p}}{3}x^{\frac{3}{2}}-\frac{x^3}{12p}\right]_0^{4p}$$

$$=\frac{16}{3}p^2.$$

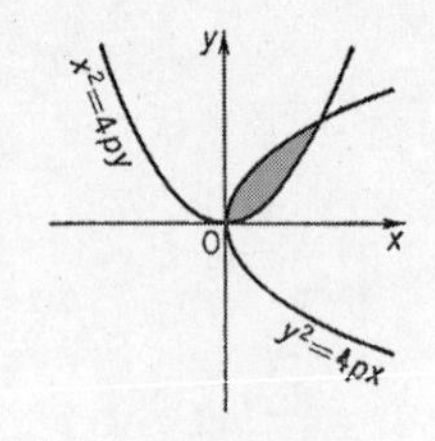

図 IV-22

問 1. 放物線 $y=x^2-x$ と x 軸とで囲まれた図形の面積を求める.

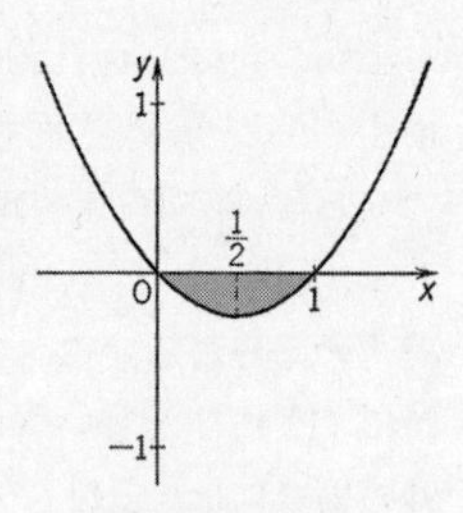

図 IV-23　$y=x^2-x$

問 2. $\lambda_1>\lambda_2\geqq 0$, $f(x)\geqq 0$ であるとき, 曲線 $y=f(x)$ および 2 直線 $y=\lambda_1x$, $y=\lambda_2x$ で囲まれる図形の面積は

$$\frac{\lambda_1{x_1}^2-\lambda_2{x_2}^2}{2}+\int_{x_1}^{x_2}f(x)dx$$

にひとしいことを証明する. ここに, x_1 は $y=f(x)$ と $y=\lambda_1x$ との交点の横座標, x_2 は $y=f(x)$ と $y=\lambda_2x$ との交点の横座標とする (図 IV-24).

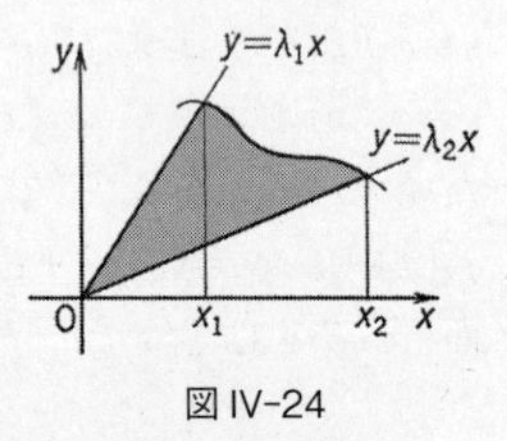

図 IV-24

曲線が方程式

$$x=\varphi(t),\quad y=\psi(t)\qquad(a\leqq t\leqq b)\tag{2}$$

で与えられ, $\varphi(t)$ は狭義の増加関数でかつ $\varphi'(t)$ が連続であると

する．$t=\varphi^{-1}(x)$ を $y=\psi(t)$ に代入すれば，曲線はまた方程式

$$y=\psi[\varphi^{-1}(x)] \quad (\varphi(a) \leqq x \leqq \varphi(b)) \tag{3}$$

によっても表わされる．

曲線 (2)，x 軸，2直線 $x=\varphi(a)$，$x=\varphi(b)$ で囲まれる図形は，$\psi(t) \geqq 0$ なる場合には，曲線 (3) の縦線集合にほかならないから，その面積 A は

$$\int_{\varphi(a)}^{\varphi(b)} \psi[\varphi^{-1}(x)]dx.$$

ここで $x=\varphi(t)$ とおいて置換積分をおこなえば

$$A=\int_a^b \psi[\varphi^{-1}(\varphi(t))]\varphi'(t)dt,$$

すなわち

$$\boxed{A=\int_a^b \psi(t)\varphi'(t)dt \quad (\psi(t) \geqq 0)} \tag{4}$$

$\varphi(t)$ が狭義の減少関数である場合には，同様にして

$$A=-\int_a^b \psi(t)\varphi'(t)dt \quad (\psi(t) \geqq 0). \tag{5}$$

$\psi(t) \leqq 0$ なるときには (4)，(5) のおのおのにおいて符号を反対にすればよいわけである．

例 2. 曲線

$$x=3t^2, \quad y=t^3-3t \quad (-\sqrt{3} \leqq t \leqq 0)$$

と x 軸とで囲まれた図形の面積は ($3t^2$ が狭義の減少関数であるから)

$$\begin{aligned} A_1 &= -\int_{-\sqrt{3}}^0 (t^3-3t)6t\,dt = -6\int_{-\sqrt{3}}^0 (t^4-3t^2)dt \\ &= -6\left[\frac{t^5}{5}-t^3\right]_{-\sqrt{3}}^0 = -6\left(\frac{9\sqrt{3}}{5}-3\sqrt{3}\right) \\ &= \frac{36}{5}\sqrt{3}. \end{aligned}$$

また，曲線

$$x=3t^2,\quad y=t^3-3t \quad (0\leqq t\leqq\sqrt{3})$$

と x 軸とで囲まれた図形の面積は（$t^3-3t\leqq 0$ であるから）

$$A_2=-\int_0^{\sqrt{3}}(t^3-3t)6t\,dt$$

$$=-6\left[\frac{t^5}{5}-t^3\right]_0^{\sqrt{3}}$$

$$=\frac{36}{5}\sqrt{3}.$$

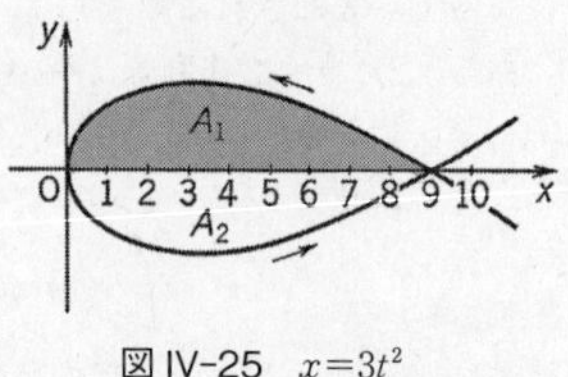

図 IV-25　$x=3t^2$
$y=t^3-3t$

ゆえに，閉曲線

$$x=3t^2,\quad y=t^3-3t \quad (-\sqrt{3}\leqq t\leqq\sqrt{3})$$

の囲む図形の面積は A_1+A_2 にひとしく，したがって

$$-\int_{-\sqrt{3}}^{\sqrt{3}}(t^3-3t)6t\,dt=\frac{72}{5}\sqrt{3}.$$

§12. 平面曲線の長さ

平面曲線が方程式

$$x=\varphi(t),\quad y=\psi(t) \tag{1}$$

で与えられているとき，その弧の長さを定義することをこころみよう．ともすれば，曲線の長さといえばそれが何を意味するかを人は生まれながらに知っているかのように思いがちであるが，これは図形の面積と同じくあらためて定義を与えなければならない概念なのである．

細い糸を曲線の上に重ねておいて，これを延ばしてからその長さを物さしで測ったものが曲線の長さである，といったのでは正確な定義にはならない．糸を曲線の上に重ねておいたときと，これをまっすぐにしたときとで，糸に伸び縮みがおこらないかという疑問が起こるからである．伸び縮みしない糸を使うといってしまえばそれまでであるが，しかし，それならば，伸び縮みしないことはどうして判定するのであろうか．曲線に重ねてあるときとまっすぐにしたときとくらべて，糸の長さに変化があるかないかというようなことは，重ねてあるときの糸の長さ，すなわち曲線の長さが，あらかじめ知られている場合にだけいえることなのである．したがって，糸を使って曲線の長さを定義することには理論上の欠陥があって，これを採用するわけにはいかないことになろう．それならば，曲線の長さを正確に定義するのにはどうすればよいであろうか．

$a<b$ であるとして，$t=a$ に対応する曲線上の点 $(\varphi(a), \psi(a))$ から $t=b$ に対応する点 $(\varphi(b), \psi(b))$ へ至る曲線 (1) の弧を $C(a, b)$ で表わすこととし，$C(a, b)$ の長さを次のようにして定義する：

閉区間 $[a\,;b]$ を，§7におけるごとく，小さい閉区間

$$[a\,;t_1],[t_1\,;t_2],\cdots,[t_{n-2}\,;t_{n-1}],[t_{n-1}\,;b] \tag{2}$$

に分割し，

$$\begin{aligned}p=&\sqrt{[\varphi(t_1)-\varphi(a)]^2+[\psi(t_1)-\psi(a)]^2}\\&+\sqrt{[\varphi(t_2)-\varphi(t_1)]^2+[\psi(t_2)-\psi(t_1)]^2}+\cdots\\&+\sqrt{[\varphi(b)-\varphi(t_{n-1})]^2+[\psi(b)-\psi(t_{n-1})]^2}\end{aligned} \tag{3}$$

とおけば，p は弧 $C(a, b)$ に内接する折れ線の長さを表わしている．分点 $t_1, t_2, \cdots, t_{n-1}$ をいかにえらんでも分割 (2) に対する p が一定数を越えない場合――いいかえれば，あらゆる p の集合が上に有界な場合には，その上限を弧 $C(a, b)$ の長さであると定義する．これに反し，p の集合

が上に有界でない場合には弧は長さをもたないものと考える.

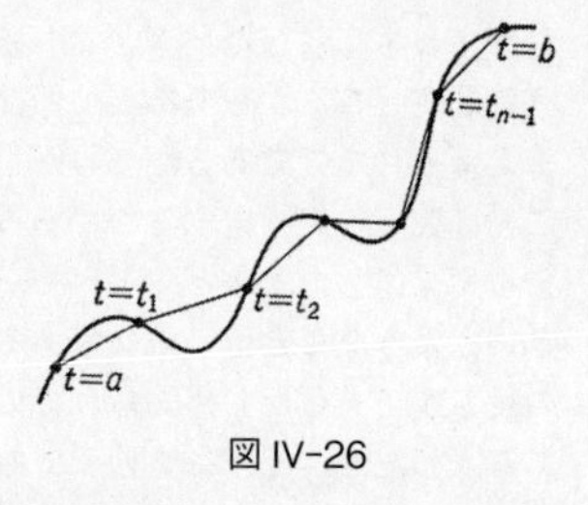

図 IV-26

注意 1. 長さをもたない曲線などが実際あるのか，という疑問に対しては次節で答える.

弧 $C(a, b)$ が長さをもっている場合，これを $s(a, b)$ で表わせば，$a<c<b$ なるとき

$$s(a, b) = s(a, c)+s(c, b) \tag{4}$$

であることは，定積分の加法性（§8,（1)）とまったく同様の方法によってこれを証明することができる.

問 1. 等式（4）を証明する.

問 2. $a<c<b$ とし，弧 $C(a, c)$ と弧 $C(c, b)$ が長さを有するときは，弧 $C(a, b)$ も長さを有することを証明する.

以上の定義に従えば，とくに

$\varphi(t)$ オヨビ $\psi(t)$ ガ連続ナ導関数ヲ有スル場合ニハ弧 $C(a, b)$ ハ長サヲ有スル.

証明：

$$\begin{aligned}
&\sqrt{[\varphi(t_1)-\varphi(a)]^2+[\psi(t_1)-\psi(a)]^2}\\
&\leqq |\varphi(t_1)-\varphi(a)|+|\psi(t_1)-\psi(a)|^*\\
&= \left|\int_a^{t_1}\varphi'(t)dt\right|+\left|\int_a^{t_1}\psi'(t)dt\right|
\end{aligned}$$

---

* 両辺を 2 乗してみればわかる.

$$\leqq \int_a^{t_1} |\varphi'(t)|dt + \int_a^{t_1} |\psi'(t)|dt.$$

すなわち

$$\sqrt{[\varphi(t_1)-\varphi(a)]^2+[\psi(t_1)-\psi(a)]^2}$$
$$\leqq \int_a^{t_1} |\varphi'(t)|dt + \int_a^{t_1} |\psi'(t)|dt.$$

(3) の他の項についても同様の不等式が得られるので，それらを加えあわせれば

$$p \leqq \int_a^{t_1} |\varphi'(t)|dt + \int_{t_1}^{t_2} |\varphi'(t)|dt + \cdots + \int_{t_{n-1}}^{b} |\varphi'(t)|dt$$
$$+ \int_a^{t_1} |\psi'(t)|dt + \int_{t_1}^{t_2} |\psi'(t)|dt + \cdots + \int_{t_{n-1}}^{b} |\psi'(t)|dt.$$

よって，定積分の加法性により

$$p \leqq \int_a^{b} |\varphi'(t)|dt + \int_a^{b} |\psi'(t)|dt.$$

この不等式は，分割のいかんにかかわらず p が一定値を越えないこと，いいかえれば弧 $C(a, b)$ が長さを有することを示すものである．

注意 2. 関数が連続な導関数を有するとき，その関数は**連続微分可能**であるといわれる．

注意 2 により，いま証明した定理は次のようにいいかえることができるわけである：

(1) ノ $\varphi(t)$ オヨビ $\psi(t)$ ガ $[a\,;\,b]$ デ連続微分可能ナラバ弧 $C(a, b)$ ハ長サヲ有スル．

ここで，簡単のため，$s(t)=s(a, t)$ とおくことにすれば，

$s(t)$ は閉区間 $[a\,;b]$ を定義域とする関数で*，$s(b)$ はとりもなおさず，弧 $C(a,b)$ の長さを表わすことになる．この $s(t)$ について次の定理を証明しよう．

(1) ノ $\varphi(t)$ オヨビ $\psi(t)$ ガ $[a\,;b]$ デ連続微分可能ナラバ，$s(t)$ ハ $[a\,;b]$ デ連続微分可能デ，カツ

$$\boxed{s'(t)=\sqrt{[\varphi'(t)]^2+[\psi'(t)]^2}} \tag{5}$$

デアル．

証明は次のとおりである．

i) (5) を証明するには，まず，$h>0$ として不等式

$$h[\sqrt{[\varphi'(t)]^2+[\psi'(t)]^2}-\Delta(h)] \leqq s(t+h)-s(t) \leqq h[\sqrt{[\varphi'(t)]^2+[\psi'(t)]^2}+\Delta(h)] \tag{6}$$

を証明する．ただし，ここに

$$h\to 0 \quad \Rightarrow \quad \Delta(h)\to 0$$

であるとする．(6) が得られれば

$$\sqrt{[\varphi'(t)]^2+[\psi'(t)]^2}-\Delta(h) \leqq \frac{s(t+h)-s(t)}{h} \leqq \sqrt{[\varphi'(t)]^2+[\psi'(t)]^2}+\Delta(h).$$

したがって

$$h\to 0 \quad \Rightarrow \quad \frac{s(t+h)-s(t)}{h}\to\sqrt{[\varphi'(t)]^2+[\psi'(t)]^2}$$

であることは明らかであろう．

$h<0$ の場合の証明も同様であるから，$h>0$ の場合だけ

---

* $s(a)=0$ とおく．

を考えることとし，以下不等式 (6) の証明にとりかかる．

ii) $s(t+h)-s(t)$ は点 $(\varphi(t),\psi(t))$ から点 $(\varphi(t+h),\psi(t+h))$ へいたる弧 $C(t,t+h)$ の長さであるから，弧 $C(t,t+h)$ に内接する折れ線の長さを $L(h)$ とすると，いつでも，

$$h\left[\sqrt{[\varphi'(t)]^2+[\psi'(t)]^2}-\Delta(h)\right] \leqq L(h) \leqq h\left[\sqrt{[\varphi'(t)]^2+[\psi'(t)]^2}+\Delta(h)\right] \tag{7}$$

であることが示されれば，不等式 (6) が得られたことになるわけである．

いま，閉区間 $[t\,;\,t+h]$ に分点 $t_1, t_2, \cdots, t_{n-1}$ を設けてこれを小閉区間

$$[t\,;\,t_1],\ [t_1\,;\,t_2],\ \cdots,\ [t_{n-1}\,;\,t+h]$$

に分割し，

$$\begin{aligned}L(h) &= \sqrt{[\varphi(t_1)-\varphi(t)]^2+[\psi(t_1)-\psi(t)]^2}\\ &\quad+\sqrt{[\varphi(t_2)-\varphi(t_1)]^2+[\psi(t_2)-\psi(t_1)]^2}+\cdots\\ &\quad+\sqrt{[\varphi(t+h)-\varphi(t_{n-1})]^2+[\psi(t+h)-\psi(t_{n-1})]^2}\end{aligned} \tag{8}$$

であるとしてみる．

平均値の定理によれば

$$\varphi(t_1)-\varphi(t) = \varphi'(\sigma)(t_1-t),$$
$$\psi(t_1)-\psi(t) = \psi'(\tau)(t_1-t) \quad (t<\sigma<t_1,\ \ t<\tau<t_1)$$

であるから，

$$\sqrt{[\varphi(t_1)-\varphi(t)]^2+[\psi(t_1)-\psi(t)]^2} = (t_1-t)\sqrt{[\varphi'(\sigma)]^2+[\psi'(\tau)]^2}. \tag{9}$$

しかるに

$$\left|\sqrt{[\varphi'(\sigma)]^2+[\psi'(\tau)]^2}-\sqrt{[\varphi'(t)]^2+[\psi'(t)]^2}\right|$$

$$\leqq |\varphi'(\sigma)-\varphi'(t)|+|\psi'(\tau)-\psi'(t)|$$

であるから*，閉区間 $[t\,;t+h]$ における $\varphi'(t)$ の最大値および最小値をそれぞれ $M_1(h)$ および $m_1(h)$，また $\psi'(t)$ の最大値および最小値をそれぞれ $M_2(h)$ および $m_2(h)$ で表わし

$$\varDelta(h)=M_1(h)-m_1(h)+M_2(h)-m_2(h)$$

とおけば

$$-\varDelta(h)\leqq\sqrt{[\varphi'(\sigma)]^2+[\psi'(\tau)]^2}-\sqrt{[\varphi'(t)]^2+[\psi'(t)]^2}\leqq\varDelta(h). \tag{10}$$

よって，(9) より

$$\begin{aligned}(t_1-t)\left[\sqrt{[\varphi'(t)]^2+[\psi'(t)]^2}-\varDelta(h)\right]&\leqq\sqrt{[\varphi(t_1)-\varphi(t)]^2+[\psi(t_1)-\psi(t)]^2}\\&\leqq(t_1-t)\left[\sqrt{[\varphi'(t)]^2+[\psi'(t)]^2}+\varDelta(h)\right].\end{aligned}$$

---

*　$\sqrt{a^2+b^2}+\sqrt{c^2+d^2}\neq 0$ ならば

$$\begin{aligned}&\left|\sqrt{a^2+b^2}-\sqrt{c^2+d^2}\right|\\&=\left|\frac{(a^2+b^2)-(c^2+d^2)}{\sqrt{a^2+b^2}+\sqrt{c^2+d^2}}\right|\\&=\left|\frac{(a-c)(a+c)+(b-d)(b+d)}{\sqrt{a^2+b^2}+\sqrt{c^2+d^2}}\right|\\&\leqq|a-c|\cdot\frac{|a|+|c|}{\sqrt{a^2+b^2}+\sqrt{c^2+d^2}}\\&\quad+|b-d|\cdot\frac{|b|+|d|}{\sqrt{a^2+b^2}+\sqrt{c^2+d^2}}\\&\leqq|a-c|+|b-d|.\end{aligned}$$

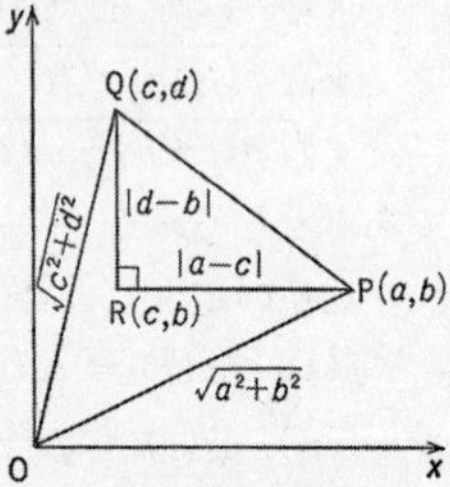

図 IV-27

また，$\sqrt{a^2+b^2}+\sqrt{c^2+d^2}=0$ ならば明らかに

$$\left|\sqrt{a^2+b^2}-\sqrt{c^2+d^2}\right|=0=|a-c|+|b-d|.$$

あるいは，図 IV-27 において

$$\left|\overline{\mathrm{OP}}-\overline{\mathrm{OQ}}\right|\leqq\overline{\mathrm{PQ}}\leqq\overline{\mathrm{PR}}+\overline{\mathrm{RQ}}.$$

不等式 (10) は $t \leqq \sigma \leqq t+h$, $t \leqq \tau \leqq t+h$ なるかぎりいかなる σ, τ に対しても成りたつのであるから, (8) の右辺の他の項についても, 以上と同様のことをおこなえば

$$\begin{aligned}&(t_2-t_1)\left[\sqrt{[\varphi'(t)]^2+[\psi'(t)]^2}-\Delta(h)\right]\\&\quad\leqq \sqrt{[\varphi(t_2)-\varphi(t_1)]^2+[\psi(t_2)-\psi(t_1)]^2}\\&\quad\leqq (t_2-t_1)\left[\sqrt{[\varphi'(t)]^2+[\psi'(t)]^2}+\Delta(h)\right]\end{aligned}$$

$$\cdots\cdots\cdots\cdots\cdots\cdots\cdots\cdots\cdots$$

$$\begin{aligned}&(t+h-t_{n-1})\left[\sqrt{[\varphi'(t)]^2+[\psi'(t)]^2}-\Delta(h)\right]\\&\quad\leqq \sqrt{[\varphi(t+h)-\varphi(t_{n-1})]^2+[\psi(t+h)-\psi(t_{n-1})]^2}\\&\quad\leqq (t+h-t_{n-1})\left[\sqrt{[\varphi'(t)]^2+[\psi'(t)]^2}+\Delta(h)\right].\end{aligned}$$

これらの不等式を辺々相加えたものが, すなわち (7) にほかならない.

iii) 最後に, III, §4, 問1 (p. 108) により,

$$h \to 0 \quad \Rightarrow \quad M_1(h)-m_1(h) \to 0,\ M_2(h)-m_2(h) \to 0$$

であるから,

$$h \to 0 \quad \Rightarrow \quad \Delta(h) \to 0.$$

以上で, (5) の証明が完結したわけである.

(5) が証明されてみると, (5) の右辺は, III, §2, 例1 (p. 98) により, 連続関数であるから, $s'(t)$ もやはり連続関数である. これは, $s(t)$ が連続微分可能であることを意味する. (証明終)

なお, (5) の右辺が連続関数であることに着目すれば, §5, (5) により

$$s(b) = \int_a^b \sqrt{[\varphi'(t)]^2+[\psi'(t)]^2}\,dt.$$

すなわち，弧 $C(a,b)$ の長さが定積分

$$\boxed{\int_a^b \sqrt{[\varphi'(t)]^2+[\psi'(t)]^2}\,dt} \tag{11}$$

で与えられることが示されたことになる．

とくに，曲線の方程式が $y=f(x)$ なる形のときは，$\varphi(t)\equiv t$，$\psi(t)\equiv f(t)$ と考えられるから，$f(x)$ が連続微分可能ならば弧は長さを有し，その長さは

$$\boxed{\int_a^b \sqrt{1+[f'(x)]^2}\,dx} \tag{12}$$

で与えられる．

いま $t=c$ に対応する曲線上の点をP，また $t=c+h$ ($h>0$) に対応する点をQとし，さらにPからQまでの曲線の弧の長さを $\widehat{\mathrm{PQ}}$，またPとQとを結ぶ弦の長さを $\overline{\mathrm{PQ}}$ で表わせば，

$$\widehat{\mathrm{PQ}}=\int_c^{c+h}\sqrt{[\varphi'(t)]^2+[\psi'(t)]^2}\,dt,$$

$$\overline{\mathrm{PQ}}=\sqrt{[\varphi(c+h)-\varphi(c)]^2+[\psi(c+h)-\psi(c)]^2}$$

であるから，

$$\frac{\widehat{\mathrm{PQ}}}{\overline{\mathrm{PQ}}}=\frac{\dfrac{1}{h}\displaystyle\int_c^{c+h}\sqrt{[\varphi'(t)]^2+[\psi'(t)]^2}\,dt}{\sqrt{\left[\dfrac{\varphi(c+h)-\varphi(c)}{h}\right]^2+\left[\dfrac{\psi(c+h)-\psi(c)}{h}\right]^2}}$$

$$= \frac{\dfrac{s(c+h)-s(c)}{h}}{\sqrt{\left[\dfrac{\varphi(c+h)-\varphi(c)}{h}\right]^2+\left[\dfrac{\psi(c+h)-\psi(c)}{h}\right]^2}}.$$

ここで，hを0に近づければ，分子も分母もともに $\sqrt{[\varphi'(c)]^2+[\psi'(c)]^2}$ に近づく．したがって，$\sqrt{[\varphi'(c)]^2+[\psi'(c)]^2} \neq 0$ の場合には

$$\boxed{h \to 0 \quad \text{ナラバ} \quad \frac{\widehat{\mathrm{PQ}}}{\overline{\mathrm{PQ}}} \to 1}$$

これは，QがPにきわめて近いときは，弧の長さ $\widehat{\mathrm{PQ}}$ が弦の長さ $\overline{\mathrm{PQ}}$ に近いことを示すものである．

曲線 (1) において $\varphi(t), \psi(t)$ が $[a\,;b]$ で連続微分可能で $|\varphi'(t)|+|\psi'(t)| \neq 0$ であるとき，この曲線は**正則弧**であるという．正則弧を有限個つなぎ合わせた曲線を**正則曲線**と称する．

このことばを使えば上に証明したことから次の定理がえられる．

$C(a,b)$ ガ正則弧ナラバ $C(a,b)$ ハ長サヲ有シ，$s(t)$ ハ連続微分可能デ

$$s'(t)=\sqrt{[\varphi'(t)]^2+[\psi'(t)]^2}$$

シタガッテ，$C(a,b)$ ノ長サハ

$$\int_a^b \sqrt{[\varphi'(t)]^2+[\psi'(t)]^2}\,dt.$$

問 3. 正則曲線は長さを有することを確かめる．

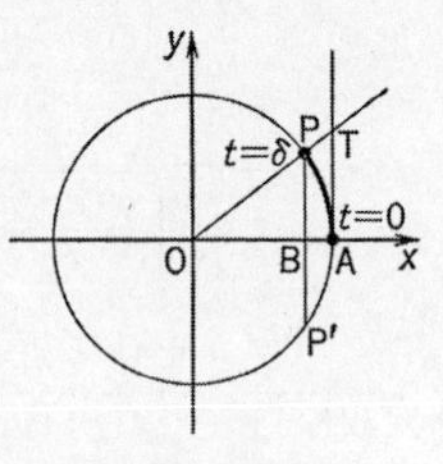

図 IV-28

例 1. 単位円の弧 $\overset{\frown}{\mathrm{AP}}$ (図 IV-28) を方程式

$$x=\frac{1-t^2}{1+t^2},$$

$$y=\frac{2t}{1+t^2}\quad(0\leqq t\leqq\delta<1)$$

で表わし (I, §9, 注意 3), まず, その長さを表わす定積分を求めてみる.

$$\frac{dx}{dt}=\frac{-4t}{(1+t^2)^2},\quad\frac{dy}{dt}=\frac{2(1-t^2)}{(1+t^2)^2}$$

であるから

$$\overset{\frown}{\mathrm{AP}}=\int_0^\delta\sqrt{\left[\frac{-4t}{(1+t^2)^2}\right]^2+\left[\frac{2(1-t^2)}{(1+t^2)^2}\right]^2}\,dt=\int_0^\delta\frac{2}{1+t^2}dt.$$

したがって, $\dfrac{2}{1+t^2}<2$ であることに注意すれば

$$\overset{\frown}{\mathrm{AP}}<\int_0^\delta 2\cdot dx=2\delta. \tag{13}$$

また, $0\leqq t<\delta$ ならば $\dfrac{2}{1+t^2}>\dfrac{2}{1+\delta^2}$ であることに注意すれば

$$\overset{\frown}{\mathrm{AP}}>\int_0^\delta\frac{2}{1+\delta^2}dt=\frac{2\delta}{1+\delta^2}. \tag{14}$$

さらに, P から x 軸へおろした垂線の足を B とし, 直線 OP が点 A における円の接線と交わる点を T とすれば

$$\overline{\mathrm{BP}}=\frac{2\delta}{1+\delta^2}.\quad(\text{P の縦座標}) \tag{15}$$

$$\overline{\mathrm{AT}}=\frac{\overline{\mathrm{AT}}}{\overline{\mathrm{OA}}}=\frac{\overline{\mathrm{BP}}}{\overline{\mathrm{OB}}}=\frac{\dfrac{2\delta}{1+\delta^2}}{\dfrac{1-\delta^2}{1+\delta^2}}=\frac{2\delta}{1-\delta^2}>2\delta. \tag{16}$$

(13), (14), (15), (16) を見くらべれば, ここに次の不等式が得られる:

$$\overline{\mathrm{BP}} < \widehat{\mathrm{AP}} < \overline{\mathrm{AT}}.$$

なお，$\widehat{\mathrm{AP}}=h$ とおけばこの等式は

$$\boxed{\sin h < h < \tan h} \tag{17}$$

と書かれることに注意する．

問 4. 曲線 $x=\varphi(t)$，$y=\psi(t)$ が正則弧であるとき，すなわち $\varphi'(t), \psi'(t)$ が連続でかつ $[\varphi'(t)]^2+[\psi'(t)]^2\neq 0$ であるとき

$$s=\int_a^t \sqrt{[\varphi'(\tau)]^2+[\psi'(\tau)]^2}\,d\tau$$

とおけば，s は t の狭義の増加関数である．この関数の逆関数を $\chi(s)$ で表わすこととし，$t=\chi(s)$ を $x=\varphi(t)$，$y=\psi(t)$ に代入すれば，もとの曲線は

$$x=f(s),\quad y=g(s)$$

なる形の s を助変数とする方程式で表わされる．このとき

$$[f'(s)]^2+[g'(s)]^2=1$$

なることを確かめる．

注意 3. 空間曲線は三つの方程式 $x=\varphi(t)$，$y=\psi(t)$，$z=\chi(t)$ で表わされる．この場合にも $\varphi'(t), \psi'(t), \chi'(t)$ が連続ならばその弧の長さは次式で表わされる：

$$\int_a^b \sqrt{[\varphi'(t)]^2+[\psi'(t)]^2+[\chi'(t)]^2}\,dt.$$

▶§13. 有界変動の関数

最初に，長さのない曲線の例をあげておこう．

例 1. 関数 $\varphi(t)$ および $\psi(t)$ を

$$\varphi(t)=t,\quad \psi(0)=0,\quad t\neq 0 \text{ ならば } \psi(t)=t\cos\frac{\pi}{t}$$

によって定義し，曲線

$$x=\varphi(t),\quad y=\psi(t)\quad (0\leqq t\leqq 1)$$

を考える．ここに，もとより，$\varphi(t)$

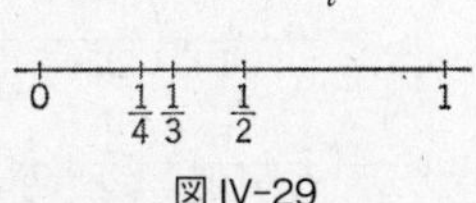

図 IV-29

および $\psi(t)$ は $[0;1]$ で連続な関数である.

いま, $[0;1]$ を小閉区間

$$\left[0;\frac{1}{2n-1}\right],\left[\frac{1}{2n-1};\frac{1}{2n-2}\right],\left[\frac{1}{2n-2};\frac{1}{2n-3}\right],\cdots$$

$$\cdots,\left[\frac{1}{3};\frac{1}{2}\right],\left[\frac{1}{2};1\right]$$

に分割し,

$$\pi_n=\sqrt{\left[\varphi\left(\frac{1}{2n-1}\right)-\varphi(0)\right]^2+\left[\psi\left(\frac{1}{2n-1}\right)-\psi(0)\right]^2}$$
$$+\sqrt{\left[\varphi\left(\frac{1}{2n-2}\right)-\varphi\left(\frac{1}{2n-1}\right)\right]^2+\left[\psi\left(\frac{1}{2n-2}\right)-\psi\left(\frac{1}{2n-1}\right)\right]^2}$$
$$+\cdots+\sqrt{\left[\varphi\left(\frac{1}{2}\right)-\varphi\left(\frac{1}{3}\right)\right]^2+\left[\psi\left(\frac{1}{2}\right)-\psi\left(\frac{1}{3}\right)\right]^2}$$
$$+\sqrt{\left[\varphi(1)-\varphi\left(\frac{1}{2}\right)\right]^2+\left[\psi(1)-\psi\left(\frac{1}{2}\right)\right]^2}$$

とおけば, 明らかに

$$\pi_n>\left|\psi\left(\frac{1}{2n-1}\right)\right|+\left|\psi\left(\frac{1}{2n-2}\right)-\psi\left(\frac{1}{2n-1}\right)\right|+\cdots$$
$$+\left|\psi\left(\frac{1}{2}\right)-\psi\left(\frac{1}{3}\right)\right|+\left|\psi(1)-\psi\left(\frac{1}{2}\right)\right|.$$

しかるに,

$$\psi(1)=-1,\quad \psi\left(\frac{1}{2k}\right)=\frac{1}{2k},\quad \psi\left(\frac{1}{2k+1}\right)=-\frac{1}{2k+1}$$
$$(k=1,2,\cdots,n-1)$$

であるから

$$\pi_n>\frac{1}{2n-1}+\left(\frac{1}{2n-2}+\frac{1}{2n-1}\right)+\left(\frac{1}{2n-3}+\frac{1}{2n-2}\right)+\cdots$$
$$+\left(\frac{1}{3}+\frac{1}{4}\right)+\left(\frac{1}{2}+\frac{1}{3}\right)+\left(1+\frac{1}{2}\right).$$

よって，とくに$n=2^m$であるとすると，

$$\pi_{2^m} > 2\left(\frac{1}{2^{m+1}-1}+\frac{1}{2^{m+1}-2}+\cdots+\frac{1}{2^m+1}+\frac{1}{2^m}\right)+\cdots$$
$$+2\left(\frac{1}{7}+\frac{1}{6}+\frac{1}{5}+\frac{1}{4}\right)+2\left(\frac{1}{3}+\frac{1}{2}\right)+1$$
$$> 2\cdot 2^m\cdot\frac{1}{2^{m+1}}+\cdots+2\cdot 4\cdot\frac{1}{8}+2\cdot 2\cdot\frac{1}{4}+1$$
$$= m+1.$$

したがって，mを大きくとればπ_{2^m}はいくらでも大きくなるから，この曲線に内接する折れ線の長さの集合は上に有界ではありえない．つまり，この曲線は長さをもたないのである．

このように，曲線を表わす関数の値があまり激しく変動する場合には，曲線は長さを有しない．それならば，関数の値の変動の度合を測るにはどうすればよいか．それには，次に説明するように，関数の全変動という概念がもちいられる．

$f(x)$は$[a\,;\,b]$で定義された関数であるとし，$[a\,;\,b]$の中に，§7におけると同様に

$$a=x_0<x_1<x_2<\cdots<x_{n-1}<x_n=b \quad (n=1,2,\cdots)$$

なる分点

$$x_1,\ x_2,\ \cdots,\ x_{n-1} \qquad (1)$$

を設け，

$$t_f(a,x_1,x_2,\cdots,x_{n-1},b) = |f(x_1)-f(a)| + |f(x_2)-f(x_1)| + \cdots + |f(x_{n-1})-f(x_{n-2})|$$

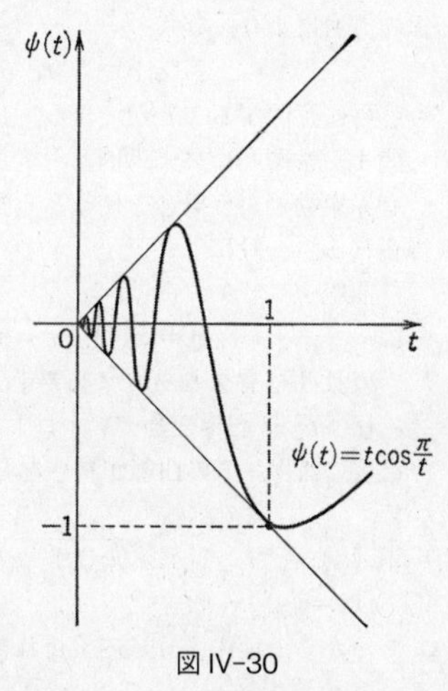

図 IV-30

$$+|f(b)-f(x_{n-1})| \tag{2}$$

とおく．分点 (1) をどのようにえらんでも (2) の t_f が一定値を越えないとき，いいかえるとあらゆる $t_f(a, x_1, x_2, \cdots, x_{n-1}, b)$ から成る集合 E_f が（上に）有界であるとき，

$$T_f(a, b) = \sup E_f$$

とおき，また，E_f が（上に）有界でないときには

$$T_f(a, b) = +\infty$$

とおくことにする．$T_f(a, b)$ が，すなわち，$f(x)$ の $[a\,;b]$ における**全変動**と称せられるものである．

全変動 $T_f(a, b)$ が $+\infty$ でないとき，すなわち，集合 E_f が上に有界であるとき，$f(x)$ は $[a\,;b]$ で**有界変動**の関数であるといわれる．$f(x)$ が $[a\,;b]$ で有界変動であるとき，$a<c<b$ なるどの c をとっても，$f(x)$ が $[a\,;c]$ および $[c\,;b]$ で有界変動であることは明らかであろう．また，積分の加法性を証明したときと同様の方法により，等式

$$T_f(a, c)+T_f(c, b) = T_f(a, b) \tag{3}$$

も容易に証明することができる．

問 1．等式 (3) を証明する．

有界変動という概念を使うと，曲線の長さについて次の定理が得られる．一般に

曲線

$$x = \varphi(t), \quad y = \psi(t) \quad (a \leqq t \leqq b)$$

ガ長サヲ有スルタメノ必要十分条件ハ，$\varphi(t)$ オヨビ $\psi(t)$ ガ $[a\,;b]$ デ有界変動デアルコトデアル．

必要の証明：この曲線が長さを有するとする．§12 の (3) において

$$|\varphi(t_k)-\varphi(t_{k-1})| \leqq \sqrt{[\varphi(t_k)-\varphi(t_{k-1})]^2+[\psi(t_k)-\psi(t_{k-1})]^2}$$

$$(k=1, 2, \cdots, n)$$

であるから，前のように内接折れ線の長さを p とすると，

$$t_\varphi(a, t_1, t_2, \cdots, t_{n-1}, b) \leqq p \leqq s(a, b).$$

すなわち，E_φ は $s(a,b)$ なる上界を有し，したがって上に有界である．いいかえれば $\varphi(t)$ は $[a\,;b]$ で有界変動の関数である．同様にして，$\psi(t)$ も $[a\,;b]$ で有界変動の関数である．

十分の証明：$\varphi(t)$ および $\psi(t)$ が $[a\,;b]$ で有界変動であるとする．ふたたび§12の (3) において

$$\begin{aligned}&\sqrt{[\varphi(t_k)-\varphi(t_{k-1})]^2+[\psi(t_k)-\psi(t_{k-1})]^2}\\&\quad\leqq|\varphi(t_k)-\varphi(t_{k-1})|+|\psi(t_k)-\psi(t_{k-1})|\quad(k=1,2,\cdots,n)\end{aligned}$$

であるから

$$\begin{aligned}p &\leqq t_\varphi(a, t_1, t_2, \cdots, t_{n-1}, b)+t_\psi(a, t_1, t_2, \cdots, t_{n-1}, b)\\&\leqq T_\varphi(a,b)+T_\psi(a,b).\end{aligned}$$

これは p の集合が上界 $T_\varphi(a,b)+T_\psi(a,b)$ を有することを示す．すなわち，われわれの曲線は長さを有するのである．

例1において，$\varphi(t)\equiv t$ は明らかに $[0\,;1]$ で有界変動であるが，$\psi(t)$ は有界変動でない関数なのである．

有界変動の関数についてもうすこし考えてみよう．

$f(x)$ は $[a\,;b]$ で有界変動であるとし，(2) において $n=1$ とすると

$$|f(b)-f(a)| = t_f(a,b) \leqq T_f(a,b)$$

であるから，

$$f(b)-f(a) \leqq T_f(a,b),$$
$$f(a)-f(b) \leqq T_f(a,b).$$

しかるに，$a\leqq x<x'\leqq b$ なるどの x, x' に対しても，$f(x)$ は $[x\,;x']$ で有界変動なのであるから，上と同様にして

$$f(x')-f(x) \leqq T_f(x,x') = T_f(a,x')-T_f(a,x),$$
$$f(x)-f(x') \leqq T_f(x,x') = T_f(a,x')-T_f(a,x).$$

よって，$[a\,;b]$ において

$$g(x) = \frac{T_f(a,x)+f(x)}{2}\quad\left(ただし，g(a)=\frac{f(a)}{2}\right)$$

$$h(x)=\frac{T_f(a,x)-f(x)}{2}\quad\left(ただし,\ h(a)=-\frac{f(a)}{2}\right)$$

とおくときは，$g(x)$ および $h(x)$ は $[a\,;b]$ で増加関数で

$$f(x)=g(x)-h(x).$$

問2. 上の $g(x)$ と $h(x)$ が $[a\,;b]$ で増加関数であることを確かめる．

逆に，今度は $g(x)$ および $h(x)$ が $[a\,;b]$ で増加関数で，$[a\,;b]$ において

$$f(x)=g(x)-h(x)$$

であるとしてみる．

$$|f(x_k)-f(x_{k-1})|=|[g(x_k)-g(x_{k-1})]-[h(x_k)-h(x_{k-1})]|$$
$$\leqq|g(x_k)-g(x_{k-1})|+|h(x_k)-h(x_{k-1})|$$

すなわち

$$|f(x_k)-f(x_{k-1})|\leqq g(x_k)-g(x_{k-1})+h(x_k)-h(x_{k-1})$$
$$(k=1,2,\cdots,n)$$

であるから，

$$t_f(a,x_1,x_2,\cdots,x_{n-1},b)\leqq g(b)-g(a)+h(b)-h(a).$$

よって，$f(x)$ は $[a\,;b]$ で有界変動の関数である．

以上の結果をまとめると，次のようになる：

関数 $f(x)$ ガ $[a\,;b]$ デ有界変動デアルタメノ必要十分条件ハ，$f(x)$ ガ二ツノ増加関数ノ差トシテ表ワサレルコトデアル．

なお，関数が有界変動であるための十分条件としては次の定理がある：

$f(x)$ ガ $[a\,;b]$ デ定義サレタ関数デ，$[a\,;b]$ ノドノ2点 x, x' ヲトッテモ

$$|f(x)-f(x')|\leqq G\cdot|x-x'|\quad(G\,ハ定数)$$

デアルトキハ，$f(x)$ ハ $[a\,;b]$ デ有界変動デアル．

これは

$$|f(x_k)-f(x_{k-1})| \leqq G\cdot(x_k-x_{k-1}),\quad (k=1,2,\cdots,n)$$

したがって

$$t_f(a_1,x_1,x_2,\cdots,x_{n-1},b) \leqq G\cdot(b-a)$$

であることから明らかであろう．

問3. $[a\,;b]$ で $f'(x)$ が有界ならば $f(x)$ は $[a\,;b]$ で有界変動であることを証明する（指針：平均値の定理）．

問4. $[a\,;b]$ で $f(x)$ が連続微分可能ならば，$f(x)$ は $[a\,;b]$ で有界変動であることを証明する．

問4により，有理整関数 $a_0+a_1x+\cdots+a_{n-1}x^{n-1}+a_nx^n$ はどの閉区間でも有界変動であることに注意する．◀

▶§14. リーマン積分

$f(x)$ が $[a\,;b]$ で有界な関数であるとき，かならずしも連続関数でなくても，その定積分を定義できる場合がある．

§7，(3) の各小閉区間

$$[x_{i-1}\,;x_i]\quad (i=1,2,\cdots,n,\ ただし\ x_0=a,\ x_n=b) \tag{1}$$

における $f(x)$ の下限および上限をそれぞれ

$$m_i,\quad M_i\quad (i=1,2,\cdots,n)$$

で表わし，

$$s=\sum_{i=1}^{n} m_i(x_i-x_{i-1}),\quad S=\sum_{i=1}^{n} M_i(x_i-x_{i-1})$$

を，以前と同じく，分割 (1) に対する不足和，過剰和と名づける．

$$s \leqq S \tag{2}$$

は定義から明らかであろう．

いま，$[a\,;b]$ のあらゆる分割についてこのような不足和と過剰和とをつくったとし，不足和の集合の上限と過剰和の集合の下限とをそれぞれ

$$\underline{\int_a^b} f(x)dx, \quad \overline{\int_a^b} f(x)dx$$

で表わして，前者を $[a\,;b]$ における $f(x)$ の下積分，後者を $f(x)$ の上積分と名づける．

とくに，下積分と上積分とが一致したとき，すなわち

$$\underline{\int_a^b} f(x)dx = \overline{\int_a^b} f(x)dx \tag{3}$$

であるとき，$f(x)$ は $[a\,;b]$ で**リーマン**（Riemann）**積分可能**であるといい，この一致した値を

$$\int_a^b f(x)dx$$

で表わして，これを $f(x)$ の $[a\,;b]$ における**リーマン積分**と称する．

$[a\,;b]$ で $f(x)$ が連続関数ならば，§10 からわかるように，$f(x)$ は $[a\,;b]$ でリーマン積分可能で，その定積分と称せられたものは，じつは，リーマン積分にほかならないわけである．

$f(x)$ が $[a\,;b]$ で連続でないときには，一般には，不等式

$$\underline{\int_a^b} f(x)dx \leqq \overline{\int_a^b} f(x)dx \tag{4}$$

が成りたっている．この不等式を証明するのには，どの分割に対する不足和をとっても，また，どの分割に対する過剰和をとっても，不足和は過剰和よりも大きくないことを示せば十分である．くわしくいうと，同じ分割に対しては，もとより，(2) が成りたつが，分割 (1) 以外の分割を任意にとって，その分割に対する不足和，過剰和をそれぞれ s', S' で表わしたときにも

$$s' \leqq S, \quad s \leqq S' \tag{5}$$

であることを示せばよいわけである．

(5) を証明するためには，まず，両方の分割の分点を併用して第 3 の分割をつくり，その分割に対する不足和，過剰和を s'', S''

で表わしてみる．§8, 1) で見たように，分点がふえると，不足和は大きくなることはあるが，小さくなることはない（図 IV-16）．また，同様の理由で，過剰和は小さくなることはあるが，大きくなることはない．したがって，次のような不等式が得られる．

$$s \leqq s'',\ s' \leqq s'',\ S'' \leqq S,\ S'' \leqq S' \tag{6}$$

ところが，s'' と S'' とは同じ分割に対する不足和と過剰和であるから，(2) と同様に

$$s'' \leqq S''.$$

この不等式と (6) とを見くらべると，(5) がすぐ出てくることはいうまでもない．すなわち，不等式 (4) が証明されたのである．

連続関数でなくてもリーマン積分可能な関数があることは次の例がそれを示している．

例 1. $f(x)$ が $[a\,;\,b]$ で単調関数ならば連続でなくても $[a\,;\,b]$ でリーマン積分可能である．

証明：$f(x)$ が $[a\,;\,b]$ で増加関数である場合だけを証明しておく．減少関数の場合の証明も同様である．

$f(x)$ が $[a\,;\,b]$ で増加関数であるとすると

$$m_i = f(x_{i-1}),\quad M_i = f(x_i)$$

であるから，

$$s = \sum_{i=1}^{n} f(x_{i-1})(x_i - x_{i-1}),\quad S = \sum_{i=1}^{n} f(x_i)(x_i - x_{i-1}).$$

よって

$$0 \leqq S - s = \sum_{i=1}^{n} [f(x_i) - f(x_{i-1})](x_i - x_{i-1}).$$

ここに，

$$f(x_i) - f(x_{i-1}) \geqq 0 \quad (i = 1, 2, \cdots, n)$$

であるから，

$$h = \max\{x_1 - a, x_2 - x_1, \cdots, x_i - x_{i-1}, \cdots, b - x_{n-1}\}$$

とおくと

$$0 \leqq S-s \leqq h\sum_{i=1}^{n}[f(x_i)-f(x_{i-1})] = h[f(b)-f(a)],$$

すなわち,

$$S-s \leqq h\cdot[f(b)-f(a)].$$

ところが, $\underline{\int_a^b} f(x)dx \geqq s$, $S \geqq \overline{\int_a^b} f(x)dx$ なのであるから, したがって,

$$0 \leqq \overline{\int_a^b} f(x)dx - \underline{\int_a^b} f(x)dx \leqq h[f(b)-f(a)].$$

この不等式は h がどんなに小さい正数であっても成立する. しかも, まんなかにある $\overline{\int_a^b} f(x)dx - \underline{\int_a^b} f(x)dx$ は定数なのであるから, どうしても

$$\overline{\int_a^b} f(x)dx - \underline{\int_a^b} f(x)dx = 0$$

とならないわけにいかない. すなわち, 等式 (3) が成りたつのである.

注意 1. リーマン積分を使うと, 区間以外の数直線上の点集合についても《長さ》のようなものを定義できる場合がある.

E は数直線上の有界な点集合であるとし, $a=\inf E$, $b=\sup E$ であるとする.

$$x \in E \quad \text{ならば} \quad f(x)=1$$
$$x \notin E \quad \text{ならば} \quad f(x)=0$$

とおいて*, 関数 $f(x)$ を定めたとき, この $f(x)$ が $[a\,;\,b]$ でリーマン積分可能ならば,

$$\int_a^b f(x)dx$$

---

* $x \in E$ は x が E に属するという記号, $x \notin E$ は x が E に属しないという記号である.

を点集合 E の長さとよぼうというのである．

このf $f(x)$ については，不足和 s は $[x_{i-1}\,;\,x_i]\subseteq E$ なる $[x_{i-1}\,;\,x_i]$ の長さの和であり，過剰和 S は E と共通点をもつ $[x_{i-1}\,;\,x_i]$ の長さの和である．したがって，そういう s 全部の上限と S の下限とが一致するとき，E は長さを有するといい，その一致した値を E の長さとよぶといってもよいわけである．§10，注意1で述べた平面図形の面積の定義との類似に注意する．◀

演習問題 IV.

次の不定積分を求める（1〜9）：

1. $\displaystyle\int(2x^3-5x^2-3x+4)dx$　　2. $\displaystyle\int\left(2x^{\frac{3}{2}}-3x^{\frac{2}{3}}+5x^{\frac{1}{2}}-3\right)dx$

3. $\displaystyle\int\frac{dx}{\sqrt{a-bx}}\quad(b\neq0)$　　4. $\displaystyle\int x(a^2+x^2)^2dx$

5. $\displaystyle\int\frac{x^2dx}{\sqrt{x^3+3}}$　　6. $\displaystyle\int\frac{(\sqrt{a}-\sqrt{x})^2}{\sqrt{x}}dx$

7. $\displaystyle\int\frac{2x+1}{\sqrt{x^2+x+1}}dx$　　8. $\displaystyle\int\frac{x^2+2}{\sqrt[3]{x^3+6x+5}}dx$

9. $\displaystyle\int\frac{xdx}{x+\sqrt{x^2-a^2}}$.

10. $m>0$ とし $I_m=\int x^m\sqrt{x+a}\,dx$ とおくとき次の漸化式を証明する．

$$I_m=\frac{2}{3+2m}x^m(x+a)\sqrt{x+a}-\frac{2ma}{3+2m}I_{m-1}.$$

11. 次の等式を証明する：

$$\int_a^b f(x)dx=\int_{a-c}^{b-c}f(x+c)dx,\quad \int_0^a f(x)dx=\int_0^a f(a-x)dx,$$

$$\int_0^a f(x)dx = a\int_0^1 f(ax)dx.$$

12. $f(x)$ が偶関数ならば $\int_{-a}^a f(x)dx = 2\int_0^a f(x)dx$

$f(x)$ が奇関数ならば $\int_{-a}^a f(x)dx = 0$

であることを証明する.

次の定積分を求める（13〜17）：

13. $\int_0^a (a^2x-x^3)dx$　　14. $\int_0^a (\sqrt{a}-\sqrt{t})^2dt$ $(a>0)$

15. $\int_0^1 \frac{xdx}{\sqrt{x^2+4}}$　　16. $\int_0^1 z^2\sqrt{1-z}\,dz$

17. $\int_0^a \frac{x^3}{\sqrt{x^2+a^2}}dx$ $(a>0)$.

18. 曲線 $\sqrt{\frac{x}{a}}+\sqrt{\frac{y}{b}}=1$ $(a>0, b>0)$ と両座標軸とで囲まれる図形の面積を求める.

19. 3直線 $x+y=1$, $x-y=0$, $x-2y=0$ で囲まれる図形の面積を求める.

20. 曲線 $\alpha y^3=x^4$, $\beta x^3=y^4$ $(\alpha>0, \beta>0)$ の原点O以外の交点をPとし，OよりPに至る両曲線の弧で囲まれる図形の面積を求める．また，この面積が一定であるように α, β を求めたときの交点Pの軌跡を求める.

21. x 軸，直線 $x=1$ および曲線 $x=3t^2$, $y=2t^3$ で囲まれる図形の面積を求める.

22. 曲線 $x=3t^2$, $y=3t-t^3$ の x 軸との（原点O以外の）交点をAとし，OよりAに至る弧の長さを求める.

23. 次の《Schwarz（シュワルツ）の不等式》を証明する：

$$\left[\int_a^b f(x)g(x)dx\right]^2 \leqq \int_a^b [f(x)]^2dx\int_a^b [g(x)]^2dx$$

なお

$$\lambda f(x)+\mu g(x)\equiv 0,\quad |\lambda|+|\mu|\neq 0$$

なる定数λ, μがあるとき，またそのときにかぎり等式が成りたつことを確かめる．

24. $f(x)$と$g(x)$とが$[0\,;\,+\infty)$で連続な関数であるとき，

$$f*g(x)=\int_0^x f(x-t)g(t)dt$$

とおけば，

$$f*g(x)=g*f(x)$$

であることを証明する．$f*g(x)$は関数$f(x)$と$g(x)$とのたたみ込み（convolution）とよばれる．

V. 指数関数と対数関数

指数関数や対数関数は高等学校ですでに学んだ関数である．しかし，じつをいうと，高等学校の教科書で与えられるこれらの関数の定義はあまり正確なものではない．たとえば，a^x $(a>0, a\neq 1)$ と書いたとき，x が自然数 n のときは a の n 乗であってその意味はわかっているにしても，x が無理数 $\sqrt{2}$ や π のとき a^x が何を意味するかは厳密には説明されていなかったのである．したがって，$a^y=x$ によって，対数関数 $y=\log_a x$ を定義したとしても，その意味も，また，明確さを欠くことをまぬかれない．さらに，自然対数の底である e の定義も，やはり，あまり明らかにされてはいないように思われる．

これらの点についての疑問をきれいにぬぐい去った形で，指数関数および対数関数の定義を与え，これらの関数の微分法や積分法について説明しようというのがこの章の目的である．順序としては，まず，不定積分をもちいて対数関数を定義し，その逆関数として指数関数を定義するという行きかたを採用した．この行きかたが著者からみて最上と思われたのである．

§1. $\dfrac{1}{x}$ の原始関数

さきに予告したように（IV, §4），有理関数 $\dfrac{1}{x}$ の原始関数はいわゆる対数関数 $\log x$ である．という意味は

$$\int_1^e \frac{1}{x}dx = 1 \tag{1}$$

であるように正数 e を定め，正数 x をとって

$$e^y = x \tag{2}$$

とおくと，この等式を満足する y は

$$\int_1^x \frac{1}{t}dt$$

にひとしいことを指すのである．等式 (2) を満足する y を《e を底とする x の対数》と称することはよく知られているところであろう．

ところで，この章のまえがきでも述べたように，高等学校では，y が無理数のとき (2) の左辺 e^y が何を意味するかを正確には学んでいない．正確には知らないままで，あたかも知っているかのようなつもりで，これを扱ってきていたのである．

このへんで初心にたちかえり，いままでは a^y ($a>0$, $a \neq 1$) の意味をよく知らなかったことを反省して，指数関数や対数関数の意味をあらためて学び直すことが必要である．

そのために，まず，かりに

$$L(x) = \int_1^x \frac{1}{t}dt$$

とおいて，$\frac{1}{x}$ の原始関数 $L(x)$ の性質を調べることからとりかかろう．

$L(x)$ は x のすべての正数値に対して定義された関数である*．

$L(x)$ は微分可能でかつ

$$L'(x)=\frac{1}{x}>0 \tag{3}$$

であるから，$L(x)$ はもとより連続関数で，しかも狭義の増加関数である：

$$0<x_1<x_2 \quad \Rightarrow \quad L(x_1)<L(x_2).$$

したがって，定義により

$$L(1)=\int_1^1 \frac{1}{x}dx=0$$

であることに注意すれば

$$0<x<1 \quad \Rightarrow \quad L(x)<0$$
$$x>1 \quad \Rightarrow \quad L(x)>0$$

であることがわかる．

つぎに，積分 $\int_1^b \frac{1}{x}dx$ において，$t=ax$ とおいて置換積分法の公式を使えば，$\frac{dt}{dx}=a$ であるから

$$\int_1^b \frac{1}{x}dx=\int_1^b \frac{1}{ax}\cdot a\,dx=\int_a^{ab}\frac{1}{t}dt.$$

したがって

$$\int_1^{ab}\frac{1}{x}dx=\int_1^a \frac{1}{x}dx+\int_a^{ab}\frac{1}{x}dx=\int_1^a \frac{1}{x}dx+\int_1^b \frac{1}{x}dx.$$

すなわち

$$L(ab)=L(a)+L(b). \tag{4}$$

この等式から

---

* $x<0$ であると，x と 1 との間に 0 があり，$t=0$ に対しては $\frac{1}{t}$ は意味をもたない．

$$L(b) = L\left(\frac{b}{a}\cdot a\right) = L\left(\frac{b}{a}\right)+L(a),$$

すなわち

$$L\left(\frac{b}{a}\right) = L(b)-L(a).$$

ここで，とくに $b=1$ とすれば

$$L\left(\frac{1}{a}\right) = -L(a),\ \text{すなわち}\quad L(a^{-1}) = -L(a). \quad (5)$$

なお，(4) によれば

$$L(abc) = L[(ab)c] = L(ab)+L(c)$$
$$= L(a)+L(b)+L(c).$$

一般に，数学的帰納法によって

$$L(x_1x_2\cdots x_n) = L(x_1)+L(x_2)+\cdots+L(x_n). \quad (6)$$

とくに，$x_1=x_2=\cdots=x_n=x$ とすれば

$$L(x^n) = nL(x). \quad (7)$$

問 1. $L(x^{-n})=-nL(x)$ を証明する（n は自然数）.

(7) において，たとえば，$x=2$ とおけば

$$L(2^n) = nL(2).$$

よって，n がいかに大きな自然数であっても $x>2^n$ ならば $L(x)>nL(2)$. ここに，$L(2)>0$ であるから，これで x が大きくなるに従い，$L(x)$ の値がいくらでも大きくなることがわかる．このことを記号

$$x\to+\infty \quad \Rightarrow \quad L(x)\to+\infty \quad (8)$$

で表わす．正数 x が 0 に近づくとき，$z=\dfrac{1}{x}$ とおけば，z

はいくらでも大きくなる．よって，

$$L(x) = L\left(\frac{1}{z}\right) = -L(z)$$

と (8) とから，x が 0 に近づくときは，$L(x)$ の符号は負でその絶対値はいくらでも大きくなっていくことがわかる．このことを記号

$$x \to +0 \quad \Rightarrow \quad L(x) \to -\infty \tag{9}$$

で表わす．

(8) と (9) とから次のことがわかる：γ を任意の数とするとき，(9) によれば，$L(x_1) < \gamma$ なる x_1 がかならず存在する．また，(8) によれば，$\gamma < L(x_2)$ なる x_2 も存在するはずである．よって，中間値の定理により，$x_1 < \xi < x_2$, $L(\xi) = \gamma$ なる ξ がなければならない．γ は任意の数なのであるから，これは $L(x)$ があらゆる実数値をとる関数であることを意味する．

このことから，等式

$$L(e) = \int_1^e \frac{1}{x} dx = 1 \tag{1}$$

を満足する e のじっさい存在することが確かめられたことになる．$x \leqq 1$ ならば $L(x) \leqq 0$ なのであるから $e > 1$ であることに注意する*.

問 2. n が自然数であるとき次の等式を証明する：

$$L(x^{\frac{1}{n}}) = \frac{1}{n} L(x).$$

---

* $e = 2.71828\cdots$ (X, §7, p. 408).

問 3. p が整数，q が自然数であるとき次の等式を証明する：

$$L(x^{\frac{p}{q}}) = \frac{p}{q}L(x).$$

§2. 指数関数と対数関数

前節のおわりに述べたところにより，x が任意の実数であるとき

$$x = L(y) \tag{1}$$

であるような正数 y がかならず存在する．しかも，$L(y)$ は狭義の増加関数なのであるから，条件 (1) をみたすような y が二つあることはない．つまり，条件 (1) をみたすような y がちょうど一つ存在するということになる．この y を $E(x)$ で表わすことにすれば，ここにすべての実数値に対して定義された関数 $E(x)$ が得られたわけである．$E(x)>0$ でかつ

$$E(0) = 1$$

であることに注意する．

$E(x)$ は，じつは，III，§8 で説明した意味で $L(x)$ の逆関数であって，

$$E(x) = y \tag{2}$$

は (1) と同じことを表わすものにほかならない．このことから，ただちに，

$$L[E(x)] = x, \quad E[L(y)] = y \tag{3}$$

であることがわかる．

III，§8 で証明したところにより，$E(x)$ もまた $L(x)$ と

同じく狭義の増加関数である．しかも，$L'(x)=\dfrac{1}{x}\neq 0$ であるから，$E(x)$ は微分可能でかつ

$$E'(x)=\frac{1}{L'[E(x)]}=\frac{1}{\dfrac{1}{E(x)}}=E(x),$$

すなわち

$$E'(x)=E(x). \tag{4}$$

つぎに，

$$E(a)=\alpha,\ \ E(b)=\beta$$

とおけば，(3) により

$$a=L(\alpha),\ \ b=L(\beta)$$

であるから，前節 (4) により

$$a+b=L(\alpha)+L(\beta)=L(\alpha\beta).$$

よって，ふたたび (3) により

$$E(a+b)=E[L(\alpha\beta)]=\alpha\beta,$$

すなわち

$$E(a+b)=E(a)E(b). \tag{5}$$

同様にして，前節 (6) により

$$E(x_1+x_2+\cdots+x_n)=E(x_1)E(x_2)\cdots E(x_n). \tag{6}$$

(6) において $x_1=x_2=\cdots=x_n=x$ とすれば

$$E(nx)=[E(x)]^n. \tag{7}$$

とくに，$x=1$ とすれば

$$E(n)=[E(1)]^n.$$

ここで

$$e=E(1),\ \text{すなわち}\ \ L(e)=1,\ \int_1^e\frac{1}{x}dx=1$$

に注意すれば

$$E(n)=e^n. \tag{8}$$

また，(7) において，$x=\dfrac{1}{n}$ とおけば

$$e=E(1)=\left[E\left(\frac{1}{n}\right)\right]^n,$$

すなわち

$$E\left(\frac{1}{n}\right)=e^{\frac{1}{n}}. \tag{9}$$

また，p および q を自然数であるとすれば

$$E\left(\frac{p}{q}\right)=E\left(p\cdot\frac{1}{q}\right)=\left[E\left(\frac{1}{q}\right)\right]^p,$$

すなわち

$$E\left(\frac{p}{q}\right)=e^{\frac{p}{q}}. \tag{10}$$

つぎに，(5) において $a=x$，$b=-x$ とおけば

$$E(0)=E(x)E(-x)$$

であるから，$E(0)=1$ に注意すれば

$$E(-x)=\frac{1}{E(x)} \tag{11}$$

よって，p が負の整数，q が自然数であるときには

$$E\left(\frac{p}{q}\right)=E\left(\frac{-|p|}{q}\right)=\frac{1}{E\left(\dfrac{|p|}{q}\right)}=\frac{1}{e^{\frac{|p|}{q}}}=\frac{1}{e^{-\frac{p}{q}}}=e^{\frac{p}{q}}.$$

すなわち，この場合にも，(10) と同じ形の等式が成立する．いいかえれば，あらゆる有理数 x に対して

$$E(x)=e^x$$

であるということになるわけである.

かようなところから，今後はすべての実数xに対し$E(x)$のかわりにe^xと書くことにし*，関数e^xを**指数関数**と称する．なお，e^xのかわりに

$$\exp x$$

と書くことがある.

(1)，(2) においてxとyとを交換し，$E(y)$のかわりにe^yと書けば

$$y=L(x),\quad e^y=x$$

となる．さきに述べたように，この二つの等式は同じことを表わしている．$L(x)$すなわち

$$\int_1^x \frac{1}{t}dt$$

を今後は

$$\log x$$

と書き，これを**対数関数**とよぶことにする．また，$\log x$をとくに《xの自然対数》とよんで，他の正数を底とするxの対数（§5）と区別することがある**.

---

*　さきに述べたように$\sqrt{2},\pi$等無理数に対しては，$e^{\sqrt{2}}$やe^{π}が何を意味するかをまだ学んでいない．$e^{\sqrt{2}}=E(\sqrt{2})$，$e^{\pi}=E(\pi)$とおくことにより，ここではじめてその意味が確定したのである.

**　初等数学では10を底とするいわゆる常用対数を記号$\log x$で表わすが，本書では，本文のごとく，この記号で自然対数を表わすことに定めておく．常用対数は$\log_{10} x$で表わす（§5）.

§3. 指数関数および対数関数の性質

対数関数および指数関数について，§1および§2で得た結果を新しい記号 e^x および $\log x$ をもちいて表わせば次のごとくである．

e^x と $\log x$ とは互いに逆関数であって，§2，(3) により

$$\log e^x = x, \quad e^{\log x} = x.$$

また，§2，(5)，(6)，(11) から

$$e^{x+y} = e^x \cdot e^y \quad (\text{加法定理}) \tag{1}$$

$$e^{x_1+x_2+\cdots+x_n} = e^{x_1}e^{x_2}\cdots e^{x_n} \tag{2}$$

$$e^{-x} = \frac{1}{e^x} \tag{3}$$

$$e^0 = 1. \tag{4}$$

つぎに，定義 $E(1)=e$ を書き直せば

$$e^1 = e. \tag{5}$$

§1の (4)，(6)，(5) から

$$\log(xy) = \log x + \log y \quad (\text{乗法定理}) \tag{1'}$$

$$\log(x_1x_2\cdots x_n) = \log x_1 + \log x_2 + \cdots + \log x_n \tag{2'}$$

$$\log\frac{1}{x} = -\log x \tag{3'}$$

$$\log 1 = 0. \tag{4'}$$

また，定義により

$$\log e = 1. \tag{5'}$$

さらに§1，問3により

$$\log x^{\frac{p}{q}} = \frac{p}{q}\log x. \quad (p\text{は整数},\ q\text{は自然数}) \tag{6}$$

$\log x$ は $x>0$ なる x に対して定義された狭義の増加関数で，かつ§1，(8) および (9) により

$$x \to +\infty \quad \Rightarrow \quad \log x \to +\infty \tag{7}$$
$$x \to +0 \quad \Rightarrow \quad \log x \to -\infty.$$

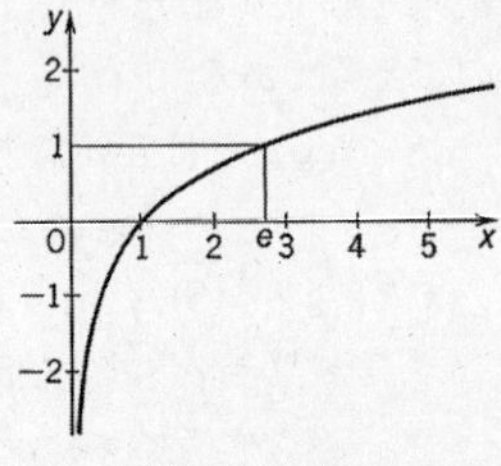

図 V-1　$y=\log x$

e^x は x のあらゆる値に対して定義された狭義の増加関数で，かつつねに

$$e^x > 0$$

である．したがって

$$x > 0 \quad \Rightarrow \quad e^x > e^0 = 1$$
$$x < 0 \quad \Rightarrow \quad 0 < e^x < 1.$$

ところで，$e>1$ であるから，$e=1+\alpha$ とおけば $\alpha>0$．よって，n を任意の自然数とすると，$e^n=(1+\alpha)^n>1+n\alpha$ であるから*，n を大きくすれば e^n はいくらでも大きくなる．$x>n$ ならば $e^x>e^n$ であることに注意すれば，このことから，x が大きくなるにともない，e^x がいくらでも大きくなることがわかる．すなわち

$$x \to +\infty \quad \Rightarrow \quad e^x \to +\infty. \tag{8}$$

また，x の符号が負でしかもその絶対値が限りなく大きくなっていくときは，$x=-z$ とおけば，(3) により

$$e^x = e^{-z} = \frac{1}{e^z}$$

であるから，(8) により，e^z はいく

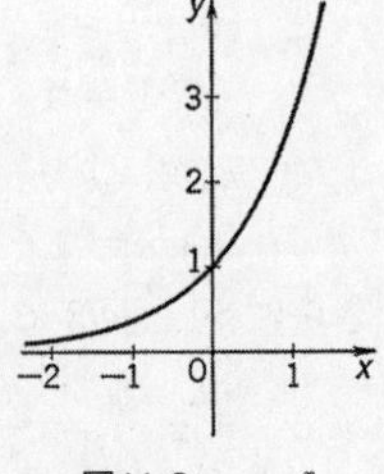

図 V-2　$y=e^x$

---

*　III, §6 の問 6 (p. 120).

らでも大きくなり，したがって e^x は 0 に近づく．このことを記号を使って

$$x\to -\infty \quad \Rightarrow \quad e^x\to 0$$

と書き表わす．

問 1. $\sinh x=\dfrac{e^x-e^{-x}}{2}$, $\cosh x=\dfrac{e^x+e^{-x}}{2}$, $\tanh x=\dfrac{\sinh x}{\cosh x}$ とおくとき，次の等式を証明する：

$$\cosh^2 x-\sinh^2 x = 1,$$
$$\sinh(x+y) = \sinh x\cosh y+\cosh x\sinh y,$$
$$\cosh(x+y) = \cosh x\cosh y+\sinh x\sinh y,$$
$$1-\tanh^2 x = \frac{1}{\cosh^2 x}$$

注意 1. $\sinh x$, $\cosh x$, $\tanh x$ はそれぞれ x の**双曲正弦**，**双曲余弦**，**双曲正接**とよばれ，また，これらを**双曲線関数**と総称する．

§4. 広義の指数関数

$a>0$ であるときは

$$e^{\frac{p}{q}\log a} = e^{\log a^{\frac{p}{q}}} = a^{\frac{p}{q}} \quad (p\text{ は整数，}q\text{ は自然数})$$

であるから，x が有理数ならば

$$e^{x\log a} = a^x \quad (\text{あるいは}\exp(x\log a)=a^x).$$

かようなところから，今後はすべての実数 x に対し $e^{x\log a}$ を記号 a^x で表わし，これを（a を底とする）広義の指数関数と称する．

$a=1$ であるときは，x のすべての値に対して $a^x=e^0=1$ であるから，この場合 a^x はじつは定数値関数 1 にほかならない．よって，これからは $a>0$, $a\neq 1$ である場合だけを考えることにする．

前節 (1) に注意すれば

$$a^{x+y}=e^{(x+y)\log a}=e^{x\log a+y\log a}=e^{x\log a}\,e^{y\log a}$$

であるから

$$a^{x+y}=a^x a^y. \tag{1}$$

同様にして，前節の (2)，(3)，(4) から

$$a^{x_1+x_2+\cdots+x_n}=a^{x_1}a^{x_2}\cdots a^{x_n} \tag{2}$$

$$a^{-x}=\frac{1}{a^x} \tag{3}$$

$$a^0=1. \tag{4}$$

また，$e^{\log a}=a$ から

$$a^1=a. \tag{5}$$

前節 (1′) に注意すれば

$$\begin{aligned}(ab)^x&=e^{x\log(ab)}=e^{x(\log a+\log b)}\\&=e^{x\log a+x\log b}=e^{x\log a}\,e^{x\log b},\end{aligned}$$

すなわち

$$(ab)^x=a^x b^x. \tag{6}$$

また，

$$(a^x)^y=e^{y\log a^x}$$

において

$$\log a^x=\log e^{x\log a}=x\log a$$

であるから

$$(a^x)^y=e^{yx\log a},$$

すなわち

$$(a^x)^y=a^{xy}. \tag{7}$$

(1)，(6)，(7) がいわゆる《**指数の法則**》とよばれるも

のである.

なお，本節冒頭の定義により，$x>0$ であるとき，任意の実数 α に対し，x^α は $e^{\alpha \log x}$ を意味するのであるから

$$\boxed{\log x^\alpha = \alpha \log x} \tag{8}$$

であることに注意する.

問 1. $\left(\dfrac{b}{a}\right)^x = \dfrac{b^x}{a^x}$ を証明する.

さて，$a>1$ である場合には $\log a>0$ であるから，$x_1<x_2$ ならば $x_1 \log a<x_2 \log a$，したがって $e^{x_1 \log a}<e^{x_2 \log a}$，すなわち

$$x_1 < x_2 \ \Rightarrow\ a^{x_1} < a^{x_2}.$$

これは

$a>1$ ならば a^x は狭義の増加関数である

ということにほかならない．なお，e^x の場合と同様にして，$a>1$ の場合には

$$x \to +\infty \ \Rightarrow\ a^x \to +\infty$$
$$x \to -\infty \ \Rightarrow\ a^x \to 0$$

であることが証明される.

$0<a<1$ である場合には，$\log a<0$ であることに注意すれば，上と同様にして次のことが証明できる：

$0<a<1$ ならば a^x は狭義の減少関数である.

$$x \to +\infty \ \Rightarrow\ a^x \to 0$$
$$x \to -\infty \ \Rightarrow\ a^x \to +\infty.$$

問 2. x^x は $1\leqq x$ なる範囲において狭義の増加関数であることを証明する.

§5. 広義の対数関数

$a>0$, $a\neq 1$ であるとき，任意の正数 x に対し等式

$$x = a^y \tag{1}$$

を満足するような y を $\log_a x$ で表わし，これを《**$\boldsymbol{a}$ を底とする $\boldsymbol{x}$ の対数**》と称する．とくに，$a=10$ を底とする対数すなわち $\log_{10} x$ はこれを常用対数と名づける．また，$\log_a x$ を関数とみなしたとき，これを（a を底とする）**広義の対数関数**とよぶことにする．

(1) を書き直せば

$$x = e^{y \log a}$$

であるから

$$\log x = y \log a.$$

したがって

$$\log_a x = \frac{\log x}{\log a}. \tag{2}$$

この等式を使えば，$\log_a x$ のさまざまな性質を自然対数の性質から導き出すことができる．たとえば，自然対数の乗法定理（§3 の (1′)）により

$$\log_a(xy) = \frac{\log(xy)}{\log a} = \frac{\log x + \log y}{\log a} = \frac{\log x}{\log a} + \frac{\log y}{\log a},$$

すなわち

$$\log_a(xy) = \log_a x + \log_a y. \quad \text{（乗法定理）}$$

同様にして

$$\log_a(x_1 x_2 \cdots x_n) = \log_a x_1 + \log_a x_2 + \cdots + \log_a x_n,$$

$$\log_a \frac{1}{x} = -\log_a x,$$

$$\log_a 1 = 0, \quad \log_a a = 1.$$

つぎに，$a>1$ の場合には $\log a>0$ であるから

$\log_a x$ は狭義の増加関数である．

$$x \to +\infty \quad ⇨ \quad \log_a x \to +\infty,$$

$$x \to 0 \quad ⇨ \quad \log_a x \to -\infty.$$

また，$0<a<1$ の場合には $\log a<0$ であるから

$\log_a x$ は狭義の減少関数である．

$$x \to +\infty \quad ⇨ \quad \log_a x \to -\infty,$$

$$x \to 0 \quad ⇨ \quad \log_a x \to +\infty.$$

問 1．$(\log_a b)(\log_b a)=1$ を証明する（$a>0, b>0$）．

問 2．$\log_a(a^n b)=n+\log_a b$ を証明する（$a>0, b>0$）．

注意 1．以上§1～§5で述べたところにより，どの数 x に対しても a^x（$a>0$）なる数が何を意味するかが正確に定義された．それればかりではない，a^x という数が存在することまで証明されたのである．高等学校の数学で n が自然数のとき $a^{\frac{1}{n}}=\sqrt[n]{a}$（$a>0$）は条件 $x^n=a$ に適する正数 x として定義を与えられてはいたが，そういう正数 x がはたして存在するかどうかについては何も証明が与えられていなかったことを思い起こしておこう．なお，いままでに述べたことをよく読み返してみると，a^x の存在を証明するためには，積分や連続な狭義の単調関数の性質などという事柄が使われていたことがわかる．そして，それらの事柄の根拠となったものはIII，§3で述べておいたいわゆる連続の公理であることによく注意する．

§6. 指数関数の微分法と積分法

§2，(4) を書き直せば

$$\boxed{\frac{de^x}{dx} = e^x} \tag{1}$$

よって合成関数の微分法の公式を使えば，$f(x)$ が微分可能であるとき

$$\frac{de^{f(x)}}{dx} = e^{f(x)}f'(x). \tag{2}$$

とくに，$f(x) \equiv x \log a$（ただし $a>0$，$a \neq 1$）の場合を考えれば

$$\frac{de^{x \log a}}{dx} = e^{x \log a} \cdot \log a$$

すなわち

$$\boxed{\frac{da^x}{dx} = a^x \log a} \tag{3}$$

問 1. e^{cx}（c は定数），x^2e^x の導関数を求める．

問 2. $x \neq 0$ なるとき $e^x > 1+x$ を証明する．

(1)，(2)，(3) にべつの表現を与えれば次のごとくなる．

$$\int e^x dx = e^x + C \tag{4}$$

$$\int e^{f(x)}f'(x)dx = e^{f(x)} + C \tag{5}$$

$$\boxed{\int a^x dx = \frac{a^x}{\log a} + C} \tag{6}$$

(5) においてとくに $f(x) = cx$（c は定数）とおけば

$$\boxed{\int e^{cx}dx = \frac{e^{cx}}{c} + C} \tag{7}$$

e^x を因数にもつ関数を積分するときには，部分積分法がしばしば威力を発揮する．

例 1. $\int f(x)g'(x)dx = f(x)g(x) - \int f'(x)g(x)dx$ において $f(x) \equiv x$, $g'(x) = e^x$ と考えれば $\int xe^x dx = xe^x - \int e^x dx = xe^x - e^x + C$.

問 3. $\int x^2 e^x dx$ を求める．

§7. 対数関数の微分法と積分法

§1, (3) を書き直せば

$$\frac{d\log x}{dx} = \frac{1}{x}. \quad (x>0) \tag{1}$$

よって，$x \neq 0$ ならば，§3, (6) により

$$\frac{d\log|x|}{dx} = \frac{d}{dx}\left(\frac{1}{2}\log|x|^2\right) = \frac{1}{2}\frac{d\log x^2}{dx} = \frac{1}{2}\cdot\frac{1}{x^2}\cdot 2x$$

であるから

$$\boxed{\frac{d\log|x|}{dx} = \frac{1}{x}} \tag{2}$$

さらに，一般に，$f(x) \neq 0$ ならば

$$\frac{d}{dx}[\log|f(x)|] = \frac{d}{dx}\left[\frac{1}{2}\log|f(x)|^2\right]$$

$$= \frac{1}{2}\frac{d}{dx}[\log(f(x))^2]$$

$$= \frac{1}{2}\cdot\frac{1}{[f(x)]^2}\cdot 2f(x)f'(x)$$

であるから

$$\boxed{\frac{d}{dx}\log|f(x)| = \frac{f'(x)}{f(x)}} \tag{3}$$

また，$\log_a x = \dfrac{\log x}{\log a}$ であるから

$$\frac{d\log_a|x|}{dx} = \frac{d}{dx}\left(\frac{\log|x|}{\log a}\right) = \frac{1}{\log a}\cdot\frac{d\log|x|}{dx}$$

$$= \frac{1}{\log a}\cdot\frac{1}{x},$$

すなわち

$$\frac{d\log_a|x|}{dx} = \frac{1}{x}\cdot\frac{1}{\log a}. \tag{4}$$

つぎに，(3) において $f(x) \equiv x+\sqrt{a^2+x^2}$ $(a \neq 0)$ とおけば

$$f'(x) = 1+\frac{1}{2}\frac{2x}{\sqrt{a^2+x^2}} = \frac{x+\sqrt{a^2+x^2}}{\sqrt{a^2+x^2}}$$

であるから*

$$\boxed{\frac{d}{dx}\log(x+\sqrt{a^2+x^2}) = \frac{1}{\sqrt{a^2+x^2}}} \tag{5}$$

例 1. $f(x)=x(1-x^2)\sqrt{1+x^2}$ は微分可能であるから

$$\log|f(x)| = \log|x|+\log|1-x^2|+\frac{1}{2}\log(1+x^2)$$

も微分可能である．この両辺を微分して

$$\frac{f'(x)}{f(x)} = \frac{1}{x}+\frac{-2x}{1-x^2}+\frac{1}{2}\frac{2x}{1+x^2}$$

---

* $a \neq 0$ ならば $x+\sqrt{a^2+x^2}>0$ なることに注意．

$$f'(x) = f(x)\cdot\frac{(1-x^2)(1+x^2)-2x^2(1+x^2)+x^2(1-x^2)}{x(1-x^2)(1+x^2)}$$

$$= x(1-x^2)\sqrt{1+x^2}\cdot\frac{1-x^2-4x^4}{x(1-x^2)(1+x^2)}$$

$$= \frac{1-x^2-4x^4}{\sqrt{1+x^2}}.$$

この方法は，けっきょく，II，§2，(8) や演習問題 II，16 と同じことである．かように対数をとってから微分するところから，この方法を**対数微分法**と称するのである．

α が任意の実数であるとき，§4 により，x^α は

$$e^{\alpha\log x}$$

を意味するものと定めたので，x^α は $x>0$ なる x に対して定義された関数でかつ微分可能である．よって

$$\frac{dx^\alpha}{dx} = \frac{d}{dx}(e^{\alpha\log x}) = e^{\alpha\log x}\cdot\frac{d}{dx}(\alpha\log x) = x^\alpha\cdot\alpha\cdot\frac{1}{x},$$

すなわち，α がどのような実数であるときにも

$$\boxed{\frac{dx^\alpha}{dx} = \alpha x^{\alpha-1}\quad(x>0)} \tag{6}$$

あるいは対数微分法により

$$y = x^\alpha,$$

$$\log y = \alpha\log x,$$

$$\frac{y'}{y} = \alpha\cdot\frac{1}{x},$$

$$y' = y\alpha\cdot\frac{1}{x} = x^\alpha\cdot\alpha\cdot\frac{1}{x} = \alpha x^{\alpha-1}$$

としても同じことである．

問 1. x^x を微分する.

問 2. $\dfrac{d[f(x)]^\alpha}{dx}=\alpha[f(x)]^{\alpha-1}f'(x)$ を証明する. ただし α は任意の実数で $f(x)>0$ とする.

(2), (3), (5), (6) をべつの書きかたで表わせば次のようになる:

$$\int\frac{1}{x}dx=\log|x|+C \tag{7}$$

$$\int\frac{f'(x)}{f(x)}dx=\log|f(x)|+C \tag{8}$$

$$\int\frac{1}{\sqrt{a^2+x^2}}dx=\log(x+\sqrt{a^2+x^2})+C \tag{9}$$

$$\int x^\alpha dx=\frac{x^{\alpha+1}}{\alpha+1}+C \quad (\alpha\neq-1) \tag{10}$$

注意 1. IV, §2, (3) も形は (10) と同じであるが, そこでは α は有理数であるという制限があった.

例 2.

$$\begin{aligned}\int\frac{1}{x^2-a^2}dx&=\int\frac{1}{2a}\left(\frac{1}{x-a}-\frac{1}{x+a}\right)dx\\&=\frac{1}{2a}\left(\int\frac{1}{x-a}dx-\int\frac{1}{x+a}dx\right)\\&=\frac{1}{2a}(\log|x-a|-\log|x+a|)+C\\&=\frac{1}{2a}\log\left|\frac{x-a}{x+a}\right|+C.\end{aligned}$$

例 3. $I=\int\sqrt{x^2+a^2}\,dx$ とおけば, 部分積分法により

$$I=x\sqrt{x^2+a^2}-\int\frac{x^2}{\sqrt{x^2+a^2}}dx$$

$$= x\sqrt{x^2+a^2} - \int \frac{x^2+a^2-a^2}{\sqrt{x^2+a^2}}dx$$

$$= x\sqrt{x^2+a^2} - \int \sqrt{x^2+a^2}\,dx + \int \frac{a^2}{\sqrt{x^2+a^2}}dx$$

$$= x\sqrt{x^2+a^2} - I + \int \frac{a^2}{\sqrt{x^2+a^2}}dx.$$

ゆえに

$$2I = x\sqrt{x^2+a^2} + a^2\int \frac{1}{\sqrt{x^2+a^2}}dx$$

$$= x\sqrt{x^2+a^2} + a^2\log(x+\sqrt{x^2+a^2}) + C.$$

((9) による)

すなわち

$$I = \frac{1}{2}x\sqrt{x^2+a^2} + \frac{a^2}{2}\log(x+\sqrt{x^2+a^2}) + C'.$$

$\log x$ を因数にもつ関数を積分するに際しては，部分積分法がしばしば威力を発揮する．

例 4.

$$\int \log x\,dx = x\log x - \int x\cdot\frac{1}{x}dx = x\log x - \int dx$$

$$= x\log x - x + C.$$

問 3. $\int x\log x\,dx$ を求める．

演習問題 V.

次の関数を微分する（1~8）：

1. $\log\left|\dfrac{a+bx}{a-bx}\right|$　　2. $\log\dfrac{\sqrt{1+x^2}-x}{\sqrt{1+x^2}+x}$

3. $2e^{\sqrt{x}}(x^{\frac{3}{2}}-3x+6x^{\frac{1}{2}}-6)$　4. $x^m e^{-x^2}$

5. $x^{\sqrt{x}}$　6. $\log\dfrac{e^x}{e^x+1}$

7. $a^x(x\log a-1)$　8. a^{x^n}.

次の不定積分を求める（9～13）：

9. $\displaystyle\int\frac{x^2dx}{2+x^3}$　10. $\displaystyle\int\frac{dx}{\sqrt{1+x+x^2}}$

11. $\displaystyle\int\frac{\sqrt{1+\log x}}{x}dx$　12. $\displaystyle\int\frac{\log x}{(1+x)^2}dx$

13. $\displaystyle\int x^3e^{-x}dx$.

次の漸化式を証明する（14～15）：

14. $I_n=\displaystyle\int x^ne^xdx$ とおけば $I_n=x^ne^x-nI_{n-1}$

15. $I_n=\displaystyle\int x^m(\log x)^ndx$ $(m\neq-1)$ とおけば

$$I_n=\frac{x^{m+1}}{m+1}(\log x)^n-\frac{n}{m+1}I_{n-1}.$$

次の定積分を求める（16～19）：

16. $\displaystyle\int_0^1 e^{x^2}x^3dx$　17. $\displaystyle\int_1^2 x^2\log x\,dx$

18. $\displaystyle\int_0^1\sqrt{1+x+x^2}dx$　19. $\displaystyle\int_{-a}^{a}\frac{dx}{x+\sqrt{x^2+a^2}}$　$(a>0)$.

20. 《懸垂線》$y=\dfrac{a}{2}(e^{\frac{x}{a}}+e^{-\frac{x}{a}})$ $(a>0)$ の $x=0$ から $x=a$ までの長さを求める（図 VIII-6, p. 314).

次の不等式を証明する（21～25）：

21. $x-\dfrac{x^2}{2}<\log(1+x)<x-\dfrac{x^2}{2}+\dfrac{x^3}{3}$　$(x>0)$

22. $e^x>1+\dfrac{x}{1!}+\dfrac{x^2}{2!}+\cdots+\dfrac{x^n}{n!}$　$(x>0)$

23. $1-x^2 < e^{-x^2} < \dfrac{1}{1+x^2} \quad (x \neq 0)$

24. $p(x-1) < x^p - 1 < px^{p-1}(x-1) \quad (x>1, p>1)$

25. $a_1{}^p + a_2{}^p + \cdots + a_n{}^p > (a_1+a_2+\cdots+a_n)^p \quad (0<p<1,\ a_1>0,$ $a_2>0, \cdots, a_n>0, n \geqq 2)$.

26. 方程式 $e^x = ax+b$ の実根はいくつあるか.

27. 対数の底をどう決めれば一数とその対数とがひとしくなりうるか.

28. 条件 $f'(x)=f(x)$, $f(0)=1$ に適する関数 $f(x)$ は e^x であることを証明する.

29. $f(x)$ が微分可能で, かつ x, y がいかなる数でも

$$f(x+y) = f(x)f(y)$$

であるときは $f(x) \equiv e^{Cx}$ (C は定数) または $f(x) \equiv 0$ であることを証明する.

30. $n>1$ なるとき $\log(n+1) < 1+\dfrac{1}{2}+\dfrac{1}{3}+\cdots+\dfrac{1}{n} < 1+\log n$ を証明する.

VI. 三角関数と逆三角関数

この章では，まず，三角関数の微分法と積分法について説明する．出発点となるのは

$$x \to 0 \quad \Rightarrow \quad \frac{\sin x}{x} \to 1$$

という定理であるが，この定理の証明には，高等学校では，ふつう，扇形の面積を表わす公式がもちいられる．しかし，扇形の面積の公式を厳密に証明しないままでこれを上の定理の証明に引用することは好ましくない．本書では曲線の長さを表わす公式を使って上の定理を厳密に証明しておいた．なお，いままで未知の逆三角関数の定義およびその微分法等もこの章で取り扱われる．

§1. 三角関数の導関数

IV, §12, (17) により，図 VI-1 の単位円において $h=\widehat{\mathrm{AP}}$ とおくと，

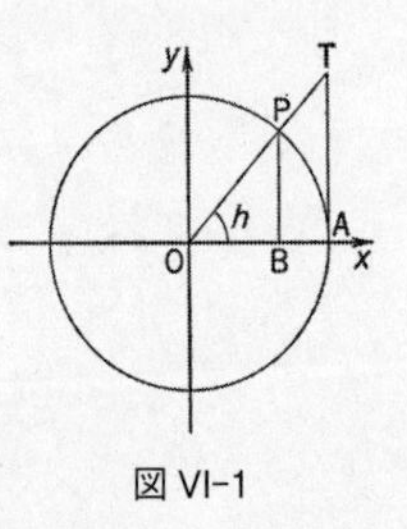

図 VI-1

$$0 < h < \frac{\pi}{2} \quad \Rightarrow$$

$$\sin h < h < \tan h. \qquad (1)$$

このことから

関数 $\sin x$ オヨビ $\cos x$ ハ連続デアル

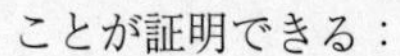
ことが証明できる：

三角法の公式により*

$$\sin(x+h)-\sin x = 2\cos\frac{2x+h}{2}\sin\frac{h}{2} \qquad (2)$$

であるから

$$|\sin(x+h)-\sin x| = 2\left|\cos\frac{2x+h}{2}\sin\frac{h}{2}\right| \leqq 2\left|\sin\frac{|h|}{2}\right|.$$

$0<h<\dfrac{\pi}{2}$ ならば (1) により

$$0<\sin\frac{h}{2}<\frac{h}{2},$$

また，$-\dfrac{\pi}{2}<h<0$ ならば，同じく (1) により

$$0<\left|\sin\frac{h}{2}\right| = \left|\sin\left(-\frac{|h|}{2}\right)\right| = \left|-\sin\frac{|h|}{2}\right| = \sin\frac{|h|}{2}$$
$$<\frac{|h|}{2}$$

であるから，いずれにしても

$$|\sin(x+h)-\sin x| < 2\cdot\frac{|h|}{2} = |h|.$$

ゆえに，$h\to 0$ ならば $|\sin(x+h)-\sin x|\to 0$．これは $\sin x$ が連続であるということにほかならない．

$\cos x=\sin\left(\dfrac{\pi}{2}+x\right)$ であるから，$\cos x$ は連続関数 $\sin y$ と連続関数 $\dfrac{\pi}{2}+x$ の合成関数と考えられるので，$\cos x$ もまた連続関数である．

つぎに，$0<h<\dfrac{\pi}{2}$ であるとして不等式 (1) を $\sin h$ で除すれば

---

* $\sin A-\sin B = 2\cos\dfrac{A+B}{2}\sin\dfrac{A-B}{2}.$

$$1 < \frac{h}{\sin h} < \frac{1}{\cos h}.$$

これを書き直して

$$\cos h < \frac{\sin h}{h} < 1. \qquad (3)$$

また，$-\dfrac{\pi}{2}<h<0$ の場合にも

$$h = -|h|,$$
$$\cos h = \cos(-|h|) = \cos|h|,$$
$$\sin h = \sin(-|h|) = -\sin|h|$$

に注意すれば

$$0<|h|<\frac{\pi}{2}, \quad \cos|h| < \frac{\sin|h|}{|h|} < 1 \qquad (4)$$

から，不等式 (3) がそのまま得られる.

ここで $h\to 0$ ならしめると，$\cos x$ は連続関数であるから，$\cos h\to\cos 0=1$ である．よって，不等式 (3) により

$$\boxed{h \to 0 \quad \Rightarrow \quad \frac{\sin h}{h} \to 1} \qquad (5)$$

これだけ準備したうえで，今度は $\sin x$ が微分可能なことを証明する.

等式 (2) の両辺を h で除して，$h=2k$ とおけば

$$\frac{\sin(x+h)-\sin x}{h} = \cos(x+k)\frac{\sin k}{k}.$$

$h\to 0$ ならば $k\to 0$ なのであるから，$h\to 0$ ならば $\cos(x+k)\to\cos x$. また (5) により $k\to 0$ ならば $\dfrac{\sin k}{k}\to 1$. よって

$$h \to 0 \quad \Rightarrow \quad \frac{\sin(x+h)-\sin x}{h} \to \cos x.$$

これは $\sin x$ が微分可能でかつ

$$\boxed{\frac{d\sin x}{dx} = \cos x} \tag{6}$$

であるということにほかならない.

$\cos x = \sin\left(\dfrac{\pi}{2}+x\right)$ からわかるように, $\cos x$ は関数 $\sin y$ と関数 $\dfrac{\pi}{2}+x$ との合成関数と考えられるから, $\cos x$ は微分可能である. しかも

$$\frac{d\cos x}{dx} = \frac{d}{dx}\sin\left(\frac{\pi}{2}+x\right) = \cos\left(\frac{\pi}{2}+x\right)\cdot 1$$

であるから

$$\boxed{\frac{d\cos x}{dx} = -\sin x} \tag{7}$$

つぎに

$$\frac{d\tan x}{dx} = \frac{d}{dx}\frac{\sin x}{\cos x} = \frac{\cos x\dfrac{d\sin x}{dx} - \sin x\dfrac{d\cos x}{dx}}{\cos^2 x}$$

$$= \frac{\cos^2 x+\sin^2 x}{\cos^2 x}.$$

よって

$$\boxed{\frac{d\tan x}{dx} = 1+\tan^2 x = \frac{1}{\cos^2 x} = \sec^2 x} \tag{8}$$

同様に

$$\boxed{\frac{d\cot x}{dx} = -(1+\cot^2 x) = -\frac{1}{\sin^2 x} = -\mathrm{cosec}^2 x} \tag{9}$$

問 1. $\dfrac{d\sec x}{dx}$, $\dfrac{d\,\mathrm{cosec}\,x}{dx}$ を求める.

§2. 逆三角関数

§1, (6) によれば

$$\frac{d\sin x}{dx} = \cos x$$

で, 開区間 $\left(-\dfrac{\pi}{2}\,;\,\dfrac{\pi}{2}\right)$ では $\cos x>0$ であるから, $\sin x$ は閉区間 $\left[-\dfrac{\pi}{2}\,;\,\dfrac{\pi}{2}\right]$ で連続な狭義の増加関数である. よって, $\sin\left(-\dfrac{\pi}{2}\right)=-1$, $\sin\dfrac{\pi}{2}=1$ に注意すれば, 閉区間 $[-1\,;\,1]$ で $\sin x$ の逆関数が定義される. これを記号 $\mathrm{Sin}^{-1}x$ で表わす.

$$y = \mathrm{Sin}^{-1}x \tag{1}$$

とおけば

$$-\frac{\pi}{2} \leqq y \leqq \frac{\pi}{2}, \quad x = \sin y \tag{2}$$

である. $\mathrm{Sin}^{-1}x$ を**逆正弦関数**という.

同様にして, §1, (7) により

$$\frac{d\cos x}{dx} = -\sin x$$

でかつ開区間 $(0\,;\,\pi)$ では $-\sin x<0$ であるから, $\cos x$ は閉区間 $[0\,;\,\pi]$ で連続な狭義の減少関数である. よっ

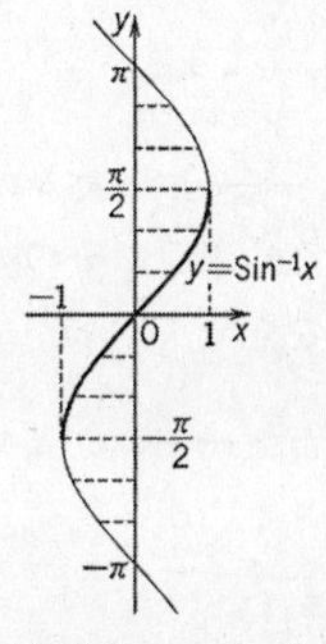

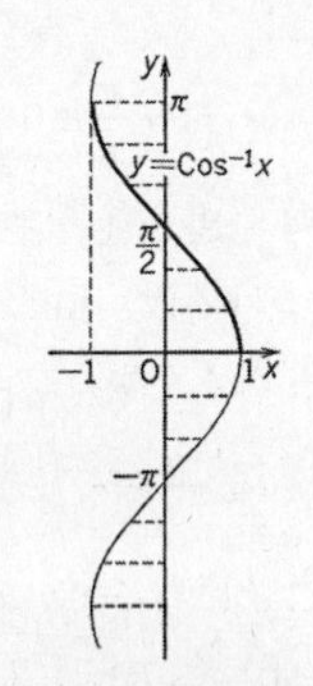

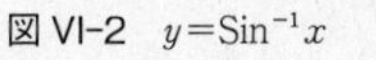
図 VI-2　$y=\mathrm{Sin}^{-1}x$　　図 VI-3　$y=\mathrm{Cos}^{-1}x$

て，$\cos 0=1$，$\cos\pi=-1$ に注意すれば，$\cos x$ は閉区間 $[-1\,;\,1]$ で定義された逆関数を有する．これを記号 $\mathrm{Cos}^{-1}x$ で表わす．

$$y=\mathrm{Cos}^{-1}x \tag{3}$$

とおけば

$$0\leqq y\leqq\pi,\quad x=\cos y \tag{4}$$

である．$\mathrm{Cos}^{-1}x$ を**逆余弦関数**と名づける．

つぎに，§1，(8) によれば

$$\frac{d\tan x}{dx}=1+\tan^2 x>0$$

であるから，$\tan x$ は開区間 $\left(-\dfrac{\pi}{2}\,;\,\dfrac{\pi}{2}\right)$ で連続な狭義の増加関数である．

しかも x を $\dfrac{\pi}{2}$ より小さい値から $\dfrac{\pi}{2}$ に近づけると，$\tan x$ の値はいくらでも大きくなる．このことを

$$x \to \frac{\pi}{2}-0 \quad \Rightarrow \quad \tan x \to +\infty \tag{5}$$

という記号で表わす．また，x を $-\frac{\pi}{2}$ より大きい値から $-\frac{\pi}{2}$ に近づけると，$\tan x$ の値は符号が負でその絶対値はいくらでも大きくなる．このことを記号

$$x \to -\frac{\pi}{2}+0 \quad \Rightarrow \quad \tan x \to -\infty \tag{6}$$

で表わすことになっている．

(5) と (6) とから，次のことがわかる：

γ を任意の数とするとき，(6) によれば

$$-\frac{\pi}{2}<x_1<\frac{\pi}{2},\quad \tan x_1 < \gamma$$

なる x_1 がかならず存在する．また，(5) によれば，

$$-\frac{\pi}{2}<x_2<\frac{\pi}{2},\quad \gamma < \tan x_2$$

なる x_2 も存在するはずである．したがって，中間値の定理により，

$$x_1<\xi<x_2,\quad \tan \xi = \gamma$$

なる ξ がなければならない．γ は任意の数なのであるから，これは，$\tan x$ があらゆる実数値をとる関数であることを意味する．

よって，x が任意の x であるとき

$$x = \tan y,\quad -\frac{\pi}{2}<y<\frac{\pi}{2} \tag{7}$$

なる y が存在する．しかも，$\tan y$ は狭義の増加関数なの

であるから，条件 (7) に適するような y は二つあることはない．つまり，条件 (7) に適する y がちょうど一つあるということになる．この y を記号 $\mathrm{Tan}^{-1}x$ で表わす．

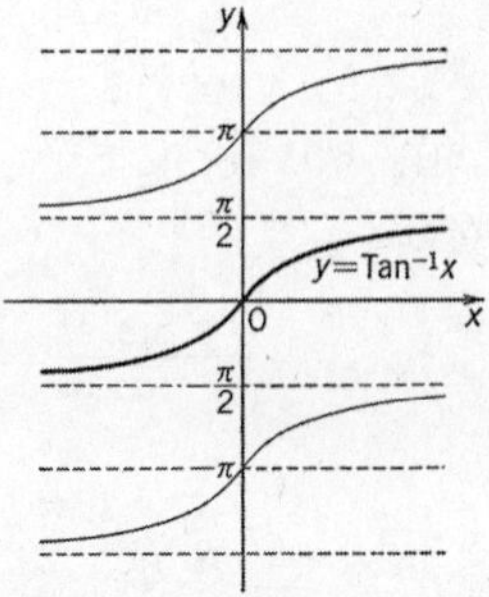

$\mathrm{Tan}^{-1}x$ は，じつは，III, §8 で説明した意味での $\tan x$ の逆関数であって，

$$y = \mathrm{Tan}^{-1}x \qquad (8)$$

図 VI-4　$y=\mathrm{Tan}^{-1}x$

とおけば

$$x = \tan y, \quad -\frac{\pi}{2}<y<\frac{\pi}{2} \qquad (7)$$

である．$\mathrm{Tan}^{-1}x$ を**逆正接関数**と称する，

$\cot x, \sec x, \mathrm{cosec}\, x$ についても上と同様にしてそれぞれ逆関数 $\mathrm{Cot}^{-1}x, \mathrm{Sec}^{-1}x, \mathrm{Cosec}^{-1}x$ を定義することができる．

以上この節で定義した 6 種の関数を総称して**逆三角関数**と名づける．

問 1. $\sin y=x$ を満足する y を一般に $\sin^{-1}x$ で表わせば

$$\sin^{-1}x = n\pi+(-1)^n\mathrm{Sin}^{-1}x \quad (n \text{ は整数})$$

であることを確かめる．

問 2. $\cos y=x$ を満足する y を一般に $\cos^{-1}x$ で表わせば

$$\cos^{-1}x = 2n\pi\pm\mathrm{Cos}^{-1}x \quad (n \text{ は整数}),$$

また，$\tan y=x$ を満足する y を一般に $\tan^{-1}x$ で表わせば

$$\tan^{-1}x = n\pi + \mathrm{Tan}^{-1}x \quad (n \text{ は整数})$$

であることを確かめる.

III, §8, (6) により, (1) および (2) から, $-1<x<1$ ならば

$$\frac{d\,\mathrm{Sin}^{-1}x}{dx} = \frac{1}{\dfrac{d\sin y}{dy}} = \frac{1}{\cos y}.$$

しかるに, $-\dfrac{\pi}{2}<y<\dfrac{\pi}{2}$, したがって $\cos y>0$ であるから

$$\cos y = \sqrt{1-\sin^2 y} = \sqrt{1-x^2}.$$

よって

$$\boxed{\frac{d\,\mathrm{Sin}^{-1}x}{dx} = \frac{1}{\sqrt{1-x^2}} \quad (-1<x<1)} \tag{9}$$

また, (3) および (4) から, $-1<x<1$ ならば

$$\frac{d\,\mathrm{Cos}^{-1}x}{dx} = \frac{1}{\dfrac{d\cos y}{dy}} = \frac{1}{-\sin y}.$$

しかるに, $0<y<\pi$, したがって $\sin y>0$ であるから

$$\boxed{\frac{d\,\mathrm{Cos}^{-1}x}{dx} = \frac{1}{-\sqrt{1-x^2}} \quad (-1<x<1)} \tag{10}$$

つぎに, (7) および (8) から; x のあらゆる値に対して

$$\frac{d\,\mathrm{Tan}^{-1}x}{dx} = \frac{1}{\dfrac{d\tan y}{dy}} = \frac{1}{1+\tan^2 y}.$$

よって

$$\boxed{\frac{d\,\mathrm{Tan}^{-1}x}{dx}=\frac{1}{1+x^2}} \tag{11}$$

同様にして

$$\frac{d\,\mathrm{Cot}^{-1}x}{dx}=-\frac{1}{1+x^2}. \tag{12}$$

問 3. 次の関数を微分する：

1) $x\,\mathrm{Sin}^{-1}x$　　2) $\mathrm{Tan}^{-1}x+\mathrm{Tan}^{-1}\dfrac{1}{x}$.

IV, §4 で述べたように，有理関数，無理関数，指数関数，対数関数，三角関数，逆三角関数およびこれらの関数を有限回組み合わせてつくった関数を初等関数と称する．そのうち有理関数，無理関数が代数関数のなかに含まれることは II, §4 で説明しておいた．代数関数でない関数は超越関数と称せられることも述べておいたが，とくに有理関数，無理関数以外の初等関数は**初等超越関数**と称せられる．いずれにしても本書で扱うのは主として初等関数である．

§3. 三角関数の積分法

§1, (6), (7), (8), (9) により

$$\frac{d\sin\alpha x}{dx}=\alpha\cos\alpha x,\quad \frac{d\cos\alpha x}{dx}=-\alpha\sin\alpha x,$$

$$\frac{d\tan\alpha x}{dx}=\alpha\sec^2\alpha x,\quad \frac{d\cot\alpha x}{dx}=-\alpha\,\mathrm{cosec}^2\alpha x$$

であるから，$\alpha\neq 0$ ならば

$$\int \sin \alpha x\, dx = -\frac{1}{\alpha}\cos \alpha x + C$$

$$\int \cos \alpha x\, dx = \frac{1}{\alpha}\sin \alpha x + C$$

$$\int \sec^2 \alpha x\, dx = \frac{1}{\alpha}\tan \alpha x + C$$

$$\int \operatorname{cosec}^2 \alpha x\, dx = -\frac{1}{\alpha}\cot \alpha x + C \qquad (1)$$

例 1.

$$\operatorname{cosec} x = \frac{1}{\sin x} = \frac{1}{2\sin\frac{x}{2}\cos\frac{x}{2}} = \frac{\frac{1}{2}\sec^2\frac{x}{2}}{\tan\frac{x}{2}}.$$

ここで, $t=\tan\frac{x}{2}$ とおけば $\frac{dt}{dx}=\sec^2\frac{x}{2}\cdot\frac{1}{2}$ であるから

$$\int \operatorname{cosec} x\, dx = \int \frac{1}{\sin x}dx = \int \frac{1}{t}dt = \log|t| + C.$$

ゆえに

$$\int \operatorname{cosec} x\, dx = \int \frac{1}{\sin x}dx = \log\left|\tan\frac{x}{2}\right| + C.$$

例 2.

$$\int_{-\frac{\pi}{2}}^{\frac{\pi}{2}} \sin x\, dx = [-\cos x]_{-\frac{\pi}{2}}^{\frac{\pi}{2}} = 0-0 = 0.$$

この結果は次のようにしても得られる.

$$\int_{-\frac{\pi}{2}}^{\frac{\pi}{2}} \sin x\, dx = \int_{-\frac{\pi}{2}}^{0} \sin x\, dx + \int_{0}^{\frac{\pi}{2}} \sin x\, dx.$$

最初の項において $t=-x$ とおけば

$$\int_{\frac{\pi}{2}}^{0} \sin(-t)\cdot(-1)\,dt = \int_{\frac{\pi}{2}}^{0} \sin t\,dt = -\int_{0}^{\frac{\pi}{2}} \sin t\,dt.$$

よって

$$\int_{-\frac{\pi}{2}}^{\frac{\pi}{2}} \sin x\,dx = -\int_{0}^{\frac{\pi}{2}} \sin x\,dx + \int_{0}^{\frac{\pi}{2}} \sin x\,dx = 0.$$

問 1. $\int \tan x\,dx = -\log|\cos x| + C$ を証明する.

問 2. $\int \cos^2 x\,dx$ を求める（指針：$2\cos^2 x = 1 + \cos 2x$ に注意）.

前節（9）により

$$\int \frac{1}{\sqrt{1-x^2}}dx = \mathrm{Sin}^{-1}x + C.$$

ゆえに, $a>0$ のとき

$$\int \frac{dx}{\sqrt{a^2-x^2}}$$

を求めるに際しては, $x=at$ とおけば, $\sqrt{a^2-x^2}=a\sqrt{1-t^2}$, $\dfrac{dx}{dt}=a$ であるから

$$\int \frac{dx}{\sqrt{a^2-x^2}} = \int \frac{a}{a\sqrt{1-t^2}}dt = \int \frac{dt}{\sqrt{1-t^2}}$$
$$= \mathrm{Sin}^{-1}t + C.$$

ゆえに

$$\boxed{\int \frac{dx}{\sqrt{a^2-x^2}} = \mathrm{Sin}^{-1}\frac{x}{a} + C \quad (a>0)} \qquad (2)$$

また, 前節（11）より

$$\int \frac{dx}{1+x^2} = \mathrm{Tan}^{-1}x + C.$$

ゆえに，上と同様にして

$$\int \frac{1}{\sqrt{a^2+x^2}}dx = \frac{1}{a}\,\mathrm{Tan}^{-1}\frac{x}{a}+C \tag{3}$$

例 3. $I=\int\sqrt{a^2-x^2}\,dx$ とおけば，部分積分法により

$$I = x\sqrt{a^2-x^2}-\int\frac{-x^2}{\sqrt{a^2-x^2}}dx$$

$$= x\sqrt{a^2-x^2}-\int\frac{a^2-x^2-a^2}{\sqrt{a^2-x^2}}dx$$

$$= x\sqrt{a^2-x^2}-I+a^2\int\frac{1}{\sqrt{a^2-x^2}}dx.$$

ゆえに (2) により

$$I=\frac{1}{2}x\sqrt{a^2-x^2}+\frac{a^2}{2}\,\mathrm{Sin}^{-1}\frac{x}{a}+C. \quad (-a<x<a)$$

この不定積分は $x=a\sin\theta$ または $x=a\cos\theta$ とおいて置換積分法によってもこれを求めることができる．ことに定積分を求めるには，この関数の場合，置換積分法によるほうが便利である（例 4 参照）．

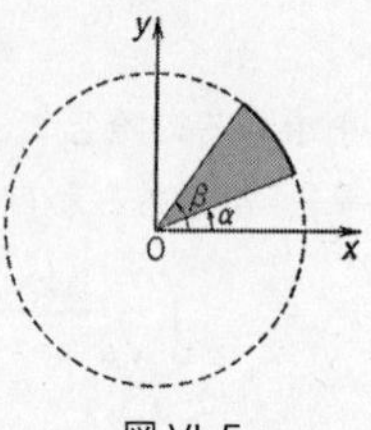

図 VI-5

例 4. $0\leqq\alpha<\beta<\dfrac{\pi}{2}$ とし，2 直線 $y=x\tan\alpha$，$y=x\tan\beta$ と円 $x^2+y^2=a^2$ の弧とで囲まれる扇形の面積を A で表わせば，IV，§11，問 2 により

$$A=\frac{\tan\beta\cdot a^2\cos^2\beta}{2}-\frac{\tan\alpha\cdot a^2\cos^2\alpha}{2}+\int_{a\cos\beta}^{a\cos\alpha}\sqrt{a^2-x^2}\,dx.$$

ここで，$x=a\cos\theta$ とおけば，$\dfrac{dx}{d\theta}=-a\sin\theta$，$\sqrt{a^2-x^2}=a\sin\theta$ であるから

$$\int_{a\cos\beta}^{a\cos\alpha}\sqrt{a^2-x^2}\,dx=-\int_{\beta}^{\alpha}a^2\sin^2\theta\,d\theta$$

$$= -a^2\int_\beta^\alpha \frac{1-\cos 2\theta}{2}d\theta$$

$$= -\frac{a^2}{2}\left[\theta-\frac{\sin 2\theta}{2}\right]_\beta^\alpha$$

$$= \frac{a^2}{2}(\beta-\alpha)+\frac{a^2}{2}\left(\frac{\sin 2\alpha}{2}-\frac{\sin 2\beta}{2}\right).$$

しかるに

$$\frac{\tan\beta\cdot a^2\cos^2\beta}{2}-\frac{\tan\alpha\cdot a^2\cos^2\alpha}{2}$$

$$= \frac{a^2}{2}(\sin\beta\cos\beta-\sin\alpha\cos\alpha)$$

$$= \frac{a^2}{2}\left(\frac{\sin 2\beta}{2}-\frac{\sin 2\alpha}{2}\right)$$

であるから

$$\boxed{A = \frac{a^2}{2}(\beta-\alpha)} \tag{4}$$

とくに $\alpha=0$, $\beta=\dfrac{\pi}{4}$ とすれば《八分円》の面積は $\dfrac{\pi}{8}a^2$, よって円の面積は πa^2 である.

問 3. 例 4 において $0\leqq\alpha<\beta<\dfrac{\pi}{2}$ でなくても, 一般に $0\leqq\beta-\alpha\leqq 2\pi$ ならば (4) の成りたつことを証明する.

§4. 極座標

平面上の一点 P の原点 O からの距離 $\overline{\mathrm{OP}}$ を r, 半直線 OP が x 軸の正の部分となす角の一つを θ とすれば, P の座標 (x, y) は等式

$$x = r\cos\theta,\quad y = r\sin\theta \tag{1}$$

で与えられる. このとき, r を点 P の**動径**, θ を P の**偏角**と称する. 動径と偏角とを与えれば点 P は定まり, また点

Pを与えればその動径と偏角はただちにこれを求めることができる．ただし，偏角の値は一意に定まるわけではないが，Pの偏角の一つをθ_0とすれば，Pの他の偏角の値はそれぞれ$\theta_0+2n\pi$（nは整数）の一つにひとしい*.

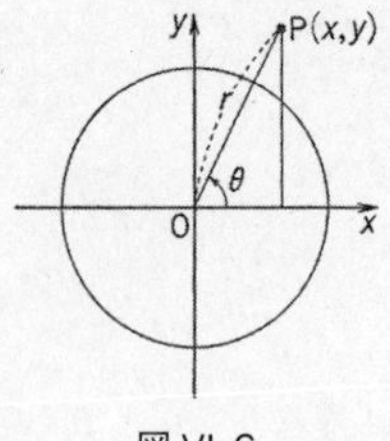

図 VI-6

以上のような事情から，点Pの動径と偏角とをPの**極座標**と称し，原点Oを極座標の**極**，x軸の正の部分を極座標の**基線**と名づける．極座標(r,θ)に対し，いままでの座標(x,y)を**直角座標**とよぶことがある．(1) により

$$r=\sqrt{x^2+y^2} \tag{2}$$

であることに注意する．

直角座標の場合と同じように，極座標による方程式をもちいて平面曲線を表わすことができる．たとえば，$f(\theta)$が変数θの連続関数であるとき，方程式

$$r=f(\theta) \tag{3}$$

は一つの平面曲線を表わすのである．この場合，(1) によれば

$$x=f(\theta)\cos\theta,\quad y=f(\theta)\sin\theta \tag{4}$$

であるから，曲線はθを助変数とする一対の方程式 (4) によって与

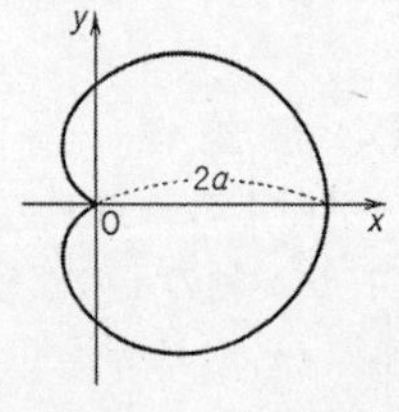

図 VI-7　$r=a(1+\cos\theta)$

* 原点Oについては動径は0とし，偏角は考えない．

えられていると考えることもできる．

例 1. 極Oをとおり基線とαなる角をなす半直線：$\theta=\alpha$.

例 2. 極Oを中心としaを半径とする円：$r=a$.

例 3. 心臓形：$r=a(1+\cos\theta)$（図 VI-7）.

曲線$r=f(\theta)$と二つの半直線$\theta=\alpha,\ \theta=\beta\ (\alpha<\beta)$で囲まれた点集合

$$E=\{(r,\theta)\,|\,\alpha\leqq\theta\leqq\beta, 0\leqq r\leqq f(\theta)\}$$

の面積をAとするとき，Aを定積分で表わす公式を求めてみる．

注意 1. こういう図形はIV, §10の注意1で説明した意味で面積を有することが知られている．じつは，これから証明するAの算出法自身がこの図形の面積の存在を証明するとも考えうるのである（XII, §4, 注意1）.

まず，明らかなことは，《閉区間》$\alpha\leqq\theta\leqq\beta$における$f(\theta)$の最大値，最小値をそれぞれ$M, m$で表わすとき，問題の図形は二つの半直線$\theta=\alpha$, $\theta=\beta$と円$r=m$とで囲まれる扇形を含み，また同じ二つの半直線と円$r=M$とで囲まれる扇形に含まれていることである．よって前節の問3により

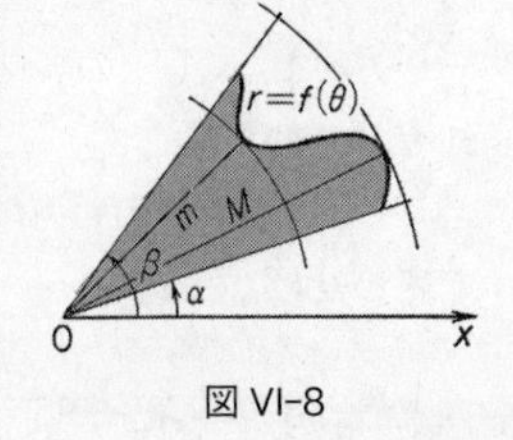

図 VI-8

$$\frac{m^2}{2}(\beta-\alpha)\leqq A\leqq\frac{M^2}{2}(\beta-\alpha).$$

いま，$\theta=\alpha$から$\theta=\beta$までを分割して

$$\theta_1, \theta_2, \cdots, \theta_{n-2}, \theta_{n-1}$$

$$(\alpha<\theta_1<\theta_2<\cdots<\theta_{n-2}<\theta_{n-1}<\beta)$$

なる角を設け，n 個の《閉区間》

$$\alpha\leqq\theta\leqq\theta_1,\ \ \theta_1\leqq\theta\leqq\theta_2,\ \ \cdots$$
$$\cdots,\ \ \theta_{n-2}\leqq\theta\leqq\theta_{n-1},\ \ \theta_{n-1}\leqq\theta\leqq\beta \tag{4}$$

のおのおのにおける $f(\theta)$ の最小値をそれぞれ

$$m_1,\ \ m_2,\ \ \cdots,\ \ m_{n-1},\ \ m_n$$

で表わし

$$\sigma=\frac{{m_1}^2}{2}(\theta_1-\alpha)+\frac{{m_2}^2}{2}(\theta_2-\theta_1)+\cdots+\frac{{m_n}^2}{2}(\beta-\theta_{n-1})$$

とおけば，上と同様の理由で

$$\sigma\leqq A.$$

σ は関数 $\dfrac{1}{2}[f(\theta)]^2$ の不足和であり，したがって，σ の上限は定積分 $\displaystyle\int_\alpha^\beta\frac{[f(\theta)]^2}{2}d\theta$ にほかならないから

$$\frac{1}{2}\int_\alpha^\beta[f(\theta)]^2d\theta\leqq A. \tag{5}$$

一方，また，(4) の各閉区間における $f(\theta)$ の最大値をそれぞれ

$$M_1,\ \ M_2,\ \ \cdots,\ \ M_{n-1},\ \ M_n$$

で表わせば

$$A\leqq\frac{{M_1}^2}{2}(\theta_1-\alpha)+\frac{{M_2}^2}{2}(\theta_2-\theta_1)+\cdots+\frac{{M_n}^2}{2}(\beta-\theta_{n-1})$$

であるから，この不等式の右辺——関数 $\dfrac{1}{2}[f(\theta)]^2$ の過剰和——の下限をとることにより

$$A \leqq \frac{1}{2}\int_{\alpha}^{\beta}[f(\theta)]^2 d\theta.$$

この不等式と (5) から，けっきょく，

$$\boxed{A = \frac{1}{2}\int_{\alpha}^{\beta}[f(\theta)]^2 d\theta} \tag{6}$$

という公式が得られる．

例 4. 心臓形の面積：

$$A = \frac{1}{2}\int_{-\pi}^{\pi} a^2(1+\cos\theta)^2 d\theta$$

において $a^2(1+\cos\theta)^2$ は θ の偶関数であるから（演習問題 IV, 12）

$$\begin{aligned} A &= \frac{a^2}{2}\times 2\int_0^{\pi}(1+\cos\theta)^2 d\theta \\ &= a^2\int_0^{\pi}(1+2\cos\theta+\cos^2\theta)d\theta \\ &= a^2\int_0^{\pi}\left(1+2\cos\theta+\frac{1+\cos 2\theta}{2}\right)d\theta \\ &= a^2\left[\theta+2\sin\theta+\frac{1}{2}\theta+\frac{\sin 2\theta}{4}\right]_0^{\pi}. \end{aligned}$$

すなわち

$$A = \frac{3\pi}{2}a^2.$$

演習問題 VI.

次の関数を微分する（1〜8）：

1. $\sin^m x\cos^n x$　　2. $(x\tan x)^2$

3. $\log|\sin x|$　　4. $\log\left|\tan\left(\dfrac{x}{2}-\dfrac{\pi}{4}\right)\right|$

5. $\mathrm{Tan}^{-1}\left(\dfrac{b}{a}\tan x\right)$　　6. $\mathrm{Cos}^{-1}\dfrac{1}{x}$

7. $\mathrm{Sin}^{-1}\dfrac{1-x^2}{1+x^2}$　　8. $\tan x-\cot x$.

9. $a\cos x+b\sin x$ の最大値，最小値を求める．

10. $0<\theta<\dfrac{\pi}{2}$ ならば $\theta>\sin\theta>\dfrac{2}{\pi}\theta$ であることを証明する．

11. $0<x\leqq 1$ ならば $\mathrm{Tan}^{-1}\sqrt{1-x}<\dfrac{\pi-x}{4}$ であることを証明する．

12. 楕円 $\dfrac{x^2}{a^2}+\dfrac{y^2}{b^2}=1$ の接線が座標の両軸によって切り取られる線分のうち長さの最小のものを求める．（指針：《離心角》を θ とすれば楕円は方程式 $x=a\cos\theta$，$y=b\sin\theta$ で表わされる．図 VI-9.）

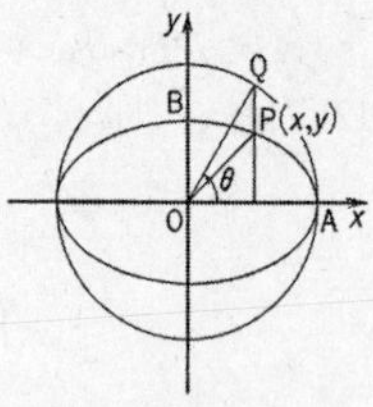

図 VI-9

次の不定積分を求める（13～18）：

13. $\displaystyle\int\cos^4 x\,dx$　　14. $\displaystyle\int e^{ax}\sin bx\,dx,\ \int e^{ax}\cos bx\,dx$

15. $\displaystyle\int\frac{dx}{\sqrt{ax-x^2}}$　　16. $\displaystyle\int\frac{dx}{1-2x\cos\alpha+x^2}\ (0<\alpha<\pi)$

17. $\displaystyle\int\mathrm{Sin}^{-1}x\,dx$　　18. $\displaystyle\int\frac{x^2dx}{\sqrt{a^2-x^2}}$.

19. $\displaystyle\int\sin^n x\,dx$ の漸化式をつくり，これにより $\displaystyle\int_0^{\frac{\pi}{2}}\sin^n x\,dx$ の値を求める（n は自然数）．

20. 不等式 $\displaystyle\int_0^{\frac{\pi}{2}}\sin^{2n+1}x\,dx<\int_0^{\frac{\pi}{2}}\sin^{2n}x\,dx<\int_0^{\frac{\pi}{2}}\sin^{2n-1}x\,dx$ から《Wallis（ウォリス）の不等式》

$$\left[\frac{(2n)(2n-2)\cdots4\cdot2}{(2n-1)(2n-3)\cdots3\cdot1}\right]^2\frac{1}{2n+1}<\frac{\pi}{2}$$

$$< \left[\frac{(2n)(2n-2)\cdots 4\cdot 2}{(2n-1)(2n-3)\cdots 3\cdot 1} \right]^2 \frac{1}{2n}$$

を導く.

21.　$f(x) = \frac{1}{2}a_0 + a_1 \cos x + b_1 \sin x + a_2 \cos 2x + b_2 \sin 2x + \cdots + a_n \cos nx + b_n \sin nx$ ならば

$$a_0 = \frac{1}{\pi}\int_0^{2\pi} f(x)dx, \quad a_k = \frac{1}{\pi}\int_0^{2\pi} f(x)\cos kx\, dx,$$

$$b_k = \frac{1}{\pi}\int_0^{2\pi} f(x)\sin kx\, dx \quad (k=1, 2, \cdots, n)$$

なることを証明する.

22. 楕円 $\frac{x^2}{a^2} + \frac{y^2}{b^2} = 1$ の面積を求める.

23. 連珠形 (lemniscate) $r^2 = a^2 \cos 2\theta$ $(a>0)$ で囲まれる図形の面積を求める (図 VI-10).

24. $f'(\theta)$ が連続関数であるとき曲線 $r = f(\theta)$ $(\alpha \leqq \theta \leqq \beta)$ の長さは $\int_\alpha^\beta \sqrt{[f(\theta)]^2 + [f'(\theta)]^2}\, d\theta$ で与えられることを証明する.

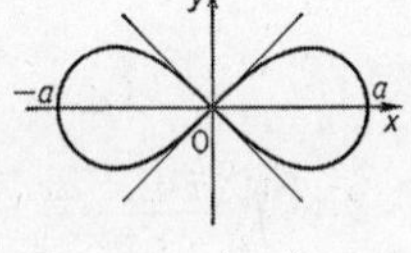

図 VI-10　$r^2 = a^2 \cos 2\theta$

25. サイクロイド $x = a(t - \sin t)$, $y = a(1 - \cos t)$ の $0 \leqq t \leqq 2\pi$ に対応する弧の長さ, およびこの弧と x 軸とで囲まれる図形の面積を求める (図 VI-11).

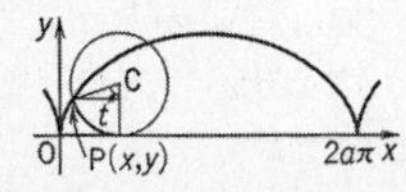

図 VI-11　サイクロイド

26. 心臓形 $r = a(1 + \cos\theta)$ $(-\pi \leqq \theta \leqq \pi)$ の長さを求める.

27. 方程式 $y = \varphi(x)$ $(a \leqq x \leqq b)$ と $r = f(\theta)$ $\left(0 \leqq \alpha \leqq \theta \leqq \beta < \frac{\pi}{2}\right)$ とが同じ曲線を表わすとする. この曲線と 2 直線 $y = x \tan\alpha$, $y = x \tan\beta$ で囲まれる図形の面積を A とすれば

$$A = \frac{\tan\beta[f(\beta)\cos\beta]^2 - \tan\alpha[f(\alpha)\cos\alpha]^2}{2}$$

$$+\int_{f(\beta)\cos\beta}^{f(\alpha)\cos\alpha}\varphi(x)dx$$

であることを示し（IV，§11，問 2），$f'(\theta)$ は連続関数であるとして，これより

$$A = \frac{1}{2}\int_{\alpha}^{\beta}[f(\theta)]^2 d\theta$$

を導く．

28. 曲線の方程式 $x=\varphi(t)$，$y=\psi(t)$ において $\varphi(t), \psi(t)$ が微分可能な関数で，かつ $[\psi'(t)]^2+[\varphi'(t)]^2 \neq 0$ であるとする．この曲線の接線が x 軸の正の部分となす角を $\alpha(t)$ としたとき，次の等式を証明する．

$$\sin\alpha(t) = \frac{\psi'(t)}{\sqrt{[\varphi'(t)]^2+[\psi'(t)]^2}},$$

$$\cos\alpha(t) = \frac{\varphi'(t)}{\sqrt{[\varphi'(t)]^2+[\psi'(t)]^2}}.$$

29. $\displaystyle\int_{\frac{\pi}{2}}^{\pi}\frac{x\sin x\,dx}{1+\cos^2 x} = \pi\int_0^{\frac{\pi}{2}}\frac{\sin x\,dx}{1+\cos^2 x} - \int_0^{\frac{\pi}{2}}\frac{x\sin x\,dx}{1+\cos^2 x}$ なることを証明し，これにより $\displaystyle\int_0^{\pi}\frac{x\sin x\,dx}{1+\cos^2 x}$ の値を求める．

30. $f(x)$ が $[0\,;1]$ で連続微分可能な関数であるとき，

$M = \max\{|f(x)|\,|\,0 \leqq x \leqq 1\}$，$M_1 = \max\{|f'(x)|\,|\,0 \leqq x \leqq 1\}$

とおけば

$$\left|\int_0^1 f(x)\sin\alpha x\,dx\right| \leqq |\alpha|^{-1}(2M+M_1)$$

であることを証明する（$a \neq 0$）．

VII. 不定積分の計算法

不定積分の計算法は高等学校で，ひととおり，学んだはずであるが，それでもまだ，きわめて手近な関数の不定積分のなかに学んでいないものがある．たとえば，$\dfrac{1}{1+x^2}$ のような簡単な関数の不定積分は，高等学校の教科書に載っていない．こういう関数を含めて，いろいろな関数の積分法をひとまとめに説明したのがこの章である．

§1. 微分法と積分法の公式

いままでに得られた微分法，積分法における公式をまとめて書けば次のごとくである．

$$\frac{d}{dx}[\alpha f(x)+\beta g(x)] = \alpha f'(x)+\beta g'(x)$$

$$\int[\alpha f(x)+\beta g(x)]dx = \alpha\int f(x)dx+\beta\int g(x)dx$$

$$\frac{d}{dx}[f(x)g(x)] = f'(x)g(x)+f(x)g'(x)$$

$$\int f(x)g'(x)dx = f(x)g(x)-\int f'(x)g(x)dx$$

（部分積分法）

$$\frac{d}{dx}\frac{f(x)}{g(x)} = \frac{f'(x)g(x)-f(x)g'(x)}{[g(x)]^2}$$

$$\frac{d}{dx}f[g(x)] = f'[g(x)]g'(x)$$

$$\int f[g(x)]g'(x)dx = \int f(t)dt,\ t=g(x)$$

$$\int f(x)dx = \int f[g(t)]g'(t)dt,\quad x=g(t)$$

（置換積分法）

$$\frac{df^{-1}(x)}{dx} = \frac{1}{f'[f^{-1}(x)]}$$

$$\frac{d[f(x)]^\alpha}{dx} = \alpha[f(x)]^{\alpha-1}f'(x) \qquad \int [f(x)]^\alpha f'(x)dx = \frac{1}{\alpha+1}[f(x)]^{\alpha+1}+C \quad (\alpha \neq -1)$$

$$\frac{dx^\alpha}{dx} = \alpha x^{\alpha-1} \qquad \int x^\alpha dx = \frac{1}{\alpha+1}x^{\alpha+1}+C \quad (\alpha \neq -1)$$

$$\frac{de^x}{dx} = e^x \qquad \int e^{\alpha x}dx = \frac{1}{\alpha}e^{\alpha x}+C \quad (\alpha \neq 0)$$

$$\frac{da^x}{dx} = a^x \log a \qquad \int a^{\alpha x}dx = \frac{a^{\alpha x}}{\alpha \log a}+C \quad (\alpha \neq 0)$$

$$\frac{d\log x}{dx} = \frac{1}{x} \qquad \int \frac{1}{x}dx = \log|x|+C$$

$$\frac{d\log_a x}{dx} = \frac{1}{x\log a}$$

$$\frac{d\log f(x)}{dx} = \frac{f'(x)}{f(x)} \qquad \int \frac{f'(x)}{f(x)}dx = \log|f(x)|+C$$

$$\frac{d\sin x}{dx} = \cos x \qquad \int \cos\alpha x\,dx = \frac{\sin\alpha x}{\alpha}+C \quad (\alpha \neq 0)$$

$$\frac{d\cos x}{dx} = -\sin x \qquad \int \sin\alpha x\,dx = -\frac{\cos\alpha x}{\alpha}+C \quad (\alpha \neq 0)$$

$$\frac{d\tan x}{dx} = \sec^2 x \qquad \int \sec^2\alpha x\,dx = \frac{\tan\alpha x}{\alpha}+C \quad (\alpha \neq 0)$$

$$\frac{d\cot x}{dx} = -\mathrm{cosec}^2 x \qquad \int \mathrm{cosec}^2\alpha x\,dx = -\frac{\cot\alpha x}{\alpha}+C \quad (\alpha \neq 0)$$

$$\frac{d\,\mathrm{Sin}^{-1}x}{dx} = \frac{1}{\sqrt{1-x^2}} \qquad \int \frac{1}{\sqrt{\alpha^2-x^2}}dx = \mathrm{Sin}^{-1}\frac{x}{\alpha}+C \quad (\alpha>0)$$

$$\frac{d\,\mathrm{Cos}^{-1}x}{dx} = -\frac{1}{\sqrt{1-x^2}} \qquad = -\mathrm{Cos}^{-1}\frac{x}{\alpha}+C \quad (\alpha>0)$$

$$\frac{d\,\mathrm{Tan}^{-1}x}{dx} = \frac{1}{1+x^2} \qquad \int \frac{1}{\alpha^2+x^2}dx = \frac{1}{\alpha}\mathrm{Tan}^{-1}\frac{x}{\alpha}+C \quad (\alpha \neq 0)$$

$$\frac{d\,\mathrm{Cot}^{-1}x}{dx} = -\frac{1}{1+x^2} \qquad = -\frac{1}{\alpha}\mathrm{Cot}^{-1}\frac{x}{\alpha}+C \quad (\alpha \neq 0)$$

この章では，これらの公式によって，じっさい不定積分を見いだす方法を関数の種類ごとにまとめて述べる．

§2. 有理整式の因数分解

有理関数の積分法への準備として，この節では，念のため，有理整式

$$f(x) \equiv a_0+a_1x+a_2x^2+\cdots+a_mx^m \qquad (1)$$

の因数分解について一言しておく．$a_0, a_1, a_2, \cdots, a_m$ はもとより実数であるとする．

方程式

$$f(x) = 0 \qquad (2)$$

の一つの根を a とすれば，$f(x)$ は

$$f(x) \equiv (x-a)\varphi(x) \quad (\varphi(x)\text{ は }x\text{ の有理整式})$$

なる形に因数分解することができる（因数定理）．このことは，$f(x)$ を $(x-a)$ で除した商を $\varphi(x)$，剰余を R とするとき，等式

$$f(x) \equiv (x-a)\varphi(x)+R \quad (R\text{ は定数})$$

において $x=a$ とおけば $R=0$ であることから知られる．

方程式

$$\varphi(x) = 0$$

がさらに a を根としている場合には，上と同じ理由で $\varphi(x) \equiv (x-a)\varphi_1(x)$ であるから

$$f(x) \equiv (x-a)^2\varphi_1(x).$$

この方法をくりかえせば

$$f(x) \equiv (x-a)^rF(x), \quad F(a) \neq 0 \qquad (3)$$

であるような自然数 r が定まることがわかる．

a が実根であるときはこれまでとして，a が虚根である場合，すなわち

$$a = p+qi \quad (i=\sqrt{-1},\ p\text{ および }q\text{ は実数},\ q\neq 0)$$

である場合には $p-qi$ もまた方程式 (2) の根である*．これを見るために，まず，(1) において $x=p+qi$ とおいてみる．$i^2=-1$

---

* $p-qi$ を $p+qi$ の共役数という．

に注意して，$f(p+qi)$ を整頓すれば

$$f(p+qi) = u(p,q)+iv(p,q). \tag{4}$$

ここに $u(p,q)$ および $v(p,q)$ は p および q の有理整式であるが*，$f(p+qi)=0$ なのであるから

$$u(p,q) = 0,\quad v(p,q) = 0.$$

しかるに，$f(p-qi)$ は $f(p+qi)$ において i を $-i$ でおきかえたものにほかならないから，$(-i)^2=-1=i^2$ に注意すれば

$$f(p-qi)=u(p,q)-iv(p,q).$$

したがって

$$f(p-qi) = 0.$$

$p-qi$ も方程式 (2) の根であるとなると，

$$f(x) \equiv (x-p-qi)\varphi(x)$$

において $\varphi(x)$ は $(x-p+qi)$ なる因数をもたなければならない：

$$\varphi(x) \equiv (x-p+qi)\psi(x),$$

すなわち

$$f(x) \equiv (x-p-qi)(x-p+qi)\psi(x) \equiv [(x-p)^2+q^2]\psi(x).$$

方程式 $f(x)=0$ がさらに $p+qi$ なる根をもつ場合は方程式 $\psi(x)=0$ が $p+qi$ なる根をもつ場合にほかならないから，上と同じ理由で

$$\psi(x) \equiv [(x-p)^2+q^2]\psi_1(x).$$

ゆえに

$$f(x) \equiv [(x-p)^2+q^2]^2\psi_1(x) \equiv (x-p-qi)^2(x-p+qi)^2\psi_1(x).$$

この手続きをくりかえせば，

$$f(x) \equiv (x-p-qi)^s\Psi(x),\quad \Psi(p+qi) \neq 0$$

なるときは

$$f(x) \equiv [(x-p)^2+q^2]^s\Phi(x),\ \Phi(p+qi)\neq 0,\ \Phi(p-qi)\neq 0$$

---

*　p, q および定数に加減乗を有限回ほどこして得られる式.

(5)

であることがわかる.

方程式 (2) の他の根は, (3) または (5) により, 方程式

$$F(x)=0 \quad \text{または} \quad \Phi(x)=0$$

の根であるから, $F(x)$ または $\Phi(x)$ に以上の方法によってまた因数分解をほどこし, この手続きをくりかえしおこなえば, けっきょく, $f(x)$ は

$$(x-a)^r, \quad [(x-p)^2+q^2]^s$$

なる形の因数をいくつか相乗じたものと a_m との積として表わされることになるわけである.

§3. 有理関数の部分分数表示

この節では有理関数

$$\frac{g(x)}{f(x)} \quad \begin{pmatrix} f(x)=a_0+a_1x+a_2x^2+\cdots+a_mx^m \\ g(x)=b_0+b_1x+b_2x^2+\cdots+b_nx^n \end{pmatrix} \tag{1}$$

を積分しやすい有理関数の和として表わす方法について述べる.

$n \geqq m$ の場合には, $g(x)$ を $f(x)$ で除した商を $Q(x)$, 剰余を $R(x)$ とすると,

$$\frac{g(x)}{f(x)}=\frac{f(x)Q(x)+R(x)}{f(x)}=Q(x)+\frac{R(x)}{f(x)}$$

において $R(x)$ の次数は $f(x)$ の次数より小さいことに注意する. 有理整式 $Q(x)$ の積分法はすでにIV 章で学んだのであるから*, $\dfrac{g(x)}{f(x)}$ を積分することは, けっきょく, $\dfrac{R(x)}{f(x)}$ を積分する問題に帰せられる. よって最初から (1)

* $f(x)$ が定数値関数の場合はこの特別な場合と考えられる.

において $n<m$ なる場合だけを考えれば十分である．以下，$n<m$ で，かつ，$f(x)$ と $g(x)$ とは共通因数をもたないもの，いいかえれば (1) は既約分数式であるとして話を進める．

1） $f(x)=(x-a)^r F(x)$, $F(a)\neq 0$, a は定数：

$$g(a)-A_1F(a)=0 \tag{2}$$

によって A_1 を定めれば，$g(x)-A_1F(x)=(x-a)g_1(x)$．よって

$$\frac{g(x)}{f(x)}=\frac{A_1F(x)+g(x)-A_1F(x)}{(x-a)^rF(x)}$$

$$=\frac{A_1}{(x-a)^r}+\frac{g_1(x)}{(x-a)^{r-1}F(x)}. \tag{3}$$

$g_1(x)$ は $(x-a)^{r-1}F(x)$ より低次であるから，$\dfrac{g_1(x)}{(x-a)^{r-1}F(x)}$ について上と同様のことをおこない，この手続きをくりかえせば，けっきょく

$$\frac{g(x)}{f(x)}=\frac{A_1}{(x-a)^r}+\frac{A_2}{(x-a)^{r-1}}+\cdots+\frac{A_r}{x-a}+\frac{g_r(x)}{F(x)} \tag{4}$$

となる．$A_1, A_2, \cdots, A_r$ はもとより定数，$F(x)$ は $f(x)$ よりも低次の有理整式，また $g_r(x)$ は $F(x)$ よりも低次の有理整式である．

例 1．(4) により

$$\frac{x-2}{(x-1)^2(x^2-x+1)}=\frac{A_1}{(x-1)^2}+\frac{A_2}{x-1}+\frac{Lx+M}{x^2-x+1}.$$

$g(x)\equiv x-2$, $F(x)\equiv x^2-x+1$, $a=1$ であるから，(2) により $g(1)-A_1F(1)=-1-A_1=0$, すなわち $A_1=-1$．よって $g(x)$

$-A_1F(x)=(x-2)+(x^2-x+1)=(x-1)(x+1)$, すなわち $g_1(x)\equiv x+1$. したがって

$$\frac{x-2}{(x-1)^2(x^2-x+1)}=\frac{-1}{(x-1)^2}+\frac{x+1}{(x-1)(x^2-x+1)}.$$

$g_1(1)-A_2F(1)=2-A_2=0$ より $A_2=2$. また,

$$g_1(x)-A_2F(x)=(x+1)-2(x^2-x+1)=(x-1)(-2x+1).$$

よって, $g_2(x)\equiv -2x+1$ であるから

$$\frac{x-2}{(x-1)^2(x^2-x+1)}=\frac{-1}{(x-1)^2}+\frac{2}{x-1}+\frac{-2x+1}{x^2-x+1}. \tag{5}$$

$x^2-x+1=0$ は実根をもたないのでそのままにしておく.

A_1, A_2, L, M を定めるには実際上は次のような方法 i) または ii) がもちいられる. まず最初の等式の分母をはらって

$$x-2=A_1(x^2-x+1)+A_2(x-1)(x^2-x+1)$$
$$+(Lx+M)(x-1)^2. \tag{6}$$

i) 等式 (6) を整頓すると

$$x-2=(A_2+L)x^3+(A_1-2A_2-2L+M)x^2$$
$$+(-A_1+2A_2+L-2M)x+(A_1-A_2+M).$$

この両辺における同類項を比較することにより

$$A_2+L=0,\ A_1-2A_2-2L+M=0,$$
$$-A_1+2A_2+L-2M=1,\ A_1-A_2+M=-2.$$

これを未知数 A_1, A_2, L, M についての連立方程式とみて解けば

$$A_1=-1,\ A_2=2,\ L=-2,\ M=1.$$

ii) まず等式 (6) において $x=1$ とおけば

$$A_1=-1.$$

つぎに, 同じく等式 (6) において $x^2=x-1$ とおけば

$$x-2=-(L+M)x+L. \tag{7}$$

$x^2=x-1$ すなわち $x^2-x+1=0$ の根の一つを $\xi+\eta i$ ($\eta\neq 0$ であることに注意) とすれば

$$\xi+\eta i-2=-(L+M)\xi-(L+M)\eta i+L. \tag{8}$$

よって

$$\eta = -(L+M)\eta, \quad \xi-2 = -(L+M)\xi+L.$$

これを整頓すれば

$$1 = -(L+M), \quad -2 = L. \tag{9}$$

すなわち

$$L = -2, \quad M = 1. \tag{10}$$

A_1, L, M がわかったうえは，(6) においてたとえば $x=0$ とおいて

$$-2 = -1-A_2+1$$

から

$$A_2 = 2$$

が得られる．

注意 1． (8) の両辺において ξ の係数および ηi の係数はいずれも (7) の両辺における x の係数とまったく同じであり，また，それ以外の項は (7) の両辺の絶対項と一致している．したがって，実際上は，わざわざ $x=\xi+\eta i$ と書き直すことをせずに，(7) からただちに同類項の比較によって (9) したがって (10) を導くほうが簡便である．

2) $f(x)=[(x-p)^2+q^2]^s\Phi(x)$, $\Phi(p+qi)\neq 0$, $\Phi(p-qi)\neq 0$：

$$g(p\pm qi)-[L_1(p\pm qi)+M_1]\Phi(p\pm qi) = 0 \tag{11}$$

によって L_1, M_1 を定めれば

$$g(x)-(L_1x+M_1)\Phi(x) = [(x-p)^2+q^2]h_1(x).$$

よって

$$\frac{g(x)}{f(x)} = \frac{(L_1x+M_1)\Phi(x)+g(x)-(L_1x+M_1)\Phi(x)}{[(x-p)^2+q^2]^s\Phi(x)}$$

$$= \frac{L_1x+M_1}{[(x-p)^2+q^2]^s}+\frac{h_1(x)}{[(x-p)^2+q^2]^{s-1}\Phi(x)}.$$

ここに，$h_1(x)$ は $[(x-p)^2+q^2]^{s-1}\Phi(x)$ より低次であるから，この等式の最後の項について上と同じことをおこない，この手続きを続けていけば，けっきょく

$$\frac{g(x)}{f(x)} = \frac{L_1x+M_1}{[(x-p)^2+q^2]^s}+\frac{L_2x+M_2}{[(x-p)^2+q^2]^{s-1}}+\cdots$$

$$\cdots+\frac{L_sx+M_s}{(x-p)^2+q^2}+\frac{h_s(x)}{\Phi(x)}.$$

$L_1, M_1, L_2, M_2, \cdots, L_s, M_s$ はもとより定数，$\Phi(x)$ は $f(x)$ より低次，$h_s(x)$ は $\Phi(x)$ より低次の有理整式である．

注意 2. L_1, M_1 を定めるには，(11) によるよりも

$$g(x)-(L_1x+M_1)\Phi(x) = 0 \tag{12}$$

において，$x^2=2px-p^2+q^2$ とおいてこの等式を x の1次の等式に直し，x の係数および絶対項を0とおいて L_1 および M_1 を定めるほうが簡便である（注意1参照）．

例 2. 例1の有理関数をとって

$$\frac{x-2}{(x^2-x+1)(x-1)^2} = \frac{L_1x+M_1}{x^2-x+1}+\frac{h_1(x)}{(x-1)^2}$$

とし，上に説明した方法で L_1, M_1 および $h_1(x)$ を定めてみよう．

$g(x)\equiv x-2$, $\Phi(x)\equiv(x-1)^2$ であるから，$(x-2)-(L_1x+M_1)(x^2-2x+1)=0$ において $x^2=x-1$ とおけば，けっきょく

$$(L_1+M_1+1)x-L_1-2 = 0.$$

よって，$L_1+M_1+1=0$, $L_1+2=0$. したがって $L_1=-2$, $M_1=1$ が得られる．また，

$$\begin{aligned} g(x)-(L_1x+M_1)\Phi(x) &= (x-2)-(-2x+1)(x^2-2x+1) \\ &= (x^2-x+1)(2x-3) \end{aligned}$$

であるから，

$$h_1(x) = 2x-3.$$

よって

$$\frac{x-2}{(x^2-x+1)(x-1)^2}=\frac{-2x+1}{x^2-x+1}+\frac{2x-3}{(x-1)^2}.$$

ここで1) の方法をもちいれば

$$\frac{2x-3}{(x-1)^2}=\frac{-1}{(x-1)^2}+\frac{2}{x-1}$$

となり，結局は例1と同じ結果が得られたわけである.

以上1) および2) において $\dfrac{g_r(x)}{F(x)}$ および $\dfrac{h_s(x)}{\Phi(x)}$ の分母 $F(x)$ および $\Phi(x)$ はもとの $\dfrac{g(x)}{f(x)}$ の分母 $f(x)$ より低次であり，また分子 $g_r(x), h_s(x)$ はそれぞれの分母 $F(x)$, $\Phi(x)$ よりも低次である，ゆえに，$\dfrac{g_r(x)}{F(x)}$ または $\dfrac{h_s(x)}{\Phi(x)}$ について場合に応じ1) または2) の手続きをほどこし，これをくりかえしおこなっていけば

$$\frac{A}{(x-a)^k} \quad \text{または} \quad \frac{Lx+M}{[(x-p)^2+q^2]^k} \quad (k\geqq 1) \tag{13}$$

なる形の有理関数がつぎつぎにあらわれ，残りの項の分母の次数はしだいに低くなってくる．したがって，残りの項自身が (13) の形の項 ($k>1$) となってこの手続きが中断されるか，さもなければ最後に残る項が

$$\frac{A}{x-a} \quad \text{または} \quad \frac{Lx+M}{(x-p)^2+q^2}$$

の形の項となって結末を告げるか，いずれかということになる.

いずれにしても，有理関数 (1) は (13) の形の有理関数（部分分数式）の和として表わされることがわかった．こ

れが (1) の部分分数表示とよばれるものである.

(13) の A, L, M などの値が何であるかは例 1, 例 2 におけるように, いわゆる未定係数法によってこれを求めるのがふつうである.

問 1. 次の有理関数の部分分数表示を求める:

1) $\dfrac{x^3+1}{x(x-1)^3}$ 2) $\dfrac{2x^2+x+4}{x(x^2+2)^2}$.

§4. 有理関数の積分法

前節により有理関数を積分することは, けっきょく

$$\frac{A}{(x-a)^k},\quad \frac{Lx+M}{[(x-p)^2+q^2]^k}\quad (k\text{ は自然数})$$

なる形の関数を積分することに帰着する. これらの関数の不定積分は次のようにして求められる:

1) $\displaystyle\int \frac{A}{x-a}dx = A\log|x-a|+C.$

2) $\displaystyle\int \frac{A}{(x-a)^k}dx = -\frac{A}{(k-1)(x-a)^{k-1}}+C.\quad (k>1)$

3) $$\int \frac{Lx+M}{(x-p)^2+q^2}dx = \int \frac{L(x-p)}{(x-p)^2+q^2}dx + \int \frac{Lp+M}{(x-p)^2+q^2}dx.$$

$(x-p)^2+q^2 = t$ とおけば

$$\int \frac{L(x-p)}{(x-p)^2+q^2}dx = \int \frac{L}{2t}dt = \frac{L}{2}\log|t|+C$$

$$= \frac{L}{2}\log[(x-p)^2+q^2]+C.$$

また，$x-p=t$ とおけば

$$\int\frac{Lp+M}{(x-p)^2+q^2}dx = (Lp+M)\int\frac{1}{t^2+q^2}dt$$

$$= \frac{Lp+M}{q}\,\mathrm{Tan}^{-1}\frac{t}{q}+C$$

$$= \frac{Lp+M}{q}\,\mathrm{Tan}^{-1}\frac{x-p}{q}+C.$$

4) $$\int\frac{Lx+M}{[(x-p)^2+q^2]^k}dx = \int\frac{L(x-p)}{[(x-p)^2+q^2]^k}dx$$

$$+\int\frac{Lp+M}{[(x-p)^2+q^2]^k}dx.$$

$(k>1)$

$(x-p)^2+q^2=t$ とおけば

$$\int\frac{L(x-p)}{[(x-p)^2+q^2]^k}dx = \int\frac{L}{2t^k}dt = -\frac{L}{2(k-1)t^{k-1}}+C$$

$$= -\frac{L}{2(k-1)[(x-p)^2+q^2]^{k-1}}+C.$$

また，

$$\frac{d}{dx}\frac{x-p}{[(x-p)^2+q^2]^{k-1}}$$

$$= \frac{1}{[(x-p)^2+q^2]^{k-1}}-\frac{2(k-1)(x-p)^2}{[(x-p)^2+q^2]^k}$$

$$= -\frac{2k-3}{[(x-p)^2+q^2]^{k-1}} + \frac{(2k-2)q^2}{[(x-p)^2+q^2]^k}$$

であるから

$$\int \frac{Lp+M}{[(x-p)^2+q^2]^k}dx$$

$$= \frac{Lp+M}{(2k-2)q^2}\frac{x-p}{[(x-p)^2+q^2]^{k-1}}$$

$$+\frac{2k-3}{(2k-2)q^2}\int\frac{Lp+M}{[(x-p)^2+q^2]^{k-1}}dx.$$

よって，

$$I_k = \int \frac{Lp+M}{[(x-p)^2+q^2]^k}dx$$

とおけば

$$I_k = \frac{Lp+M}{(2k-2)q^2}\frac{x-p}{[(x-p)^2+q^2]^{k-1}}$$

$$+\frac{2k-3}{(2k-2)q^2}I_{k-1}. \quad (k>1) \qquad (1)$$

ここで $k-1>1$ ならば《漸化式》(1) によって I_{k-1} を I_{k-2} で表わし，この手続きをくりかえせば，けっきょく，最後に

$$I_1 = \int \frac{Lp+M}{(x-p)^2+q^2}dx = \frac{Lp+M}{q}\,\mathrm{Tan}^{-1}\frac{x-p}{q}+C$$

があらわれて終わりになる．

例 1. 前節例 1 および例 2 で扱った関数をとれば

$$\int \frac{x-2}{(x-1)^2(x^2-x+1)}dx$$

$$= -\int \frac{dx}{(x-1)^2}+2\int \frac{dx}{x-1}-\int \frac{2\left(x-\frac{1}{2}\right)}{\left(x-\frac{1}{2}\right)^2+\frac{3}{4}}dx$$

$$= \frac{1}{x-1}+2\log|x-1|-\log|x^2-x+1|+C.$$

問 1. 次の不定積分を求める（前節の問 1 参照）:

1) $\displaystyle\int \frac{x^3+1}{x(x-1)^3}dx$　　2) $\displaystyle\int \frac{2x^2+x+4}{x(x^2+2)^2}dx.$

§5. 無理関数の積分法

以下において $R(x,y)$ は x と y との有理関数を表わすものとする. くわしくいうと, $R(x,y)$ はたとえば

$$\frac{3x^2y+ax+2y}{x^2+5y^2}$$

のように, 変数 x,y およびいくつかの定数との間に加減乗除を有限回ほどこして得られる式を表わすのである. なお, $R(x,y,z)$ と書いたときにも, 同様に, x,y,z および定数との間に有限回加減乗除をほどこして得られる式を表わす.

1) $R\left(x,\sqrt[n]{\dfrac{\alpha x+\beta}{\gamma x+\delta}}\right)$, ただし $\alpha\delta-\beta\gamma \neq 0$:

$$t=\sqrt[n]{\frac{\alpha x+\beta}{\gamma x+\delta}} \text{ とおけば } x=\frac{-\delta t^n+\beta}{\gamma t^n-\alpha},$$

$$\frac{dx}{dt}=\frac{-n\delta t^{n-1}(\gamma t^n-\alpha)-(-\delta t^n+\beta)n\gamma t^{n-1}}{(\gamma t^n-\alpha)^2}$$

$$=\frac{n(\alpha\delta-\beta\gamma)}{(\gamma t^n-\alpha)^2}t^{n-1}$$

であるから

$$\int R\left(x,\sqrt[n]{\frac{\alpha x+\beta}{\gamma x+\delta}}\right)dx$$

$$=n(\alpha\delta-\beta\gamma)\int R\left(\frac{-\delta t^n+\beta}{\gamma t^n-\alpha},t\right)\frac{t^{n-1}}{(\gamma t^n-\alpha)^2}dt.$$

この右辺は t の有理関数であるから，§4 の方法によって積分できる．

注意 1. $\sqrt[n]{\alpha x+\beta}$ は $\sqrt[n]{\dfrac{\alpha x+\beta}{\gamma x+\delta}}$ において $\gamma=0$, $\delta=1$ である場合にあたる．

注意 2. $R\left(x,\sqrt[p]{\dfrac{\alpha x+\beta}{\gamma x+\delta}},\sqrt[q]{\dfrac{\alpha x+\beta}{\gamma x+\delta}}\right)$ を積分するときには，p と q との最小公倍数を n とし，$\dfrac{n}{p}=p_1$, $\dfrac{n}{q}=q_1$ とすれば

$$R\left(x,\sqrt[p]{\frac{\alpha x+\beta}{\gamma x+\delta}},\sqrt[q]{\frac{\alpha x+\beta}{\gamma x+\delta}}\right)$$

$$=R\left[x,\left(\sqrt[n]{\frac{\alpha x+\beta}{\gamma x+\delta}}\right)^{p_1},\left(\sqrt[n]{\frac{\alpha x+\beta}{\gamma x+\delta}}\right)^{q_1}\right]$$

であるから，$R\left(x,\sqrt[n]{\dfrac{\alpha x+\beta}{\gamma x+\delta}}\right)$ を積分する場合に帰着する．

例 1. $I=\displaystyle\int\frac{1}{\sqrt{(1+x)^3}+2\sqrt{1+x}}dx$ を求める：

$t=\sqrt{1+x}$ とおけば $x=t^2-1$, $\dfrac{dx}{dt}=2t$, $\sqrt{(1+x)^3}=t^3$ であるから

$$I=\int\frac{1}{t^3+2t}\cdot 2t\cdot dt=2\int\frac{dt}{2+t^2}$$
$$=\frac{2}{\sqrt{2}}\,\mathrm{Tan}^{-1}\frac{t}{\sqrt{2}}+C=\sqrt{2}\,\mathrm{Tan}^{-1}\sqrt{\frac{1+x}{2}}+C.$$

例 2. $I=\displaystyle\int\frac{1}{\sqrt{x}\,(\sqrt[3]{x}+4)}dx$ を求める：

$t=\sqrt[6]{x}$ とおけば $x=t^6$, $\dfrac{dx}{dt}=6t^5$, $\sqrt{x}=t^3$, $\sqrt[3]{x}=t^2$ であるから
$$I=\int\frac{1}{t^3(t^2+4)}6t^5dt=6\int\frac{t^2}{t^2+4}dt$$
$$=6\int\left(1-\frac{4}{t^2+4}\right)dt=6\left(t-2\mathrm{Tan}^{-1}\frac{t}{2}\right)+C$$
$$=6\sqrt[6]{x}-12\mathrm{Tan}^{-1}\frac{\sqrt[6]{x}}{2}+C.$$

問 1. 次の不定積分を求める：

1) $\displaystyle\int\frac{x^2}{\sqrt{(4x+1)^5}}dx$　　2) $\displaystyle\int\frac{1}{2\sqrt{x}+\sqrt[3]{x}}dx.$

2) $R(x,\sqrt{ax^2+bx+c}\,)$ の積分法：

i) $a>0$ の場合：$\sqrt{ax^2+bx+c}=t-\sqrt{a}\,x$ とおき，両辺を2乗すれば
$$ax^2+bx+c=t^2-2\sqrt{a}\,tx+ax^2.$$
よって
$$x=\frac{t^2-c}{b+2\sqrt{a}\,t},\quad \sqrt{ax^2+bx+c}=t-\frac{\sqrt{a}\,(t^2-c)}{b+2\sqrt{a}\,t},$$
$$\frac{dx}{dt}=\frac{2(\sqrt{a}\,t^2+bt+\sqrt{a}\,c)}{(b+2\sqrt{a}\,t)^2}$$
であるから，t の有理関数の積分に帰せられる．

ii) $a<0$ の場合：もし $b^2-4ac<0$ ならば $c<0$．このとき

は方程式 $ax^2+bx+c=0$ は実根をもたないから，ax^2+bx+c は，x の値のいかんにかかわらず，一定の符号を有する．しかるに，$x=0$ とすればこの 2 次式の値は c にひとしいので，いつも $ax^2+bx+c<0$ である．つぎにまた，$b^2-4ac=0$ なるときには $ax^2+bx+c=a\left(x+\dfrac{b}{2a}\right)^2$ であるから，$x=-\dfrac{b}{2a}$ 以外の x に対しては $ax^2+bx+c<0$ である．

以上二つの場合には $\sqrt{ax^2+bx+c}$ は虚数になるのでこれを除き，$b^2-4ac>0$ の場合，すなわち，方程式

$$ax^2+bx+c=0$$

が相異なる二つの実根 α, β（$\alpha<\beta$）を有する場合だけを考える．$\alpha<x<\beta$ なる x に対しては*

$$\sqrt{ax^2+bx+c}=\sqrt{a(x-\alpha)(x-\beta)}=(x-\alpha)\sqrt{\frac{a(x-\beta)}{x-\alpha}}$$

であるから，これはけっきょく 1）の場合に帰せられる．

例 3. $I=\displaystyle\int\frac{1}{\sqrt{x^2+a^2}}dx$ を求める（V，§7 参照）：

$\sqrt{x^2+a^2}=t-x$ とおけば

$$x=\frac{t^2-a^2}{2t},\quad \sqrt{x^2+a^2}=t-\frac{t^2-a^2}{2t}=\frac{t^2+a^2}{2t},$$

$$\frac{dx}{dt}=\frac{2(t^2+a^2)}{4t^2}=\frac{t^2+a^2}{2t^2}$$

であるから

$$I=\int\frac{2t}{t^2+a^2}\frac{t^2+a^2}{2t^2}dt=\int\frac{1}{t}dt=\log|t|+C$$

$$=\log|x+\sqrt{x^2+a^2}|+C.$$

問 2. 次の不定積分を求める：

---

* $x<\alpha$ または $x>\beta$ ならば $\sqrt{ax^2+bx+c}$ は虚数になる．

1) $\int \frac{1}{x\sqrt{x^2+2x-1}}dx$ 2) $\int \frac{1}{\sqrt{5x-6-x^2}}dx.$

3) $x^m(ax^n+b)^{\frac{p}{q}}$ の積分法：$a\neq 0,\ b\neq 0$ でかつ m, n は有理数，p, q は整数，$q>0$ であるとする．

$$(ax^n+b)^{\frac{1}{q}}=t$$

とおけば

$$x=\left(\frac{t^q-b}{a}\right)^{\frac{1}{n}},\quad \frac{dx}{dt}=\frac{1}{n}\left(\frac{t^q-b}{a}\right)^{\frac{1}{n}-1}\frac{qt^{q-1}}{a}$$

であるから

$$\int x^m(ax^n+b)^{\frac{p}{q}}dx=\int\left(\frac{t^q-b}{a}\right)^{\frac{m}{n}}t^p\frac{1}{n}\left(\frac{t^q-b}{a}\right)^{\frac{1}{n}-1}\frac{qt^{q-1}}{a}dt$$

$$=\frac{q}{na}\int\left(\frac{t^q-b}{a}\right)^{\frac{m+1}{n}-1}t^{p+q-1}dt.$$

ゆえに $\dfrac{m+1}{n}$ が整数であるときは積分すべき関数は有理関数となる．

また

$$(a+bx^{-n})^{\frac{1}{q}}=t$$

とおけば

$$x=\left(\frac{t^q-a}{b}\right)^{-\frac{1}{n}},\quad \frac{dx}{dt}=-\frac{1}{n}\left(\frac{t^q-a}{b}\right)^{-\frac{1}{n}-1}\frac{qt^{q-1}}{b},$$

$$(ax^n+b)^{\frac{p}{q}}=x^{\frac{np}{q}}(a+bx^{-n})^{\frac{p}{q}}=\left(\frac{t^q-a}{b}\right)^{-\frac{p}{q}}t^p$$

であるから

$$\int x^m(ax^n+b)^{\frac{p}{q}}dx$$

$$= \int \left(\frac{t^q - a}{b} \right)^{-\frac{m}{n}} \left(\frac{t^q - a}{b} \right)^{-\frac{p}{q}} t^p \left(\frac{-1}{n} \right) \left(\frac{t^q - a}{b} \right)^{-\frac{1}{n}-1} \frac{qt^{q-1}}{b} dt$$

$$= -\frac{q}{nb} \int t^{p+q-1} \left(\frac{t^q - a}{b} \right)^{-\left(\frac{m+1}{n} + \frac{p}{q} + 1 \right)} dt.$$

ゆえに $\dfrac{m+1}{n}+\dfrac{p}{q}$ が整数ならば積分すべき関数は有理関数となる．

かくして

$\dfrac{m+1}{n}$ が整数であるときは $(ax^n+b)^{\frac{1}{q}} = t$

$\dfrac{m+1}{n}+\dfrac{p}{q}$ が整数であるときは $(a+bx^{-n})^{\frac{1}{q}} = t$

とおけばよいことがわかる．

問 3. 次の不定積分を求める：

1) $\displaystyle\int \frac{1}{x^3(1+x^3)^{\frac{1}{3}}} dx$　　2) $\displaystyle\int x^5(x^3+a^3)^{\frac{3}{2}} dx.$

注意 3. 有理関数の不定積分は，§4 で見たように，いずれも初等関数で表わされる．しかしながら無理関数の不定積分は，上記 1)，2)，3) の場合はべつとして，これを初等関数で表わしえない場合が多い．たとえば

$$\int \frac{1}{\sqrt{(1-x^2)(1-k^2x^2)}} dx, \quad \int \sqrt{\frac{1-k^2x^2}{1-x^2}} dx \quad (0<k<1)$$

などその著しい実例である．

この二つの不定積分はいずれも**楕円積分**という名でよばれている．その名前の由来は次のごとくである：

楕円 $\dfrac{x^2}{a^2}+\dfrac{y^2}{b^2}=1$ $(a>b)$ の第 1 象限にある弧の方程式は $y=\dfrac{b}{a}\sqrt{a^2-x^2}$ $(0\leqq x\leqq a)$ でかつ $\dfrac{dy}{dx}=\dfrac{b}{a}\cdot\dfrac{-x}{\sqrt{a^2-x^2}}$ であるから，そ

の長さは

$$\int_0^a \sqrt{1+\frac{b^2}{a^2}\cdot\frac{x^2}{a^2-x^2}}\,dx = \int_0^a \sqrt{\frac{1-\dfrac{a^2-b^2}{a^2}\cdot\dfrac{x^2}{a^2}}{1-\dfrac{x^2}{a^2}}}\,dx$$

ゆえに $t=\dfrac{x}{a}$, $k=\dfrac{\sqrt{a^2-b^2}}{a}$ とおけば求める弧の長さは

$$a\int_0^1 \sqrt{\frac{1-k^2t^2}{1-t^2}}\,dt.$$

すなわち，楕円の弧の長さを求めるためには，上記の第二の不定積分を求めることが問題になってくるのである．

§6. 超越関数の積分法

1） $R(\sin x, \cos x)$：$\tan\dfrac{x}{2}=t$ とおけば

$$\sin x = \frac{2t}{1+t^2}, \quad \cos x = \frac{1-t^2}{1+t^2}, \quad \frac{dx}{dt} = \frac{2}{1+t^2}$$

であるから

$$\int R(\sin x, \cos x)dx = \int R\left(\frac{2t}{1+t^2}, \frac{1-t^2}{1+t^2}\right)\frac{2}{1+t^2}dt$$

すなわち，有理関数の積分に帰せられる．

例 1.

$$\int\frac{1}{\sin x+\cos x}dx = \int\frac{1}{\dfrac{2t}{1+t^2}+\dfrac{1-t^2}{1+t^2}}\frac{2}{1+t^2}dt$$

$$= \int\frac{2}{2t+1-t^2}dt$$

$$= \frac{1}{\sqrt{2}}\int\left(\frac{1}{t+\sqrt{2}-1}-\frac{1}{t-\sqrt{2}-1}\right)dt$$

$$= \frac{1}{\sqrt{2}} \log \left| \frac{t+\sqrt{2}-1}{t-\sqrt{2}-1} \right| + C$$

$$= \frac{1}{\sqrt{2}} \log \left| \frac{\tan\dfrac{x}{2}+\sqrt{2}-1}{\tan\dfrac{x}{2}-\sqrt{2}-1} \right| + C.$$

問 1. $\displaystyle\int \frac{1}{3+\cos x} dx$ を求める.

2) $(\sin x)^m(\cos x)^n$, m および n は整数：$m+1 \neq 0$ と仮定すれば，部分積分法により

$$\int (\sin x)^m(\cos x)^n dx = \frac{(\sin x)^{m+1}}{m+1}(\cos x)^{n-1} + \frac{n-1}{m+1}\int (\sin x)^{m+2}(\cos x)^{n-2}dx.$$

しかるに

$$\begin{aligned}
&\frac{n-1}{m+1}\int (\sin x)^{m+2}(\cos x)^{n-2}dx \\
&\quad = \frac{n-1}{m+1}\int (\sin x)^m[1-(\cos x)^2](\cos x)^{n-2}dx \\
&\quad = \frac{n-1}{m+1}\int (\sin x)^m(\cos x)^{n-2}dx \\
&\qquad - \frac{n-1}{m+1}\int (\sin x)^m(\cos x)^n dx
\end{aligned}$$

であるからこの二つの等式を相加えて整頓すれば

$$\frac{m+n}{m+1}\int (\sin x)^m(\cos x)^n dx$$

$$= \frac{(\sin x)^{m+1}(\cos x)^{n-1}}{m+1}$$

$$+ \frac{n-1}{m+1}\int (\sin x)^m (\cos x)^{n-2} dx.$$

よって，$m+n \neq 0$ であるときは

$$\int (\sin x)^m (\cos x)^n dx = \frac{(\sin x)^{m+1}(\cos x)^{n-1}}{m+n}$$

$$+ \frac{n-1}{m+n}\int (\sin x)^m (\cos x)^{n-2} dx. \qquad (1)$$

なお，この (1) は，$m+n \neq 0$ であるかぎり，$m+1=0$ のときにも成立することに注意する．

同様にして，$m+n \neq 0$ であるときは

$$\int (\sin x)^m (\cos x)^n dx = -\frac{(\sin x)^{m-1}(\cos x)^{n+1}}{m+n}$$

$$+ \frac{m-1}{m+n}\int (\sin x)^{m-2} (\cos x)^n dx. \qquad (2)$$

(1) において n のかわりに $n+2$ を入れて移項すれば

$$\int (\sin x)^m (\cos x)^n dx = -\frac{(\sin x)^{m+1}(\cos x)^{n+1}}{n+1}$$

$$+ \frac{m+n+2}{n+1}\int (\sin x)^m (\cos x)^{n+2} dx. \qquad (3)$$

この等式は，$n+1 \neq 0$ であるかぎり，$m+n+2=0$ であっても成立する．

同様にして (2) から，$m+1 \neq 0$ であるかぎり

$$\int (\sin x)^m (\cos x)^n dx = \frac{(\sin x)^{m+1}(\cos x)^{n+1}}{m+1}$$

$$+\frac{m+n+2}{m+1}\int (\sin x)^{m+2}(\cos x)^n dx. \tag{4}$$

i) $m \geqq 0,\ n \geqq 0$ の場合：(1) および (2) をくりかえしもちいれば求める積分はけっきょく次の四つの積分に帰せられる．

$$\int dx = x + C$$

$$\int \sin x\, dx = -\cos x + C$$

$$\int \cos x\, dx = \sin x + C$$

$$\int \sin x \cos x\, dx = \frac{\sin^2 x}{2} + C.$$

ii) $m \geqq 0,\ n < 0$ の場合：$n < -1$ であるときには，(3) をくりかえしもちいると，求める積分は，まず，$\int (\sin x)^m dx$ かまたは $\int \frac{(\sin x)^m}{\cos x} dx$ に帰せられる．このとき，$m > 1$ ならば (2) をくりかえしもちいると，けっきょく，求める積分は次の四つの積分に帰せられる．

$$\int dx = x + C$$

$$\int \sin x\, dx = -\cos x + C$$

$$\int \frac{1}{\cos x}dx = \log\left|\tan\left(\frac{\pi}{4}+\frac{x}{2}\right)\right|+C$$

$$\int \frac{\sin x}{\cos x}dx = -\log|\cos x|+C.$$

iii) $m<0,\ n\geqq 0$: $m<-1$ であるときには, (4) をくりかえしもちいると, 求める積分は, まず, $\int(\cos x)^n dx$ かまたは $\int \frac{(\cos x)^n}{\sin x}dx$ に帰せられる. このとき $n>1$ ならば, (1) をくりかえしもちいると, けっきょく求める積分は次の四つの積分に帰せられる.

$$\int dx = x+C$$

$$\int \cos x\, dx = \sin x+C$$

$$\int \frac{1}{\sin x}dx = \log\left|\tan\frac{x}{2}\right|+C$$

$$\int \frac{\cos x}{\sin x}dx = \log|\sin x|+C.$$

iv) $m<0,\ n<0$: (3) をくりかえしもちいれば, 求める積分は, まず, $\int(\sin x)^m dx$ かまたは $\int \frac{(\sin x)^m}{\cos x}dx$ に帰せられる. このとき, $m<-1$ ならば (4) をくりかえしもちいると, けっきょく求める積分は次の四つの積分に帰せられる.

$$\int dx = x+C$$

$$\int \frac{1}{\sin x}dx = \log\left|\tan\frac{x}{2}\right| + C$$

$$\int \frac{1}{\cos x}dx = \log\left|\tan\left(\frac{\pi}{4}+\frac{x}{2}\right)\right| + C$$

$$\int \frac{1}{\sin x\cos x}dx = \log|\tan x| + C.$$

例 2. (1) により

$$\int \sin^2 x\cos^3 x\,dx = \frac{\sin^3 x\cos^2 x}{5} + \frac{2}{5}\int \sin^2 x\cos x\,dx$$

$$= \frac{\sin^3 x\cos^2 x}{5} + \frac{2}{5}\cdot\frac{\sin^3 x}{3} + C$$

$$= \frac{\sin^3 x\cos^2 x}{5} + \frac{2\sin^3 x}{15} + C.$$

注意 1. 楕円 $\dfrac{x^2}{a^2}+\dfrac{y^2}{b^2}=1$ $(a>b)$ は離心角*を $\dfrac{\pi}{2}-\theta$ とすれば方程式

$$x = a\sin\theta,\ y = b\cos\theta \quad (0\leqq\theta\leqq 2\pi)$$

で表わされる．したがって第 1 象限内のその弧の長さは

$$\int_0^{\frac{\pi}{2}} \sqrt{a^2\cos^2\theta+b^2\sin^2\theta}\,d\theta = a\int_0^{\frac{\pi}{2}} \sqrt{1-\frac{a^2-b^2}{a^2}\sin^2\theta}\,d\theta$$

$$= a\int_0^{\frac{\pi}{2}} \sqrt{1-k^2\sin^2\theta}\,d\theta.$$

$$\left(0<k=\frac{\sqrt{a^2-b^2}}{a}<1\right)$$

これは同じ弧を表わす積分 (§5，注意 3)

$$a\int_0^1 \sqrt{\frac{1-k^2t^2}{1-t^2}}\,dt$$

---

* 演習問題 VI，12 参照.

において，$t=\sin\theta$ とおいたものにほかならない．また

$$\int\frac{1}{\sqrt{(1-x^2)(1-k^2x^2)}}dx$$

において $x=\sin\theta$ とおけば

$$\int\frac{1}{\sqrt{1-k^2\sin^2\theta}}d\theta$$

を得る．

$\int\sqrt{1-k^2\sin^2\theta}\,d\theta$ および $\int\frac{1}{\sqrt{1-k^2\sin^2\theta}}d\theta$ はともにやはり楕円積分とよばれる．これらが初等関数で表わしえないことには変わりがない．

3) $x^n\times$(超越関数)，n は自然数：部分積分法を使って

$$\int x^n\,\mathrm{Sin}^{-1}x\,dx=\frac{x^{n+1}}{n+1}\mathrm{Sin}^{-1}x-\frac{1}{n+1}\int\frac{x^{n+1}}{\sqrt{1-x^2}}dx$$

$$\int x^n\,\mathrm{Cos}^{-1}x\,dx=\frac{x^{n+1}}{n+1}\mathrm{Cos}^{-1}x+\frac{1}{n+1}\int\frac{x^{n+1}}{\sqrt{1-x^2}}dx.$$

右辺の積分は前節 2）の積分の一種である．

また，既出の公式を再録すれば

$$\int x^ne^xdx=x^ne^x-\int nx^{n-1}e^xdx$$

$$\int x^n\sin x\,dx=-x^n\cos x+\int nx^{n-1}\cos x\,dx$$

$$\int x^n\cos x\,dx=x^n\sin x-\int nx^{n-1}\sin x\,dx.$$

これらの等式をくりかえし使えば，けっきょく次の積分に帰着する．

$$\int e^x dx = e^x + C,$$

$$\int \cos x\, dx = \sin x + C, \quad \int \sin x\, dx = -\cos x + C.$$

最後に

$$\int x^n \log x\, dx = \frac{x^{n+1}}{n+1}\log x - \frac{1}{n+1}\int x^{n+1}\frac{1}{x}dx$$

$$= \frac{x^{n+1}}{n+1}\log x - \frac{1}{n+1}\int x^n dx$$

$$= \frac{x^{n+1}}{n+1}\log x - \frac{x^{n+1}}{(n+1)^2} + C.$$

注意 2. この章で説明したのは一般的方法であるから，他に便法があるときにかならずしも以上の方法に拘泥する必要はない．たとえば

$$\frac{1}{\sin x \cos x} = \frac{\cos x}{\sin x}\cdot\frac{1}{\cos^2 x} = \frac{1}{\tan x}\sec^2 x$$

であるから，$t=\tan x$ とおけば

$$\int \frac{1}{\sin x \cos x}dx = \int \frac{1}{t}dt = \log|t| + C = \log|\tan x| + C.$$

§6, 1) のように $t=\tan\dfrac{x}{2}$ とおくと計算はかなりめんどうになってくる．

練習問題 VII.

次の不定積分を求める（1〜24）：

1. $\int \frac{x^2-x+2}{x^4-5x^2+4}dx$ 2. $\int \frac{x^3+2x+1}{(x-1)^3(x+1)^2}dx$

3. $\int \frac{x^2dx}{(x^2+1)^3}$ 4. $\int \frac{x^3dx}{(x^2+1)^2(x-1)}$

5. $\int \frac{x^2dx}{x^4+x^2-2}$ 6. $\int \frac{2x+1}{x^2+x-3}dx$

7. $\int \frac{dx}{\sqrt{2x^2-3x+1}}$ 8. $\int \frac{dx}{\sqrt{(1-x^2)^5}}$

9. $\int \frac{dx}{(1+x)\sqrt{1+x-x^2}}$ 10. $\int \sqrt{\frac{1+x}{1-x}}\,dx$

11. $\int x^{\frac{1}{3}}(1+x^{\frac{2}{3}})^{\frac{1}{2}}dx$ 12. $\int \frac{dx}{\sqrt[3]{(1+x^3)^4}}$

13. $\int \frac{dx}{\sqrt{1+x}+\sqrt{1-x}}$ 14. $\int x^3\sqrt{\frac{1+x^2}{1-x^2}}\,dx$

15. $\int (x\log x)^4dx$ 16. $\int \frac{dx}{(a+be^x)^2}\quad (a\neq 0)$

17. $\int e^x(1+e^x)^2dx$

18. $\int \frac{dx}{a^2+b^2-2ab\cos x}\quad (a^2\neq b^2)$

19. $\int \frac{dx}{\sin^3 x}$ 20. $\int \frac{\mathrm{Sin}^{-1}x\,dx}{(1-x^2)^{\frac{3}{2}}}$

21. $\int (\mathrm{Sin}^{-1}x)^2dx$ 22. $\int \frac{\sqrt{\sin x}}{\cos x}dx$

23. $\int x\tan^2 x\,dx$

24. $\int \frac{dx}{a^2\cos^2 x+b^2\sin^2 x}\quad (ab\neq 0).$

25. $\int R(\sin^2 x, \cos^2 x)dx$ は $t=\tan x$ とおくことによりこれを有理関数の不定積分に帰着せしめうることを証明する.

次の定積分を求める（26〜31）:

26. $\int_0^{\frac{\pi}{2}} \sin^m x \cos^n x\,dx$　(m, n は自然数)

27. $\int_0^1 x^p(1-x)^q dx$　(p, q は自然数)

28. $\int_0^1 (x-1)^3\sqrt{1-x^2}\,dx$　　29. $\int_0^{\frac{\pi}{4}} \tan^4 x\,dx$

30. $\int_0^{\frac{\pi}{2}} x^2 \sin x\,dx$　　31. $\int_0^a x^n e^{-x}dx$　(n は自然数).

VIII. 高階微分係数

この章では高階微分係数とこれに関連したことがらについて，本書の程度なりにていねいな説明を与えてある．これらについては，従来ともすれば，あまり注意の行き届かない取扱いがされている傾きがあった．たとえば，$f(x)$ と $g(x)$ がともに n 回微分可能なとき，$f(x)\cdot g(x)$ については Leibniz の公式をあげていながら，$\dfrac{f(x)}{g(x)}$ や $f[g(x)]$ が n 回微分可能なことについては証明はおろか言及もしない．そのくせ，例題や演習問題にはそのことを暗黙のうちに使っている，といったようなことがないではなかった．また，変曲点についてもあいまいな取扱いかたがなかったとはいいきれない．ここではそういう点について疑問が残らないよう明確な説明をしておいたつもりである．

§1. 高階導関数

$f(x)$ の導関数 $f'(x)$ が点 $x=c$ で微分可能であるときは，$x=c$ における $f'(x)$ の微分係数を $f''(c)$ で表わし，$f(x)$ は点 $x=c$ で 2 回微分可能であるといい，$f''(c)$ を点 $x=c$ における $f(x)$ の 2 階微分係数と称する．たとえば，$f(x)=x^3$ は $x=c$ で 2 回微分可能でかつ

$$f'(c) = 3c^2,\quad f''(c) = 6c$$

である．

$f(x)$ が各点で 2 回微分可能な場合には，$f'(x)$ の導関

数 $f''(x)$ を $f(x)$ の2階導関数と称する．上例の場合には，$6x$ が関数 x^3 の2階導関数である．

同じようにして，点 $x=c$ で $f''(x)$ が微分可能なときには，その微分係数を $f'''(c)$ で表わし，$f(x)$ は点 $x=c$ で3回微分可能であるといい，$f'''(c)$ を点 $x=c$ における $f(x)$ の3階微分係数と称する．前と同じ例をとれば

$$f'''(x) = 6.$$

$f(x)$ の3階微分係数 $f'''(x)$ を x の関数とみなしたとき，$f'''(x)$ を $f(x)$ の3階導関数と称する．

以下同様にして，《4回微分可能》，《4階導関数 $f^{\mathrm{IV}}(x)$》，《5回微分可能》，《5階導関数 $f^{\mathrm{V}}(x)$》，…，《**n 回微分可能**》，《**n 階導関数 $f^{(n)}(x)$**》を定義することができる．

こうして，高階の導関数を定義したので，これと区別するために，$f'(x)$ をとくに1階導関数，また $f(x)$ が微分可能なことを《$f(x)$ は1回微分可能である》ということばで表わすことがある．

なお，$f(x)$ が n 回微分可能でかつ $f^{(n)}(x)$ が連続関数であるときには，《$f(x)$ は **n 回連続微分可能である**》ということばがもちいられる．単に《連続微分可能》といえば，前に述べたように（IV，§12，注意2），$f'(x)$ が連続であるという意味である．

$f(x)$ の n 階導関数を表わすのには，記号 $f^{(n)}(x)$ のほかに

$$\frac{d^n f(x)}{dx^n}, \quad \frac{d^n}{dx^n} f(x), \quad D^n f(x)$$

という記号ももちいられる.

最後に, $\dfrac{d^n f(x)}{dx^n}$ を求めることを《$\boldsymbol{f(x)}$ を $\boldsymbol{n}$ 回微分する》ということを付記しておく.

例 1.

$$\frac{dx^\alpha}{dx}=\alpha x^{\alpha-1},\quad \frac{d^2x^\alpha}{dx^2}=\alpha(\alpha-1)x^{\alpha-2},$$

$$\frac{d^3x^\alpha}{dx^3}=\alpha(\alpha-1)(\alpha-2)x^{\alpha-3},\ \cdots.$$

一般に* $\dfrac{d^nx^\alpha}{dx^n}=\alpha(\alpha-1)(\alpha-2)\cdots(\alpha-n+1)x^{\alpha-n}$.

とくに α が自然数 m にひとしいときは, $n>m$ ならば $\dfrac{d^nx^m}{dx^n}=0$.

例 2. $\dfrac{de^x}{dx}=e^x$, よって* $\dfrac{d^ne^x}{dx^n}=e^x$.

例 3.

$$\frac{d\sin x}{dx}=\cos x=\sin\left(x+\frac{\pi}{2}\right),$$

$$\frac{d^2\sin x}{dx^2}=\cos\left(x+\frac{\pi}{2}\right)=\sin\left(x+2\cdot\frac{\pi}{2}\right).$$

一般に*

$$\frac{d^n\sin x}{dx^n}=\sin\left(x+n\frac{\pi}{2}\right).$$

同様に

$$\frac{d^n\cos x}{dx^n}=\cos\left(x+n\frac{\pi}{2}\right).$$

問 1. $\dfrac{d^n(1+x)^\alpha}{dx^n}$ を求める.

問 2. $\dfrac{d^na^x}{dx^n}$ を求める.

---

* 厳密にいえば数学的帰納法をもちいて証明するのである.

問 3. $\dfrac{d^n}{dx^n}e^x \sin x = (\sqrt{2})^n e^x \sin\left(x+n\dfrac{\pi}{4}\right)$ を証明する.

注意 1. 閉区間 $[a\,;\,b]$ を定義域とする関数 $f(x)$ が微分可能というのは, $f(x)$ が開区間 $(a\,;\,b)$ の各点で微分係数 $f'(x)$ を有し, さらに $x=a$ では右微分係数 $D_+f(a)$, $x=b$ では左微分係数 $D_-f(b)$ を有するという意味であった. また, このとき,

$$f'(a) = D_+f(a), \quad f'(b) = D_-f(b)$$

と書き, そういう $f'(x)$ を $[a\,;\,b]$ における導関数とよぶ約束であった (I, §6, 注意 1).

この意味で, $f'(x)$ が $[a\,;\,b]$ で導関数をもつとき, これを $f''(x)$ で表わし, $f(x)$ は $[a\,;\,b]$ で 2 回微分可能であるというのである. すなわち

$$f''(a) = D_+f'(a), \quad f''(b) = D_-f'(b).$$

閉区間 $[a\,;\,b]$ で $f(x)$ が n 回 (連続) 微分可能とか, $f(x)$ の n 階導関数とかいうときも, 同様の意味である.

§2. 高階導関数に関する諸定理

1) $\alpha f(x)+\beta g(x)$:

$f(x)$ オヨビ $g(x)$ ガイズレモ n 回微分可能ナラバ, $\alpha f(x)+\beta g(x)$ (α オヨビ β ハ定数) ハ n 回微分可能デカツ

$$\frac{d^n}{dx^n}[\alpha f(x)+\beta g(x)] = \alpha f^{(n)}(x)+\beta g^{(n)}(x) \qquad (1)$$

この定理の証明は容易であるから省略する*.

2) $f(x)g(x)$:

$f(x)$ オヨビ $g(x)$ ガイズレモ n 回微分可能ナラバ,

---

* 数学的帰納法をもちいるのである.

$f(x)g(x)$ モ n 回微分可能デカツ

$$\frac{d^n}{dx^n}[f(x)g(x)] = f^{(n)}(x)g(x)+nf^{(n-1)}(x)g'(x) + \frac{n(n-1)}{2!}f^{(n-2)}(x)g''(x)+\cdots + \frac{n(n-1)(n-2)\cdots(n-r+1)}{r!}f^{(n-r)}(x)g^{(r)}(x) +\cdots+f(x)g^{(n)}(x) \tag{2}$$

(Leibniz(ライプニッ)の定理)

証明:数学的帰納法により証明する.

i) $n=1$ の場合:$f(x)$ および $g(x)$ が(1回)微分可能なとき,$f(x)g(x)$ も(1回)微分可能でかつ

$$\frac{d}{dx}[f(x)g(x)] = f'(x)g(x)+f(x)g'(x)$$

であることは,すでにII,§1,2)において証明ずみである.この等式は(2)において $n=1$ とおいたものにほかならない.

ii) $n=k$ のとき定理が証明されたものと仮定する.すなわち,$f(x)$ および $g(x)$ が k 回微分可能ならば $f(x)g(x)$ も k 回微分可能でかつ

$$\frac{d^k}{dx^k}[f(x)g(x)]$$

$$= f^{(k)}(x)g(x)+kf^{(k-1)}(x)g'(x)$$

$$+\frac{k(k-1)}{2!}f^{(k-2)}(x)g''(x)+\cdots$$

$$+\frac{k(k-1)(k-2)\cdots(k-r+2)}{(r-1)!}f^{(k-r+1)}(x)g^{(r-1)}(x)$$

$$+\frac{k(k-1)(k-2)\cdots(k-r+1)}{r!}f^{(k-r)}(x)g^{(r)}(x)+\cdots$$

$$+f(x)g^{(k)}(x)$$

なることが証明されたものと仮定する．いま，$f(x)$ および $g(x)$ が $k+1$ 回微分可能であるとすれば，上式の右辺の各項はいずれも微分可能であるから，したがって左辺も微分可能である．すなわち，$f(x)g(x)$ は $k+1$ 回微分可能なのである．ここで上式の両辺を微分すれば

$$\frac{d^{k+1}}{dx^{k+1}}[f(x)g(x)]=[f^{(k+1)}(x)g(x)+f^{(k)}(x)g'(x)]$$

$$+k[f^{(k)}(x)g'(x)+f^{(k-1)}(x)g''(x)]$$

$$+\frac{k(k-1)}{2!}[f^{(k-1)}(x)g''(x)+f^{(k-2)}(x)g'''(x)]+\cdots$$

$$+\frac{k(k-1)(k-2)\cdots(k-r+2)}{(r-1)!}$$

$$\times[f^{(k+2-r)}(x)g^{(r-1)}(x)+f^{(k+1-r)}(x)g^{(r)}(x)]$$

$$+\frac{k(k-1)(k-2)\cdots(k-r+1)}{r!}$$

$$\times[f^{(k+1-r)}(x)g^{(r)}(x)+f^{(k-r)}(x)g^{(r+1)}(x)]$$

$$+\cdots+[f'(x)g^{(k)}(x)+f(x)g^{(k+1)}(x)].$$

しかるに

$$\frac{k(k-1)(k-2)\cdots(k-r+2)}{(r-1)!}$$

$$+\frac{k(k-1)(k-2)\cdots(k-r+1)}{r!}$$

$$=\frac{(k+1)k(k-1)\cdots(k+1-r+1)}{r!}$$

であるから

$$\frac{d^{k+1}}{dx^{k+1}}[f(x)g(x)]$$

$$=f^{(k+1)}(x)g(x)+(k+1)f^{(k)}(x)g'(x)$$

$$+\frac{(k+1)k}{2!}f^{(k-1)}(x)g''(x)+\cdots$$

$$+\frac{(k+1)k(k-1)\cdots(k+1-r+1)}{r!}f^{(k+1-r)}(x)g^{(r)}(x)$$

$$+\cdots+f(x)g^{(k+1)}(x).$$

これは (2) において $n=k+1$ とおいたものにほかならない.

注意 1. ${}_nC_r=\dfrac{n(n-1)\cdots(n-r+1)}{r!}$ とおけば, (2) は

$$\frac{d^n}{dx^n}[f(x)g(x)]$$

$$=f^{(n)}(x)g(x)+{}_nC_1f^{(n-1)}(x)g'(x)+{}_nC_2f^{(n-2)}(x)g''(x)+\cdots$$
$$+{}_nC_rf^{(n-r)}(x)g^{(r)}(x)+\cdots+f(x)g^{(n)}(x).$$

なお, ${}_nC_r$ は $\begin{pmatrix}n\\r\end{pmatrix}$ とも書かれ, n 個のものから r 個をえらび出す組合せの数にひとしい.

例 1.

$$\frac{d^n}{dx^n}(e^x \sin x)$$

$$= e^x\left[\sin x + n\sin\left(x+\frac{\pi}{2}\right) + \frac{n(n-1)}{2!}\sin\left(x+2\frac{\pi}{2}\right)+\cdots\right.$$

$$\left. + \frac{n(n-1)\cdots(n-r+1)}{r!}\sin\left(x+r\frac{\pi}{2}\right)+\cdots+\sin\left(x+n\frac{\pi}{2}\right)\right].$$

これと前節問 3 とを比較すれば，次の等式が得られる．

$$\sin x + n\sin\left(x+\frac{\pi}{2}\right) + \frac{n(n-1)}{2!}\sin\left(x+2\frac{\pi}{2}\right)+\cdots$$

$$+ \frac{n(n-1)\cdots(n-r+1)}{r!}\sin\left(x+r\frac{\pi}{2}\right)+\cdots+\sin\left(x+n\frac{\pi}{2}\right)$$

$$= (\sqrt{2})^n \sin\left(x+n\frac{\pi}{4}\right).$$

3) $\dfrac{f(x)}{g(x)}$:

$f(x)$ オヨビ $g(x)$ ガ n 回微分可能デカツ $g(x)\neq 0$ ナラバ，$\dfrac{f(x)}{g(x)}$ ハ n 回微分可能デアル．

証明：i) $n=1$ の場合：すでに II, §1, 3) で述べたごとく，$f(x)$ および $g(x)$ が（1 回）微分可能でかつ $g(x)\neq 0$ であるときは，$\dfrac{f(x)}{g(x)}$ も（1 回）微分可能でかつ

$$\frac{d}{dx}\frac{f(x)}{g(x)} = \frac{f'(x)g(x)-f(x)g'(x)}{[g(x)]^2}. \tag{3}$$

ii) $n=k$ のときにはこの定理の真であることが証明されているものと仮定し，$f(x)$ および $g(x)$ が $k+1$ 回微分可能でかつ $g(x)\neq 0$ である場合を考える．

$f(x)$ が $k+1$ 回微分可能なのであるから，$f'(x)$ は k 回

微分可能である．したがって，2）により，この$f'(x)$と$k+1$回微分可能な関数$g(x)$との積$f'(x)g(x)$はk回微分可能である．同様にして，$f(x)g'(x)$もk回微分可能であることが知られ，したがって，1）により，$f'(x)g(x)-f(x)g'(x)$もk回微分可能である．一方また，$g(x)$は$k+1$回微分可能なのであるから，もとより，k回微分可能，したがって，2）により，$[g(x)]^2=g(x)\cdot g(x)$もk回微分可能である．

仮定により，$n=k$の場合には定理が真なのであるから，k回微分可能な二つの関数$f'(x)g(x)-f(x)g'(x)$と$[g(x)]^2$の商はやはりk回微分可能でなければならない．これは，(3)により，$\dfrac{d}{dx}\dfrac{f(x)}{g(x)}$が$k$回微分可能であることを意味する——ということは，また，$\dfrac{f(x)}{g(x)}$が$k+1$回微分可能であるということにほかならない．

特別な場合として

$g(x)$ガn回微分可能デカツ$g(x)\neq 0$ナラバ，$\dfrac{1}{g(x)}$ハn回微分可能デアル．

例 2. $\sin x$も$\cos x$も何回でも微分可能であるから，$\cos x\neq 0$であるようなxに対しては$\tan x=\dfrac{\sin x}{\cos x}$は何回でも微分可能である．

4）$f[g(x)]$：

$f(y)$ガn回微分可能，マタ$g(x)$ガn回微分可能ナラバ，$f[g(x)]$ハn回微分可能デアル．

証明：i）$n=1$の場合：すでにII，§1，4）で証明したように，$f(y), g(x)$がそれぞれ（1回）微分可能なときには，

$f[g(x)]$ は（1回）微分可能でかつ

$$\frac{d}{dx}f[g(x)] = f'[g(x)]g'(x) \tag{4}$$

である.

ii) $n=k$ の場合にはこの定理が真であると仮定し，$f(y)$ および $g(x)$ がそれぞれ $k+1$ 回微分可能な場合を考える．$f(y)$ が $k+1$ 回微分可能なのであるから，$f'(y)$ は k 回微分可能，また $g(x)$ は $k+1$ 回微分可能なのであるから，もとより $g(x)$ は k 回微分可能である．よって，仮定により，$f'[g(x)]$ は k 回微分可能であるということになる．一方また，$g'(x)$ は k 回微分可能であるから，2）により，$f'[g(x)]g'(x)$ は k 回微分可能でなければならない．(4) により，これは，とりもなおさず，$f[g(x)]$ が $k+1$ 回微分可能であることを意味する．

例 3. $x^x \equiv e^{x\log x}$ $(x>0)$ において，x はもとより何回でも微分可能，また $\dfrac{d\log x}{dx}=\dfrac{1}{x}$ であるからこれも何回でも微分可能である．よって，2）により $x\log x$ もまた何回でも微分可能である．しかるに e^y は y の関数として何回でも微分可能であるから，$e^{x\log x}$ すなわち x^x は何回でも微分可能である．

問 1. $\log(x+\sqrt{x^2+1})$ は何回でも微分可能であることを証明する．

5) $f^{-1}(x)$：

$f(x)$ ガ狭義ノ増加関数（減少関数）デカツ n 回微分可能ナラバ $f^{-1}(x)$ モ n 回微分可能デアル．タダシ，$f'(x)\neq 0$ トスル．

証明：i）$n=1$ の場合：$f(x)$ が（1回）微分可能でかつ $f'(x) \neq 0$ であるとき $f^{-1}(x)$ が（1回）微分可能で

$$\frac{df^{-1}(x)}{dx} = \frac{1}{f'[f^{-1}(x)]} \tag{5}$$

であることは，すでに証明ずみである（III，§8，(6)，p. 29）．

ii）$n=k$ の場合にこの定理が証明されたものと仮定し，$f(x)$ が $k+1$ 回微分可能である場合を考える．$f'(x)$ は k 回微分可能，また，$f(x)$ はもとより k 回微分可能であるから，仮定により，$f^{-1}(x)$ も k 回微分可能，したがって，4）により，$f'[f^{-1}(x)]$ は k 回微分可能である．よって，3）により（5）の右辺 $\dfrac{1}{f'[f^{-1}(x)]}$ は k 回微分可能，したがって，(5）により，$\dfrac{df^{-1}(x)}{dx}$ が k 回微分可能であることになる．これは，とりもなおさず，$f^{-1}(x)$ が $k+1$ 回微分可能であることにほかならない．

例4. $f(x)=\mathrm{Sin}^{-1}x$ とおけば

$$f'(x) = \frac{1}{\sqrt{1-x^2}}, \tag{6}$$

すなわち

$$f'(x)\sqrt{1-x^2} = 1.$$

$\sin x$ が何回でも微分可能なのであるから，その逆関数 $f(x)=\mathrm{Sin}^{-1}x$ は何回でも微分可能である．よって，まず，上式の両辺を微分すれば

$$f''(x)\sqrt{1-x^2} - f'(x)\frac{x}{\sqrt{1-x^2}} = 0,$$

すなわち

$$f''(x)(1-x^2)-f'(x)x=0. \tag{7}$$

ここで左辺の各項に Leibniz の定理を適用して n 回微分すれば

$$f^{(n+2)}(x)(1-x^2)+nf^{(n+1)}(x)\cdot(-2x)$$
$$+\frac{n(n-1)}{2!}f^{(n)}(x)\cdot(-2)$$
$$-f^{(n+1)}(x)x-nf^{(n)}(x)=0,$$

すなわち

$$f^{(n+2)}(x)(1-x^2)-(2n+1)f^{(n+1)}(x)\cdot x-n^2f^{(n)}(x)=0.$$

この等式で $x=0$ とおけば

$$f^{(n+2)}(0)=n^2f^{(n)}(0).$$

(6), (7) により, $f'(0)=1$, $f''(0)=0$ であるから, 上の等式において順次 $n=1,2,3,\cdots$ とすれば

$$f'''(0)=1^2,\ f^{\mathrm{IV}}(0)=0,\ f^{\mathrm{V}}(0)=1^2\cdot 3^2,\ f^{\mathrm{VI}}(0)=0,\ \cdots,$$
$$f^{(2k)}(0)=0,\ f^{(2k+1)}(0)=1^2\cdot 3^2\cdot 5^2\cdots(2k-1)^2.$$

問 2. $f(x)\equiv\mathrm{Tan}^{-1}x$ とおくとき

$$f^{(2k)}(0)=0,\quad f^{(2k+1)}(0)=(-1)^k\cdot(2k)!$$

を証明する.

§3. Taylor の定理

関数 $f(x)$ が $[a\,;b]$ で n 回微分可能であるときは, $f'(x), f''(x), \cdots, f^{(n-1)}(x), f^{(n)}(x)$ をもちいて平均値の定理よりももっと一般的な定理が得られる. まず, 等式

$$f(b)-f(a)-\frac{b-a}{1!}f'(a)-\frac{(b-a)^2}{2!}f''(a)-\cdots$$
$$-\frac{(b-a)^{n-1}}{(n-1)!}f^{(n-1)}(a)-\mu\frac{(b-a)^p}{p}=0$$
$$(p>0,\ p\text{ は定数}) \tag{1}$$

によって定数μを定め，つぎに

$$\varphi(x)=f(b)-f(x)-\frac{b-x}{1!}f'(x)-\frac{(b-x)^2}{2!}f''(x)-\cdots$$

$$-\frac{(b-x)^{n-1}}{(n-1)!}f^{(n-1)}(x)-\mu\cdot\frac{(b-x)^p}{p}$$

とおけば

$$\varphi(a)=0,\quad \varphi(b)=0.$$

よって，Rolleの定理により

$$\varphi'[a+\theta(b-a)]=0\quad(0<\theta<1)\tag{2}$$

なるθがなければならない．

しかるに

$$\varphi'(x)=-\frac{f^{(n)}(x)}{(n-1)!}(b-x)^{n-1}+\mu(b-x)^{p-1}$$

であるから，ここで$x=a+\theta(b-a)$とおけば (2) により

$$\mu=\frac{f^{(n)}[a+\theta(b-a)]}{(n-1)!}[(b-a)-\theta(b-a)]^{n-p}$$

$$=\frac{f^{(n)}[a+\theta(b-a)]}{(n-1)!}(1-\theta)^{n-p}(b-a)^{n-p}.$$

この値を (1) に入れれば，等式

$$f(b)=f(a)+\frac{f'(a)}{1!}(b-a)+\frac{f''(a)}{2!}(b-a)^2+\cdots$$

$$+\frac{f^{(n-1)}(a)}{(n-1)!}(b-a)^{n-1}+R_n,\tag{3}$$

$$R_n=\frac{f^{(n)}[a+\theta(b-a)]}{(n-1)!}\cdot\frac{(1-\theta)^{n-p}(b-a)^n}{p}.\quad(0<\theta<1)$$

(4)

が得られる．(3) がすなわち Taylor（テーラー）の定理であり，また R_n は Roche-Schlömilch（ロシュ・シュレーミルヒ）の剰余式である．

(4) においてとくに $p=n$ とすれば

$$R_n = \frac{f^{(n)}[a+\theta(b-a)]}{n!}(b-a)^n \quad \text{(Lagrange の剰余式)}$$

また，$p=1$ とすれば

$$R_n = \frac{f^{(n)}[a+\theta(b-a)]}{(n-1)!}(1-\theta)^{n-1}(b-a)^n$$

(Cauchy の剰余式)

が得られる．

$b-a=h$ とおいて，上の結果を書き直せば，次のごとくになる：

$$f(a+h) = f(a)+\frac{f'(a)}{1!}h+\frac{f''(a)}{2!}h^2+\cdots$$
$$+\frac{f^{(n-1)}(a)}{(n-1)!}h^{n-1}+R_n \tag{5}$$

$$R_n = \frac{f^{(n)}(a+\theta h)}{(n-1)!}\cdot\frac{(1-\theta)^{n-p}h^n}{p} \quad (0<\theta<1) \tag{6}$$

$$R_n = \frac{f^{(n)}(a+\theta h)}{n!}h^n \quad (0<\theta<1) \tag{7}$$

$$R_n = \frac{f^{(n)}(a+\theta h)}{(n-1)!}(1-\theta)^{n-1}h^n \quad (0<\theta<1) \tag{8}$$

いうまでもなく，θ は三つの剰余形式においてかならずしも同じ値ではない.

注意 1. (5) および (7) において $n=1$ とすれば $f(a+h)=f(a)+f'(a+\theta h)h$ となり, これは平均値の定理にほかならないことに注意する.

注意 2. 上記の議論は $a>b$ として $[b\,;a]$ のときもそのまま通用する.

$a\leqq x\leqq b$ なる x に対しては $[a\,;x]$ において上記の結果がそのまま成りたつから,

$$\boxed{\begin{aligned} f(x) &= f(a)+\frac{f'(a)}{1!}(x-a)+\frac{f''(a)}{2!}(x-a)^2+\cdots \\ &\quad +\frac{f^{(n-1)}(a)}{(n-1)!}(x-a)^{n-1}+R_n \\ R_n &= \frac{f^{(n)}[a+\theta(x-a)]}{(n-1)!}\cdot\frac{(1-\theta)^{n-p}(x-a)^n}{p} \\ &(0<\theta<1) \end{aligned}} \tag{9}$$

とくに $a=0$ の場合には

$$\boxed{\begin{aligned} f(x) &= f(0)+\frac{f'(0)}{1!}+\frac{f''(0)}{2!}x^2+\cdots \\ &\quad +\frac{f^{(n-1)}(0)}{(n-1)!}x^{n-1}+R_n \\ R_n &= \frac{f^{(n)}(\theta x)}{(n-1)!}\cdot\frac{(1-\theta)^{n-p}x^n}{p} \quad (0<\theta<1) \end{aligned}} \tag{10}$$

(10) は Maclaurin (マクローリン) の定理という名で知られている.

例 1. $\dfrac{d^n e^x}{dx^n}=e^x$ であるから (10) により ($p=n$),

$$e^x = 1+\frac{x}{1!}+\frac{x^2}{2!}+\cdots+\frac{x^{n-1}}{(n-1)!}+\frac{e^{\theta x}}{n!}x^n.$$

とくに $x=1$ とおけば

$$e = 1+\frac{1}{1!}+\frac{1}{2!}+\cdots+\frac{1}{(n-1)!}+\frac{e^{\theta}}{n!}.$$

例 2.

$$\frac{d^n(1+x)^{\alpha}}{dx^n} = \alpha(\alpha-1)\cdots(\alpha-n+1)(1+x)^{\alpha-n}$$

であるから

$$(1+x)^{\alpha} = 1+\frac{\alpha}{1}x+\frac{\alpha(\alpha-1)}{2!}x^2+\cdots$$
$$+\frac{\alpha(\alpha-1)\cdots(\alpha-n+2)}{(n-1)!}x^{n-1}+R_n.$$

ここに

$$R_n = \frac{\alpha(\alpha-1)\cdots(\alpha-n+1)}{n!}x^n(1+\theta x)^{\alpha-n}, \quad (0<\theta<1)$$

あるいは

$$R_n = \frac{\alpha(\alpha-1)\cdots(\alpha-n+1)}{(n-1)!}x^n(1-\theta_1)^{n-1}(1+\theta_1 x)^{\alpha-n}.$$

$(0<\theta_1<1)$

問 1. 次の等式を証明する：

$$\log(1+x) = \frac{x}{1}-\frac{x^2}{2}+\frac{x^3}{3}-\cdots$$
$$+(-1)^n\frac{x^{n-1}}{n-1}+\frac{(-1)^{n+1}}{n}\frac{x^n}{(1+\theta x)^n}$$
$$(x>-1,\ 0<\theta<1)$$
$$= \frac{x}{1}-\frac{x^2}{2}+\frac{x^3}{3}-\cdots$$

$$+(-1)^n\frac{x^{n-1}}{n-1}+(-1)^{n+1}\frac{(1-\theta_1)^{n-1}x^n}{(1+\theta_1 x)^n}$$
$$(x>-1,\ 0<\theta_1<1).$$

▶§4. 剰余式の積分表示

$f(x)$ および $g(x)$ が $[a\,;\,b]$ で n 回連続微分可能なときは，部分積分法の公式よりもっと一般的な公式が得られる．また，これから，Taylor の定理の剰余式を積分の形で表示したものを導き出すことができる．

部分積分法を順々にもちいると

$$\int_a^b f^{(n)}(x)g(x)dx = f^{(n-1)}(b)g(b)-f^{(n-1)}(a)g(a) -\int_a^b f^{(n-1)}(x)g'(x)dx$$

$$\int_a^b f^{(n-1)}(x)g'(x)dx = f^{(n-2)}(b)g'(b)-f^{(n-2)}(a)g'(a) -\int_a^b f^{(n-2)}(x)g''(x)dx$$

…………………………

$$\int_a^b f^{(n-k)}(x)g^{(k)}(x)dx = f^{(n-k-1)}(b)g^{(k)}(b)-f^{(n-k-1)}(a)g^{(k)}(a) -\int_a^b f^{(n-k-1)}(x)g^{(k+1)}(x)dx$$

…………………………

$$\int_a^b f'(x)g^{(n-1)}(x)dx = f(b)g^{(n-1)}(b)-f(a)g^{(n-1)}(a) -\int_a^b f(x)g^{(n)}(x)dx.$$

よって，k（$k=0,1,2,\cdots,n-1$）番めの等式にそれぞれ $(-1)^k$ を乗じて加え合わせると，

$$\int_a^b f^{(n)}(x)g(x)dx$$
$$=[f^{(n-1)}(x)g(x)-f^{(n-2)}(x)g'(x)+f^{(n-3)}(x)g''(x)-\cdots$$
$$+(-1)^{n-1}f(x)g^{(n-1)}(x)]_a^b+(-1)^n\int_a^b f(x)g^{(n)}(x)dx. \tag{1}$$

この一般化された部分積分法の公式により，$\int_a^b f^{(n)}(x)g(x)dx$ の計算を $\int_a^b f(x)g^{(n)}(x)dx$ の計算に帰着させることができるわけである．不定積分についても同様であることはいうまでもないであろう．

(1) において，とくに，$g(x)=(b-x)^{n-1}$ とおいてみると，$g^{(n)}(x)\equiv 0$ であるから，(1) の最後の項が消えて，

$$\int_a^b f^{(n)}(x)(b-x)^{n-1}dx$$
$$=[f^{(n-1)}(x)(b-x)^{n-1}+(n-1)f^{(n-2)}(x)(b-x)^{n-2}$$
$$+(n-1)(n-2)f^{(n-3)}(b-x)^{n-3}+\cdots$$
$$+(n-1)!f'(x)(b-x)+(n-1)!f(x)]_a^b.$$

これを書き直すと

$$f(b)=f(a)+\frac{f'(a)}{1!}(b-a)+\frac{f''(a)}{2!}(b-a)^2+\cdots$$
$$+\frac{f^{(n-1)}(a)}{(n-1)!}(b-a)^{n-1}+R_n,$$

ただし，

$$R_n=\frac{1}{(n-1)!}\int_a^b f^{(n)}(x)(b-x)^{n-1}dx. \tag{2}$$

この (2) が求める剰余式の積分表示である．なお，$(b-x)^{n-1}$ は $[a\,;\,b]$ で符号が一定であるから，積分法の第一平均値の定理

(IV, §9) により

$$\int_a^b f^{(n)}(x)(b-x)^{n-1}dx = f^{(n)}[a+\theta(b-a)]\frac{(b-a)^n}{n}$$

$$(0<\theta<1)$$

これを (2) に代入すると，とりもなおさず，Lagrange（ラグランジュ）の剰余式となることは明らかである．

以上において，剰余式 (2) を求めるためには，$f^{(n)}(x)$ が $[a\,;b]$ で連続であるという仮定があったことに注意する．前節では，ただ $f(x)$ が $[a\,;b]$ で n 回微分可能であればよかったのである．◀

§5. 極大と極小の判定

前に説明してあるとおり，微分可能な関数 $f(x)$ が点 $x=c$ で極大値または極小値をとるときは

$$f'(c) = 0 \tag{1}$$

でなければならない．(1) の条件をみたすような点 $x=c$ においてじっさい $f(x)$ が極大値をとるか，あるいは極小値をとるか，あるいはまたそのいずれをとることもないか，を決定するのには高階導関数をもちいると便利な場合がある．これを以下に説明する．

まず $f(x)$ が 2 回連続微分可能 —— いいかえれば，$f''(x)$ が連続な場合を考える．$n=2$ の場合の Taylor の定理を書けば

$$f(c+h) = f(c)+f'(c)h+\frac{f''(c+\theta h)}{2}h^2. \quad (0<\theta<1)$$

ここで (1) の条件がみたされているとすれば

$$f(c+h)-f(c) = \frac{f''(c+\theta h)}{2}h^2.$$

しかるに，$f''(c)$は連続なのであるから

$$h \to 0 \quad \text{ならば} \quad f''(c+\theta h) \to f''(c).$$

ゆえに，$f''(c)>0$である場合には，$|h|$が小さいかぎり，$f''(c+\theta h)>0$であり，したがって$f(c+h)-f(c)>0$であるから，点$x=c$は$f(x)$の極小値を与える点である．$f''(c)<0$の場合にも同様の考察をおこなえば，けっきょく次の定理が得られる．

> $f(x)$ガ2回連続微分可能デアルトキ，
>
> $f'(c)=0$，$f''(c)<0$　ナラバ　$x=c$ハ$f(x)$ノ極大値ヲ与エル点デアル．
>
> $f'(c)=0$，$f''(c)>0$　ナラバ　$x=c$ハ$f(x)$ノ極小値ヲ与エル点デアル．

$f'(c)=0$，$f''(c)=0$の場合には，他の方法によらないかぎり，何とも判定はつけがたい．

例 1．$f(x)\equiv x^3-3x^2+2$とおけば* $f'(x)\equiv 3x^2-6x=3x(x-2)$，$f''(x)=6x-6$．よって，$f'(0)=0$，$f''(0)=-6<0$．また，$f'(2)=0$，$f''(2)=6>0$．ゆえに，$f(0)=2$は極大値，$f(2)=-2$は極小値である．

つぎに，$f(x)$が3回連続微分可能でかつ$f'(c)=0$，$f''(c)=0$であるとすればTaylorの定理

$$f(c+h) = f(c)+\frac{f'(c)}{1!}h+\frac{f''(c)}{2!}h^2+\frac{f'''(c+\theta h)}{3!}h^3$$

---

* I，§10，例2およびIII，§6，例2参照．

から，等式

$$f(c+h)-f(c) = \frac{f'''(c+\theta h)}{3}h^3$$

が出てくる．このとき，もし，$f'''(c)>0$ ならば，$|h|$ が小さいかぎり，$f'''(c+\theta h)>0$ であるから

$$h<0 \quad \text{なるとき} \quad f(c+h)<f(c)$$
$$h>0 \quad \text{なるとき} \quad f(c)<f(c+h)$$

であって，$x=c$ は $f(x)$ の極大値を与える点でも極小値を与える点でもない．$f'''(c)<0$ の場合にも同様である．よって，$f'(c)=0$, $f''(c)=0$ でかつ $x=c$ が極値を与える点である場合には

$$f'''(c) = 0$$

でなければならないことがわかる．

以上の考察をもっと一般的にして，$f(x)$ が n 回連続微分可能でかつ

$$f'(c) = f''(c) = \cdots = f^{(n-1)}(c) = 0, \quad f^{(n)}(c) \neq 0$$

であるとしてみる．Taylor の定理により

$$f(c+h)-f(c) = \frac{f^{(n)}(c+\theta h)}{n!}h^n \quad (0<\theta<1)$$

でかつ $h\to 0 \Rightarrow f^{(n)}(c+\theta h)\to f^{(n)}(c)$ なのであるから，$|h|$ の小さい範囲においては $f(c+h)-f(c)$ の符号は $f^{(n)}(c)h^n$ の符号と同じである．

よって，n が奇数の場合には，$h<0$ のときと $h>0$ のときとで $f(c+h)-f(c)$ の符号が異なることになり，$x=c$ は $f(x)$ の極値を与える点ではない．

n が偶数の場合には，$f^{(n)}(c)>0$ であるとすれば，h の正負にかかわらず，$f(c+h)>f(c)$ であるから，$x=c$ は $f(x)$ の極小値を与える点である．$f^{(n)}(c)<0$ とすれば，同様にして，$x=c$ は $f(x)$ の極大値を与える点であることがわかる．

以上の結果をまとめて書けば

$f(x)$ ガ n 回微分可能デカツ

$$f'(c)=f''(c)=\cdots=f^{(n-1)}(c)=0,\quad f^{(n)}(c)\neq 0$$

デアルトスル．

n ガ偶数デ $f^{(n)}(c)<0$ ナラバ $x=c$ ハ $f(x)$ ノ極大値ヲ与エル．

n ガ偶数デ $f^{(n)}(c)>0$ ナラバ $x=c$ ハ $f(x)$ ノ極小値ヲ与エル．

n ガ奇数ナラバ $x=c$ ハ $f(x)$ ノ極値ヲ与エナイ．

なお，復習のため，いままでに得た極値に関する定理を再録すれば：

$f(x)$ ガ点 $x=c$ デ極値ヲトルトキニハ $f(x)$ ガ $x=c$ デ微分可能デナイカ，アルイハ

$$f'(c)=0$$

デナケレバナラナイ．

この場合 $f(c)$ が極大値か極小値かを判定するには次の三種の方法がある：

i) 十分小サイ正数 δ ニ対シ $|h|<\delta$ ナラバ

$f(c+h)<f(c)$ ナルトキハ $f(c)$ ハ極大値，

$f(c+h)>f(c)$ ナルトキハ $f(c)$ ハ極小値*．

---

* I, §11.

ii) x ガ増大スルニ従イ，$x=c$ ヲ境トシテ

$f'(x)$ ガ正ノ値カラ負ノ値ニ移ルトキハ $f(c)$ ハ極大値，

$f'(x)$ ガ負ノ値カラ正ノ値ニ移ルトキハ $f(c)$ ハ極小値*.

iii) コノ節デ説明シタ上記ノ定理：$f(x)$ ガ n 回連続微分可能デ，カツ

$$f'(c)=f''(c)=\cdots=f^{(n-1)}(c)=0,\quad f^{(n)}(c)\neq 0$$

デアルトキ

n ガ偶数デ $f^{(n)}(c)<0$ ナラバ $f(c)$ ハ極大値，

n ガ偶数デ $f^{(n)}(c)>0$ ナラバ $f(c)$ ハ極小値，

n ガ奇数ナラバ $f(c)$ ハ極値デハナイ.

つぎにこの三つの方法を同じ関数に適用してみよう：

例 2. $f(x)=4\cos x+\cos 2x$ とすれば

$$\begin{aligned} f'(x) &= -4\sin x-2\sin 2x \\ &= -4\sin x-4\sin x\cos x = -4\sin x(1+\cos x). \end{aligned}$$

よって

$$f'(n\pi)=0.\quad (n \text{ は整数})$$

i a) $f(2k\pi)=4+1=5$. しかるに $x\neq 2k\pi$ ならば $\cos x<1$, $\cos 2x\leqq 1$ であるから

$$f(2k\pi+h)<5=f(2k\pi).$$

ゆえに $f(2k\pi)=5$ は極大値.

i b) $f[(2k+1)\pi]=-4+1=-3$. しかるに，

$$\begin{aligned} f(x) &= 4\cos x+2\cos^2 x-1 \\ &= 2(\cos^2 x+2\cos x+1)-3 = 2(\cos x+1)^2-3. \end{aligned}$$

ここで，$x\neq(2k+1)\pi$ ならば $\cos x+1\neq 0$ であるから

$$f[(2k+1)\pi+h]>-3=f[(2k+1)\pi].$$

ゆえに $f[(2k+1)\pi]=-3$ は極小値.

ii a) $0<\delta<\dfrac{\pi}{2}$ とすれば

---

* III, §6.

$$f'(2k\pi-\delta) = -4(-\sin\delta)(1+\cos\delta) = 4\sin\delta(1+\cos\delta) > 0,$$
$$f'(2k\pi+\delta) = -4\sin\delta(1+\cos\delta) < 0.$$

ゆえに $f(2k\pi)=5$ は極大値.

ii b)

$$f'[(2k+1)\pi-\delta] = -4\sin\delta(1-\cos\delta) < 0,$$
$$f'[(2k+1)\pi+\delta] = -4(-\sin\delta)(1-\cos\delta) > 0.$$

ゆえに $f[(2k+1)\pi]=-3$ は極小値.

iii a) $f''(x)=-4\cos x-4\cos 2x$ であるから

$$f''(2k\pi) = -8 < 0.$$

ゆえに $f(2k\pi)$ は極大値.

iii b) $f''[(2k+1)\pi]=-(-4)-4=0$, しかるに

$$f'''(x) = 4\sin x+8\sin 2x,\quad f^{\mathrm{IV}}(x) = 4\cos x+16\cos 2x.$$

よって

$$f'''[(2k+1)\pi] = 0,\quad f^{\mathrm{IV}}[(2k+1)\pi] = -4+16 = 12 > 0.$$

ゆえに $f[(2k+1)\pi]=-3$ は極小値.

問 1. x^5-5x^4+2 の極値を求める.

注意 1. 以上において, $f(x)$ が n 回連続微分可能であると仮定したが, じつは, $x=c$ の近傍で $f(x)$ が n 回微分可能で $f^{(n)}(x)$ の符号が変わらないという仮定だけでも, この節で述べた定理の結論は成りたつのである. このことは以上の説明を読みとおしてみれば明らかであろう.

§6. 凸関数

関数 $f(x)$ のグラフが下向きに張り出しているとき, $f(x)$ を凸関数と称し, グラフ

$$y = f(x)$$

は下に凸な曲線であるという. このことをもっと正確なことばで表わせば次のごとくである.

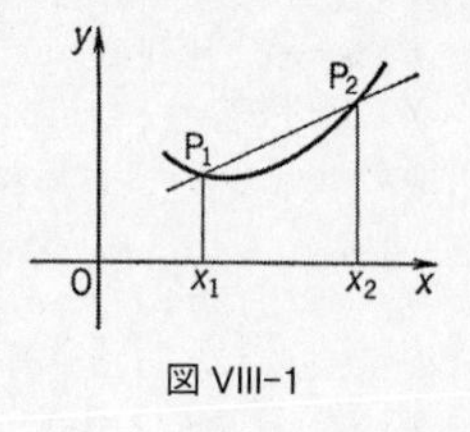

図 VIII-1

点 $x=x_1$ および $x=x_2$ に対応する $f(x)$ のグラフの点を P_1 および P_2 で表わすとき，x_1 および x_2 が定義域のどの2点であっても，グラフの弧 $\overset{\frown}{\mathrm{P}_1\mathrm{P}_2}$ の点が弦 $\overline{\mathrm{P}_1\mathrm{P}_2}$ の上方にくることがけっしてない場合，$f(x)$ は凸関数であるといい，またグラフは**下に凸な曲線**であるという．たとえば，x^2 は凸関数の一例である．

式をもちいて表わせば，$f(x)$ が**凸関数**であるとは

$$x_1 < x_1+h < x_2 \quad \Rightarrow$$

$$f(x_1+h) \leqq f(x_1)+\frac{f(x_2)-f(x_1)}{x_2-x_1}h, \tag{1}$$

すなわち

$$x_1 < x_1+h < x_2 \quad \Rightarrow$$

$$\frac{f(x_1+h)-f(x_1)}{h} \leqq \frac{f(x_2)-f(x_1)}{x_2-x_1} \tag{2}$$

であることを意味する．

とくに凸関数 $f(x)$ が微分可能である場合には，(2) において h を0に近づければ，不等式

$$f'(x_1) \leqq \frac{f(x_2)-f(x_1)}{x_2-x_1} \quad (x_1<x_2) \tag{3}$$

が得られる．

つぎに，(1) において $x_1+h=x_2+k$ すなわち $h=(x_2-x_1)+k$ とおけば，$x_1<x_2+k<x_2$ でかつ

$$f(x_2+k) \leqq f(x_1)+\frac{f(x_2)-f(x_1)}{x_2-x_1}[(x_2-x_1)+k]$$

$$= f(x_2)+\frac{f(x_2)-f(x_1)}{x_2-x_1}k.$$

すなわち，$k<0$ に注意すれば

$$\frac{f(x_2+k)-f(x_2)}{k} \geqq \frac{f(x_2)-f(x_1)}{x_2-x_1}.$$

ここで k を 0 に近づければ

$$f'(x_2) \geqq \frac{f(x_2)-f(x_1)}{x_2-x_1}. \quad (x_1<x_2) \tag{4}$$

(3) と，この不等式から

$$x_1 < x_2 \quad \Rightarrow \quad f'(x_1) \leqq f'(x_2)$$

であることが知られる．すなわち

凸関数 $f(x)$ ガ微分可能ナラバ $f'(x)$ ハ増加関数デアル.

したがって

凸関数 $f(x)$ ガ 2 回微分可能ナラバ，ツネニ

$$f''(x) \geqq 0$$

でなければならない．

今度は以上で得た定理の逆を証明しよう．

まず

$f'(x)$ ガ増加関数ナラバ $f(x)$ ハ凸関数デアル

ことを証明することにする．

$x_1<x_2$ とすれば，平均値の定理により

$$f(x_2)-f(x_1) = (x_2-x_1)f'(\xi) \quad (x_1<\xi<x_2) \tag{5}$$

であるようなξがかならず存在する.

ここで，まず，$x_1<x\leqq\xi$とすれば，ふたたび平均値の定理により

$$f(x)-f(x_1)=(x-x_1)f'[x_1+\theta_1(x-x_1)].\quad (0<\theta_1<1)$$

しかるに，$f'(x)$は増加関数であるから$f'[x_1+\theta_1(x-x_1)]\leqq f'(\xi)$，しかも$x-x_1>0$なのであるところをみれば，上の等式からただちに不等式

$$f(x)-f(x_1)\leqq(x-x_1)f'(\xi) \tag{6}$$

が出てくる.

つぎに$\xi\leqq x<x_2$であるときには

$$f(x)-f(x_2)=(x-x_2)f'[x_2+\theta_2(x-x_2)].\quad (0<\theta_2<1)$$

しかるに，$f'(\xi)\leqq f'[x_2+\theta_2(x-x_2)]$，$x-x_2<0$であるから

$$f(x)-f(x_2)\leqq(x-x_2)f'(\xi).$$

これと (5) とを辺々相加えれば，(6) と同じ形の不等式が出てくる．いいかえれば，いつでも

$$x_1<x<x_2 \ \Rightarrow\ f(x)-f(x_1)\leqq(x-x_1)f'(\xi) \quad (x_1<\xi<x_2) \tag{7}$$

なのである.

(5) と (7) とをくらべてみれば，$x_1<x<x_2$なるとき

$$\frac{f(x)-f(x_1)}{x-x_1}\leqq f'(\xi)=\frac{f(x_2)-f(x_1)}{x_2-x_1}.$$

ここで$x=x_1+h$とおけばこれは (2) にほかならない，すなわち，$f(x)$の凸関数であることが証明されたのである.

$f(x)$が2回微分可能でかつ$f''(x)\geqq0$ならば$f'(x)$は

増加関数であるから，いま得た定理により

$f''(x) \geqq 0$ ナラバ $f(x)$ ハ凸関数デアル

ことがわかる．

例 1. $\dfrac{dx^2}{dx}=2x,\ \dfrac{d^2x^2}{dx^2}=2>0$ であるから x^2 は凸関数である．

例 2. $\dfrac{dx^3}{dx}=3x^2,\ \dfrac{d^2x^3}{dx^2}=6x$ であるから，$x \geqq 0$ なる範囲では x^3 は凸関数，$x \leqq 0$ なる範囲では $-x^3$ が凸関数である．

とくに $f(x)$ が微分可能な凸関数である場合をもうすこし考えてみよう．c および x を任意の 2 点とすれば平均値の定理により

$$f(x)-f(c) = f'[c+\theta(x-c)](x-c). \quad (0<\theta<1)$$

ここに $f'(x)$ は増加関数であるから，$x-c>0$ であるときは

$$f'(c) \leqq f'[c+\theta(x-c)].$$

よって

$$f(x)-f(c) \geqq f'(c)(x-c).$$

また，$x-c<0$ であるときは $f'[c+\theta(x-c)] \leqq f'(c)$ であるから，この場合にもやはり上と同じ形の不等式が得られる．この不等式を書き直せば

$$f(x) \geqq f(c)+f'(c)(x-c). \tag{8}$$

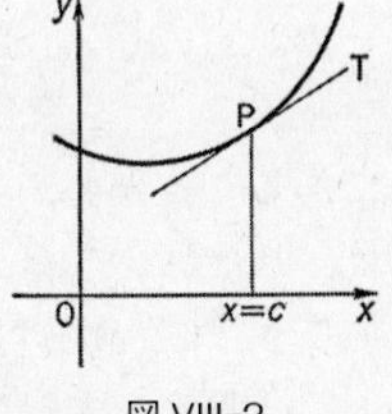

図 VIII-2

しかるに，点 $x=c$ に対するグラフの点における接線の方程式は

$$y = f(c)+f'(c)(x-c)$$

なのであるから，不等式 (8) は

$f(x)$ のグラフの点が点 $x=c$ におけるグラフの接線より下方にあることのないことを示している．

逆に，$f(x)$ のグラフが，その上のどの点において接線をひいてもその接線の下方に出ることがないときは，$f(x)$ は凸関数である．

これを証明するには $f'(x)$ が増加関数であることを示せばよいわけである．$x_1<x_2$ とし点 $x=x_1$ および $x=x_2$ に対応するグラフの点をそれぞれ P_1 および P_2 とする．P_2 は P_1 におけるグラフの接線の下方にはないのであるから

$$f(x_2) \geqq f(x_1)+f'(x_1)(x_2-x_1).$$

よって

$$\frac{f(x_2)-f(x_1)}{x_2-x_1} \geqq f'(x_1). \tag{9}$$

また，P_1 は P_2 におけるグラフの接線の下方にないのであるから

$$f(x_1) \geqq f(x_2)+f'(x_2)(x_1-x_2).$$

よって

$$f'(x_2) \geqq \frac{f(x_2)-f(x_1)}{x_2-x_1}. \tag{10}$$

(9) と (10) とから

$$x_1 < x_2 \quad \Rightarrow \quad f'(x_1) \leqq f'(x_2)$$

であることがわかる．これは $f'(x)$ が増加関数であること，したがって $f(x)$ が凸関数であることを意味する．

こうして，微分可能な関数ばかりを考えることにすれば

凸関数トハソノグラフガ接線ノ下方ニハコナイヨウナ

関数デアル

と定義してもよいことになったわけである.

つぎに, 一般に, $-f(x)$ が凸関数であるとき*, $f(x)$ を凹関数と称し, そのグラフは下に凹な曲線であるという. 凹関数のグラフは上に向かって張り出した曲線である. 凸関数に関する定理を凹関数の場合に引き移せば次のごとくである.

微分可能ナ関数 $f(x)$ ガ凹関数デアルタメノ必要十分ナ条件ハ $f'(x)$ ガ減少関数デアルコトデアル.

2回微分可能ナ関数 $f(x)$ ガ凹関数デアルタメノ必要十分ナ条件ハ

$$f''(x) \leqq 0$$

デアルコトデアル.

微分可能ナ関数 $f(x)$ ガ凹関数デアルタメノ必要カツ十分ナ条件ハ, $f(x)$ ノグラフガソノイカナル接線ヨリモ上方ニ出ルコトガナイコトデアル.

例 3. $f(x) \equiv \sqrt{1-x^2}$ とすれば

$$f'(x) \equiv \frac{-x}{\sqrt{1-x^2}}, \quad f''(x) \equiv \frac{-1}{(\sqrt{1-x^2})^3} < 0.$$

ゆえに $\sqrt{1-x^2}$ は凹関数である. ($y=\sqrt{1-x^2}$ のグラフは単位円の上半分である.)

---

* すなわち, $x_1 < x_1 + h < x_2$ ならば $f(x_1+h) \geqq f(x_1) + \dfrac{f(x_2)-f(x_1)}{x_2-x_1}h$ であるとき.

§7. 変曲点

凸関数および凹関数の定義は前節で説明したとおりであるが，関数が凸関数であると同時にまた凹関数である場合がある.

この場合には，$x_1<x_1+h<x_2$ ならば同時に

$$f(x_1+h) \leqq f(x_1)+\frac{f(x_2)-f(x_1)}{x_2-x_1}h,$$

$$f(x_1+h) \geqq f(x_1)+\frac{f(x_2)-f(x_1)}{x_2-x_1}h$$

なのであるから

$$x_1 < x_1+h < x_2 \quad \Rightarrow$$

$$f(x_1+h) = f(x_1)+\frac{f(x_2)-f(x_1)}{x_2-x_1}h.$$

よって，$x=x_1+h$ とおけば

$$f(x) = f(x_1)+\frac{f(x_2)-f(x_1)}{x_2-x_1}(x-x_1).$$

すなわち，x_1 と x_2 との間では $f(x)$ は1次関数か定数値関数でそのグラフは直線である．ところで，$x_1<x_2$ でありさえすればいかなる x_1, x_2 についてもこのことがいえるのであるから，これは，けっきょく，いたるところ，$f(x)$ が1次関数か定数値関数であるということにほかならない.

逆に，1次関数や定数値関数が凸関数でもあり，また凹関数でもあることは明らかであろう.

こういう事情があるので，ここであらためて狭義の凸関数，狭義の凹関数なるものを定義する.

$f(x)$が**狭義の凸関数**であるとは，前節の（1）のかわりに

$$x_1 < x_1+h < x_2 \;\Rightarrow$$
$$f(x_1+h) < f(x_1)+\frac{f(x_2)-f(x_1)}{x_2-x_1}h$$

であることを意味するものとする．

また，$f(x)$が**狭義の凹関数**であるとは

$$x_1 < x_1+h < x_2 \;\Rightarrow$$
$$f(x_1+h) > f(x_1)+\frac{f(x_2)-f(x_1)}{x_2-x_1}h$$

であることを意味するものとする．

このような定義をすれば，同じ関数が狭義の凸関数で同時に狭義の凹関数であることが起こりえないことは明らかであろう．

前節におけると同様の証明法をもちいれば次の定理が得られる：

微分可能ナ関数$f(x)$ノ導関数$f'(x)$ガ狭義ノ増加（減少）関数ナラバ$f(x)$ハ狭義ノ凸（凹）関数デアル．

$f(x)$ガ2回微分可能デアルトキ，ツネニ

$$f''(x) > 0 \quad (f''(x)<0)$$

ナラバ$f(x)$ハ狭義ノ凸（凹）関数デアル．

微分可能ナ関数$f(x)$ガ狭義ノ凸（凹）関数デアルタメノ必要カツ十分ナ条件ハ，$f(x)$ノグラフガソノドノ接線ヨリモ上方（下方）ニアルコトデアル．タダシ

接線ノ接点ハモトヨリ例外トスル.

例 1. $\dfrac{d^2x^2}{dx^2}=2>0$ であるから x^2 は狭義の凸関数である.

問 1. $\log x$ が狭義の凹関数であることを確かめる.

連続関数 $f(x)$ が点 $x=c$ の左側では狭義の凸（凹）関数であり，またその右側では狭義の凹（凸）関数であるとき，点 $x=c$ に対応するグラフの点をこのグラフの変曲点という．別のことばでいえば，正数 δ を十分小さくとると閉区間 $[c-\delta\,;c]$ では $f(x)$ が狭義の凸（凹）関数でかつ閉区間 $[c\,;c+\delta]$ では狭義の凹（凸）関数であるとき，$x=c$ に対応するグラフの点をこのグラフの変曲点と称するのである.

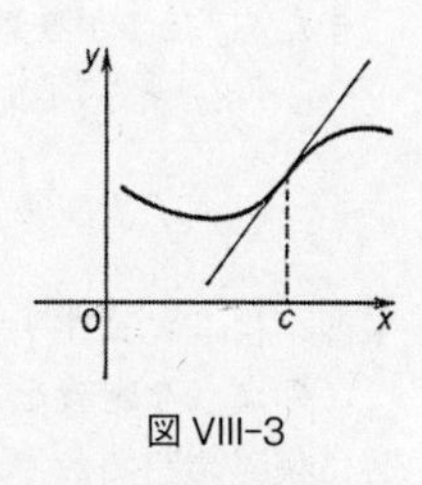

図 VIII-3

上にあげた定理から次の定理が得られる：

$\delta>0$ トシ，$[c-\delta\,;c]$ デ $f'(x)$ ガ狭義ノ増加（減少）関数デカツ $[c\,;c+\delta]$ デ $f'(x)$ ガ狭義ノ減少（増加）関数ナラバ，点 $(c,f(c))$ ハ変曲点デアル.

$[c-\delta\,;c)$ デ $f''(x)>0$（$f''(x)<0$）デ，カツ $(c\,;c+\delta]$ デ $f''(x)<0$（$f''(x)>0$）ナラバ，点 $(c,f(c))$ ハ変曲点デアル.

$f''(x)$ が連続な場合に，もし $f''(c)>0$ ならば c に近い x の値に対して $f''(x)>0$ であるから，点 $(c,f(c))$ は変曲点ではありえない．$f''(c)<0$ である場合もまた同様である.

よって

$f(x)$ ガ 2 回連続微分可能デアルトキ，$x=c$ ニ対応スルグラフノ点ガ変曲点ナラバ

$$f''(c) = 0$$

デナケレバナラナイ．

例 2. $\dfrac{d^2x^3}{dx^2}=6x$ であるから，$x=0$ ならば $\dfrac{d^2x^3}{dx^2}=0$. この場合，$x<0$ ならば $\dfrac{d^2x^3}{dx^2}<0$, $x>0$ ならば $\dfrac{d^2x^3}{dx^2}>0$ であるから点 $(0,0)$ はじっさいグラフ $y=x^3$ の変曲点である．

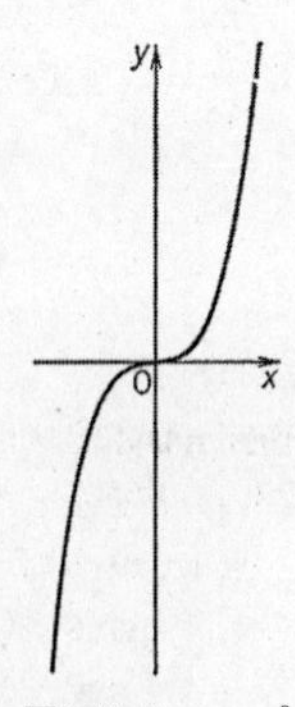

図 VIII-4　$y=x^3$

問 2. $\sin x$ の変曲点を求める．

▶いまの定理では $f''(x)$ が連続であるとしたが，じつは，この仮定は取り除くことができるのである．すなわち，

$f(x)$ ガ $x=c$ デ 2 回微分可能デアルトキ，点 $(c, f(c))$ ガ変曲点ナラバ

$$f''(c) = 0.$$

証明：かりに，$f''(c)<0$ であるとしてみる．$f''(c)<\alpha<0$ なる定数 α をとって

$$\varphi(h) = f(c+h)-f(c)-hf'(c)-\frac{h^2}{2}\alpha$$

とおくと*,

$$\varphi(0) = 0,\ \ \varphi'(0) = 0,\ \ \varphi''(0) = f''(c)-\alpha < 0.$$

よって，正数 δ を十分小さくとると，$0<h\leqq\delta$ ならば $\varphi'(h)<\varphi'(0)=0$ であるから，$\varphi(h)$ は $[0\,;\,\delta]$ で狭義の減少関数．したがって，$0<h<\delta$ ならば $\varphi(h)<\varphi(0)=0$, すなわち

$$f(c+h)-f(c)-hf'(c) < 0.$$

ここで，$x_1=c$, $x_2=c+h$ とおけば

---

*　$h\to 0$ のとき $\dfrac{\varphi'(h)-\varphi'(0)}{h}=\dfrac{f'(c+h)-f'(c)}{h}-\alpha\to f''(c)-\alpha.$

$$\frac{f(x_2)-f(x_1)}{x_2-x_1} < f'(x_1). \quad (x_1<x_2).$$

前節 (3) により，これは $f(x)$ が $[c\,;\,c+\delta]$ で凸関数でありえないことを意味する．

また，$-\delta \leqq h<0$ ならば $\varphi'(h)>\varphi'(0)=0$，したがって，$\varphi(h)$ は $[-\delta\,;\,0]$ で狭義の増加関数であるから，$\varphi(h)<\varphi(0)$，すなわち，

$$f(c+h)-f(c)-hf'(c) < 0.$$

よって，$x_1=c+h$，$x_2=c$ とおけば

$$\frac{f(x_2)-f(x_1)}{x_2-x_1} > f'(x_2). \quad (x_1<x_2)$$

前節 (4) によれば，これは $f(x)$ が $[c-\delta\,;\,c]$ で凸関数でありえないことを示している．

点 $(c, f(c))$ が $f(x)$ の変曲点ならば $[c-\delta\,;\,c]$ か $[c\,;\,c+\delta]$ のどちらかで $f(x)$ は凸関数でなければならない．よって，以上の結果，$x=c$ に対するグラフの点が変曲点であるときは $f''(c)<0$ ではありえないことになった．同様にして，$f''(c)>0$ でありえないことが証明される．すなわち，$f''(c)=0$ でなければならないのである．◀

§8. 曲　率

I 章から始めて前節にいたるまでの間に，$f'(x)$ や $f''(x)$ を直接考察することにより関数 $f(x)$ の値の変動のもようを調べる方法について説明してきた．ここではべつの方面から関数値の変動を測定する目安を求めてみよう．そのためにグラフの曲がりの度合を定める標準を何とかもっともらしい方法で定義することをこころみる．ただし，

$f(x)$ が2回微分可能である場合だけを考えることとする．

$x=c$ に対応する $f(x)$ のグラフの点をPとし，また h を0に近い数とし，$x=c+h$ に対応するグラフの点をQとする．PからQへ至るグラフの弧の長さを $s(h)$ で表わし，また，一般にグラフの点 $(x, f(x))$ における接線が x 軸の正の向きとなす角を $\theta(t)$ で表わすこととして*，比

$$\frac{\theta(c+h)-\theta(c)}{s(h)} \qquad (1)$$

をつくれば，これはPからQへ至る間に接線が平均どのくらい回転したかを表わすものと考えることができる．

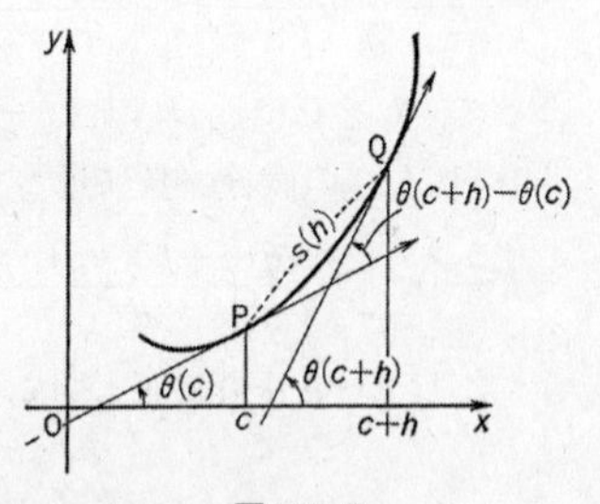

図 VIII-5

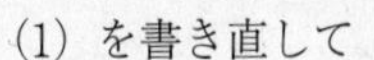
(1) を書き直して

$$\frac{\dfrac{\theta(c+h)-\theta(c)}{h}}{\dfrac{s(h)}{h}} \qquad (2)$$

としたうえで，h を0に近づけてみる．

まず，

$$s(h)=\int_c^{c+h}\sqrt{1+[f'(x)]^2}\,dx, \quad \frac{s(h)}{h}=\frac{s(h)-s(0)}{h}$$

---

* $|\theta(t)|<\dfrac{\pi}{2}$ であるように角を定める．

であるから

$$h \to 0 \quad \Rightarrow \quad \frac{s(h)}{h} \to s'(0) = \sqrt{1+[f'(c)]^2}.$$

つぎに

$$\theta(c) = \mathrm{Tan}^{-1} f'(c), \quad \theta(c+h) = \mathrm{Tan}^{-1} f'(c+h)$$

であるから

$$\frac{\theta(c+h)-\theta(c)}{h} = \frac{\mathrm{Tan}^{-1} f'(c+h) - \mathrm{Tan}^{-1} f'(c)}{h}. \tag{3}$$

よって，h を 0 に近づければ (3) は点 $x=c$ における関数 $\mathrm{Tan}^{-1} f'(x)$ の微分係数に近づく．すなわち

$$h \to 0 \quad \Rightarrow \quad \frac{\theta(c+h)-\theta(c)}{h} \to \frac{1}{1+[f'(c)]^2} \cdot f''(c).$$

かくして，h を 0 に近づけるとき，(2) したがって (1) は

$$\frac{f''(c)}{[1+[f'(c)]^2]^{\frac{3}{2}}} \tag{4}$$

に近づくことが示された．

(4) を P 点におけるグラフの**曲率**と名づけ，これによって点 $x=c$ における $f(x)$ の値の変動の度合の尺度と考える．

(4) の分母はつねに正であるから，曲率の符号は $f''(c)$ の符号と一致する．よって 2 回微分可能な関数 $f(x)$ が凸 (凹) 関数であるとは，そのグラフの曲率がけっして負 (正) にならないというのと同意義であることになる．また，$f(x)$ が 2 回連続微分可能な場合，変曲点においては

曲率が0にひとしいことも明らかであろう.

こころみに，1次関数$\alpha x+\beta$のグラフの曲率を求めると，$\dfrac{d^2}{dx^2}(\alpha x+\beta)=0$であるから，(4) によって，曲率は0である．逆に，$f(x)$のグラフの曲率がつねに0であるならば，$f''(x)\equiv 0$であるから，$f'(x)\equiv\alpha$ (αは定数)，したがって$f(x)\equiv\alpha x+\beta$ (βは定数) でなければならない．これは予想をうらぎらない結果であるといえよう.

例 1. 懸垂線$y=\dfrac{a}{2}(e^{\frac{x}{a}}+e^{-\frac{x}{a}})$ ($a>0$) の曲率：

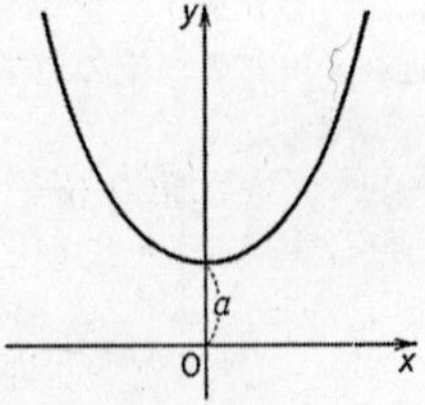

$$\frac{dy}{dx}=\frac{1}{2}(e^{\frac{x}{a}}-e^{-\frac{x}{a}}),$$

$$\frac{d^2y}{dx^2}=\frac{1}{2a}(e^{\frac{x}{a}}+e^{-\frac{x}{a}})=\frac{y}{a^2}.$$

$$1+\left(\frac{dy}{dx}\right)^2=1+\frac{1}{4}(e^{\frac{2x}{a}}+e^{-\frac{2x}{a}}-2)$$

$$=\frac{1}{4}(e^{\frac{2x}{a}}+e^{-\frac{2x}{a}}+2)$$

$$=\frac{1}{4}(e^{\frac{x}{a}}+e^{-\frac{x}{a}})^2=\frac{y^2}{a^2}.$$

図 VIII-6　$y=\dfrac{a}{2}(e^{\frac{x}{a}}+e^{-\frac{x}{a}})$

よって，曲率は

$$\frac{\dfrac{y}{a^2}}{\left(\dfrac{y^2}{a^2}\right)^{\frac{3}{2}}}=\frac{a}{y^2}.$$

▶ 関数のグラフの場合にかぎらず，一般に曲線が方程式

$$x=\varphi(t),\quad y=\psi(t)\quad (a\leqq t\leqq b)$$

で与えられている場合にも，その曲率を考えることができる．ただし，$[a\,;\,b]$で$\varphi(t)$および$\psi(t)$が2回微分可能で，しかも

$|\varphi'(t)|+|\psi'(t)|\neq 0$ であると仮定するのである*.

まず曲率の定義であるが，これは関数のグラフの場合とほぼ同様である：曲線上の点 $(\varphi(t), \psi(t))$ における接線が x 軸の正の向きとなす角を $\theta(t)$ で表わし，また，曲線上の点 $\mathrm{P}(\varphi(c), \psi(c))$ から点 $\mathrm{Q}(\varphi(c+h),\ \psi(c+h))$ へ至る弧の長さを $s(h)$ で表わしたとき，

$$\frac{\theta(c+h)-\theta(c)}{s(h)} \tag{1}$$

において h を 0 に近づけると，この場合にも，(1) は一定の値に近づく．この一定の値を点 P におけるこの曲線の曲率と名づけるのである．

以下，その曲率の値を求めてみよう．

まず，

$$s(h)=\int_c^{c+h}\sqrt{[\varphi'(t)]^2+[\psi'(t)]^2}\,dt$$

であるから，$h\to 0$ のとき

$$\frac{s(h)}{h}\to s'(0)=\sqrt{[\varphi'(c)]^2+[\psi'(c)]^2}.$$

つぎに，$\varphi'(c)\neq 0$ であるとすると，c に近い t の値に対しては $\varphi'(t)\neq 0$ であるから，

$$\tan\theta(t)=\frac{\psi'(t)}{\varphi'(t)}.\quad (1,\ \S 9,\ 問 2)$$

よって，$|\theta(t)|<\dfrac{\pi}{2}$ であるように角 $\theta(t)$ を定めると

$$\theta(t)=\mathrm{Tan}^{-1}\frac{\psi'(t)}{\varphi'(t)}$$

であるから，

---

*　この曲線は，もとより，正則弧である（IV，§12）．

$$\theta'(t) = \frac{1}{1+\left[\dfrac{\psi'(t)}{\varphi'(t)}\right]^2}\cdot\frac{\varphi'(t)\psi''(t)-\varphi''(t)\psi'(t)}{[\varphi'(t)]^2}$$

$$= \frac{\varphi'(t)\psi''(t)-\varphi''(t)\psi'(t)}{[\varphi'(t)]^2+[\psi'(t)]^2}.$$

したがって，$h \to 0$ のとき

$$\frac{\theta(c+h)-\theta(c)}{s(h)} = \frac{\dfrac{\theta(c+h)-\theta(c)}{h}}{\dfrac{s(h)}{h}}$$

$$\to \frac{\theta'(c)}{s'(0)} = \frac{\varphi'(c)\psi''(c)-\varphi''(c)\psi'(c)}{[[\varphi'(c)]^2+[\psi'(c)]^2]^{\frac{3}{2}}}.$$

最後に，$\varphi'(c)=0$ のときには，

$$0 < \theta(t) < \pi$$

であるように角 $\theta(t)$ を定め，

$$\theta(t) = \mathrm{Cot}^{-1}\frac{\varphi'(t)}{\psi'(t)}$$

として，上と同様のことをおこなえば，上と同じ結果が得られる．

こうして，けっきょく，P における曲率は次の式で与えられることがわかったわけである．

$$\frac{\varphi'(c)\psi''(c)-\varphi''(c)\psi'(c)}{[[\varphi'(c)]^2+[\psi'(c)]^2]^{\frac{3}{2}}} \tag{5}$$

曲率が正のときは，その点において，t が大きくなるにつれて曲線が左の方へ曲がっていくことを示している．

注意 1. $x=t$, $y=f(t)$ とすれば，(4) は (5) の特別の場合と考えられる．◀

問 1. $y=x^2$ の曲率を求める．

§9. 曲率円

曲率に関してはべつの方面からも幾何学的意味がつけられる．これを以下に説明しよう．

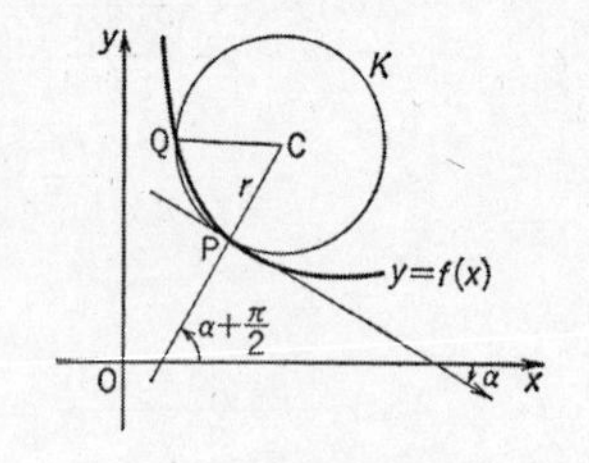

$f(x)$ は2回連続微分可能で $f''(c)\neq 0$ であるとする．前節と同じ記号をもちいることとし，点 $\mathrm{P}(c, f(c))$ においてグラフと共通の接線を有しかつグラフの点 $\mathrm{Q}(c+h, f(c+h))$ をとおる円を K とすれば，その中心 C の座標は

$$c-r\sin\alpha,\quad f(c)+r\cos\alpha \tag{1}$$

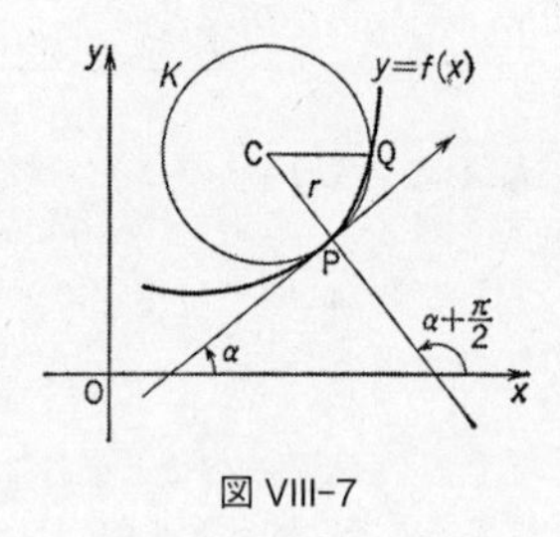

図 VIII-7

で表わされる（図 VIII-7）．

ただし，α は前に $\theta(c)$ で表わした角，すなわち接線が x 軸の正の向きとなす角を表わし，$|\alpha|<\dfrac{\pi}{2}$ であるように定めたものとする．

かように α を定めれば，点 C が接線の上方に位する場合に r は K の半径を表わし，点 C が接線の下方に位する場合は r は K の半径に負号をつけたものを表わす．いずれにしても，r は h の関数である．

いま $h\to 0$ なるとき，r がいかなる値に近づくかを調べてみよう．

円 K の方程式は

$$(x-c+r\sin\alpha)^2+[y-f(c)-r\cos\alpha]^2=r^2,$$

すなわち

$$(x-c)^2+[y-f(c)]^2 +2r[(x-c)\sin\alpha-[y-f(c)]\cos\alpha]=0$$

であるから，これに点 Q の座標 $x=c+h$, $y=f(c+h)$ を入れれば

$$h^2+[f(c+h)-f(c)]^2 +2r[h\sin\alpha-[f(c+h)-f(c)]\cos\alpha]=0.$$

したがって

$$r=\frac{1}{2}\cdot\frac{h^2+[f(c+h)-f(c)]^2}{-h\sin\alpha+[f(c+h)-f(c)]\cos\alpha}$$

$$=\frac{1}{\cos\alpha}\cdot\frac{1+\left[\dfrac{f(c+h)-f(c)}{h}\right]^2}{2\cdot\dfrac{-h\tan\alpha+[f(c+h)-f(c)]}{h^2}}$$

ここに $|\alpha|<\dfrac{\pi}{2}$，したがって $\cos\alpha>0$ であるから

$$\frac{1}{\cos\alpha}=\left(\frac{1}{\cos^2\alpha}\right)^{\frac{1}{2}}=\left(\frac{\cos^2\alpha+\sin^2\alpha}{\cos^2\alpha}\right)^{\frac{1}{2}}=(1+\tan^2\alpha)^{\frac{1}{2}}$$

$$=[1+[f'(c)]^2]^{\frac{1}{2}}. \tag{2}$$

また

$$h\to 0 \ \Rightarrow\ 1+\left[\frac{f(c+h)-f(c)}{h}\right]^2\to 1+[f'(c)]^2.$$

さらに，Taylor の定理（$n=2$）をもちいれば

$$2\cdot\frac{-h\tan\alpha+[f(c+h)-f(c)]}{h^2}$$

$$=2\cdot\frac{-hf'(c)+\left[f'(c)h+\dfrac{f''(c+\theta h)}{2}h^2\right]}{h^2}$$

$$=f''(c+\theta h).\quad (0<\theta<1)$$

したがって

$$h\to 0 \quad ⇨ \quad 2\cdot\frac{-h\tan\alpha+[f(c+h)-f(c)]}{h^2}\to f''(c).$$

よって，けっきょく，h を 0 に近づければ，r は

$$r_0=\frac{[1+[f'(c)]^2]^{\frac{3}{2}}}{f''(c)} \tag{3}$$

に近づく．(3) を点Pにおけるグラフの**曲率半径**と称する．これが曲率の逆数にひとしいことに注意する．

こうしてみると，h を 0 に近づけるにつれて，K の中心Cは点Pにおけるグラフの法線上をつたわってPからの距離が (3) の絶対値にひとしい点 C_0 に近づいていくことがわかる．したがって，K はまた，点Pにおいてグラフの接線に接しかつ半径が (3) の絶対値にひとしい円 K_0 に限りなく近づくことになる．この K_0 を点Pにおけるグラフの**曲率円**と称する．

とくに，$f(x)$ のグラフがある円の弧である場合には，K は明らかにその円と一致する．したがって曲率円もその円と一致し曲率半径の絶対値はその円の半径にほかならない．いいかえれば，円は曲率が一定な曲線なのである．

グラフの一点における接線はその点においてグラフに最も密着した直線であると考えられるが，それと同じ意味で曲率円はその点でグラフに最も密着した円であると考えられる．そして，接線の方向係数 $f'(x)$ が関数の増減の度合を知るうえに役だつように，曲率がグラフの曲がりの度合を判定するための標識となっているというわけなのである．

問 1． $y=\sqrt{a^2-x^2}$ の曲率半径の絶対値は a にひとしいことを確かめる $(-a<x<a)$．

注意 1． 曲率円 K_0 の方程式は

$$(x-c+r_0\sin\alpha)^2+[y-f(c)-r_0\cos\alpha]^2=r_0{}^2$$

と書かれる．これを y に関して解けば

$$y=f(c)+r_0\cos\alpha\pm\sqrt{r_0{}^2-(x-c+r_0\sin\alpha)^2}.$$

この右辺における複号 $\pm$ は $x=c$, $y=f(c)$ とおいたときこの等号が成りたつように*定め，簡単のためこの右辺を $g(x)$ で表わせば

$$g(c)=f(c),\ \ g'(c)=f'(c),\ \ g''(c)=f''(c)$$

であることが容易に確かめられる．

この場合にかぎらず，一般に，二つの関数 $f(x)$ および $g(x)$ の間に

$$g(c)=f(c),\ \ g'(c)=f'(c),\ \ g''(c)=f''(c),\ \cdots,$$
$$g^{(n-1)}(c)=f^{(n-1)}(c),\ \ g^{(n)}(c)=f^{(n)}(c),$$
$$g^{(n+1)}(c)\neq f^{(n+1)}(c)$$

なる関係があるときは，グラフ $y=f(x)$ と $y=g(x)$ は $x=c$ に対応する点で ***n* 階の接触**をするという．このことばをもちいれば，曲率円と関数のグラフとは 2 階以上の接触をしているわけであ

---

* $r_0>0$ なら $-$，$r_0<0$ なら $+$．

る.

曲率円の中心 C_0 を**曲率中心**と称する. 曲率中心の座標 (x_0, y_0) は (1) の2式において

$$r=\frac{[1+[f'(c)]^2]^{\frac{3}{2}}}{f''(c)} \tag{3'}$$

$$\cos\alpha=\frac{1}{[1+[f'(c)]^2]^{\frac{1}{2}}},\quad \sin\alpha=\frac{f'(c)}{[1+[f'(c)]^2]^{\frac{1}{2}}} \tag{2'}$$

とおくことによって得られる:

$$x_0=c-\frac{[1+[f'(c)]^2]f'(c)}{f''(c)},\quad y_0=f(c)+\frac{1+[f'(c)]^2}{f''(c)}. \tag{4}$$

問 2. 懸垂線 $y=\frac{a}{2}(e^{\frac{x}{a}}+e^{-\frac{x}{a}})$ の曲率中心を求める.

注意 2. $f''(c)$ が正であるか負であるかによって, (3) で与えられる曲率半径 r_0 の値も正かまたは負になる. 曲率半径を曲率円の半径という意味に解するときには, その値は

$$\frac{\left[1+\left(\frac{dy}{dx}\right)^2\right]^{\frac{3}{2}}}{\left|\frac{d^2y}{dx^2}\right|}. \tag{5}$$

注意 3. 曲線が $y=f(x)$ なる形の方程式で与えられていない場合にも曲率円を考えることができる. すなわち一般に曲線が接線を有する場合に, 曲線上の一点 P において曲線の接線に接しかつ曲線上の他の点 Q をとおる円 K が, Q を P に近づけるとともに, 一定の円 K_0 に近づくときは, K_0 を点 P における曲線の曲率円と名づけるのである.

演習問題 VIII.

次の関数の第 n 階導関数を求める（1〜6）：

1. $\dfrac{1}{\sqrt{1-x}}$　　2. $\dfrac{x+a}{x+b}$

3. $\dfrac{x}{x^2-1}$　　4. $(1-x^2)^n$

5. $\cos^2 x$　　6. $x^2e^{ax}\quad (a\neq 0)$.

7. $f(x)\equiv(\mathrm{Sin}^{-1}x)^2$ とおくとき $f^{(n)}(0)$ を求める.

8. $f(x)\equiv\sin(a\,\mathrm{Sin}^{-1}x)$ とおくとき $f^{(n)}(0)$ を求める.

9. $\dfrac{d^n}{dx^n}\mathrm{Tan}^{-1}x=(n-1)!\cos^n(\mathrm{Tan}^{-1}x)\sin\left(n\,\mathrm{Tan}^{-1}x+\dfrac{n\pi}{2}\right)$

を証明する.

10. $y=f(x)$ のとき $\dfrac{2y'y'''-3y''^2}{2y'^2}$ を $\{y;x\}$ で表わしこれを y の Schwarz 導関数と称する. $z=\dfrac{ay+b}{cy+d}$（a, b, c, d は定数, $ad-bc\neq 0$）ならば $\{y;x\}=\{z;x\}$ であることを証明する.

11. 一直線上を運動する質点が直線上の定点 O からの距離に比例する力で引かれているとする. O を座標の原点にとれば質点の加速度は $\dfrac{d^2x}{dt^2}$ であるから, 質点の質量を m とするとき

$$m\frac{d^2x}{dt^2}=-a^2x \quad (a\text{ は定数})$$

なる微分方程式が成立する. $x=A\cos\dfrac{a}{\sqrt{m}}t+B\sin\dfrac{a}{\sqrt{m}}t$（$A, B$ は定数）はこの微分方程式を満足することを確かめる（付録§9参照）.

12. $\sin x$ に Maclaurin の定理を適用した結果を求める.

次の関数の極大値, 極小値を求める（13〜15）：

13. x^4-4x^3+5　　14. $x^5-ax^4+b^5\quad (a>0)$

15. $e^x+2\cos x+e^{-x}$.

16. $x=e^{-at}\sin bt$ $(a>0, b>0)$ は $t=\dfrac{2k\pi+\alpha}{b}$ $\left(\alpha=\mathrm{Tan}^{-1}\dfrac{b}{a}\right)$ において極大値をとり，また $t=\dfrac{(2k+1)\pi+\alpha}{b}$ において極小値をとることを示し，この関数のグラフの概形を描く（減衰振動）.

17. 平面上において定直線 g の一方の側にある定点 A から出発して一定速度 u で進み，点 P で直線 g を通過したのち一定速度 v で定点 B まで進むものとする．最小の時間で A から B まで達するためには

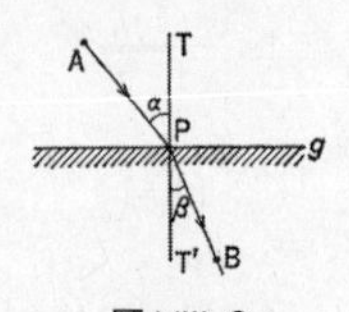

図 VIII-8

$$\frac{\sin\alpha}{\sin\beta}=\frac{u}{v}$$

でなければならないことを証明する．ここに，$\alpha=\angle\mathrm{APT}$，$\beta=\angle\mathrm{BPT'}$ で TPT′ は g に垂直であるとする.

次の関数のグラフの変曲点を求める（18〜20）:

18. $\mathrm{Tan}^{-1}x$　　19. $(x+1)\sqrt[3]{3x-2}$

20. xe^{-x}.

21. 曲線 $y=f(x)$ が原点で x 軸に接しているとき曲線上の点 Q から x 軸におろした垂線の足を R とし，また原点で x 軸に接しかつ Q をとおる円 K と直線 QR との交点を S とする．原点における曲線の曲率半径を r_0 とし点 Q の横座標を h とすると

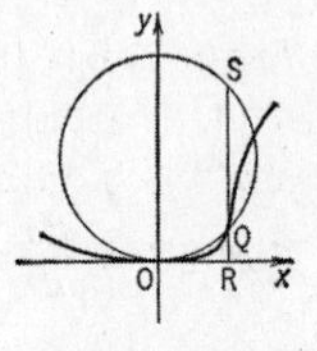

図 VIII-9

$$h\to 0 \quad ならば \quad \overline{\mathrm{RS}}\to 2|r_0|$$

であることを証明する．ただし，$f(x)$ は 2 回連続微分可能であるとする.

22. 曲線 $y=\log x$ の曲率の絶対値が最も大きい点を求める.

23. 曲線の方程式 $x=\varphi(t)$，$y=\psi(t)$ において $\varphi(t)$ および $\psi(t)$ が 2 回連続微分可能であるとき，§9 の方法にならって，こ

の曲線の曲率半径（絶対値）ならびに曲率中心を表わす式を求める．$\left(\dfrac{dx}{dt}, \dfrac{dy}{dt}, \dfrac{d^2x}{dt^2}, \dfrac{d^2y}{dt^2}\right.$ のかわりにそれぞれ $\dot{x}, \dot{y}, \ddot{x}, \ddot{y}$ と書くことにする．$\Big)$

24. 曲線が極方程式 $r=f(\theta)$ で与えられたときその曲率半径（絶対値）を表わす式を求める．ただし $f(\theta)$ は2回連続微分可能であるとする．

25. サイクロイド $x=a(t-\sin t)$, $y=a(1-\cos t)$ の曲率半径を求める．

26. 曲線の方程式 $x=\varphi(t)$, $y=\psi(t)$ において $\varphi(t), \psi(t)$ は2回微分可能であるとする．$\varphi'(t_0)\neq 0$ ならば点 $(\varphi(t_0), \psi(t_0))$ に近いところでは曲線は方程式 $y=\psi[\varphi^{-1}(x)]$ で表わされる（III, §8, 例4）．$\dfrac{d^2y}{dx^2}$ を $\dot{x}, \dot{y}, \ddot{x}, \ddot{y}$ で表わす式を求める．

27. $f''(x), g''(x)$ が連続であるとき，$\log f(x)$ および $\log g(x)$ がいずれも凸関数であるとすれば，$\log[f(x)+g(x)]$ も凸関数であることを証明する．

28. $H_n(x)\equiv(-1)^n e^{x^2}\dfrac{d^n}{dx^n}e^{-x^2}$ について次のことを証明する：

i) $H_n(x)$ は x に関し n 次の多項式である．

ii) $H_n(x)=0$ の二つの実根の間には $H_{n-1}(x)=0$ の実根がある．

iii) $H_n(x)=0$ は n 個の実根を有する．

$H_n(x)$ を Hermite（エルミート）の多項式という．

29. $P_n(x)\equiv\dfrac{1}{2^n\cdot n!}\dfrac{d^n}{dx^n}(x^2-1)^n$ を Legendre（ルジャンドル）の球関数または多項式と称する．$y=P_n(x)$ とおけば $(x^2-1)y''+2xy'-n(n+1)y=0$ であることを証明する．

30. $m\neq n$ ならば $\displaystyle\int_{-1}^{1}P_m(x)P_n(x)dx=0$, $m=n$ ならば $\displaystyle\int_{-1}^{1}P_m(x)P_n(x)dx=\frac{2}{2n+1}$ であることを証明する．

31. $f(x)$がn回連続微分可能で，かつ$a<x<a+h$ならば$|f^{(n)}(x)|\leqq M$であるとする．このとき$f(a+h)$の近似値として$f(a)+\dfrac{f'(a)}{1!}h+\dfrac{f''(a)}{2!}h^2+\cdots+\dfrac{f^{(n-1)}(a)}{(n-1)!}h^{n-1}$をとればその誤差は$\dfrac{Mh^n}{n!}$より大きくない．このことを使って$\sqrt{102}$を小数第4位まで求める．

32. αは方程式$f(x)=0$の実根，α_0はαの近似値で，かつ$a<\alpha<b$，$a<\alpha_0<b$であることが知られているとする．$a<x<b$なるとき$f''(x)f(\alpha_0)>0$ならば，$\alpha_1=\alpha_0-\dfrac{f(\alpha_0)}{f'(\alpha_0)}$は$\alpha_0$よりもさらに$\alpha$に近いことを証明する（Newtonの近似法）．

IX. 関数の極限値

いままで，関数の連続とか微分係数とかを定義するにあたって，《hが0に近づくとき，$f(c+h)$が$f(c)$に近づく》とか，《$\dfrac{f(c+h)-f(c)}{h}$が$f'(c)$に近づく》とかいうことば使いをしてきた．これらは，じつは，hが0に近づくときの$f(c+h)$や$\dfrac{f(c+h)-f(c)}{h}$の《極限値》について語っていたのである．この章では関数の極限値について一般的な説明を与える．その際，いままでのように《近づく》ということばだけでかたづけることも不可能ではないが，この章ではこの《近づく》ということばにもっと正確な表現を与えることにした．いわゆるε, δ方式による極限値の定義である．この方式による定義は初学者にとって理解が困難であるといわれているので，これについての説明はできるだけ懇切ていねいにするように努めた．微分積分学にかぎらず，解析学を理解するためには，このε, δ方式を会得しておくことが，ぜひ，必要なので，このあたりでこれを導入しておくことが適切であると思われるのである．

この章の後半では，関数の極限値の例として，有界でない関数の積分やいわゆる無限積分など広義の積分を扱っておいた．また，定積分が《分割をこまかくしていったときの近似和の極限値であるとは何を意味するか》についても説明が与えられている．

なお，数列の極限値については次の章があてられている．

§1. 連続の概念の再吟味

関数 $f(x)$ が点 $x=c$ で連続であるとは，前に定義したように（I, §7），h を 0 に近づけると $f(c+h)-f(c)$ が 0 に近づくことを意味する．このことを記号

$$h \to 0 \quad \Rightarrow \quad f(c+h) \to f(c) \tag{1}$$

で表わすことも前に説明しておいた．$x=c+h$ とおけば，これは次のように書いてもよいであろう．

$$x \to c \quad \Rightarrow \quad f(x) \to f(c) \tag{2}$$

ところで，(1) や (2) をグラフに関することばに翻訳し述べればどういうことになるか．これについて考えてみよう．

$|h|$ がきわめて小さいとき，すなわち，$x=c+h$ とおいて x が c にきわめて近いときは，グラフの点 $(x, f(x))$ は横線 $y=f(c)$ にきわめて近いところにある．よって，この横線をはさんでこれにきわめて近い二つの横線 $y=f(c)-\varepsilon$ および $y=f(c)+\varepsilon$（ε は小さい正数）をひけば，変数 x が c に十分近い範囲のところにあるかぎり，グラフはこの二つの横線ではさまれる帯状の図形 Δ_ε（図 IX-1）の中をはしる．すなわち，ε がどんな小さい正数であっても，これに応じて，正数 δ を十分小さくとりさえすれば，縦線 $x=c-\delta$ と縦線 $x=c+\delta$ との間ではグラフは

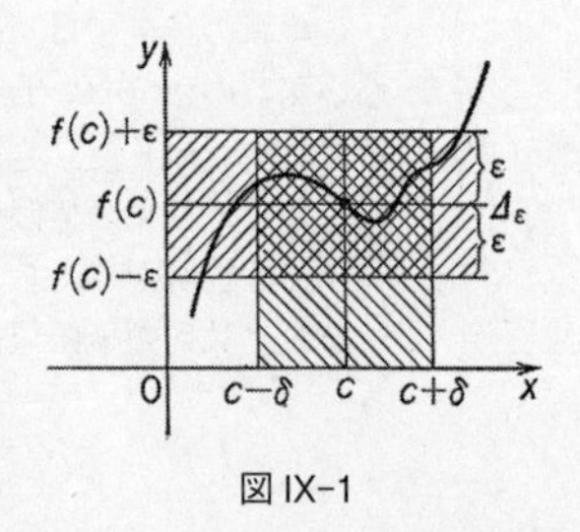

図 IX-1

帯状図形Δ_εの中に含まれているというわけである．

してみると，けっきょく，点$x=c$において$f(x)$が連続であるとは，εがどんな（小さい）正数であっても，条件

$$|x-c|<\delta \ \Rightarrow\ |f(x)-f(c)|<\varepsilon,$$

あるいは　$|h|<\delta \ \Rightarrow\ |f(c+h)-f(c)|<\varepsilon$

が成りたつように正数δをえらびうることを意味する（このとき，正数δの大きさが正数εの大きさによって左右されることはいうまでもない）．よって，このことをもって関数が連続であることの定義としてもさきに述べた定義と同じことになってくるわけである．

関数が連続であるかないかについて，正確に論じようとするときには，もっぱら，いま述べた形の定義――いわゆるε,δ方式の定義――を採用することになっている．

このε,δ方式の定義にもとづいて関数の連続なことを証明する例をあげておこう：

例 1. VI，§1（p. 229）によれば，$0<|h|<\dfrac{\pi}{2}$のとき

$$|\sin(c+h)-\sin c|<|h|.$$

また，$h=0$のときは$|\sin(c+h)-\sin c|=0$であるから，けっきょく，

$$|h|<\frac{\pi}{2} \ \Rightarrow\ |\sin(c+h)-\sin c|\leqq|h|$$

であるということになる．よって，εがどんな正数であっても，

$$0<\delta<\min\left\{\varepsilon,\frac{\pi}{2}\right\}$$

なるδに対しては

$$|h|<\delta \ \Rightarrow\ |\sin(c+h)-\sin c|<\varepsilon.$$

これで，$x=c$ において $\sin x$ の連続なことが証明されたわけである．p. 229 に述べておいた《証明》はいま述べた正確な証明をおおざっぱに述べたものとみなされるのである．

問 1. $\cos x$ が連続関数であることを ε, δ 方式により証明する．

例 2. 関数 x^2 が $x=c$ で連続なことの証明は次のとおりである．

$|(c+h)^2-c^2|=|h(2c+h)|=|h||2c+h| \leqq |h|(2|c|+|h|)$

であるから，ε が1より小さいどんな正数であっても，$|h|<\dfrac{\varepsilon}{2|c|+1}$ ならば

$$|(c+h)^2-c^2| < \frac{\varepsilon}{2|c|+1}\left(2|c|+\frac{\varepsilon}{2|c|+1}\right)$$

$$< \frac{\varepsilon}{2|c|+1}(2|c|+1)=\varepsilon$$

である．これは，とりもなおさず，$\delta=\dfrac{\varepsilon}{2|c|+1}$ とおくときは

$$|h|<\delta \ \Rightarrow\ |(c+h)^2-c^2|<\varepsilon \tag{3}$$

であることを意味する．すなわち，これで関数 x^2 が点 $x=c$ で連続であることが示されたわけである．

注意 1. $\varepsilon \geqq 1$ のときは，$\varepsilon'<1$ であるような ε' をとり，$\delta=\dfrac{\varepsilon'}{2|c|+1}$ とおけば，$\varepsilon'<\varepsilon$ であるから，やはり，(3) が成立する．このように，《どんな正数 ε》というとき《十分小さいどの正数 ε》だけに限定してもさしつかえのないことがわかる．

注意 2. x^2 が連続関数であることを証明するには，じつは，まず，関数 x が連続関数であることを証明し，つぎに，二つの連続関数の積が連続関数であるという定理*を利用するほうが早道である．ここでは ε, δ 方式の使いかたの一例として上のような証明法を掲げておいた．

なお，$[a\,;\,c)$ で定義された関数 $f(x)$ が $x=a$ で右連続

---

* この定理の ε, δ 方式による証明は後出（§3, p. 343）．

であるというのは，ε がどのような正数でも，条件

$$0 < h < \delta \quad \Rightarrow \quad |f(a+h) - f(a)| < \varepsilon$$

に適する正数 δ をえらべることを意味する．また，$(c\,;\,b]$ で定義された関数 $f(x)$ が $x=b$ で左連続であるというのは，ε がどのような正数でも，条件

$$0 < -h < \delta \quad \Rightarrow \quad |f(b+h) - f(b)| < \varepsilon$$

に適する正数 δ がえらべるという意味である．

したがって，$f(x)$ がその定義域 D で連続関数である（III，§1）というのは，いいかえると次のようなことになる：

$f(x)$ の定義域 D の各点 c において，正数 ε を任意に与えると，条件

$$c+h \in D,\ |h| < \delta \quad \Rightarrow \quad |f(c+h) - f(c)| < \varepsilon \quad (4)$$

に適する正数 δ をいつでもえらびうるとき，$f(x)$ は D で連続関数であるという．条件 (4) は，また，次のように書いても同じことである：

$$x \in D,\ |x-c| < \delta \quad \Rightarrow \quad |f(x) - f(c)| < \varepsilon.$$

問 2. 定数値関数および関数 $x, \sqrt{x}$ がそれぞれ連続関数であることを ε, δ 方式で証明する．

問 3. $f(x)$ が $x=c$ で連続であるための必要十分条件は $f(x)$ が $x=c$ で右連続，左連続であることである．このことを確かめる．

関数 $f(x)$ および $g(x)$ が点 $x=c$ で連続であるとする．このとき

$$\varphi(x) = \max\{f(x), g(x)\}, \quad \psi(x) = \min\{f(x), g(x)\}$$

によって関数$\varphi(x)$および$\psi(x)$を定義すると，これらの関数$\varphi(x), \psi(x)$はいずれも点$x=c$で連続である．

$\varphi(x)$についてだけ証明しておこう．

εがどんな正数でも，正数δ_1およびδ_2を十分小さくとると，

$$\begin{aligned} &|x-c| < \delta_1 \\ &\quad \Rightarrow \ |f(x)-f(c)| < \varepsilon, \\ &\quad \text{すなわち} \quad -\varepsilon < f(x)-f(c) < \varepsilon \\ &|x-c| < \delta_2 \\ &\quad \Rightarrow \ |g(x)-g(c)| < \varepsilon, \\ &\quad \text{すなわち} \quad -\varepsilon < g(x)-g(c) < \varepsilon. \end{aligned}$$

よって，$\delta=\min\{\delta_1, \delta_2\}$とおくと

$$\begin{aligned} &|x-c| < \delta \\ &\quad \Rightarrow \ f(c)-\varepsilon < f(x) < f(c)+\varepsilon, \\ &\quad\quad\ \ g(c)-\varepsilon < g(x) < g(c)+\varepsilon. \end{aligned}$$

したがって，

$$|x-c| < \delta \ \Rightarrow \ f(x) < \varphi(c)+\varepsilon, \ g(x) < \varphi(c)+\varepsilon$$

であるから，

$$|x-c| < \delta \ \Rightarrow \ \varphi(x) < \varphi(c)+\varepsilon. \tag{5}$$

また，

$$|x-c| < \delta \ \Rightarrow \ f(c)-\varepsilon < \varphi(x), \ g(c)-\varepsilon < \varphi(x)$$

であるから，

$$|x-c| < \delta \ \Rightarrow \ \varphi(c)-\varepsilon < \varphi(x). \tag{6}$$

すなわち，(5)，(6) により

$$|x-c| < \delta \ \Rightarrow \ \varphi(c)-\varepsilon < \varphi(x) < \varphi(c)+\varepsilon.$$

これは

$$|x-c|<\delta \ \Rightarrow\ -\varepsilon<\varphi(x)-\varphi(c)<\varepsilon,$$

$$\text{すなわち}\quad |\varphi(x)-\varphi(c)|<\varepsilon$$

を意味する.

問 4. $\psi(x)$についての証明をこころみる.

問 5. $f(x)$が点$x=c$で連続ならば$|f(x)|$も点$x=c$で連続であることを証明する.

問 6. 連続な狭義の増加関数の逆関数が連続関数である（III, §8, p. 127）ことをε, δ方式で証明する.

§2. 関数の極限値

《近づく》ということばは, 関数の連続に関してばかりでなく, 微分係数を定義する際にも使われた. すなわち, $f(x)$がその定義域の点$x=c$で微分可能であるというのは, $|h|$を0に近づけていくと平均変動$\dfrac{f(c+h)-f(c)}{h}$と《一定の数》$f'(c)$との差が0に近づくことであった（I, §5）.

記号で表わせば

$$h\to 0 \ \Rightarrow\ \frac{f(c+h)-f(c)}{h}\to f'(c) \tag{1}$$

ということになる. あるいは, $x=c+h$とおいて次のように書くこともできる.

$$x\to c \ \Rightarrow\ \frac{f(x)-f(c)}{x-c}\to f'(c). \tag{2}$$

一般に, hを0に近づけると$f(c+h)$が一定の数Lに

近づくとき，いいかえれば $f(c+h)-L$ が 0 に近づくとき，すなわち，いままでの記号で書けば

$$h \to 0 \quad \Rightarrow \quad f(c+h) \to L \quad (f(c+h)-L \to 0)$$

であるとき，

$$\lim_{h \to 0} f(c+h) = L$$

または

$$\lim_{x \to c} f(x) = L$$

という記号がもちいられ，また，L は《x を c に近づけたときの関数 $f(x)$ の極限値》または《点 $x=c$ における関数 $f(x)$ の極限値》と称せられる．たとえば，上の§1，(1)，(2)，この節の (1)，(2) はそれぞれ次のように書くことができるわけである．

$$\lim_{h \to 0} f(c+h) = f(c) \tag{1'}$$

$$\lim_{x \to c} f(x) = f(c) \tag{2'}$$

$$\lim_{h \to 0} \frac{f(c+h)-f(c)}{h} = f'(c) \tag{1''}$$

$$\lim_{x \to c} \frac{f(x)-f(c)}{x-c} = f'(c). \tag{2''}$$

なお，点 $x=c$ における関数の**極限値**というとき，その関数が元来点 $x=c$ で定義されているか，いないかはぜんぜん度外視してかまわない．$a<c<b$ なる a, b があって，

開区間 $(a\,;c)$ および $(c\,;b)$ でその関数が定義されていさえすればいいのである．たとえば，(2′) の場合，$f(x)$ は $x=c$ で定義されているが，(2″) の場合，関数 $\dfrac{f(x)-f(c)}{x-c}$ は点 $x=c$ では定義されていないことに注意する．

(1′)，(2′) からみられるように，$f(x)$ が点 $x=c$ で連続であるというのは，極限値ということばを使うと，x を c に近づけるとき $f(x)$ が極限値をもち，しかも，その極限値が $f(c)$ にひとしいということにほかならない．さらに，$f(x)$ が点 $x=c$ で微分可能であるというのは，(1″)，(2″) により，x を c に近づけるとき $f(x)$ の平均変動が極限値を有するという意味なのである．

関数の極限値と関数の連続ということとの間の関係を，もうすこし立ち入って考えてみる．

まず，点 $x=c$ における $f(x)$ の極限値が存在し，

$$\lim_{x\to c} f(x) = L \tag{3}$$

であるとする．点 $x=c$ 以外では $\varphi(x)=f(x)$ で，かつ $\varphi(c)=L$ であるような関数 $\varphi(x)$ をつくれば，(3) により

$$\lim_{x\to c} \varphi(x) = \varphi(c). \tag{4}$$

すなわち，$\varphi(x)$ は点 $x=c$ において連続な関数であるということになる．

逆に，いま，$x=c$ 以外の点では $\varphi(x)=f(x)$ で，しかも

点 $x=c$ で連続であるような関数 $\varphi(x)$ が存在するような場合を考えてみる. (4) が成立し, かつ $x=c$ 以外では $\varphi(x)=f(x)$ なのであるから, 当然

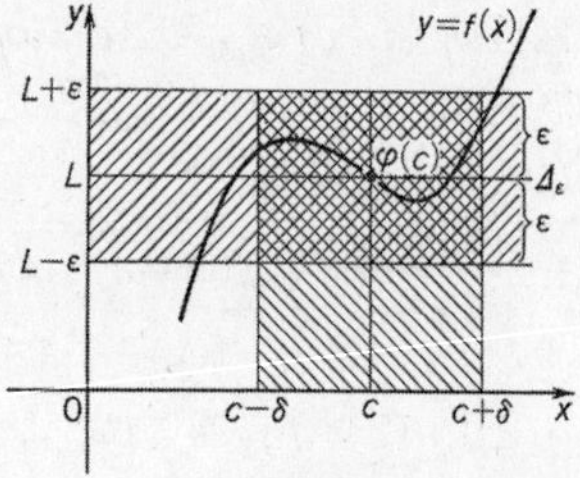

$$\lim_{x\to c} f(x) = \varphi(c)$$

図 IX-2

でなければならない. すなわち, 点 $x=c$ における $f(x)$ の極限値が存在し, かつその極限値は $\varphi(c)$ にひとしいということになった. たとえば, $c=1$, $f(x)\equiv\dfrac{x^2-1}{x-1}$ であるとすると, $x+1$ が $\varphi(x)$ にあたるわけである.

上に述べたところによれば, (3) が成りたつということは, $x=c$ 以外の点で $\varphi(x)=f(x)$ で, かつ $\varphi(c)=L$ であるような関数 $\varphi(x)$ が点 $x=c$ で連続であるということにほかならない. ところで, §1 で述べたように $\varphi(x)$ が点 $x=c$ で連続であるとは, ε が任意の正数であるとき

$$|x-c|<\delta \quad \Rightarrow \quad |\varphi(x)-\varphi(c)|<\varepsilon \tag{5}$$

であるように正数 δ をえらびうることを意味する. したがって, $\varphi(c)=L$ で, かつ $x\neq c$ ならば $f(x)=\varphi(x)$ であることに注意すれば, (3) が成りたつ場合には, (5) より

$$0<|x-c|<\delta \quad \Rightarrow \quad |f(x)-L|<\varepsilon \tag{6}$$

であることがすぐわかる. 逆に, 任意の正数 ε に対して, (6) が成りたつような δ をいつでもえらびうる場合には,

$x \neq c$ ならば $\varphi(x)=f(x)$, $\varphi(c)=L$ であるような関数 $\varphi(x)$ に対しては (5) が成りたち, したがって, $\varphi(x)$ は $x=c$ で連続であることになる. これは, さきに述べておいたように, とりもなおさず (3) が成りたつことを意味する.

以上のしだいで点 $x=c$ における $f(x)$ の極限値が存在し, かつこれが L にひとしいということは, けっきょく, 任意の正数 ε に対し (6) が成りたつように正数 δ をえらびうることを意味するといってもよいわけである. これが ε, δ 方式による関数の極限値の定義である.

例 1. $f(x)$ が点 $x=c$ で微分可能であるとき, $f(x)$ が点 $x=c$ で連続であることを証明するのには次のようにすればよい. I, §7 により

$$f(c+h)-f(c) = f'(c)h+\rho(h)h,$$
$$\lim_{h\to 0}\rho(h) = 0, \quad \rho(0) = 0$$

であるから, まず,

$$|h| < \delta' \ \Rightarrow \ |\rho(h)| < \frac{1}{2},$$

であるように正数 δ' をえらぶと,

$$|f(c+h)-f(c)| \leqq |f'(c)||h|+|h| = (|f'(c)|+1)|h|.$$

よって, ε がどんな正数であっても,

$$\delta = \min\left\{\delta', \frac{\varepsilon}{|f'(c)|+1}\right\}$$

とおくと

$$|h| < \delta \ \Rightarrow \ |f(c+h)-f(c)| < \varepsilon.$$

例 2. 前に

$$\lim_{h\to 0}\frac{\sin h}{h}=1$$

をいちおう証明しておいたが（VI，§1，(5)），ここで ε, δ 方式により正式の証明を与えておこう．VI，§1，(3) によれば，$0<|h|<\dfrac{\pi}{2}$ のとき

$$\cos h<\frac{\sin h}{h}<1$$

であるから，

$$0<1-\frac{\sin h}{h}<1-\cos h,$$

すなわち，

$$0<\left|\frac{\sin h}{h}-1\right|<|\cos h-1|.$$

しかるに，§1，問1により，$\cos h$ は変数 h の連続関数であるから，$\lim_{h\to 0}\cos h=\cos 0=1$．よって，$\varepsilon$ がどんな正数でも，正数 $\delta\left(<\dfrac{\pi}{2}\right)$ を十分小さくとると

$$|h|<\delta \quad \Rightarrow \quad |\cos h-1|<\varepsilon.$$

したがって，上の不等式により

$$0<|h|<\delta \quad \Rightarrow \quad \left|\frac{\sin h}{h}-1\right|<\varepsilon.$$

問 1． $f(x)\leqq g(x)\leqq \varphi(x)$ で，かつ $\lim_{x\to c}f(x)=\lim_{x\to c}\varphi(x)$ であるとき，

$$\lim_{x\to c}f(x)=\lim_{x\to c}g(x)=\lim_{x\to c}\varphi(x)$$

を証明する（**挟み撃ちの定理**）．

極限値ということばは上に述べた場合以外にももちいられる．たとえば，

例 3． $f(x)=\sqrt{x-1}\sin\dfrac{1}{\sqrt{x-1}}$ は $(1, +\infty)$ を定義域とする関

数である.

$$|f(1+h)-0| = \left|\sqrt{h}\sin\frac{1}{\sqrt{h}}\right| \leqq \sqrt{h}$$

であるから，ε がどんな正数であっても，$\delta=\varepsilon^2$ とおくと

$$0<h<\delta \quad \Rightarrow \quad |f(1+h)-0|<\varepsilon.$$

すなわち，

$$0<h,\ h\to 0 \quad \Rightarrow \quad f(1+h)\to 0.$$

このことを，h が正であると限定することを表わすために，記号

$$\lim_{h\to+0} f(1+h) = 0 \quad \text{または} \quad \lim_{x\to 1+0} f(x) = 0$$

で表わす.

一般に，$f(x)$ は開区間 $(c\,;\,b)$ で定義されている関数であるとし，ε がどんな正数であっても，

$$0<h<\delta \quad \Rightarrow \quad |f(c+h)-L_1|<\varepsilon$$

であるように正数 δ をえらびうるとき，

$$\lim_{h\to+0} f(c+h) = L_1 \quad \text{または} \quad \lim_{x\to c+0} f(x) = L_1$$

と書いて，L_1 を《点 $x=c$ における $f(x)$ の右側の極限値》と称する.

また，$f(x)$ は開区間 $(a\,;\,c)$ で定義された関数であるとし，ε がどんな正数であっても，

$$0<-h<\delta \quad \Rightarrow \quad |f(c+h)-L_2|<\varepsilon$$

であるように正数 δ をえらびうるとき

$$\lim_{h\to-0} f(c+h) = L_2 \quad \text{または} \quad \lim_{x\to c-0} f(x) = L_2$$

と書いて，L_2 を《点 $x=c$ における $f(x)$ の左側の極限値》

と名づける．

問 2. x を越えない最大の整数を $[x]$ で表わすとき（Gauss の記号），$\lim_{x\to2-0}[x]$，$\lim_{x\to2+0}[x]$ を求める．

問 3. $\lim_{x\to c+0} f(x)=\lim_{x\to c-0} f(x)=L$ であるときは，$\lim_{x\to c} f(x)=L$ であること，およびその逆を証明する．

注意 1. $\lim_{x\to c+0} f(x)$ が存在するとき，これを $f(c+0)$ と略記し，また $\lim_{x\to c-0} f(x)$ が存在するときこれを $f(c-0)$ と略記することがある．

注意 2. $x=c$ で $f(x)$ が右連続であるとは $f(c+0)=f(c)$ と同意義である．また，$x=c$ で $f(x)$ が左連続であるとは $f(c-0)=f(c)$ と同意義である．

例 4. V，§3によれば，$x<0$ で $|x|$ が限りなく大きくなると，e^x は 0 に近づく．このことを記号

$$x\to-\infty \quad \Rightarrow \quad e^x\to0$$

で表わしたが，これを

$$\lim_{x\to-\infty} e^x=0$$

とも書く．これは

$$\lim_{x\to-0} e^{\frac{1}{x}}=0$$

と同意義であることに注意する．

例 5. e^{-x} は x が限りなく大きくなると 0 に近づく．このとき，

$$x\to+\infty \quad \Rightarrow \quad e^{-x}\to0$$

または

$$\lim_{x\to+\infty} e^{-x}=0$$

と書く．これは

$$\lim_{x\to+0} e^{-\frac{1}{x}} = 0$$

と同意義であることに注意する.

一般に, $f(x)$ が区間 $(-\infty\,;\,b)$ (ただし, $b<0$) で定義された関数ならば, $f\left(\frac{1}{x}\right)$ は開区間 $\left(\frac{1}{b}\,;\,0\right)$ で定義された関数である. このとき

$$\lim_{x\to-0} f\left(\frac{1}{x}\right) = L$$

ならば

$$\lim_{x\to-\infty} f(x) = L$$

と書く. このことをくわしくいうと次のようになる:

ε がどんな正数であっても, 正数 δ を十分小さくとると

$$-\delta < x < 0 \quad \Rightarrow \quad \left|f\left(\frac{1}{x}\right) - L\right| < \varepsilon,$$

すなわち, ε がどんな正数であっても, 正数 $M=\dfrac{1}{\delta}$ を十分大きくとると

$$x < -M \quad \Rightarrow \quad |f(x)-L| < \varepsilon.$$

つぎに, $f(x)$ が区間 $(a\,;\,+\infty)$ (ただし $a>0$) で定義された関数であるとき, $f\left(\frac{1}{x}\right)$ は開区間 $\left(0\,;\,\frac{1}{a}\right)$ で定義された関数である. このとき

$$\lim_{x\to+0} f\left(\frac{1}{x}\right) = L$$

ならば

$$\lim_{x\to+\infty} f(x) = L$$

と書く．これはいいかえると，ε がどんな正数でも，正数 M を十分大きくとると

$$x > M \quad \Rightarrow \quad |f(x)-L| < \varepsilon$$

であるということと同意義である．

以上二つのいずれの場合にも，L はそれぞれの場合の極限値とよばれる．

問 4. 例 4，例 5 の $\lim_{x\to-\infty} e^x=0$，$\lim_{x\to+\infty} e^{-x}=0$ をいま述べた定義にあてはめて証明する．

最後に，以上で説明したどの場合にも，極限値があるにしてもただ一つだけにかぎることに注意しておく．たとえば

$$\lim_{x\to c} f(x) = L_1, \quad \lim_{x\to c} f(x) = L_2$$

であるとしてみよう．ε がどんな正数でも

$$0 < |x-c| < \delta_1 \quad \Rightarrow \quad |f(x)-L_1| < \varepsilon$$
$$0 < |x-c| < \delta_2 \quad \Rightarrow \quad |f(x)-L_2| < \varepsilon$$

なのであるから，$\delta=\min\{\delta_1, \delta_2\}$ とおくと

$$0 < |x-c| < \delta \quad ならば$$
$$|f(x)-L_1| < \varepsilon, \ |f(x)-L_2| < \varepsilon.$$

よって，$|L_1-L_2| \leqq |L_1-f(x)|+|f(x)-L_2|<2\varepsilon$ により

$$0 < |x-c| < \delta \quad \Rightarrow \quad |L_1-L_2| < 2\varepsilon.$$

いま，かりに，$L_1 \neq L_2$ であるとすると，$|L_1-L_2|>0$ であ

るから，たとえば，$\varepsilon=\dfrac{|L_1-L_2|}{4}$ としてこの ε に対応して δ を定めれば

$$0<|x-c|<\delta \quad \Rightarrow \quad |L_1-L_2|<\frac{|L_1-L_2|}{2}$$

というおかしなことになるのである．

§3. 関数の極限値の公式

$a<c<b$ であるとし，関数 $f(x)$ および $g(x)$ がともに開区間 $(a\,;\,c)$ および $(c\,;\,b)$ で定義され，

$$\lim_{x\to c} f(x)=L_1, \quad \lim_{x\to c} g(x)=L_2$$

であるとする．このとき，次の公式が成りたつことを証明しよう．

1) $\displaystyle\lim_{x\to c}[f(x)+g(x)]=\lim_{x\to c}f(x)+\lim_{x\to c}g(x)$

2) $\displaystyle\lim_{x\to c}\alpha f(x)=\alpha\lim_{x\to c}f(x)$　（α は定数）

3) $\displaystyle\lim_{x\to c}f(x)\cdot g(x)=\lim_{x\to c}f(x)\cdot\lim_{x\to c}g(x)$

4) $\displaystyle\lim_{x\to c}\frac{f(x)}{g(x)}=\frac{\lim_{x\to c}f(x)}{\lim_{x\to c}g(x)}$

（ただし，$g(x)\neq 0$，$\displaystyle\lim_{x\to c}g(x)\neq 0$）．

証明：1）ε がどんな正数でも，正数 δ_1 および δ_2 を十分小さくとると，

$$0<|x-c|<\delta_1 \quad \Rightarrow \quad |f(x)-L_1|<\frac{\varepsilon}{2}$$

$$0<|x-c|<\delta_2 \quad \Rightarrow \quad |g(x)-L_2|<\frac{\varepsilon}{2}.$$

よって，$\delta=\min\{\delta_1, \delta_2\}$ とおくと，

$$0<|x-c|<\delta \quad \Rightarrow \quad |f(x)-L_1|<\frac{\varepsilon}{2},$$

$$|g(x)-L_2|<\frac{\varepsilon}{2}.$$

しかるに，

$$\begin{aligned}&|[f(x)+g(x)]-(L_1+L_2)|\\&=|[f(x)-L_1]+[g(x)-L_2]|\\&\leqq|f(x)-L_1|+|g(x)-L_2|\end{aligned}$$

であるから，

$$0<|x-c|<\delta$$

$$\Rightarrow \quad |[f(x)+g(x)]-(L_1+L_2)|<\frac{\varepsilon}{2}+\frac{\varepsilon}{2}=\varepsilon.$$

2) ε がどんな正数でも，正数 δ を十分小さくとると，

$$0<|x-c|<\delta \quad \Rightarrow \quad |f(x)-L|<\frac{\varepsilon}{|\alpha|+1}.$$

よって，

$$0<|x-c|<\delta$$

$$\Rightarrow \quad |\alpha f(x)-\alpha L|=|\alpha||f(x)-L|\leqq|\alpha|\cdot\frac{\varepsilon}{|\alpha|+1}<\varepsilon.$$

問 1. $\lim_{x\to c}f(x)$，$\lim_{x\to c}g(x)$ が存在するとき，$\lim_{x\to c}[\alpha f(x)+\beta g(x)]=\alpha\lim_{x\to c}f(x)+\beta\lim_{x\to c}g(x)$ を証明する．

3) η を 1 より小さい任意の正数とし，

$$0 < |x-c| < \delta_1 \quad \Rightarrow \quad |f(x)-L_1| < \eta$$
$$0 < |x-c| < \delta_2 \quad \Rightarrow \quad |g(x)-L_2| < \eta$$

であるように正数 δ_1, δ_2 をえらぶ.

$$0 < |x-c| < \delta_2 \quad \Rightarrow \quad |g(x)| < |L_2|+\eta < |L_2|+1,$$

$$\begin{aligned} &|f(x)g(x)-L_1L_2| \\ &\quad = |[f(x)g(x)-L_1g(x)]+L_1[g(x)-L_2]| \\ &\quad \leqq |f(x)-L_1||g(x)|+|L_1||g(x)-L_2| \end{aligned}$$

であるから, $\delta=\min\{\delta_1, \delta_2\}$ とおくと, $0<|x-c|<\delta$ ならば

$$\begin{aligned} |f(x)g(x)-L_1L_2| &< \eta(|L_2|+1)+|L_1|\cdot\eta \\ &= \eta(|L_1|+|L_2|+1). \end{aligned}$$

よって, ε がどんな正数であっても,

$$\eta < \frac{\varepsilon}{|L_1|+|L_2|+1}, \quad \eta < 1$$

であるように正数 η を定め, それに応じて上のようにして正数 δ をえらぶと,

$$0 < |x-c| < \delta \quad \Rightarrow \quad |f(x)g(x)-L_1L_2| < \varepsilon.$$

4) $g(x) \neq 0$, $\lim\limits_{x\to c} g(x)=L_2 \neq 0$ のとき

$$\lim_{x\to c}\frac{1}{g(x)} = \frac{1}{\lim\limits_{x\to c} g(x)} \tag{1}$$

を証明すれば十分である. これが証明されると, 3) により

$$\begin{aligned} \lim_{x\to c}\frac{f(x)}{g(x)} &= \lim_{x\to c}\left[f(x)\cdot\frac{1}{g(x)}\right] \\ &= \lim_{x\to c} f(x)\cdot\lim_{x\to c}\frac{1}{g(x)} = \lim_{x\to c} f(x)\cdot\frac{1}{\lim\limits_{x\to c} g(x)} \end{aligned}$$

となるからである.

(1) を証明するのには次のようにする. η は $\dfrac{|L_2|}{2}$ より小さい任意の正数であるとし,

$$0<|x-c|<\delta \quad \Rightarrow \quad |g(x)-L_2|<\eta$$

であるように正数 δ をえらぶと,

$$|g(x)|=|[g(x)-L_2]+L_2| \geqq |L_2|-|g(x)-L_2|$$

であるから, $0<|x-c|<\delta$ ならば

$$|g(x)|>|L_2|-\eta>|L_2|-\frac{|L_2|}{2}=\frac{|L_2|}{2}.$$

よって, $0<|x-c|<\delta$ ならば

$$\left|\frac{1}{g(x)}-\frac{1}{L_2}\right|=\left|\frac{L_2-g(x)}{g(x)\cdot L_2}\right|=\frac{|L_2-g(x)|}{|g(x)|\cdot|L_2|}$$

$$<\frac{\eta}{\dfrac{|L_2|}{2}\cdot|L_2|}=\frac{2\eta}{|L_2|^2}.$$

したがって, ε がどんな正数であっても,

$$\eta<\frac{\varepsilon}{2}|L_2|^2$$

なる正数 η をとって, この η に対し上のようにして正数 δ をえらぶと

$$0<|x-c|<\delta \quad \Rightarrow \quad \left|\frac{1}{g(x)}-\frac{1}{L_2}\right|<\varepsilon.$$

こんどは, 変数 x の関数 $g(x)$ が開区間 $(a\,;c)$ および $(c\,;b)$ で定義され, これらの開区間で $g(x)$ のとる値がすべて変数 y の関数 $f(y)$ の定義域 D に含まれているとす

る：

$$\{g(x) | x \in (a\,;c) \cup (c\,;b)\} \subseteq D.$$

このとき，次の二つの定理5)，6)が成立する．

5) $(a\,;c)$ および $(c\,;b)$ で $g(x) \neq \gamma$ で

$$\lim_{x \to c} g(x) = \gamma, \quad \lim_{y \to \gamma} f(y) = L$$

ならば

$$\lim_{x \to c} f[g(x)] = L.$$

証明：ε がどんな正数であっても，正数 δ' を十分小さくえらぶと，

$$0 < |y - \gamma| < \delta' \quad \Rightarrow \quad |f(y) - L| < \varepsilon. \tag{2}$$

この δ' に対し，正数 δ を十分小さくえらぶと，

$$0 < |x - c| < \delta \quad \Rightarrow \quad |g(x) - \gamma| < \delta'.$$

しかるに，$g(x) \neq \gamma$ なのであるから

$$0 < |x - c| < \delta \quad \Rightarrow \quad 0 < |g(x) - \gamma| < \delta'.$$

よって，(2) により

$$0 < |x - c| < \delta \quad \Rightarrow \quad |f[g(x)] - L| < \varepsilon.$$

6) $y = \gamma$ で $f(y)$ が連続で

$$\lim_{x \to c} g(x) = \gamma$$

ならば

$$\lim_{x \to c} f[g(x)] = f(\gamma) = f[\lim_{x \to c} g(x)].$$

証明：ε がどんな正数でも，正数 δ' を十分小さくえらぶ

と

$$|y-\gamma| < \delta' \ \Rightarrow \ |f(y)-f(\gamma)| < \varepsilon. \qquad (3)$$

この δ' に対し，正数 δ を十分小さくえらぶと

$$0 < |x-c| < \delta \ \Rightarrow \ |g(x)-\gamma| < \delta'.$$

したがって，(3) により

$$0 < |x-c| < \delta \ \Rightarrow \ |f[g(x)]-f(\gamma)| < \varepsilon.$$

問 2. 上記の定理 1)～6) において，$\lim_{x\to c}$ のかわりに $\lim_{x\to c+0}$, $\lim_{x\to c-0}$, $\lim_{x\to+\infty}$, $\lim_{x\to-\infty}$ としても，これらの定理がそのまま成立することを証明する．

定理 1)～4) から III, §2 で述べた次の定理が出てくることは明らかであろう：

$f(x)$ オヨビ $g(x)$ ガ $x=c$ デ連続ナラバ

$$f(x)+g(x),\ \alpha f(x),\ f(x)\cdot g(x),$$

$$\text{オヨビ}\quad \frac{f(x)}{g(x)}\ (g(x)\neq 0)$$

ハ $x=c$ デ連続デアル．

また，6) により次の定理が証明されることに注意する．

$g(x)$ ガ開区間 $(a\,;\,b)$ デ定義サレ，$a<x<b$ ナル x に対シ，$g(x)$ ノ値ガイズレモ $f(y)$ ノ定義域 D ニ属スルトスル：

$$\{g(x)\,|\,a<x<b\} \subseteq D.$$

コノトキ，$g(x)$ ガ $x=c$ $(a<c<b)$ デ連続，マタ $f(y)$ ガ $y=g(c)$ デ連続ナラバ，$f[g(x)]$ ハ $x=c$ デ連続デアル．

例 1. $\lim_{x\to 0}\dfrac{\sin ax}{\sin bx}$ $(a\neq 0, b\neq 0)$ を求める．

この極限値を求めるには

$$\frac{\sin ax}{\sin bx}=\frac{\dfrac{\sin ax}{ax}}{\dfrac{\sin bx}{bx}}\cdot\frac{a}{b}$$

に注目すると，2）と4）により

$$\lim_{x\to 0}\frac{\sin ax}{\sin bx}=\frac{\lim\limits_{x\to 0}\dfrac{\sin ax}{ax}}{\lim\limits_{x\to 0}\dfrac{\sin bx}{bx}}\cdot\frac{a}{b} \tag{4}$$

であることがわかる．しかるに，$x\neq 0$ ならば $ax\neq 0$ で，

$$\lim_{x\to 0}ax=0,\quad \lim_{y\to 0}\frac{\sin y}{y}=1$$

であるから，5）により

$$\lim_{x\to 0}\frac{\sin ax}{ax}=1.$$

同様に

$$\lim_{x\to 0}\frac{\sin bx}{bx}=1$$

であるから，(4) により

$$\lim_{x\to 0}\frac{\sin ax}{\sin bx}=\frac{a}{b}.$$

例 2.

$$\boxed{\lim_{x\to 0}(1+x)^{\frac{1}{x}}=e}$$

証明：$g(x)=\log(1+x)^{\frac{1}{x}}$ とおけば

$$\lim_{x\to 0}g(x)=\lim_{x\to 0}\log(1+x)^{\frac{1}{x}}=\lim_{x\to 0}\left[\frac{1}{x}\log(1+x)\right]$$

$$=\lim_{x\to 0}\frac{\log(1+x)-\log 1}{x}.$$

これは $\dfrac{d\log x}{dx}$ の $x=1$ における値にほかならないから

$$\lim_{x\to0} g(x) = 1.$$

一方 e^y は連続関数であるから

$$\lim_{x\to0}(1+x)^{\frac{1}{x}} = \lim_{x\to0} e^{g(x)} = e^{\lim_{x\to0} g(x)} = e^1 = e.$$

問 3. $\displaystyle\lim_{x\to+0}\frac{e^{\sqrt{x}}}{e^{\sqrt{x}}+1}$ を求める.

問 4. $\displaystyle\lim_{x\to+\infty}(\sqrt{1+x+x^2}-x)$ を求める.

§4. 無限大と無限小

§2 で説明した以外の場合にも極限値ということばがもちいられることがある.

例 1. 関数 $f(x)\equiv\dfrac{1}{(x-c)^2}$ の値は, x を c に近づけると, いくらでも大きくなる.

くわしくいうと, M がどんなに大きい正数でも

$$0<|x-c|<\frac{1}{\sqrt{M}} \quad \Rightarrow \quad f(x)=\frac{1}{(x-c)^2}>M \qquad (1)$$

である. このことを記号

$$\lim_{x\to c}\frac{1}{(x-c)^2} = +\infty$$

で表わす.

ここで, ε がどんな (小さい) 正数であっても,

$$M=\frac{1}{\varepsilon}, \quad \delta=\sqrt{\varepsilon}$$

とおいてみると, (1) は次のことと同意義であることに注意する:

$$0<|x-c|<\delta \quad \Rightarrow \quad 0<\frac{1}{f(x)}<\varepsilon,$$

すなわち，

$$f(x)>0, \quad \lim_{x\to c}\frac{1}{f(x)}=0.$$

例 2. 関数 $f(x)\equiv-\dfrac{1}{(x-c)^2}$ の値は，x を c に近づけるに従い，いくらでも小さくなる．いいかえると，$f(x)<0$ でその絶対値 $-f(x)$ はいくらでも大きくなるのである．くわしくいうと，M がどんなに大きい正数でも，

$$0<|x-c|<\frac{1}{\sqrt{M}} \quad \Rightarrow \quad f(x)=-\frac{1}{(x-c)^2}<-M$$

である．このことを記号

$$\lim_{x\to c}-\frac{1}{(x-c)^2}=-\infty$$

で表わす．例1におけると同様に，これは

$$f(x)<0, \quad \lim_{x\to c}\frac{1}{f(x)}=0$$

と同意義であることに注意する．

一般に，M がどんなに大きい正数であっても，正数 δ を十分小さくえらぶと

$$0<|x-c|<\delta \quad \Rightarrow \quad f(x)>M \tag{2}$$

であるとき，

$$\lim_{x\to c}f(x)=+\infty \tag{3}$$

と書いて，点 $x=c$ における $f(x)$ の極限値は $+\infty$（プラス無限大，正無限大）であるという．このとき，ε がどんな（小さい）正数であっても，

$$M = \frac{1}{\varepsilon}$$

とおくと，(2) は

$$0 < |x-c| < \delta \quad \Rightarrow \quad 0 < \frac{1}{f(x)} < \varepsilon$$

ということにほかならない．すなわち，(3) は

$$f(x) > 0, \quad \lim_{x \to c} \frac{1}{f(x)} = 0$$

と同意義なのである．

同様に，M がどんなに大きい正数でも，正数 δ を十分小さくえらぶと

$$0 < |x-c| < \delta \quad \Rightarrow \quad f(x) < -M$$

であるとき，

$$\lim_{x \to c} f(x) = -\infty \tag{4}$$

と書いて，点 c における $f(x)$ の極限値は $-\infty$（マイナス無限大，負無限大）であるという．(4) は

$$f(x) < 0, \quad \lim_{x \to c} \frac{1}{f(x)} = 0$$

と同意義であることに注意する．

極限値が $+\infty$ であるとか，$-\infty$ であるとかいうのは上に説明したような事態を表現するためのコトバ使イ（façon de parler）にすぎず，$+\infty$ とか $-\infty$ とかいう数があるという意味ではない．このことはよく留意しておく必要があろう．

以上では，$\lim_{x\to c}$ の場合だけについて述べたが，このほかの場合にも極限値 $+\infty$ や $-\infty$ を考えることがある．たとえば，$\lim_{x\to c+0} f(x)=+\infty$ は，(2) において，$0<|x-c|<\delta$ のかわりに $0<x-c<\delta$ と書いたものが成立する場合を指すのである．つぎにあげる例によって，いろいろな場合の意味は明らかであろう．

$$\lim_{x\to c+0}\frac{1}{x-c}=+\infty,\quad \lim_{x\to c-0}\frac{1}{x-c}=-\infty,$$

$$\lim_{x\to+\infty}x^2=+\infty,\quad \lim_{x\to-\infty}x^2=+\infty,$$

$$\lim_{x\to+\infty}(-x^2)=-\infty,\quad \lim_{x\to-\infty}(-x^2)=-\infty.$$

問 1. $\lim_{x\to\frac{\pi}{2}-0}\tan x=+\infty$, $\lim_{x\to\frac{\pi}{2}+0}\tan x=-\infty$, $\lim_{x\to+0}\cot x=+\infty$, $\lim_{x\to-0}\cot x=-\infty$ を証明する．

$+\infty$ や $-\infty$ という極限値を考えることになったので，これと区別するために，§2 で定義した極限値の場合には**極限値が有限確定**であるということがある．

問 2. 極限値が有限確定ならば，$+\infty$ や $-\infty$ が極限値であることのないことを証明する．

問 3. $\lim_{x\to c}g(x)=+\infty$, $\lim_{y\to+\infty}f(y)=L$ ならば $\lim_{x\to c}f[g(x)]=L$ であることを証明する．(L が $+\infty$ や $-\infty$ である場合も証明する．)

$\lim_{x\to c}f(x)=\pm\infty$, $\lim_{x\to c}g(x)=\pm\infty$ であるとき

$$\lim_{x\to c}\frac{f(x)}{g(x)}=0$$

ならば，x が c に近づくとき $f(x)$ は $g(x)$ より低位の無限大，$g(x)$ は $f(x)$ より高位の無限大であるといわれる．また，x が c に近いところでは

$$0 < A \leqq \left|\frac{f(x)}{g(x)}\right| \leqq B$$

なる定数 A, B があるとき，$f(x)$ と $g(x)$ とは同位の無限大であるといわれる．よって

$$\lim_{x\to c}\frac{f(x)}{g(x)}$$

が有限確定でしかも 0 でないときは $f(x)$ と $g(x)$ とは同位の無限大である．

高位，低位，同位の無限大ということばは，$\lim_{x\to+\infty}$，$\lim_{x\to-\infty}$，$\lim_{x\to c+0}$，$\lim_{x\to c-0}$ の場合にも同様の意味でもちいられる．

例 3. $\lim_{x\to+0}\cot x = +\infty$，$\lim_{x\to+0} e^{\frac{1}{x^2}} = +\infty$．しかるに $e^{\frac{1}{x^2}} > 1 + \frac{1}{x^2}$ であるから（演習問題 V，22）

$$0 < \frac{\cot x}{e^{\frac{1}{x^2}}} < \frac{1}{\tan x \cdot \left(1+\frac{1}{x^2}\right)} = \frac{x}{\tan x}\cdot\frac{x}{1+x^2}$$

$$< x\cdot\frac{x}{\tan x} < x. \quad (\text{VI, §1, (1)})$$

ゆえに

$$\lim_{x\to+0}\frac{\cot x}{e^{\frac{1}{x^2}}} = 0.$$

すなわち，$\cot x$ は $e^{\frac{1}{x^2}}$ より低位の無限大である．

無限大に対し無限小ということばがある．すなわち

$$\lim_{x\to c} f(x) = 0$$

である場合に，x を c に近づけるとき $f(x)$ は**無限小**であるという．たとえば x を 0 に近づけるとき $\sin x$ は無限小である．

x を c に近づけるとき $f(x)$ および $g(x)$ がともに無限小でかつ

$$\lim_{x\to c} \frac{f(x)}{g(x)} = 0$$

であるときは，$f(x)$ は $g(x)$ より高位の無限小，$g(x)$ は $f(x)$ より低位の無限小であるという．また，x が c に近いところで

$$0 < A \leqq \left|\frac{f(x)}{g(x)}\right| \leqq B \quad (A, B \text{は定数})$$

なる不等式が成りたつときは $f(x)$ と $g(x)$ とは同位の無限小であるといわれる．よって

$$\lim_{x\to c} \frac{f(x)}{g(x)}$$

が有限確定でしかも 0 でないときは $f(x)$ と $g(x)$ とは同位の無限小である．

高位，低位，同位の無限小ということばは，$\lim\limits_{x\to c+0}$，$\lim\limits_{x\to c-0}$，$\lim\limits_{x\to +\infty}$，$\lim\limits_{x\to -\infty}$ の場合にも同様の意味にもちいられる．

例 4. $\lim\limits_{x\to 0}\sin x=0$，$\lim\limits_{x\to 0}x=0$ でかつ $\lim\limits_{x\to 0}\dfrac{\sin x}{x}=1$ であるから $\sin x$ と x とは同位の無限小である．

例 5. $f'(c)\neq 0$ であるときは

$$f(x)-f(c) = f'(c)(x-c)+\rho(x-c)\cdot(x-c)$$

において

$$\lim_{x\to c}\rho(x-c) = 0$$

であるから，$\rho(x-c)\cdot(x-c)$ は $f'(c)(x-c)$ よりも高位の無限小である．

問 4. $x\to+\infty$ なるとき e^x は x^n (n は自然数) より高位の無限大であることを証明する (演習問題 V, 22).

§5. 単調関数の極限値

以上で関数の極限値についての説明はひととおり終わったわけであるが，注意すべきは極限値がいつでもあるとはかぎらないことである．

例 1. 関数 $\sin\dfrac{1}{x}$ を考えることとし，

$$x_n=\frac{1}{\left(2n+\frac{1}{2}\right)\pi},\quad x_n'=\frac{1}{\left(2n+\frac{3}{2}\right)\pi}$$

とおくと，III, §1, 例 1 でも述べたとおり，$\sin\dfrac{1}{x_n}=1$, $\sin\dfrac{1}{x_n'}=-1$ であるから，x を 0 に近づけると $\sin\dfrac{1}{x}$ は 1 と -1 との間を振動しつづけて一定の値に近づかない．したがって，$\lim\limits_{x\to0}\sin\dfrac{1}{x}$

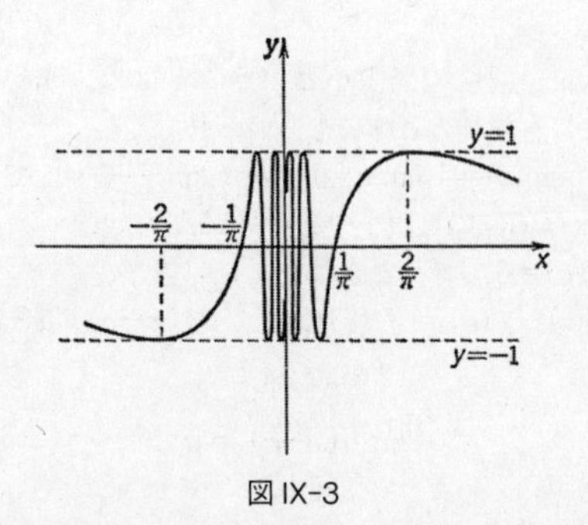

図 IX-3

は存在しえないのである．くわしくいうと，次のごとくである：

かりに，$\lim_{x\to 0}\sin\frac{1}{x}=L$ なる極限値 L があったとしてみる．$\varepsilon=1$ とし

$$0<|x|<\delta \quad \Rightarrow \quad \left|\sin\frac{1}{x}-L\right|<1$$

となるように正数 δ を定めたとする．自然数 n を十分大きくとって，$0<x_n<\delta$，$0<x_n'<\delta$ であるようにすると

$$2=\left|\sin\frac{1}{x_n}-\sin\frac{1}{x_n'}\right|\leqq\left|\sin\frac{1}{x_n}-L\right|+\left|L-\sin\frac{1}{x_n'}\right|<2$$

という不都合が生ずるのである．

問 1. §3, 4）についての次のような証明法にはどのような欠陥があるか：

$\varphi(x)=\frac{f(x)}{g(x)}$ とおくと，$f(x)=\varphi(x)g(x)$．よって，

$$\lim_{x\to c}f(x)=\lim_{x\to c}\varphi(x)\cdot\lim_{x\to c}g(x) \quad (\S 3,\ 3)),$$

すなわち，

$$\lim_{x\to c}\frac{f(x)}{g(x)}=\lim_{x\to c}\varphi(x)=\frac{\lim_{x\to c}f(x)}{\lim_{x\to c}g(x)}.$$

それならば，どういう場合に関数が極限値を有するか．これについては次の定理が一つの答を与える．

単調関数ハイツデモ左側（右側）カラノ極限値ヲ有スル*.

証明：$f(x)$ が開区間 $(a\,;b)$ で増加関数であるとき $\lim_{x\to b-0}f(x)$ の存在することを証明する．その他の場合の証明もほぼ同様である．

まず，$f(x)$ が上に有界でない場合を考える．M がどん

---

* 単調関数でなければ極限値がないという意味ではない．

な大きな数であってもかならず$f(c)>M$であるようなcがあるわけであるから

$$c<x<b \Rightarrow f(x) \geqq f(c)>M.$$

したがって，$\delta=b-c$とおくと，

$$0<b-x<\delta \Rightarrow f(x)>M.$$

すなわち

$$\lim_{x\to b-0} f(x)=+\infty.$$

つぎに，$f(x)$が上に有界な場合を考える．Mを$f(x)$の上限とすればεがいかに小さい正数であっても$0\leqq M-f(c)<\varepsilon$であるような$c$があるわけであるから

$$c<x<b \Rightarrow M \geqq f(x) \geqq f(c)>M-\varepsilon.$$

したがって，$\delta=b-c$とおくと

$$0<b-x<\delta \Rightarrow |f(x)-M|<\varepsilon.$$

すなわち

$$\lim_{x\to b-0} f(x)=M.$$

注意 1. $f(x)$は点cの近傍で定義されている任意の関数，Lは任意の数であるとき，

$$\rho(h)=\sup\{|f(x)-L| \mid 0<|x-c|<h\}$$

とおくと，$\rho(h)$は明らかに変数hの増加関数である．ゆえに$\lim_{h\to+0}\rho(h)$は定数Lが何であってもかならず存在する．

$$\lim_{x\to c} f(x)=L$$

デアルトイウノハ，トリモナオサズ

$$\lim_{h\to+0}\rho(h)=0$$

デアル場合ニホカナラナイ.

§6. 不定形の極限値

$\lim_{x\to c}f(x)$ と $\lim_{x\to c}g(x)$ が存在するとき, $\lim_{x\to c}g(x)\neq 0$ ならば

$$\lim_{x\to c}\frac{f(x)}{g(x)}=\frac{\lim_{x\to c}f(x)}{\lim_{x\to c}g(x)}$$

であることは§3, 4) で証明しておいた.

それならば, $\lim_{x\to c}f(x)=\lim_{x\to c}g(x)=0$ のときはどうであるか. この節では, これやこれに類似の場合の極限値の求めかたについて述べる.

1) 不定形 $\dfrac{0}{0}$: $f(x)$ および $g(x)$ が開区間 $(c\,;\,b)$ で微分可能な関数で,

$$\lim_{x\to c+0}f(x)=0,\quad \lim_{x\to c+0}g(x)=0$$

であるとする. このとき, もし $\lim_{x\to c+0}\dfrac{f'(x)}{g'(x)}$ が存在するならば

$$\lim_{x\to c+0}\frac{f(x)}{g(x)}=\lim_{x\to c+0}\frac{f'(x)}{g'(x)}.$$

証明 : $(c\,;\,b)$ の各点 x では $f_1(x)=f(x)$, $g_1(x)=g(x)$ で, $f_1(c)=0$, $g_1(c)=0$ であるような関数 $f_1(x)$ および $g_1(x)$ を考えると, $c<x<b$ ならば, Cauchy の平均値の定理 (III, §5, 問 2, p. 113) により

$$\frac{f(x)}{g(x)}=\frac{f_1(x)-f_1(c)}{g_1(x)-g_1(c)}=\frac{f_1'[c+\theta(x-c)]}{g_1'[c+\theta(x-c)]}$$

$$=\frac{f'[c+\theta(x-c)]}{g'[c+\theta(x-c)]}. \quad (0<\theta<1)$$

$\lim_{x\to c+0}\frac{f'(x)}{g'(x)}=L$ とおくと，ε がどんな正数でも正数 δ を十分小さくとると

$$0<x-c<\delta \Rightarrow \left|\frac{f'(x)}{g'(x)}-L\right|<\varepsilon.$$

しかるに，$0<x-c<\delta$ ならば $0<c+\theta(x-c)-c<\delta$ であるから，

$$0<x-c<\delta \Rightarrow \left|\frac{f(x)}{g(x)}-L\right|$$

$$=\left|\frac{f'[c+\theta(x-c)]}{g'[c+\theta(x-c)]}-L\right|<\varepsilon.$$

注意 1．上において，$\lim_{x\to c+0}$ のかわりに $\lim_{x\to c-0}$, $\lim_{x\to c}$ とした場合にも定理は成立する．

例 1．

$$\lim_{x\to 0}\frac{e^x-e^{-x}-2x}{x-\sin x}=\lim_{x\to 0}\frac{\frac{d}{dx}(e^x-e^{-x}-2x)}{\frac{d}{dx}(x-\sin x)}=\lim_{x\to 0}\frac{e^x+e^{-x}-2}{1-\cos x}$$

$$=\lim_{x\to 0}\frac{\frac{d}{dx}(e^x+e^{-x}-2)}{\frac{d}{dx}(1-\cos x)}=\lim_{x\to 0}\frac{e^x-e^{-x}}{\sin x}$$

$$= \lim_{x\to 0}\frac{\dfrac{d}{dx}(e^x-e^{-x})}{\dfrac{d}{dx}\sin x} = \lim_{x\to 0}\frac{e^x+e^{-x}}{\cos x} = \frac{2}{1} = 2.$$

例 2.

$$\lim_{x\to+0}\frac{x^2e^{-\frac{1}{x}}}{\sin x} = \lim_{x\to+0}\frac{\dfrac{d}{dx}\left(x^2e^{-\frac{1}{x}}\right)}{\dfrac{d}{dx}\sin x} = \lim_{x\to+0}\frac{2xe^{-\frac{1}{x}}+e^{-\frac{1}{x}}}{\cos x} = 0.$$

2) $f(x)$ および $g(x)$ が微分可能でかつ $\lim_{x\to+\infty} f(x)=0$, $\lim_{x\to+\infty} g(x)=0$ であるとき, もし $\lim_{x\to+\infty}\dfrac{f'(x)}{g'(x)}$ が存在するならば

$$\lim_{x\to+\infty}\frac{f(x)}{g(x)} = \lim_{x\to+\infty}\frac{f'(x)}{g'(x)}.$$

証明 : $\varphi(z)=f\left(\dfrac{1}{z}\right)$, $\psi(z)=g\left(\dfrac{1}{z}\right)$ とおくときは,

$$\varphi'(z) = f'\left(\frac{1}{z}\right)\left(\frac{-1}{z^2}\right), \quad \psi'(z) = g'\left(\frac{1}{z}\right)\left(\frac{-1}{z^2}\right).$$

よって

$$\lim_{x\to+\infty}\frac{f(x)}{g(x)} = \lim_{z\to+0}\frac{\varphi(z)}{\psi(z)} = \lim_{z\to+0}\frac{\varphi'(z)}{\psi'(z)}$$

$$= \lim_{z\to+0}\frac{f'\left(\dfrac{1}{z}\right)}{g'\left(\dfrac{1}{z}\right)} = \lim_{x\to+\infty}\frac{f'(x)}{g'(x)}.$$

例 3.

$$\lim_{x\to+\infty} x\left(e^{\frac{1}{x}}-1\right) = \lim_{x\to+\infty}\frac{e^{\frac{1}{x}}-1}{\dfrac{1}{x}}$$

$$= \lim_{x\to+\infty} \frac{e^{\frac{1}{x}}\cdot\left(-\dfrac{1}{x^2}\right)}{-\dfrac{1}{x^2}} = \lim_{x\to+\infty} e^{\frac{1}{x}} = 1.$$

注意 2. $\lim\limits_{x\to-\infty}$ の場合にも同様の定理が成立する.

3) 不定形 $\dfrac{\infty}{\infty}$: $\lim\limits_{x\to c+0}|f(x)|=+\infty$, $\lim\limits_{x\to c+0}|g(x)|=+\infty$ であるとき, $f(x)$ および $g(x)$ が微分可能で, かつ $\lim\limits_{x\to c+0}\dfrac{f'(x)}{g'(x)}$ が存在すれば

$$\lim_{x\to c+0}\frac{f(x)}{g(x)} = \lim_{x\to c+0}\frac{f'(x)}{g'(x)}.$$

証明 : $L=\lim\limits_{x\to c+0}\dfrac{f'(x)}{g'(x)}$ とおいて, η は任意の正数であるとし,

$$0 < x-c < \delta_1 \quad \Rightarrow \quad \left|\frac{f'(x)}{g'(x)}-L\right| < \eta$$

であるように正数 δ_1 を定める.

いま, $c<x_0<c+\delta_1$ なる定点 x_0 をとり, $c<x<x_0<c+\delta_1$ とすると, Cauchy の平均値の定理により

$$\frac{f(x)-f(x_0)}{g(x)-g(x_0)} = \frac{f'(\xi)}{g'(\xi)} \quad (x<\xi<x_0)$$

であるから

$$\left|\frac{f(x)-f(x_0)}{g(x)-g(x_0)}-L\right| = \left|\frac{f'(\xi)}{g'(\xi)}-L\right| < \eta.$$

したがって

$$\begin{aligned}&|f(x)-f(x_0)-Lg(x)+Lg(x_0)|\\ &\quad < \eta|g(x)-g(x_0)| \leqq \eta|g(x)|+\eta|g(x_0)|.\end{aligned}$$

すなわち

$$|f(x)-Lg(x)|$$
$$<|f(x_0)|+|L|\cdot|g(x_0)|+\eta|g(x)|+\eta|g(x_0)|.$$

この両辺を $|g(x)|$ で割ると

$$\left|\frac{f(x)}{g(x)}-L\right|<\left|\frac{f(x_0)}{g(x)}\right|+|L|\cdot\left|\frac{g(x_0)}{g(x)}\right|+\eta+\eta\left|\frac{g(x_0)}{g(x)}\right|. \tag{1}$$

$\lim_{x\to c+0}|g(x)|=+\infty$ なのであるから，ここで，

$$0<x-c<\delta_2 \ \Rightarrow\ \left|\frac{f(x_0)}{g(x)}\right|<\eta \tag{2}$$

$$0<x-c<\delta_3 \ \Rightarrow\ \left|\frac{g(x_0)}{g(x)}\right|<\eta \tag{3}$$

であるように，正数 δ_2, δ_3 をえらび，$\delta=\min\{\delta_1, \delta_2, \delta_3\}$ とおくと，(1)，(2)，(3) により

$$0<x-c<\delta \ \Rightarrow\ \left|\frac{f(x)}{g(x)}-L\right|<\eta+|L|\eta+\eta+\eta^2.$$

ところで，$\lim_{\eta\to+0}(\eta+|L|\eta+\eta+\eta^2)=0$ であるから，ε がどんな正数であっても，正数 η を十分小さくえらべば，$\eta+|L|\eta+\eta+\eta^2<\varepsilon$. よって，そういう η に対し上のようにして正数 δ をえらぶと

$$0<x-c<\delta \ \Rightarrow\ \left|\frac{f(x)}{g(x)}-L\right|<\varepsilon.$$

注意 3. $\lim_{x\to c-0}$, $\lim_{x\to+\infty}$, $\lim_{x\to-\infty}$ の場合にも同様の定理が成立する.

注意 4. $\varphi(t)$ は 0 に近い正数 t に対して定義された関数で

$$\varphi(t)>0, \quad \lim_{t\to+0}\varphi(t)=0$$

であるとする．ηがどんな正数でも，それに応じて正数δを十分小さくとると

$$0<|x-c|<\delta \quad \Rightarrow \quad |f(x)-L|<\varphi(\eta) \tag{4}$$

であることが示されるならば

$$\lim_{x\to c}f(x)=L$$

が証明されたことになる．εがどんな正数でも，$0<\varphi(\eta)<\varepsilon$であるような$\eta$をとって，その$\eta$に対し(4)が成りたつように$\delta$をえらぶと

$$0<|x-c|<\delta \quad \Rightarrow \quad |f(x)-L|<\varepsilon$$

となるからである．上記3)の証明では$\varphi(t)=t+|L|t+t+t^2$を利用したわけである．こういうところから，今後は，最初からηのかわりにεと書いて，

$$0<|x-c|<\delta \quad \Rightarrow \quad |f(x)-L|<\varphi(\varepsilon)$$

であるように正数δを定めえたときには$\lim_{x\to c}f(x)=L$が証明できたものと考えることにする．

例 4. $\alpha>0$とすると，

$$\lim_{x\to+0}x^\alpha\log x=\lim_{x\to+0}\frac{\log x}{x^{-\alpha}}=\lim_{x\to+0}\frac{\dfrac{1}{x}}{-\alpha x^{-\alpha-1}}$$

$$=\lim_{x\to+0}\frac{x^\alpha}{-\alpha}=0.$$

問 1. $\lim_{x\to+\infty}\dfrac{x^\alpha}{e^x}$を求める．

注意 5. 以上の1)，2)，3)においては，$\lim_{x\to c+0}\dfrac{f(x)}{g(x)}$が存在するかどうかあらかじめわかっていなくても，$\lim_{x\to c+0}\dfrac{f'(x)}{g'(x)}$が存在しさえすれば$\lim_{x\to c+0}\dfrac{f(x)}{g(x)}$が存在すること，またこれが$\lim_{x\to c+0}\dfrac{f'(x)}{g'(x)}$

と一致することを証明したのである．3）の証明などかなりめんどうであるが，$\lim_{x\to c+0}\dfrac{f(x)}{g(x)}\neq 0$, $\lim_{x\to c+0}\dfrac{f'(x)}{g'(x)}\neq 0$ が両方とも存在することが最初からわかっていて，ただ

$$\lim_{x\to c+0}\frac{f(x)}{g(x)}=\lim_{x\to c+0}\frac{f'(x)}{g'(x)}$$

を証明するだけのことならば比較的容易である．すなわち，2）により

$$\lim_{x\to c+0}\frac{f(x)}{g(x)}=\lim_{x\to c+0}\frac{\dfrac{1}{g(x)}}{\dfrac{1}{f(x)}}=\lim_{x\to c+0}\frac{-\dfrac{g'(x)}{[g(x)]^2}}{-\dfrac{f'(x)}{[f(x)]^2}}$$

$$=\lim_{x\to c+0}\left[\frac{g'(x)}{f'(x)}\cdot\left(\frac{f(x)}{g(x)}\right)^2\right]$$

$$=\lim_{x\to c+0}\frac{g'(x)}{f'(x)}\cdot\lim_{x\to c+0}\left[\frac{f(x)}{g(x)}\right]^2$$

$$=\frac{1}{\lim\limits_{x\to c+0}\dfrac{f'(x)}{g'(x)}}\cdot\left[\lim_{x\to c+0}\frac{f(x)}{g(x)}\right]^2.$$

これから，上の等式のすぐ出てくることは明らかであろう．

§7. 広義の積分

1）**特異積分**：関数 $\dfrac{1}{\sqrt{1-x^2}}$ は開区間 $(-1\,;\,1)$ で連続な関数でかつ

$$\int\frac{1}{\sqrt{1-x^2}}dx=\mathrm{Sin}^{-1}x+C\quad(-1<x<1)$$

であるから，$0<1-h<1$ とすれば

$$\int_0^{1-h} \frac{1}{\sqrt{1-x^2}}dx = [\mathrm{Sin}^{-1}x]_0^{1-h} = \mathrm{Sin}^{-1}(1-h). \quad (1)$$

ところで，$\dfrac{1}{\sqrt{1-x^2}}$ は点 $x=1$ においては定義されていないのみならず

$$\lim_{x\to 1-0}\frac{1}{\sqrt{1-x^2}} = +\infty.$$

したがって，この関数を 0 から 1 まで積分することは許されないが，(1) の右辺の $\mathrm{Sin}^{-1}x$ は閉区間 $[-1\,;1]$ において連続関数でかつ $\mathrm{Sin}^{-1}1=\dfrac{\pi}{2}$ であるから

$$\lim_{h\to+0}\int_0^{1-h}\frac{1}{\sqrt{1-x^2}}dx = \frac{\pi}{2}.$$

同様にして

$$\lim_{h\to+0}\int_{-1+h}^{0}\frac{1}{\sqrt{1-x^2}}dx = \frac{\pi}{2}.$$

一般に，$f(x)$ が $c\leqq x<b$ なる x に対しては連続であるが，点 $x=b$ では定義されていないか，あるいはまた定義されていても連続ではないときは，$x=b$ は $f(x)$ の**特異点**であるといわれる．このように $x=b$ が $f(x)$ の特異点であるとき，もし有限確定な極限値

$$\lim_{h\to+0}\int_c^{b-h} f(x)dx$$

が存在するならば，この極限値を略記して

$$\int_c^b f(x)dx$$

で表わし，これを c から b までの $f(x)$ の**特異積分**と称する．

$f(x)$ がもともと閉区間 $[c\,;b]$ で連続である場合には $\int_c^x f(x)dx$ は閉区間 $[c\,;b]$ で連続であるから，もとより

$$\lim_{h\to+0}\int_c^{b-h} f(x)dx=\int_c^b f(x)dx$$

であることに注意する．

上と同様に，$f(x)$ が $a<x\leqq c$ なる x に対しては連続であるが点 $x=a$ では定義されていないか，あるいはまた定義されていても連続でないときは，$x=a$ は $f(x)$ の特異点であるといわれる．こうして $x=a$ が $f(x)$ の特異点であるとき，もし有限確定な極限値

$$\lim_{h\to+0}\int_{a+h}^{c} f(x)dx$$

が存在するならば，この極限値を

$$\int_a^c f(x)dx$$

で表わし，これを a から c までの特異積分と称する．

この記法に従えば，上例の場合

$$\int_0^1\frac{1}{\sqrt{1-x^2}}dx=\frac{\pi}{2},\quad\int_{-1}^0\frac{1}{\sqrt{1-x^2}}dx=\frac{\pi}{2}$$

と書かれるわけである．

なお，$f(x)$ が開区間 $(a\,;b)$ で連続で，点 $x=a$ および $x=b$ が $f(x)$ の特異点である場合に，もし特異積分

$$\int_a^c f(x)dx,\ \int_c^b f(x)dx \quad (a<c<b)$$

がともに存在するならば,

$$\int_a^b f(x)dx = \int_a^c f(x)dx + \int_c^b f(x)dx \qquad (2)$$

とおいてこれを a から b までの $f(x)$ の特異積分と称する.

上例の場合には

$$\int_{-1}^1 \frac{1}{\sqrt{1-x^2}}dx = \int_{-1}^0 \frac{1}{\sqrt{1-x^2}}dx + \int_0^1 \frac{1}{\sqrt{1-x^2}}dx$$
$$= \frac{\pi}{2} + \frac{\pi}{2} = \pi$$

である.

以上三つの場合, それぞれ積分 $\int_a^c f(x)dx$, $\int_c^b f(x)dx$, $\int_a^b f(x)dx$ が《収束する》ということばを使うことがある.《収束する》とは有限確定な極限値を有するというほどの意味のことばである.

問 1. (2) において, $a<c<b$ なるかぎり, いかなる c をとっても特異積分 $\int_a^b f(x)dx$ の値は一定であることを確かめる.

問 2. $0<\alpha<1$, $c<b$ なるとき

$$\int_c^b \frac{1}{(b-x)^\alpha}dx = \frac{1}{1-\alpha}(b-c)^{1-\alpha}$$

を証明する.

$f(x)$ ガ $c \leqq x < b$ ナル x ニ対シ連続デカツ $f(x) \geqq 0$ デアルトキ, モシ

$$0<\alpha<1,\quad (b-x)^\alpha f(x) \leqq K \quad (\alpha, K \text{ ハ定数})$$

ナラバ，特異積分

$$\int_c^b f(x)dx$$

ハ収束スル．

証明：

$$\varphi(\xi)=\int_c^\xi f(x)dx \quad (c<\xi<b)$$

はξの増加関数でかつ

$$\varphi(\xi) \leqq \int_c^\xi \frac{K}{(b-x)^\alpha}dx=\frac{K}{1-\alpha}[(b-c)^{1-\alpha}-(b-\xi)^{1-\alpha}]$$

$$\leqq \frac{K}{1-\alpha}(b-c)^{1-\alpha}$$

であるから，§5により

$$\lim_{h\to+0}\int_c^{b-h} f(x)dx=\lim_{\xi\to b-0}\int_c^\xi f(x)dx=\lim_{\xi\to b-0}\varphi(\xi)$$

は存在する．

最後に，$a<c<b$とし，cが$f(x)$の特異点であるとき特異積分

$$\int_a^c f(x)dx,\ \int_c^b f(x)dx$$

が存在するならば

$$\int_a^b f(x)dx=\int_a^c f(x)dx+\int_c^b f(x)dx$$

とおいて，これもaからbまでの$f(x)$の特異積分と称する．

問 3．特異積分$\displaystyle\int_{-1}^1 \frac{1}{\sqrt[3]{x^2}}dx$の値を求める．

2) **無限積分**：$f(x)$ が $a \leqq x$ なる範囲で連続であるとき，もし有限確定な極限値

$$\lim_{b\to+\infty}\int_a^b f(x)dx$$

が存在するときは，この極限値を記号

$$\int_a^{+\infty} f(x)dx$$

で表わし，これを a から $+\infty$ までの $f(x)$ の**無限積分**と称する.

同様にして，$-\infty$ から b までの $f(x)$ の無限積分を等式

$$\int_{-\infty}^b f(x)dx = \lim_{a\to-\infty}\int_a^b f(x)dx$$

によって定義する.

例 1. $\alpha>1$ とすれば

$$\int_1^{+\infty}\frac{1}{x^\alpha}dx = \lim_{b\to+\infty}\int_1^b \frac{1}{x^\alpha}dx = \lim_{b\to+\infty}\left[\frac{x^{1-\alpha}}{1-\alpha}\right]_1^b$$

$$= \lim_{b\to+\infty}\frac{1}{\alpha-1}(1-b^{1-\alpha})$$

$$= \frac{1}{\alpha-1}-\frac{1}{\alpha-1}\lim_{b\to+\infty}\frac{1}{b^{\alpha-1}} = \frac{1}{\alpha-1}.$$

$f(x)$ が x のすべての値に対して連続であるとき，もし

$$\int_{-\infty}^0 f(x)dx \quad および \quad \int_0^{+\infty} f(x)dx$$

が存在するならば

$$\int_{-\infty}^{+\infty} f(x)dx = \int_{-\infty}^0 f(x)dx + \int_0^{+\infty} f(x)dx$$

とおいて，これを $-\infty$ から $+\infty$ までの $f(x)$ の無限積分と称する．

以上三つの場合，それぞれの無限積分は《**収束する**》という．

例 2.

$$\int_0^{+\infty}\frac{1}{1+x^2}dx=\lim_{b\to+\infty}\int_0^b\frac{1}{1+x^2}dx=\lim_{b\to+\infty}[\mathrm{Tan}^{-1}x]_0^b$$

$$=\lim_{b\to+\infty}\mathrm{Tan}^{-1}b=\frac{\pi}{2},$$

$$\int_{-\infty}^0\frac{1}{1+x^2}dx=\lim_{a\to-\infty}\int_a^0\frac{1}{1+x^2}dx=\lim_{a\to-\infty}[\mathrm{Tan}^{-1}x]_a^0$$

$$=\lim_{a\to-\infty}(-\mathrm{Tan}^{-1}a)=-\left(-\frac{\pi}{2}\right)=\frac{\pi}{2}.$$

ゆえに

$$\int_{-\infty}^{+\infty}\frac{1}{1+x^2}dx=\pi.$$

問 4. $\int_0^{+\infty}e^{-x}dx$ および $\int_0^{+\infty}xe^{-x^2}dx$ を求める．

問 5. $a\leqq x$ に対し $f(x)$ が連続でかつ $f(x)\geqq 0$ であるとき，もし $1<\alpha$，$x^\alpha f(x)\leqq K$（K,α は定数）ならば，

$$\int_a^{+\infty}f(x)dx$$

は収束することを証明する．

§8. 極限値としての定積分

IV，§7 において定積分はいわゆる不足和の上限として定義せられ，また同じ章の §10 においてこれがいわゆる過剰和の下限にもひとしいことが証明された．ここでは，定

積分が関数の極限値とよく似たものとしても定義できることを示そう.

$f(x)$ は閉区間 $[a\,;b]$ で連続な関数であるとし，分割

$$[a\,;x_1], [x_1\,;x_2], \cdots, [x_{k-1}\,;b] \tag{1}$$

に対する不足和を

$$s=m_1(x_1-a)+m_2(x_2-x_1)+\cdots+m_k(b-x_{k-1}) \tag{2}$$

とする. (1) の小区間の長さ $x_1-a, x_2-x_1, \cdots, b-x_{k-1}$ のうちの最も大きいものを分割 (1) の**標径**もしくは不足和 s の標径と称し，これを ρ で表わすことにしておく.

ここで，(1) のほかに閉区間 $[a\,;b]$ において分割

$$[a\,;x'_1], [x'_1\,;x'_2], \cdots, [x'_{p-1}\,;b] \tag{3}$$

をおこない，この分割に対する不足和を s' で表わすこととする. さらに，分割 (1) の分点 $x_1, x_2, \cdots, x_{k-1}$ と分割 (3) の分点 $x'_1, x'_2, \cdots, x'_{p-1}$ とを併用して得られる分割を

$$[a\,;a_1], [a_1\,;a_2], \cdots, [a_{q-1}\,;b] \tag{4}$$

とし，この分割に対する不足和を

$$s''=\mu_1(a_1-a)+\mu_2(a_2-a_1)+\cdots+\mu_q(b-a_{q-1}) \tag{5}$$

とする. ここに，$\mu_1, \mu_2, \cdots, \mu_q$ がそれぞれ閉区間 $[a\,;a_1], [a_1\,;a_2], \cdots, [a_{q-1}\,;b]$ における $f(x)$ の最小値を表わすことはいうまでもない.

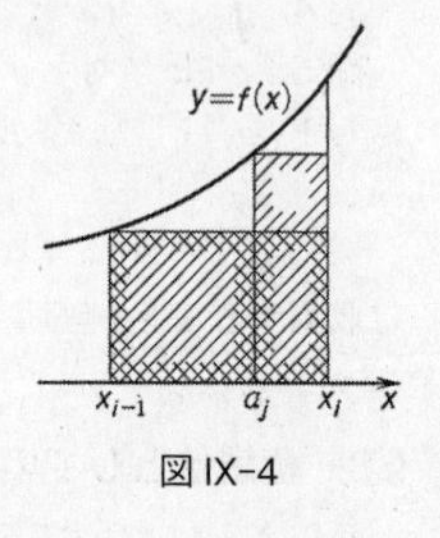

図 IX-4

いま，$x_{i-1}<a_j<x_i$ でかつ $a_{j-1}=x_{i-1}$, $a_{j+1}=x_i$ であるとしてみる.

$$m_i \leqq \mu_j,\quad m_i \leqq \mu_{j+1}$$

であるから*

$$\begin{aligned} m_i(x_i - x_{i-1}) &= m_i(a_j - x_{i-1}) + m_i(x_i - a_j) \\ &\leqq \mu_j(a_j - a_{j-1}) + \mu_{j+1}(a_{j+1} - a_j). \end{aligned} \tag{6}$$

すなわち，不足和 s の項 $m_i(x_i - x_{i-1})$ は不足和 s'' においてこれに相当する項の和より大きくない．いまは，分割の相隣る分点 x_{i-1} および x_i の間に分割（4）の分点 a_j がただ一つしかない場合を考えたが，二つ以上ある場合においても結果は同様である．したがって，けっきょく

$$s \leqq s'' \tag{7}$$

であることが確かめられたことになるわけである．まったく同様の理由で

$$s' \leqq s''. \tag{8}$$

問 1． 分割（1），（3），（4）に対する $f(x)$ の過剰和をそれぞれ S, S', S'' で表わせば

$$S'' \leqq S,\quad S'' \leqq S',$$

したがって

$$s \leqq s'' \leqq S'' \leqq S',\quad s' \leqq s'' \leqq S'' \leqq S$$

であることを証明する．

閉区間 $[a\,;\,b]$ における $f(x)$ の最大値および最小値をそれぞれ M および m で表わし，（6）の最右辺と最左辺との差を見積もれば

$$\mu_j(a_j - a_{j-1}) + \mu_{j+1}(a_{j+1} - a_j) - m_i(x_i - x_{i-1})$$

---

* m_i, μ_j, μ_{j+1} はそれぞれ閉区間 $[x_{i-1}\,;\,x_i]$, $[a_{j-1}\,;\,a_j]$, $[a_j\,;\,a_{j+1}]$ における $f(x)$ の最小値である．

$$\begin{aligned}&\leqq M(a_j-a_{j-1})+M(a_{j+1}-a_j)-m(x_i-x_{i-1})\\&=M(a_{j+1}-a_{j-1})-m(x_i-x_{i-1})\\&=(M-m)(x_i-x_{i-1}).\end{aligned}$$

x_{i-1} と x_i との間に分割 (4) の分点が二つ以上ある場合にも同様の不等式が得られる．よって，分割 (3) の分点の数が $p-1$ であることに注意すれば

$$s''-s\leqq p(M-m)\rho \quad (\rho \text{ は分割 (1) の標径})$$

であることがわかる．この不等式と (8) から不等式

$$s'-p(M-m)\rho\leqq s \tag{9}$$

が得られる．

ところで定積分 $\int_a^b f(x)dx$ は不足和の上限であるから，ε がどんな（小さい）正数であっても，$\int_a^b f(x)dx-\frac{\varepsilon}{2}$ より大きい不足和があるはずである．分割 (3) に対する不足和 s' がそれであるとすれば

$$\int_a^b f(x)dx-\frac{\varepsilon}{2}<s'$$

であるから，この不等式と (9) とから

$$\int_a^b f(x)dx-\frac{\varepsilon}{2}-p(M-m)\rho<s\leqq\int_a^b f(x)dx.$$

よって，

$$\delta_1=\frac{\varepsilon}{2p(M-m)+1}$$

とおくと，標径 ρ がこの δ_1 より小さいような不足和 s に対しては

$$\int_a^b f(x)dx - \varepsilon < s \leqq \int_a^b f(x)dx,$$

すなわち,

$$\rho < \delta_1 \Rightarrow 0 \leqq \int_a^b f(x)dx - s < \varepsilon. \qquad (10)$$

同様にして, ε がどんな正数でも, 標径 ρ が δ_2 より小さいような過剰和 S に対しては

$$\int_a^b f(x)dx \leqq S < \int_a^b f(x)dx + \varepsilon,$$

すなわち

$$\rho < \delta_2 \Rightarrow 0 \leqq S - \int_a^b f(x)dx < \varepsilon \qquad (11)$$

であるように正数 δ_2 をえらぶことができる.

ここで, 分割 (1) において

$$m_i \leqq \lambda_i \leqq M_i \quad (i=1,2,\cdots,n) \qquad (12)$$

なる定数 λ_i を任意に定め,

$$t = \lambda_1(x_1-a)+\lambda_2(x_2-x_1)+\cdots +\lambda_n(b-x_{n-1})$$

とおいて, t を $f(x)$ の分割 (1) に対する**近似和**とよぶことにする. 近似和 t は分割 (1) が一定でも, λ_i の定めかたによって, 一般には, 一定でないことに注意する.

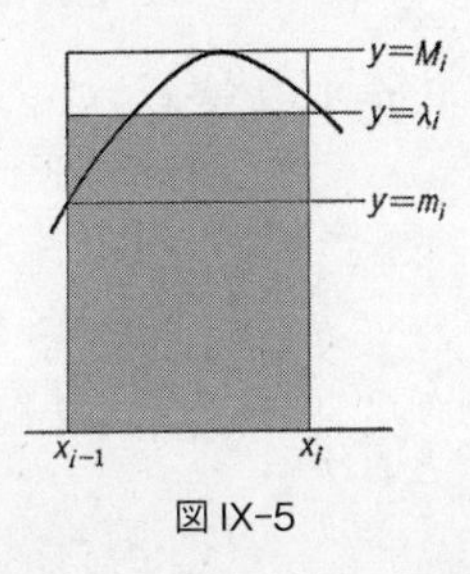

図 IX-5

(12) から明らかなように, 同じ分割に対してはいつでも, $s \leqq t \leqq S$ である. よって, ε がどんな正数でも, (10) お

よび（11）が成りたつように正数δ_1およびδ_2をえらび，$\delta=\min\{\delta_1, \delta_2\}$とおけば，（10）と（11）により

$$\rho<\delta \ \Rightarrow\ \int_a^b f(x)dx-\varepsilon<t<\int_a^b f(x)dx+\varepsilon.$$

すなわち，

$$\rho<\delta \ \Rightarrow\ \left|\int_a^b f(x)dx-t\right|<\varepsilon.$$

このことを，

$$\max\{x_1-a, x_2-x_1, \cdots, b-x_{n-1}\}\to 0$$

$$\Rightarrow\ \sum_{i=1}^{n}\lambda_i(x_i-x_{i-1})\to\int_a^b f(x)dx$$

とか

$$\lim_{\rho\to+0}\sum_{i=1}^{n}\lambda_i(x_i-x_{i-1})=\int_a^b f(x)dx$$

とか書いて表わすことがある（ここに，$x_0=a$，$x_n=b$であるとする）．積分が近似和の極限値であるというのはこの意味である．

$$a\leqq\xi_1\leqq x_1,\ x_1\leqq\xi_2\leqq x_2,\ \cdots,\ x_{n-1}\leqq\xi_n\leqq b$$

なる$\xi_1, \xi_2, \cdots, \xi_n$を任意にとって，$\lambda_i=f(\xi_i)$ $(i=1, 2, \cdots, n)$とおけば

$$\lim_{\rho\to+0}\sum_{i=1}^{n}f(\xi_1)(x_i-x_{i-1})=\int_a^b f(x)dx$$

と書けるわけである．

注意 1. 不足和および過剰和は近似和の特別な場合である．

▶§9. 定積分の数値計算

定積分を求めるには不定積分（原始関数）がよくもちいられる．しかし，簡単に原始関数が求められない場合，たとえば積分すべき関数が初等関数でない場合などには，近似値によって定積分の値を見積もる必要が生ずる．前節の結果はそういう近似値を計算するのに有力な公式を与える．なお，原始関数が知られている場合でも，じっさい定積分の数値を得るためには関数表その他をもちいて計算しなければならない場合が少なくない．そうするよりも，ここで導出する公式によって定積分を直接計算したほうがときに有利なこともあるのである．

以下 $f(x)$ は閉区間 $[a\,;b]$ で連続な関数であるとして定積分 $\int_a^b f(x)dx$ の近似値を与える公式を列挙する．簡単のため

$$h=\frac{b-a}{n}$$

$$\begin{aligned}&x_0=a,\ x_1=a+h,\ x_2=a+2h,\ \cdots,\\&\quad x_i=a+ih,\ \cdots,\ x_n=a+nh=b\\&y_0=f(x_0)=f(a),\ y_1=f(x_1),\ y_2=f(x_2),\ \cdots,\\&\quad y_i=f(x_i),\ \cdots,\ y_n=f(x_n)=f(b)\end{aligned}$$

とおくことにする．

1）**矩形公式**（長方形公式）：各閉区間 $[x_{i-1}\,;x_i]$ の左端における $f(x)$ の値 y_{i-1} をとって近似和

$$\boxed{h(y_0+y_1+y_2+\cdots+y_i+\cdots+y_{n-1})} \qquad (1)$$

をつくり，これを定積分 $\int_a^b f(x)dx$ の近似値とする．

$$\begin{aligned}\int_a^b f(x)dx&=\int_{x_0}^{x_1} f(x)dx+\int_{x_1}^{x_2} f(x)dx+\cdots\\&\quad+\int_{x_{i-1}}^{x_i} f(x)dx+\cdots+\int_{x_{n-1}}^{x_n} f(x)dx\end{aligned}$$

であるから，矩形公式（1）は，閉区間 $[x_{i-1}\,;x_i]$ における $f(x)$

の縦線集合の面積 $\int_{x_{i-1}}^{x_i} f(x)dx$ を長方形（矩形）の面積 hy_{i-1} でおきかえたものと考えられる（図 IX-6）.

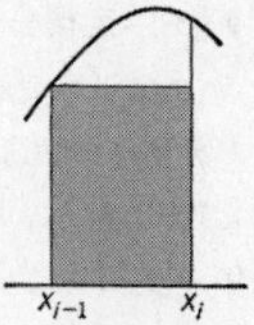

図 IX-6

2）台形公式：各閉区間 $[x_{i-1}\,;\,x_i]$ の右端における $f(x)$ の値をとって近似和

$$h(y_1+y_2+\cdots+y_i+\cdots+y_{n-1}+y_n)$$

をつくり，これと近似和（1）との相加平均をとれば，

$$\boxed{h(y_1+y_2+\cdots+y_{n-1})+\frac{h}{2}(y_0+y_n)} \qquad (2)$$

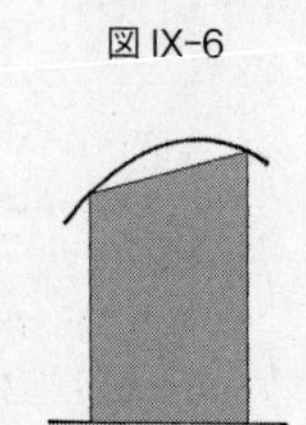

図 IX-7

これは

$$\frac{y_0+y_1}{2}h+\frac{y_1+y_2}{2}h+\cdots+\frac{y_{i-1}+y_i}{2}h+\cdots$$
$$+\frac{y_{n-1}+y_n}{2}h$$

にひとしく，$\frac{y_{i-1}+y_i}{2}h$ は図 IX-7 の台形の面積にひとしいことに注意する．

3）接線公式：

$$x_{\frac{1}{2}}=\frac{x_0+x_1}{2},\ x_{\frac{3}{2}}=\frac{x_1+x_2}{2},\ \cdots,$$
$$x_{\frac{2i+1}{2}}=\frac{x_i+x_{i+1}}{2},\ \cdots,\ x_{\frac{2n-1}{2}}=\frac{x_{n-1}+x_n}{2}$$
$$y_{\frac{1}{2}}=f(x_{\frac{1}{2}}),\ y_{\frac{3}{2}}=f(x_{\frac{3}{2}}),\ \cdots,$$
$$y_{\frac{2i+1}{2}}=f(x_{\frac{2i+1}{2}}),\ \cdots,$$
$$y_{\frac{2n-1}{2}}=f(x_{\frac{2n-1}{2}})$$

とおけば，

$$\boxed{h(y_{\frac{1}{2}}+y_{\frac{3}{2}}+\cdots+y_{\frac{2i+1}{2}}+\cdots+y_{\frac{2n-1}{2}})} \qquad (3)$$

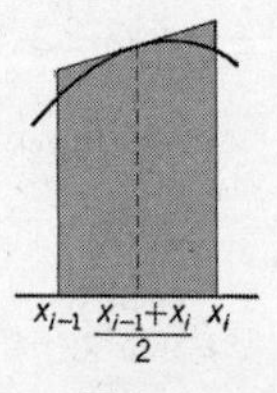

図 IX-8

は各閉区間 $[x_{i-1}\,;\,x_i]$ においてその中点 $x_{\frac{2i-1}{2}}$ における $f(x)$ の値 $y_{\frac{2i-1}{2}}$ をもちいてつくった近似和である．なお，$f(x)$ が微分可能な場合には，$hy_{\frac{2i-1}{2}}$ は点 $(x_{\frac{2i-1}{2}},\ y_{\frac{2i-1}{2}})$ におけるグラフの接線を一辺とする台形の面積にひとしい（図 IX-8）．

4) Simpson（シンプソン）の公式：いままでの公式は，いわば，$f(x)$ のグラフの弧を線分でおきかえて得られる近似式と考えることができる．今度はグラフの弧を放物線の弧でおきかえた場合の近似式を求めてみよう．

閉区間 $[a\,;\,b]$ を $2m$ 等分し，前と同じく

$$h=\frac{b-a}{2m},\quad x_i=a+ih,\quad y_i=f(x_i)\quad (i=0,1,2,\cdots,2m)$$

とおいたうえで，3 点 (x_i, y_i), (x_{i+1}, y_{i+1}), (x_{i+2}, y_{i+2}) をとおる放物線の方程式を

$$y=a+b(x-x_{i+1})+c(x-x_{i+1})^2$$

とし，

$$\int_{x_i}^{x_{i+2}}[a+b(x-x_{i+1})+c(x-x_{i+1})^2]dx$$

$$(i=0,2,4,\cdots,2m-2) \tag{4}$$

を求める．$t=x-x_{i+1}$ とおけば，この積分は

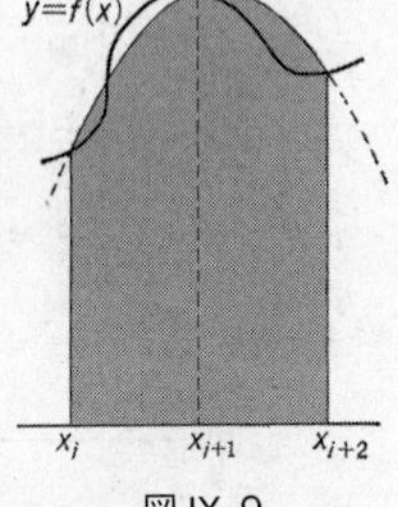

図 IX-9

$$\int_{-h}^{h}(a+bt+ct^2)dt=2ah+\frac{2}{3}ch^3.$$

しかるに $a-bh+ch^2=y_i$, $a=y_{i+1}$, $a+bh+ch^2=y_{i+2}$ であるから

$$\int_{-h}^{h}(a+bt+ct^2)dt=\frac{h}{3}(y_i+4y_{i+1}+y_{i+2}). \tag{5}$$

よって，(4) すなわち (5) を加え合わせれば

$$\frac{4h}{3}(y_1+y_3+\cdots+y_{2m-1})+\frac{2h}{3}(y_2+y_4+\cdots+y_{2m-2})$$

$$+\frac{h}{3}(y_0+y_{2m}) \tag{6}$$

これがいわゆるSimpsonの公式である.

Simpsonの公式をもちいたときの誤差は

$$\frac{mh^5}{90}G=\frac{(b-a)^5}{2880}\cdot\frac{G}{m^4} \tag{7}$$

を越えないことが知られている. ここにGは$\left|\frac{d^4f(x)}{dx^4}\right|$の最大値を表わす. (証明略)

例 1. $\int_0^1 \frac{1}{1+x^2}dx$ の数値を計算する:

閉区間 [0 ; 1] を10等分してSimpsonの公式を使ってみる.

$x_1=0.1 \quad y_1=\frac{1}{1.01}=0.990099 \qquad x_2=0.2 \quad y_2=\frac{1}{1.04}=0.961538$

$x_3=0.3 \quad y_3=\frac{1}{1.09}=0.917431 \qquad x_4=0.4 \quad y_4=\frac{1}{1.16}=0.862069$

$x_5=0.5 \quad y_5=\frac{1}{1.25}=0.800000 \qquad x_6=0.6 \quad y_6=\frac{1}{1.36}=0.735294$

$x_7=0.7 \quad y_7=\frac{1}{1.49}=0.671141 \qquad x_8=0.8 \quad y_8=\frac{1}{1.64}=0.609756$

$x_9=0.9 \quad y_9=\frac{1}{1.81}=0.552486$

(奇数番目) + → 3.931157, × 4 → 15.724628

(偶数番目) + → 3.168657, × 2 → 6.337314

$y_0=1$
$y_{10}=0.5$
+ → 1.5

よって

$$\int_0^1 \frac{1}{1+x^2}dx \fallingdotseq \frac{1}{30}(15.724628+6.337314+1.5)=0.7853981.$$

しかるに $\int_0^1 \frac{1}{1+x^2}dx = \mathrm{Tan}^{-1}1 = \frac{\pi}{4}$ であるから $\pi \fallingdotseq 3.1415924.$
ところで

$$\left|\frac{d^4}{dx^4}\frac{1}{1+x^2}\right| = \left|\frac{d^5 \mathrm{Tan}^{-1}x}{dx^5}\right|$$
$$= \left|4![\cos(\mathrm{Tan}^{-1}x)]^5 \sin 5\left(\mathrm{Tan}^{-1}x + \frac{\pi}{2}\right)\right|$$
$$\leqq 2\cdot 3\cdot 4$$

であるから* (7) によって計算すれば誤差は 0.000014 を越えない．ゆえに4捨5入して

$$\pi \fallingdotseq 3.1416$$

とすれば安全である．

問 1. $\log 2 = \int_0^1 \frac{1}{1+x}dx \fallingdotseq 0.69315$ を Simpson の公式によって計算する（$h=0.1$ とせよ）． ◀

演習問題 IX.

次の極限値を求める（1〜10）：

1. $\lim_{x\to 0}\frac{x-\sin x}{(e^x-1)^3}$　　2. $\lim_{x\to 0}\frac{\log\cos(\alpha x)}{\log\cos(\beta x)}$

3. $\lim_{x\to +\infty}\frac{\log(\alpha x+a)}{\log(\beta x+b)}$　$(\alpha>0, \beta>0)$

4. $\lim_{x\to +0}\sin x\cdot\log x$　　5. $\lim_{x\to +\infty} x\log\frac{x-a}{x+a}$

6. $\lim_{x\to +0} x^x$　　7. $\lim_{x\to +0}(-\log x)^x$

8. $\lim_{x\to\frac{\pi}{4}}(\tan x)^{\frac{1}{x-\frac{\pi}{4}}}$

---

* 演習問題 VIII，9.

9. $\displaystyle\lim_{x\to 0}\left(\frac{1}{x(x+1)}-\frac{\log(1+x)}{x^2}\right)$

10. $\displaystyle\lim_{x\to+\infty}(3x-\sqrt{9x^2-3x-1})$.

11. $f(x)$ が $[a\,;\,b]$ で微分可能で $x=c$ $(a<c<b)$ で 2 回微分可能であるとき,

$$f(c+h)=f(c)+f'(c)h+\frac{M(h)}{2}h^2$$

とおけば

$$\lim_{h\to 0}M(h)=f''(c)$$

であることを証明する.（ただし, $x=c$ 以外の点で $f(x)$ が 2 回微分可能であることは仮定しない.）

12. $g(t)$ が連続微分可能で, かつ $g(\alpha)=a$, $\displaystyle\lim_{t\to+\infty}g(t)=b$ であるとき

$$\int_a^b f(x)dx=\int_\alpha^{+\infty}f[g(t)]g'(t)dt\quad(a<b)$$

を証明する.

次の積分を求める（13〜20）:

13. $\displaystyle\int_0^1\frac{dx}{1-x^2+2\sqrt{1-x^2}}$　　14. $\displaystyle\int_1^2\frac{dx}{\sqrt{(x-1)(2-x)}}$

15. $\displaystyle\int_{-\infty}^{+\infty}\frac{dx}{1+x^4}$

16. $\displaystyle\int_0^\infty e^{-ax}\cos bx\,dx,\ \int_0^\infty e^{-ax}\sin bx\,dx\quad(a>0)$

17. $\displaystyle\int_0^{+\infty}\frac{dx}{\sqrt{x^2+1}\,(x+\sqrt{x^2+1})}$

18. $\displaystyle\int_{-\pi}^{\pi}\frac{dx}{2+\sin x+\cos x}$

19. $\displaystyle\int_0^{\frac{\pi}{2}} \frac{dx}{\cos^4 x + \sin^4 x}$

20. $\displaystyle\int_{-\pi}^{\pi} \frac{dx}{1-\cos\alpha\sin x} \quad \left(0<\alpha<\frac{\pi}{2}\right).$

21. 積分 $\Gamma(s)=\displaystyle\int_0^{+\infty} e^{-x}x^{s-1}dx$ $(s>0)$ は存在することを証明し，次の i)，ii) を確かめる：

i) $\Gamma(s+1)=s\Gamma(s)$　ii) n が自然数ならば $\Gamma(n+1)=n!$.

($\Gamma(s)$ を Euler の**ガンマ関数**と称する.)

22. $\displaystyle\int_0^{\pi} \frac{\sin(2k+1)x}{\sin x}dx=\pi,\ \int_0^{\pi}\frac{\sin 2kx}{\sin x}dx=0$ (k は自然数) を証明する.

23. $\displaystyle\log\left(\frac{1}{b-a}\int_a^b f(x)dx\right) \geqq \frac{1}{b-a}\int_a^b \log f(x)dx$ $(0<a<b,\ f(x)>0)$ を証明する (指針：III, §6, 例4をもちいる).

24. $\displaystyle\lim_{x\to+\infty}(f(x)-ax)=b$ (または $\displaystyle\lim_{x\to-\infty}(f(x)-ax)=b$) なる定数 a, b があるときは，曲線 $y=f(x)$ の点 (x,y) から直線 $y=ax+b$ へ至る距離は，x が増大する (または x が減少する) にともない 0 に近づくことを証明する．この直線を曲線 $y=f(x)$ の**漸近線**という．なお，$\displaystyle\lim_{x\to\alpha+0} f(x)=\pm\infty$ (または $\displaystyle\lim_{x\to\alpha-0} f(x)=\pm\infty$) なるときには，直線 $x=\alpha$ を曲線 $y=f(x)$ の漸近線と称する.

$y=ax+b$ が曲線 $y=f(x)$ の漸近線ならば $a=\displaystyle\lim_{x\to+\infty}\frac{f(x)}{x}$ $\left(\text{または} \displaystyle\lim_{x\to-\infty}\frac{f(x)}{x}\right)$ であることを証明する.

25. 双曲線 $x^2-y^2=1$ の漸近線を求める.

X. 数列と級数

この章では数列や級数の収束，発散につづいて，Taylor 展開や整級数について説明してある．収束の定義には，IX 章にならい，いわゆる ε, N 方式を採用した．また，区間縮小法を導入し，それによって一様連続の意味についても説明しておいた．なお，章末には一様収束についても節を設けて言及してある．

§1．数列の極限値

自然対数の底の値は

$$e = 2.71828\cdots \tag{1}$$

で与えられる*．ここに … とあるのは 8 のあとにも数字が限りなく続くのを省略したという意味であって，e はいわゆる無限小数で表される数なのである．

$$\frac{2}{11} = 0.181818\cdots \tag{2}$$

についても同様であって，この場合には数 1 と 8 とを交互に何回でも続けて書くべきところを省略してあるのである．

等式 (2) の意味するところは

$$c_0=0,\ c_1=0.1,\ c_2=0.18,\ c_3=0.181,\ c_4=0.1818,\ \cdots,$$
$$c_{2k}=0.\overbrace{1818\cdots18}^{2k\text{ 桁}},\ c_{2k+1}=0.\overbrace{1818\cdots181}^{(2k+1)\text{ 桁}},\ \cdots \tag{3}$$

とおいて，これらの数を代表的に c_n で表わせば，n を大きくするにともない c_n が $\dfrac{2}{11}$ に限りなく近づくということである．このことは

* §7，例 1.

$n=2k$　ならば

$$0<\frac{2}{11}-c_n<0.\overbrace{0000\cdots02}^{2k\text{ 桁}}=\frac{2}{10^{2k+1}}<\frac{1}{10^{2k}}=\frac{1}{10^n}$$

$n=2k+1$　ならば

$$0<\frac{2}{11}-c_n<0.\overbrace{0000\cdots009}^{(2k+1)\text{ 桁}}=\frac{9}{10^{2k+2}}<\frac{1}{10^{2k+1}}=\frac{1}{10^n}$$

から明らかであろう．等式 (1) の意味もまたこれと同じことなのである．

一般に《**数列**》

$$c_0,\ c_1,\ c_2,\ \cdots,\ c_n,\ \cdots \tag{4}$$

があるとき，ここに一定の数 c があって，n を大きくするにともない《**項**》c_n が c に限りなく近づく場合——いいかえれば，$|c-c_n|$ が 0 に近づく場合，この数列は極限値 c に**収束**するといい，このことを記号

$$c_n \to c,\quad \text{または}\quad \lim_n c_n = c$$

で表わす．(3) で定義される数列の場合はすなわち

$$\lim_n c_n = \frac{2}{11}$$

である．

注意 1. 数列 (4) を記号 $\{c_n\}$ で表わすことがある．

注意 2. 数列 $\{c_n\}$ は集合 $\{0, 1, 2, 3, \cdots, n, \cdots\}$ を定義域とする関数 $f(x)$ があって

$$f(0)=c_0,\ f(1)=c_1,\ f(2)=c_2,\ \cdots,\ f(n)=c_n,\ \cdots$$

であることを表わすものと考えることができる．

上に述べた $\lim_n c_n = c$ の定義を正確にいい直すと次のよ

うになる：

εがどんな（小さい）正数であっても，それに応じて

$$n \geqq N \quad \Rightarrow \quad |c-c_n| < \varepsilon$$

であるような自然数Nがえらべるとき，数列$\{c_n\}$は極限値cに収束するといい，このことを記号

$$c_n \to c, \quad \text{または} \quad \lim_n c_n = c$$

で表わす．

注意 3. 収束する数列の有限個の項を他の数でおきかえても新たな数列は同じ極限値に収束することに注意する．

なお，さきほどのように，単に《nを大きくするにともない，c_nがcに限りなく近づく》とか，《$|c-c_n|$が0に近づく》とかいう漠然たる定義をしておくと，次の例1のような定理の証明はむずかしいことに注意する．

例 1. $\lim_n c_n=c$ ならば $\lim_n \dfrac{c_0+c_1+c_2+\cdots+c_{n-1}}{n}=c$ である．

証明：まず，εは任意の正数とし

$$n \geqq N_0 \quad \Rightarrow \quad |c-c_n| < \frac{\varepsilon}{2}$$

であるような自然数N_0をえらぶ．つぎに，

$$M = \max\{|c_0-c|, |c_1-c|, \cdots, |c_{N_0-1}-c|\}$$

とおいて，

$$n \geqq N \quad \Rightarrow \quad \frac{N_0 \cdot M}{n} < \frac{\varepsilon}{2}$$

であるように自然数N（$>N_0$）をえらぶ（Nとしては$\dfrac{2N_0 \cdot M}{\varepsilon}$より大きいどの自然数をとってもよいわけである）．このようにして，εに応じて自然数Nをえらんでおくと，$n \geqq N$なるnに対しては

$$\left|\frac{c_0+c_1+c_2+\cdots+c_{n-1}}{n}-c\right|$$

$$=\left|\frac{(c_0-c)+(c_1-c)+\cdots+(c_{n-1}-c)}{n}\right|$$

$$\leqq\frac{|c_0-c|+|c_1-c|+\cdots+|c-c_{N_0-1}|}{n}$$

$$+\frac{|c-c_{N_0}|+|c-c_{N_0+1}|+\cdots+|c-c_n|}{n}$$

$$<\frac{N_0\cdot M}{n}+\frac{(n-N_0+1)}{n}\cdot\frac{\varepsilon}{2}<\frac{\varepsilon}{2}+\frac{\varepsilon}{2}=\varepsilon.$$

問 1. $\lim_n \frac{1}{n}=0$ を証明する.

問 2. $a_n\leqq c_n\leqq b_n$ $(n=0,1,2,\cdots)$ で $\lim_n a_n=\lim_n b_n=L$ ならば $\lim_n c_n=L$ であることを証明する(挟み撃ちの定理).

例 2. $\lim_n\left(\frac{1}{n}+\frac{1}{n+1}+\frac{1}{n+2}+\cdots+\frac{1}{2n-1}\right)$ を求める.

カッコの中を S_n で表わすと

$$S_n=\frac{1}{n}+\frac{1}{1+\frac{1}{n}}\cdot\frac{1}{n}+\frac{1}{1+\frac{2}{n}}\cdot\frac{1}{n}+\cdots+\frac{1}{2-\frac{1}{n}}\cdot\frac{1}{n}$$

であるから, S_n は閉区間 $[1\,;\,2]$ を n 等分した分割に対する関数 $\frac{1}{x}$ の過剰和にほかならない. よって, この分割の標径が $\frac{1}{n}$ であることに注意すれば, IX, §8により, ε がどんな正数でも

$$\frac{1}{n}<\delta \;\Rightarrow\; \left|S_n-\int_1^2\frac{1}{x}dx\right|<\varepsilon$$

となるように正数 δ をえらぶことができる. ここで, $N=\left[\frac{1}{\delta}\right]+1$ としておくと, $n\geqq N$ ならば $n>\frac{1}{\delta}$ であるから

$$n\geqq N \;\Rightarrow\; \left|S_n-\int_1^2\frac{1}{x}dx\right|<\varepsilon,$$

すなわち

$$\lim_n S_n = \int_1^2 \frac{1}{x}dx = [\log x]_1^2 = \log 2.$$

問 3. $\lim_n \left[\frac{1}{n} + \frac{n}{n^2+1} + \frac{n}{n^2+2^2} + \cdots + \frac{n}{n^2+(n-1)^2}\right] = \frac{\pi}{4}$ を証明する.

問 4. $\lim_n \left(1+\frac{1}{n}\right)^n = e$ を証明する（指針：$\lim_{x\to 0}(1+x)^{\frac{1}{x}} = e$).

二ツノ数列 $\{a_n\}$, $\{b_n\}$ スナワチ

$$a_0, a_1, a_2, \cdots, a_n, \cdots$$

$$b_0, b_1, b_2, \cdots, b_n, \cdots$$

ガアッテ

$$\lim_n a_n = a, \quad \lim_n b_n = b$$

ナラバ

> 1) $\lim_n (\alpha a_n + \beta b_n) = \alpha a + \beta b = \alpha \lim_n a_n + \beta \lim_n b_n$
> （α オヨビ β ハ定数）
>
> 2) $\lim_n (a_n b_n) = ab = (\lim_n a_n)(\lim_n b_n)$
>
> 3) $\lim_n \frac{a_n}{b_n} = \frac{a}{b} = \frac{\lim_n a_n}{\lim_n b_n}$
>
> （タダシ，$b_n \neq 0$, $b \neq 0$）

であることは，関数値の極限値の場合と同様にして証明できる.

収束しない数列は**発散**するといわれる.

数列 $\{c_n\}$ が発散するとき，とくに，n が大きくなるにともない c_n がいくらでも大きくなる場合，すなわち，M がどんな（大きい）正数であっても

$$n \geqq N \quad \Rightarrow \quad c_n > M \tag{5}$$

であるように自然数 N をえらびうる場合には，

$$\lim_n c_n = +\infty \quad \text{または} \quad c_n \to +\infty \tag{6}$$

と書き，数列の極限値は $+\infty$ であるという．この場合，ε がどんな（小さい）正数でも，$M=\dfrac{1}{\varepsilon}$ とおくと，(5) により，

$$n \geqq N \quad \Rightarrow \quad 0 < \frac{1}{c_n} < \varepsilon.$$

よって，$c_n=0$ なる c_n はあっても有限個にすぎないから，それら有限個の項をそれぞれ正数でおきかえてできる数列を，もとのとおり，$\{c_n\}$ で表わせば，

$$c_n > 0, \quad \lim_n \frac{1}{c_n} = 0. \tag{7}$$

逆に，(7) が成りたてば (5) が成立し，したがって (6) であることも明らかであろう．

なお，$\lim_n(-c_n)=+\infty$ である場合には，このことを

$$\lim_n c_n = -\infty \quad \text{または} \quad c_n \to -\infty$$

で表わし，数列の極限値は $-\infty$ であるという．

注意 4. 極限値が $+\infty$ や $-\infty$ であるときは数列は収束するとはいわない．

例 3. $s_n=1+\dfrac{1}{2}+\dfrac{1}{3}+\cdots+\dfrac{1}{n}+\dfrac{1}{n+1}$ とおくと，

$$\frac{1}{p} = \int_p^{p+1} \frac{1}{p}dx > \int_p^{p+1} \frac{1}{x}dx \quad (p=1, 2, \cdots)$$

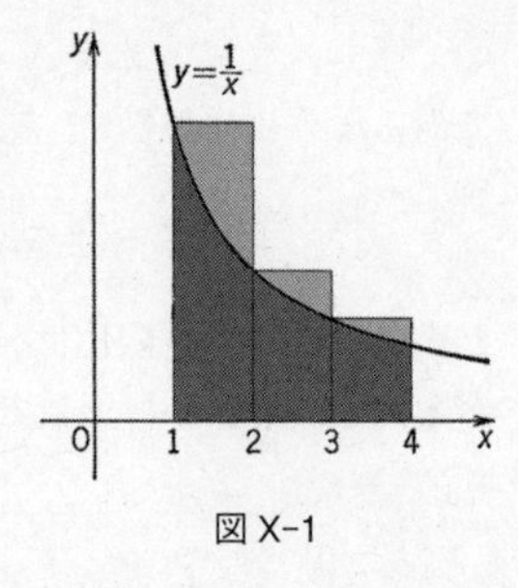

図 X-1

であるから，

$$s_n > \int_1^{n+1} \frac{1}{x} dx = \log(n+1).$$

しかるに，V, §3, (7) により，M がどんな正数でも，自然数 N を十分大きくとると，

$$n \geqq N \quad \Rightarrow \quad \log(n+1) > M.$$

よって

$$n \geqq N \quad \Rightarrow \quad s_n > M.$$

すなわち

$$\lim_n s_n = +\infty.$$

数列 (4) の項を無限にたくさん飛び飛びにとってもとの順序のままに並べたものを数列 (4) の部分列という．くわしくいうと次のごとくである．

$$n(0) < n(1) < n(2) < \cdots < n(p) < n(p+1) < \cdots$$

であるような任意の自然数列 $n(0), n(1), n(2), \cdots, n(p), \cdots$ をえらぶと，

$$c_{n(0)},\quad c_{n(1)},\quad c_{n(2)},\quad \cdots,\quad c_{n(p)},\quad \cdots$$

なる数列が得られる．これを数列 (4) の**部分列**と称するのである．

数列 (4) が極限値をもてば，その部分列は同じ極限値をもっている．

問 5. いま述べたことを証明する．

例 4. 数列 $\{(-1)^n\}$ の場合

$$\lim_n (-1)^{2n} = 1,\quad \lim_n (-1)^{2n+1} = -1$$

であるから，部分列 $\{(-1)^{2n}\}$ と $\{(-1)^{2n+1}\}$ とはちがった極限値

に収束している．よって問5により，この数列は極限値をもたない，したがって，発散するのである．

§2. 単調数列と区間縮小法

極限値をもたない数列があるとなると，どういうときに数列が極限値をもつかが問題になる．次に述べる単調数列についての定理がこの問題に一つの答を与える．

数列

$$c_0,\ c_1,\ c_2,\ \cdots,\ c_n,\ \cdots \tag{1}$$

において

$$c_0 \leqq c_1 \leqq c_2 \leqq \cdots \leqq c_n \leqq c_{n+1} \leqq \cdots$$

であるときは，この数列は**増加数列**であるという．また

$$c_0 \geqq c_1 \geqq c_2 \geqq \cdots \geqq c_n \geqq c_{n+1} \geqq \cdots$$

であるときは，この数列は**減少数列**であるという．増加数列と減少数列とを総称して**単調数列**と名づける．

単調関数の場合と同様にして次の定理が証明される．

$\{c_n\}$ ガ増加数列デ（上ニ）有界ナラバ
ソノ上限ニ収束スル．

$\{c_n\}$ ガ増加数列デ（上ニ）有界デナケレバ
$\lim\limits_{n} c_n = +\infty$.

$\{c_n\}$ ガ減少数列デ（下ニ）有界ナラバ
ソノ下限ニ収束スル．

$\{c_n\}$ ガ減少数列デ（下ニ）有界デナイナラバ
$\lim\limits_{n} c_n = -\infty$.

例1．数列 $a^0, a^1, a^2, \cdots, a^n, \cdots$.

i) $0 \leqq a < 1$: $0 < a < 1$ ならば $a^{n+1} = a^n \cdot a < a^n$. また, $a = 0$ ならば $a^{n+1} = a^n$ であるからいずれにしても減少数列でかつ $a^n \geqq 0$. よって, この数列は収束するからその極限値を L とすれば

$$\lim_n a^{n+1} = L, \text{また} \lim_n a^{n+1} = \lim(a \cdot a^n) = a \lim_n a^n = aL.$$

ゆえに $aL = L$, すなわち $L \cdot (a-1) = 0$. したがって, $L = 0$.
すなわち

$$\lim a^n = 0 \quad (0 \leqq a < 1).$$

ii) $-1 < a < 0$: $0 < |a| < 1$ であるから, i) により $\lim_n |a|^n = \lim_n -|a^n| = 0$. しかるに, $-|a|^n \leqq a^n \leqq |a|^n$ であるから, §1, 問2により

$$\lim_n a^n = 0 \quad (-1 < a < 0).$$

iii) $a = 1$: $a^{n+1} = a^n$ であるから減少数列でかつその下限は1である. よって

$$\lim_n a^n = 1.$$

iv) $a = -1$: n が偶数なら $a^n = 1$, 奇数なら $a^n = -1$ であって一定の数に近づきえないから発散する (§1, 例4).

v) $a > 1$: $a^n > 0$ で, i) により $\frac{1}{a^n} = \left(\frac{1}{a}\right)^n \to 0$ であるから, $\lim_n a^n = +\infty$.

vi) $a < -1$: v) により $|a^n| = |a|^n \to +\infty$ でかつ n が偶数なら $a^n > 0$, n が奇数なら $a^n < 0$ であるから, $\lim_n a^{2n} = +\infty$, $\lim_n a^{2n+1} = -\infty$. よって, §1, 問5により, 発散する.

例2. $\lim_n \left| \frac{c_{n+1}}{c_n} \right| = r < 1$ ならば $\lim_n c_n = 0$.

証明 : $r < \rho < 1$ なる ρ をとれば, 十分大きな n に対しては

$$\left| \frac{c_{n+1}}{c_n} \right| < \rho.$$

すなわち，Nを十分大きくとれば

$$|c_{N+1}|<|c_N|\rho,\ |c_{N+2}|<|c_{N+1}|\rho<|c_N|\rho^2,\ \cdots,$$
$$|c_{N+p}|<\rho|c_{N+p-1}|<\cdots<|c_N|\rho^p.$$

したがって，$n>N$ ならば

$$|c_n|<|c_N|\rho^{n-N}.$$

よって，例1のi）により，$|c_N|\rho^{n-N}=|c_N|\rho^{-N}\cdot\rho^n\to 0$ であるから，$|c_n|\to 0$.

問 1. 例1のi）と同様の方法で $\lim_n \dfrac{1}{n}=0$ を証明する.

問 2. x が任意の数であるとき，$\lim_n \dfrac{x^n}{n!}=0$ を証明する（指針：例2による）.

問 3. $|x|<1$ なるとき $\lim_n \dfrac{\alpha(\alpha-1)(\alpha-2)\cdots(\alpha-n+1)}{(n-1)!}x^n=0$ を証明する（指針：例2による）.

上の定理から次の**区間縮小法**の定理が導かれる．これは応用の広い重要な定理である.

閉区間の列

$$[a_0\,;\,b_0],\,[a_1\,;\,b_1],\,[a_2\,;\,b_2],\,\cdots,\,[a_n\,;\,b_n],\,\cdots \tag{2}$$

ニオイテ

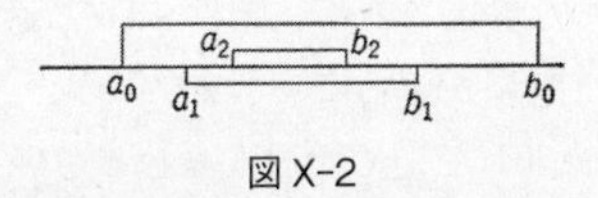

図 X-2

$$\lim(b_n-a_n)=0,\ [a_{n+1}\,;\,b_{n+1}]\subseteqq[a_n\,;\,b_n]$$
$$(n=0,1,2,\cdots) \tag{3}$$

デアルトキハ，(2) ノスベテノ閉区間ニ属スル点 c，スナワチ

$$a_n\leqq c\leqq b_n\quad(n=0,1,2,\cdots) \tag{4}$$

ナル点ガ一ツアリ，マタ，タダ一ツニカギル．

証明：$a_0 \leqq a_n \leqq b_0$, $a_0 \leqq b_n \leqq b_0$ $(n=0, 1, 2, \cdots)$ であるから，数列 $\{a_n\}$ も $\{b_n\}$ も有界な数列である．よって，c が条件 (4) に適するときは，

$$\alpha = \sup\{a_0, a_1, a_2, \cdots, a_n, \cdots\},$$
$$\beta = \inf\{b_0, b_1, b_2, \cdots, b_n, \cdots\}$$

とおくと

$$\alpha \leqq c \leqq \beta. \tag{5}$$

一方，$\{a_n\}$ は増加数列，$\{b_n\}$ は減少数列であるから

$$\alpha = \lim_n a_n, \quad \beta = \lim_n b_n.$$

したがって，

$$\beta = \lim_n b_n = \lim_n [a_n + (b_n - a_n)]$$
$$= \lim_n a_n + \lim_n (b_n - a_n) = \lim_n a_n = \alpha.$$

よって，(5) により，

$$c = \alpha = \beta \tag{6}$$

でなければならない．これで，条件 (4) に適する c はあるとしてもただ一つにかぎることはわかった．

(5) すなわち (6) で定めた c が，じっさい，条件 (4) に適することは明らかであろう．

§3. 一様連続

前節で述べた区間縮小法の応用の一例として，ここで，連続関数についての定理を一つ証明しておこう．

$f(x)$ が連続関数であるとはその定義域 D の各点 $x=c$

において，どの正数εに対しても条件

$$c+h\in D,\ |h|<\delta \quad \Rightarrow \quad |f(c+h)-f(c)|<\varepsilon \qquad (1)$$

に適する正数δをえらびうるということであった．このとき，δの大きさはεの大きさに影響されることは前にも述べたとおりであるが，じつは，一般には，$x=c$がDのどの点にあるかによっても影響を受けるのである．

例 1．定義域Dを開区間$(0\,;1)$に限定すると関数$f(x)=\dfrac{1}{x}$は連続関数である．このことは，開区間$(0\,;1)$でxが連続関数で$x\neq 0$であることから明らかであるが，この場合，$0<\varepsilon<\dfrac{1}{2}$なる$\varepsilon$をとると，

$$0<c<c+h<1,\ \left|\frac{1}{c+h}-\frac{1}{c}\right|=\frac{h}{c(c+h)}<\varepsilon$$

であるためには

$$0<h<\frac{c^2}{1-c\varepsilon}\cdot\varepsilon<\frac{c^2}{1-\dfrac{1}{2}}\cdot\varepsilon=2c^2\varepsilon,$$

したがって，条件 (1) に適するためには

$$\delta\leqq 2c^2\varepsilon<c^2<c \quad \left(0<c<1,\ 0<\varepsilon<\frac{1}{2}\right)$$

でなければならない．してみると，εを一定にしておいても，cが0に近ければδとしてはcよりももっと0に近い正数を採用しなければならないわけである．いいかえると，この関数の場合，定義域Dのすべての点cに共通して条件 (1) に適する正数δは存在しえないということになった．

こういう事情にかんがみて，関数$f(x)$がその定義域Dの各点cで連続であるばかりでなく，どの正数εに対しても

$$x\in D,\ x+h\in D,\ |h|<\delta \quad \Rightarrow \quad |f(x+h)-f(x)|<\varepsilon$$

(2)

であるような（x に影響されない）一定の正数 δ をえらびうるとき，$f(x)$ は D で**一様連続**な関数であるということになっている．なお，(2) はまた次のように書き直せることに注意する．

$$x \in D,\ x' \in D,\ |x'-x| < \delta \quad \Rightarrow \quad |f(x')-f(x)| < \varepsilon. \tag{3}$$

一様連続については次の定理が重要である：

$f(x)$ ガ**閉区間** $[a\,;\,b]$ デ連続ナラバ，$f(x)$ ハ $[a\,;\,b]$ デ一様連続デアル．

証明は背理法によることとし，かりに，$f(x)$ が $[a\,;\,b]$ で一様連続でないとしてみる．

そうであるとすると，(3) を見ればわかるとおり，ある正数 ε_0 があって，どのように小さい正数 δ をとっても，かならず

$$x \in D,\ x' \in D,\ |x'-x| < \delta,\ |f(x')-f(x)| \geqq \varepsilon_0 \tag{4}$$

なる 2 点 x, x' が存在するということになってくる．よって，各自然数 n に対し，$\delta = \dfrac{1}{n+1}$ に対応する (4) の x, x' をそれぞれ α_n, β_n とすると，ここに

$$\alpha_n \in D,\quad \beta_n \in D,\quad |\beta_n - \alpha_n| < \frac{1}{n+1},$$

$$|f(\beta_n)-f(\alpha_n)| \geqq \varepsilon_0 \quad (n=0, 1, 2, \cdots) \tag{5}$$

なる二つの数列 $\{\alpha_n\}$ と $\{\beta_n\}$ とが得られるわけである．

いま，閉区間 $[a\,;\,b]$ を中点を分点として 2 等分し，二つの閉区間

$$\left[a\,;\frac{a+b}{2}\right],\quad \left[\frac{a+b}{2}\,;b\right]$$

に分割すれば，そのうち少なくとも一つには無限に多くの α_n が属しているはずである．そういう一つを $[a_1\,;b_1]$ で表わしたうえで，またこの $[a_1\,;b_1]$ を二つの閉区間に2等分し，そのうち無限に多くの α_n を含むものを $[a_2\,;b_2]$ で表わす．さらに $[a_2\,;b_2]$ を二つの閉区間に2等分し，そのうち無限に多くの α_n を含むものを $[a_3\,;b_3]$ で表わし，…という手続きを何度でもくりかえしていくと，ここに閉区間の列

$$[a_0\,;b_0],[a_1\,;b_1],[a_2\,;b_2],\cdots,[a_n\,;b_n],\cdots \qquad (6)$$

が得られる（ただし，$a_0=a$，$b_0=b$ とおいたものとする）．

$$\lim_n\,(b_n-a_n)=\lim_n\frac{b_0-a_0}{2^n}=0$$

であるから，閉区間の列 (6) が前節の条件 (3) に適していることは明らかであろう．

よって，前節の区間縮小法の定理により，

$$c=\lim_n a_n=\lim_n b_n,\quad a_n\leqq c\leqq b_n\quad (n=0,1,2,\cdots)$$

とすると，c は $[a\,;b]$ の点であり，したがって $x=c$ で $f(x)$ は連続なのであるから，

$$x\in[a\,;b],\ |x-c|<\delta_0 \quad\Rightarrow\quad |f(x)-f(c)|<\frac{\varepsilon_0}{2} \qquad (7)$$

なる正数 δ_0 をえらぶことができる．ここに，$c=\lim_n a_n=\lim_n b_n$ であることをかえりみれば，十分大きい自然数 p を

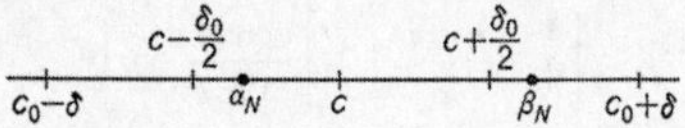

図 X-3

とると

$$c-\frac{\delta_0}{2}<a_p<b_p<c+\frac{\delta_0}{2}$$

すなわち

$$[a_p\,;\,b_p]\subseteqq\left(c-\frac{\delta_0}{2}\,;\,c+\frac{\delta_0}{2}\right)$$

で，しかもこの $[a_p\,;\,b_p]$ には無限に多くの α_n が含まれているはずである．よって，

$$N+1>\frac{2}{\delta_0},\quad \alpha_N\in[a_p\,;\,b_p]\subseteqq\left(c-\frac{\delta_0}{2}\,;\,c+\frac{\delta_0}{2}\right)$$

なる α_N をとると，

$$|\alpha_N-c|<\frac{\delta_0}{2},$$

$$|\beta_N-c|\leqq|\beta_N-\alpha_N|+|\alpha_N-c|$$

$$<\frac{1}{N+1}+\frac{\delta_0}{2}<\frac{\delta_0}{2}+\frac{\delta_0}{2}$$

すなわち，$|\alpha_N-c|<\delta_0$, $|\beta_N-c|<\delta_0$ であるから，(7) により

$$|f(\beta_N)-f(\alpha_N)|\leqq|f(\beta_N)-f(c)|+|f(c)-f(\alpha_N)|$$

$$<\frac{\varepsilon_0}{2}+\frac{\varepsilon_0}{2}=\varepsilon_0.$$

これはまさに (5) の $|f(\beta_N)-f(\alpha_N)|\geqq\varepsilon_0$ と矛盾する結果であり，したがって，$f(x)$ が $[a\,;\,b]$ で一様連続でないという仮定は否定されるのである．

問 1．$[a\,;\,b]$ で連続な関数 $f(x)$ は $[a\,;\,b]$ で有界であることを区間縮小法によって証明する．

例 2．関数 x^2 の定義域を $[0\,;\,1]$ に限定すると，

$$x\in[0\,;\,1],\ x'\in[0\,;\,1],\ |x'^2-x^2|=|x'-x|\cdot|x'+x|$$

よって，$\delta=\dfrac{\varepsilon}{2}$ とおくと

$$x\in[0\,;\,1],\quad x'\in[0\,;\,1],\quad |x'-x|<\delta \quad \Rightarrow$$

$$|x'^2-x^2|<\frac{\varepsilon}{2}\cdot 2=\varepsilon.$$

ここに，$\delta=\dfrac{\varepsilon}{2}$ は ε だけで定まり，x, x' からは影響を受けない．x^2 は $[0\,;\,1]$ で一様連続なのである．

▶§4. Cauchy の収束定理

数列 $\{c_n\}$ が収束するとき，その極限値を c とすると，ε がどんな正数でも，自然数 N を十分大きくとれば

$$n\geqq N \quad \Rightarrow \quad |c_n-c|<\frac{\varepsilon}{2}$$

である．よって，$m\geqq N$，$n\geqq N$ ならば

$$|c_n-c_m|\leqq|c_n-c|+|c-c_m|<\frac{\varepsilon}{2}+\frac{\varepsilon}{2},$$

すなわち，

$$m\geqq N,\ n\geqq N \quad \Rightarrow \quad |c_m-c_n|<\varepsilon. \tag{1}$$

逆に，ε がどんな正数でも条件 (1) が成りたつように自然数 N をえらびうるとき，数列 $\{c_n\}$ が収束することを示そう．

条件

$$m \geqq N,\ n \geqq N \quad \Rightarrow \quad |c_m - c_n| < 2^{-(p+1)} \qquad (p=0, 1, 2, \cdots) \tag{2}$$

に適する最小の自然数 N を $N(p)$ で表わすと，

$$N(p) \leqq N(p+1). \quad (p=0, 1, 2, \cdots)$$

よって，

$$a_p = c_{N(p)} - 2^{-p}, \quad b_p = c_{N(p)} + 2^{-p} \quad (p=0, 1, 2, \cdots)$$

とおくと，

$$\begin{aligned} a_{p+1} - a_p &= 2^{-p} - 2^{-(p+1)} + c_{N(p+1)} - c_{N(p)} \\ &\geqq 2^{-(p+1)} - |c_{N(p+1)} - c_{N(p)}|. \end{aligned}$$

しかるに，(2) により，$|c_{N(p+1)} - c_{N(p)}| < 2^{-(p+1)}$ であるから，$a_{p+1} - a_p > 0$. 同様にして，$b_{p+1} - b_p < 0$. したがって

$$[a_{p+1}\ ;\ b_{p+1}] \subseteq [a_p\ ;\ b_p] \quad (p=0, 1, 2, \cdots)$$

$$\lim_p (b_p - a_p) = \lim_p 2^{-(p-1)} = 0.$$

よって，区間縮小法の定理により

$$c = \lim_p a_p = \lim_p b_p, \quad a_p \leqq c \leqq b_p \quad (p=0, 1, 2, \cdots)$$

とすると，

$$n \geqq N(p) \quad \Rightarrow \quad c_n \in [a_p\ ;\ b_p]$$

なのであるから，

$$n \geqq N(p) \quad \Rightarrow \quad |c_n - c| < 2^{-(p-1)}.$$

したがって，$2^{-(p-1)} \leqq \varepsilon$ であるように p を定め，$N = N(p)$ とおけば

$$n \geqq N \quad \Rightarrow \quad |c_n - c| < \varepsilon.$$

すなわち，$\lim_n c_n = c$ が証明されたのである．

よって，

Cauchy（コーシー）の収束定理　数列 $\{c_n\}$ ガ収束スルタメノ必要十分条件ハ，ε ガドンナ正数デモ，条件

$$m \geqq N,\ n \geqq N \quad \Rightarrow \quad |c_m - c_n| < \varepsilon$$

ニ適スル自然数Nヲエラビウルコトデアル．◀

§5. 級　数

数列

$$c_0,\ c_1,\ c_2,\ \cdots,\ c_n,\ \cdots \tag{1}$$

を記号 ＋ で結んで

$$c_0+c_1+c_2+\cdots+c_n+\cdots \tag{2}$$

と書いたものを（無限）**級数**といい，$c_0, c_1, c_2, \cdots, c_n, \cdots$ のおのおのをこの級数の**項**と称する．級数（2）を記号 $\sum_{n=0}^{\infty} c_n$，または略して $\sum c_n$ で表わすことがある．

$$s_0=c_0,\ s_1=c_0+c_1,\ s_2=c_0+c_1+c_2,\ \cdots,$$
$$s_n=c_0+c_1+c_2+\cdots+c_n,\ \cdots$$

とおけば，ここに《**部分和**》から成る数列

$$s_0,\ s_1,\ s_2,\ \cdots,\ s_n,\ \cdots \tag{3}$$

が得られるが，この新たな数列（3）が収束するとき級数（2）は**収束**するといい，

$$s=\lim_n s_n$$

を級数（2）の**和**と称する．なお，このとき

$$s=c_0+c_1+c_2+\cdots+c_n+\cdots$$

または

$$s=\sum_{n=0}^{\infty} c_n$$

と書いて，右辺の級数が収束しその和がsであることを表わす．

級数が収束しないときは，その級数は**発散**するという．

例 1. $x \neq 1$ ならば $1+x+x^2+\cdots+x^n=\dfrac{1-x^{n+1}}{1-x}$ であるから $s_n=1+x+\cdots+x^n$ とおけば

$$\left|\frac{1}{1-x}-s_n\right|=\frac{|x|^{n+1}}{|1-x|}.$$

ゆえに $|x|<1$ なるときは§2，例1，i)，ii) により，$s_n \to \dfrac{1}{1-x}$，すなわち

$$\frac{1}{1-x}=1+x+x^2+\cdots+x^n+\cdots. \quad (-1<x<1)$$

級数 (2) が収束するとき，その和を s で表わせば $c_n=s_n-s_{n-1}$，$\lim_n s_n=s$，$\lim_n s_{n-1}=s$ であるから，

$$\lim_n c_n=\lim_n s_n-\lim_n s_{n-1}=s-s,$$

すなわち，

$$\boxed{\lim_n c_n=0} \tag{4}$$

でなければならない．もっとも，(4) が成りたつからといって級数 (2) がかならず収束するとはかぎらないから注意を要する．

例 2. $\lim_n \dfrac{1}{n}=0$ であるから《調和級数》

$$1+\frac{1}{2}+\frac{1}{3}+\cdots+\frac{1}{n}+\cdots$$

は確かに条件 (4) を満足している．しかしながら，§1，例3により $\lim_n s_n=+\infty$．すなわち，調和級数は発散するのである．

問 1. 級数 $\sum a_n$ および $\sum b_n$ が収束するときその和をそれぞれ s および t で表わせば，級数 $\sum(\alpha a_n+\beta b_n)$ も収束しその和は $\alpha s+\beta t$ にひとしいことを証明する．

問 2. 与えられた級数の有限個の項をそれぞれ他の数でおきかえて得られる級数は，もとの級数が収束するならば収束し，またもとの級数が発散するならば発散することを証明する.

問 3.

$$s = c_0 + c_1 + c_2 + \cdots + c_n + \cdots$$

なるときは

$$s - (c_0 + c_1 + c_2 + \cdots + c_k) = c_{k+1} + c_{k+2} + \cdots + c_n + \cdots$$

であることを証明する.

▶§4 で述べた Cauchy の収束定理を級数の場合にあてはめてみると，

$$s_{n+p} - s_n = c_{n+1} + c_{n+2} + \cdots + c_{n+p}$$

であるから，次のようになる.

級数 (2) ガ収束スルタメノ必要十分条件ハ，ε ガドンナ正数デモ

$$n \geqq N,\ \ p \geqq 1 \ \ \Rightarrow \ \ |c_{n+1} + c_{n+2} + \cdots + c_{n+p}| < \varepsilon$$

デアルヨウニ自然数 N ヲエラビウルコトデアル. ◀

§6. 正項級数と交項級数

級数

$$c_0 + c_1 + c_2 + \cdots + c_n + \cdots \tag{1}$$

においてすべての n に対し $c_n \geqq 0$ であるときはこの級数を**正項級数**と称する.

この場合部分和の数列（§5 の (3)）は増加数列であるから

正項級数 (1) ニオイテスベテノ n ニ対シ

$$s_n = c_0 + c_1 + c_2 + \cdots + c_n \leqq K$$

ナル（n ニ無関係ナ）定数 K ガアレバコノ級数ハ収束

　シ, ソノ和 s ハ s_n ノ上限ニヒトシイ

ことがわかる $(s_n \leqq s)$. この逆が成りたつことももちろんである.

　正項級数 $\sum c_n$ ニオイテ

$$c_n > 0 \ (n=p, p+1, \cdots), \quad \lim_n \frac{c_{n+1}}{c_n} = r$$

　デアルトキ

　i) $0 \leqq r < 1$ ナラバ級数ハ収束シ

　ii) $r > 1$ ナラバ級数ハ発散スル*.

証明：i) $r < \rho < 1$ なる ρ をとれば, 十分大きい n に対しては

$$\frac{c_{n+1}}{c_n} < \rho.$$

よって, $n \geqq N$ なる n に対しこの不等式が成りたつものとすれば

$$c_{N+1} < c_N\rho, \quad c_{N+2} < c_{N+1}\rho < c_N\rho^2, \ \cdots$$
$$c_{N+p} < c_{N+p-1}\rho < \cdots < c_N\rho^p, \ \cdots$$

したがって

$$c_N + c_{N+1} + \cdots + c_{N+p} < c_N(1+\rho+\rho^2+\cdots+\rho^p)$$
$$= c_N\frac{1-\rho^{p+1}}{1-\rho} < \frac{c_N}{1-\rho}.$$

ゆえに, n のいかんにかかわらず

---

* $\lim_n \frac{c_{n+1}}{c_n} = +\infty$ の場合も発散する.

$$s_n = c_0+c_1+\cdots+c_n < s_{N-1}+\frac{c_N}{1-\rho}$$

であるから，級数は収束する．

ii) Nを十分大きくとれば，$n \geqq N$なるnに対しては

$$\frac{c_{n+1}}{c_n} > 1 \quad \text{すなわち} \quad c_{n+1} > c_n \geqq c_N$$

となり，$\lim_n c_n = 0$となりえない．よって級数は発散する．

例 1. 級数$1+2r+3r^2+\cdots+nr^{n-1}+\cdots$において

$$\lim_n \frac{(n+1)r^n}{nr^{n-1}} = \lim_n \left(1+\frac{1}{n}\right)r = r$$

であるから，$0 \leqq r < 1$ならばこの級数は収束し，$r \geqq 1$ならば発散する*．

すべてのnに対し$c_n > 0$であるとき，級数

$$c_0-c_1+c_2-c_3+\cdots+(-1)^n c_n+\cdots \tag{2}$$

を**交項級数**と称する．

交項級数 (2) ニオイテ

$$c_n \geqq c_{n+1} \ (n=0, 1, 2, \cdots), \quad \lim_n c_n = 0$$

ナラバ，コノ級数ハ収束スル．(Leibniz)

証明：$s_n = c_0-c_1+c_2-\cdots+(-1)^n c_n$とおけば

$$s_{2n+1} = (c_0-c_1)+(c_2-c_3)+\cdots+(c_{2n}-c_{2n+1})$$

であるから，数列$s_1, s_3, s_5, \cdots, s_{2n+1}, \cdots$は増加数列で，しかも

---

* $r=1$のときには$\lim_n nr^{n-1} = \lim_n n = +\infty$であって収束の必要条件（前節 (4)）をみたさない．

$$s_{2n+1} = c_0 - (c_1 - c_2) - (c_3 - c_4) - \cdots$$
$$- (c_{2n-1} - c_{2n}) - c_{2n+1} \leqq c_0$$

であるから，収束する．よって $\lim_n s_{2n+1} = s$ とおけば

$$\lim_n s_{2n+2} = \lim_n (s_{2n+1} + c_{2n+2}) = \lim_n s_{2n+1} + \lim_n c_{2n+2} = s.$$

すなわち

$$\lim_n s_n = s.$$

例 2. $1 - \frac{1}{2} + \frac{1}{3} - \frac{1}{4} + \cdots + (-1)^{n-1}\frac{1}{n} + \cdots$ は収束する．

問 1. 正項級数 $\sum a_n$ および $\sum b_n$ において

$$a_n \leqq b_n \quad (n = N, N+1, N+2, \cdots)$$

なる関係があるとき，$\sum b_n$ が収束すれば $\sum a_n$ も収束することを証明する．

問 2. 級数

$$\frac{1}{1^\alpha} + \frac{1}{2^\alpha} + \cdots + \frac{1}{n^\alpha} + \cdots$$

は $\alpha > 1$ なるとき収束し，$\alpha \leqq 1$ なるとき発散することを証明する（指針：$\alpha > 1$ ならば $\frac{1}{n^\alpha} < \int_{n-1}^{n} \frac{1}{x^\alpha} dx$ であることに注意）．

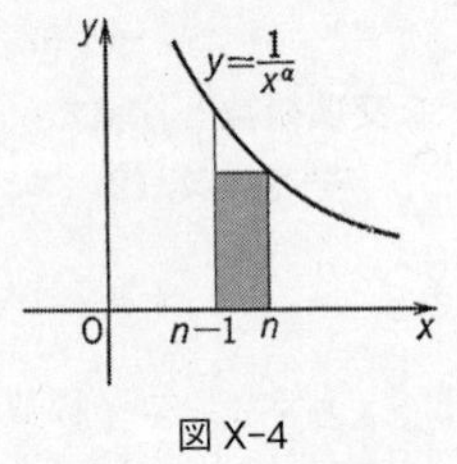

図 X-4

§7. Taylor 級数

Maclaurin の定理（VIII，§3，(10)）

$$f(x) = f(0) + \frac{f'(0)}{1!}x + \frac{f''(0)}{2!}x^2 + \cdots$$

$$+\frac{f^{(n-1)}(0)}{(n-1)!}x^{n-1}+R_n \tag{1}$$

において

$$\lim_n R_n = 0 \tag{2}$$

であるときは

$$\lim_n \left[f(0)+\frac{f'(0)}{1!}x+\frac{f''(0)}{2!}x^2+\cdots \right.$$
$$\left. +\frac{f^{(n-1)}(0)}{(n-1)!}x^{n-1} \right] = f(x)$$

であるから

$$f(x) = f(0)+\frac{f'(0)}{1!}x+\frac{f''(0)}{2!}x^2+\cdots$$
$$+\frac{f^{(n-1)}(0)}{(n-1)!}x^{n-1}+\frac{f^{(n)}(0)}{n!}x^n+\cdots. \tag{3}$$

この等式の右辺の級数を $f(x)$ の **Taylor 級数**または **Maclaurin 級数**と称する．また，$f(x)$ を Taylor 級数で表わすことを **Taylor 展開**という．

とくに，すべての n，$0 \leqq |\xi| \leqq |x|$ なるすべての ξ に対し

$$|f^{(n)}(\xi)| \leqq K(x)$$

なる n に無関係な $K(x)$ がある場合には

$$|R_n| = \left| \frac{f^{(n)}(\theta x)}{n!}x^n \right| \leqq K(x) \left| \frac{x^n}{n!} \right|$$

であるから，§2，問2により，(2) が成り立ち，したがって $f(x)$ は Taylor 級数に展開することができる．

例 1．指数関数：VIII，§3，例 1 により

$$e^x = 1+\frac{x}{1!}+\frac{x^2}{2!}+\cdots+\frac{x^{n-1}}{(n-1)!}+\frac{e^{\theta x}}{n!}x^n. \quad (0<\theta<1)$$

しかるに $|e^{\theta x}| \leqq e^{|x|}$ であるから

$$e^x = 1+\frac{x}{1!}+\frac{x^2}{2!}+\cdots+\frac{x^n}{n!}+\cdots.$$

とくに，$x=1$ とすれば

$$e = 1+\frac{1}{1!}+\frac{1}{2!}+\cdots+\frac{1}{n!}+\frac{1}{(n+1)!}+\cdots.$$

この等式によって e の近似値を計算できる．

$$\begin{aligned}
& e-\left(1+\frac{1}{1!}+\frac{1}{2!}+\cdots+\frac{1}{n!}\right) \\
& = \frac{1}{(n+1)!}+\frac{1}{(n+2)!}+\cdots+\frac{1}{(n+p)!}+\cdots \\
& = \frac{1}{(n+1)!}\left[1+\frac{1}{n+2}+\frac{1}{(n+2)(n+3)}+\cdots\right. \\
& \qquad\qquad \left.+\frac{1}{(n+2)(n+3)\cdots(n+p)}+\cdots\right] \\
& < \frac{1}{(n+1)!}\left[1+\frac{1}{n+1}+\frac{1}{(n+1)^2}+\cdots+\frac{1}{(n+1)^{p-1}}+\cdots\right] \\
& = \frac{1}{(n+1)!}\cdot\frac{1}{1-\dfrac{1}{n+1}} = \frac{1}{n!n}
\end{aligned}$$

であるから

$$1+\frac{1}{1!}+\frac{1}{2!}+\cdots+\frac{1}{n!} < e < 1+\frac{1}{1!}+\frac{1}{2!}+\cdots+\frac{1}{n!}+\frac{1}{n!n}. \quad (4)$$

いま，$n=10$ として計算すれば次の表により

$$e > 1+\frac{1}{1!}+\frac{1}{2!}+\cdots+\frac{1}{10!} > 2.7182814.$$

また，$\dfrac{1}{3!}$ 以下 $\dfrac{1}{10!}$ までの値として次の表のおのおのに

$$
\begin{aligned}
1 &= 1 \\
\frac{1}{1!} &= 1 \\
\frac{1}{2!} &= 0.5 \\
\frac{1}{3!} &= 0.1666666 \\
\frac{1}{4!} &= 0.0416666 \\
\frac{1}{5!} &= 0.0083333 \\
\frac{1}{6!} &= 0.0013888 \\
\frac{1}{7!} &= 0.0001984 \\
\frac{1}{8!} &= 0.0000248 \\
\frac{1}{9!} &= 0.0000027 \\
+\frac{1}{10!} &= 0.0000002 \\
\hline
& 2.7182814 \\
\frac{1}{10!10} &= 0.000000027
\end{aligned}
$$

0.0000001 を加えたものをとれば

$$e < 1+\frac{1}{2!}+\frac{1}{3!}+\cdots+\frac{1}{10!}+\frac{1}{10!10} < 2.7182822.$$

ゆえに

$$e = 2.71828\cdots.$$

例 2. $\dfrac{d^n \sin x}{dx^n}=\sin\left(x+n\dfrac{\pi}{2}\right)$ であるから，$f(x)\equiv\sin x$ とおけば

$$f^{(2k-1)}(0) = (-1)^{k-1},\ \ f^{(2k)}(0) = 0,\ \ |f^{(n)}(x)| \leqq 1,$$

よって

$$\sin x = x - \frac{x^3}{3!} + \cdots + (-1)^{n-1}\frac{x^{2n-1}}{(2n-1)!} + \cdots.$$

同様に

$$\cos x = 1 - \frac{x^2}{2!} + \cdots + (-1)^n \frac{x^{2n}}{(2n)!} + \cdots.$$

例 3. VIII, §3, 問 1 により，$0 \leqq x \leqq 1$ なるとき

$$\log(1+x) = \frac{x}{1} - \frac{x^2}{2} + \frac{x^3}{3} - \cdots$$
$$+ (-1)^n \frac{x^{n-1}}{n-1} + \frac{(-1)^{n+1}}{n}\frac{x^n}{(1+\theta x)^n} \quad (0<\theta<1)$$

において

$$\left|\frac{(-1)^{n+1}}{n}\frac{x^n}{(1+\theta x)^n}\right| < \frac{x^n}{n} \leqq \frac{1}{n} \to 0$$

であるから

$$\log(1+x) = \frac{x}{1} - \frac{x^2}{2} + \frac{x^3}{3} - \cdots + (-1)^n \frac{x^{n-1}}{n-1} + \cdots.$$

また $-1<x<0$ なるときは，

$$\log(1+x) = \frac{x}{1} - \frac{x^2}{2} + \frac{x^3}{3} - \cdots$$
$$+ (-1)^n \frac{x^{n-1}}{n-1} + (-1)^{n+1}\frac{(1-\theta_1)^{n-1}x^n}{(1+\theta_1 x)^n} \quad (0<\theta_1<1)$$

において

$$\left|(-1)^{n+1}\frac{(1-\theta_1)^{n-1}}{(1+\theta_1 x)^n}x^n\right| < \frac{|x|^n}{1-|x|} \to 0$$

であるから，この場合にもやはり上と同じ展開式が得られる．

例 4. VIII, §3, 例 2 により

$$(1+x)^\alpha = 1+\frac{\alpha}{1!}x+\frac{\alpha(\alpha-1)}{2!}x^2+\cdots$$
$$+\frac{\alpha(\alpha-1)\cdots(\alpha-n+2)}{(n-1)!}x^{n-1}+R_n, \qquad (5)$$

$$R_n = \frac{\alpha(\alpha-1)\cdots(\alpha-n+1)}{n!}x^n(1+\theta x)^{\alpha-n} \quad (0<\theta<1) \qquad (6)$$

あるいは

$$R_n = \frac{\alpha(\alpha-1)\cdots(\alpha-n+1)}{(n-1)!}x^n(1-\theta_1)^{n-1}(1+\theta_1 x)^{\alpha-n}$$
$$(0<\theta_1<1) \qquad (7)$$

α が自然数の場合には $n=\alpha+1$ とすれば $R_n=0$ であるから，(5) の右辺はじつは α 次の多項式になる．それ以外の α に対しては

i) $0<x<1$ の場合：(6) において $n>\alpha$ ならば $0<(1+\theta x)^{\alpha-n}<1$. よって§2, 問3により $\lim_n R_n = 0$.

ii) $-1<x<0$ の場合：(7) において

$$0 < (1-\theta_1)^{n-1}(1+\theta_1 x)^{\alpha-n}$$
$$= \left(\frac{1-\theta_1}{1+\theta_1 x}\right)^{n-1}(1+\theta_1 x)^{\alpha-1} < (1+\theta_1 x)^{\alpha-1}.$$

ところで $\alpha\geqq 1$ ならば $(1+\theta_1 x)^{\alpha-1}\leqq 1$，また $\alpha<1$ ならば $(1+\theta_1 x)^{\alpha-1}<(1-|x|)^{\alpha-1}$ であるから，i) の場合と同じく $\lim_n R_n=0$.

よって，けっきょく，$-1<x<1$ ならば

$$(1+x)^\alpha = 1+\frac{\alpha}{1!}x+\frac{\alpha(\alpha-1)}{2!}x^2+\cdots$$
$$+\frac{\alpha(\alpha-1)\cdots(\alpha-n+2)}{(n-1)!}x^{n-1}+\cdots.$$

§8. 絶対収束と条件収束

級数

$$|c_0|+|c_1|+|c_2|+\cdots+|c_n|+\cdots \qquad (1)$$

が収束するときは，級数

$$c_0+c_1+c_2+\cdots+c_n+\cdots \tag{2}$$

は**絶対収束**するといわれる．級数 (1) を級数 (2) の絶対値級数と称する．

例 1. §2，例 2 において $c_n=\dfrac{\alpha(\alpha-1)\cdots(\alpha-n+1)}{n!}x^n$ とおけば

$$\frac{|c_{n+1}|}{|c_n|}=\left|\frac{\alpha-n}{n+1}\right||x|\to|x|$$

であるから，$|x|<1$ ならば，$(1+x)^\alpha$ の Taylor 級数は絶対収束する．

まず

絶対収束スル級数ハ収束スル

ことを示そう．

(1) が収束するとし，最初に，(2) の項のうち負であるものは有限個しかない場合を考える．(2) においてそれら有限個の項を 0 でおきかえて得られる級数は正項級数で，(1) において有限個の項を 0 でおきかえたものと一致する．ゆえに，この級数は収束し，したがって (2) も収束する (§5，問 2)．

(2) の項のうち正であるものが有限個しかない場合には，級数

$$(-c_0)+(-c_1)+(-c_2)+\cdots+(-c_n)+\cdots$$

は最初の場合にあてはまるから収束する．これが収束すれば (2) の収束することも明らかである．

最後に，級数 (2) の項のなかには正である項も負である

項も無限に多くある場合を考えよう．部分和

$$s_n = c_0+c_1+c_2+\cdots+c_n$$

のうちで正である項の和を u_n, また負である項の和を $-v_n$ で表わせば

$$s_n = u_n-v_n, \quad u_n>0, \quad v_n>0$$

$$u_n+v_n = |c_0|+|c_1|+|c_2|+\cdots+|c_n|$$

であるから，この等式の右辺すなわち級数 (1) の部分和を σ_n で表わせば

$$u_n \leqq \sigma_n, \quad v_n \leqq \sigma_n.$$

しかるに，級数 (1) は収束するのであるから

$$\sigma_n \leqq K. \quad (K \text{ は } n \text{ に無関係な数})$$

よって

$$u_n \leqq K, \quad v_n \leqq K$$

で，しかも数列

$$u_0, u_1, u_2, \cdots, u_n, \cdots \quad \text{および} \quad v_0, v_1, v_2, \cdots, v_n, \cdots$$

はいずれも増加数列であるから

$$\lim_n u_n \quad \text{および} \quad \lim_n v_n$$

が存在する．これから，ただちに，

$$\lim_n s_n = \lim_n u_n - \lim_n v_n$$

により，級数 $\sum c_n$ の収束することが知られる．

なお，(1) の和を σ, (2) の和を s とすれば

$$|s| = |\lim_n u_n - \lim_n v_n|, \quad \sigma = |\lim_n u_n|+|\lim_n v_n|$$

であるから

$$|s| \leqq \sigma \tag{3}$$

である.

級数$\sum c_n$が収束し，しかも$\sum |c_n|$が収束しない場合には$\sum c_n$は**条件収束**するといわれる.

例 2. 級数

$$1-\frac{1}{2}+\frac{1}{3}-\frac{1}{4}+\cdots+(-1)^{n-1}\frac{1}{n}+\cdots$$

は収束するが（§6, 例 2），その絶対値級数は調和級数

$$1+\frac{1}{2}+\frac{1}{3}+\frac{1}{4}+\cdots+\frac{1}{n}+\cdots$$

であって収束しない（§5, 例 2）. すなわち，上の級数は条件収束するのである.

注意 1. 絶対収束級数の項の順序をいかに変更しても，こうしてできた級数はやはり絶対収束しその和はもとの級数の和にひとしい. これに反し条件収束級数の項の順序を変更すると，そうしてできた級数は収束しないことがある. また，収束してもその和はかならずしも，もとの級数の和にひとしいとはかぎらない.（証明略）

絶対収束級数については次のような定理がある：

$$s = a_0+a_1+a_2+\cdots+a_n+\cdots$$

$$t = b_0+b_1+b_2+\cdots+b_n+\cdots$$

ガイズレモ絶対収束スルトキ

$$c_n = a_0b_n+a_1b_{n-1}+\cdots+a_nb_0$$

トオケバ

$$c_0+c_1+c_2+\cdots+c_n+\cdots$$

モ絶対収束シ，ソノ和ヲ u デ表ワセバ

$$u = st$$

デアル.

証明：

$$\sigma = |a_0|+|a_1|+|a_2|+\cdots+|a_n|+\cdots$$
$$\tau = |b_0|+|b_1|+|b_2|+\cdots+|b_n|+\cdots$$
$$\sigma_n = |a_0|+|a_1|+|a_2|+\cdots+|a_n|,$$
$$\tau_n = |b_0|+|b_1|+|b_2|+\cdots+|b_n|$$

とおけば

$$|c_n| \leqq |a_0||b_n|+|a_1||b_{n-1}|+\cdots+|a_n||b_0|$$

であるから

$$|c_0|+|c_1|+|c_2|+\cdots+|c_n| \leqq \sigma_n\tau_n \leqq \sigma\tau.$$

ゆえに絶対値級数 $\sum|c_n|$ は収束する．いいかえれば，級数 $\sum c_n$ は絶対収束する．

つぎに

$$s_n = a_0+a_1+a_2+\cdots+a_n,$$
$$t_n = b_0+b_1+b_2+\cdots+b_n,$$
$$u_n = c_0+c_1+c_2+\cdots+c_n$$

とおけば

$$s_nt_n-u_n = a_1b_n+a_2(b_{n-1}+b_n)+\cdots+a_n(b_1+b_2+\cdots+b_n).$$

したがって

$$\begin{aligned}
&|s_{2k}t_{2k}-u_{2k}| \\
&\quad\leqq |a_1||b_{2k}|+|a_2|(|b_{2k-1}|+|b_{2k}|)+\cdots \\
&\qquad+|a_k|(|b_{k+1}|+|b_{k+2}|+\cdots+|b_{2k}|) \\
&\qquad+|a_{k+1}|(|b_k|+|b_{k+1}|+\cdots+|b_{2k}|)+\cdots \\
&\qquad+|a_{2k}|(|b_1|+|b_2|+\cdots+|b_{2k}|)
\end{aligned}$$

$$\leqq (|a_1|+|a_2|+\cdots+|a_k|)(|b_{k+1}|+|b_{k+2}|+\cdots+|b_{2k}|)$$
$$+(|a_{k+1}|+|a_{k+2}|+\cdots+|a_{2k}|)(|b_1|+|b_2|+\cdots+|b_{2k}|).$$

すなわち

$$|s_{2k}t_{2k}-u_{2k}| \leqq \sigma(\tau_{2k}-\tau_k)+(\sigma_{2k}-\sigma_k)\tau.$$

しかるに

$$\lim_k(\tau_{2k}-\tau_k) = \lim_k \tau_{2k}-\lim_k \tau_k = \tau-\tau = 0,$$
$$\lim_k(\sigma_{2k}-\sigma_k) = \sigma-\sigma = 0$$

であるから

$$\lim_k|s_{2k}t_{2k}-u_{2k}| = 0, \quad \text{すなわち} \quad \lim_k(s_{2k}t_{2k}-u_{2k}) = 0.$$

よって

$$\lim_k u_{2k} = \lim_k[s_{2k}t_{2k}+(u_{2k}-s_{2k}t_{2k})]$$
$$= \lim_k(s_{2k}t_{2k})+\lim_k(u_{2k}-s_{2k}t_{2k})$$
$$= \lim_k(s_{2k}t_{2k}).$$

すなわち

$$\lim_k u_{2k} = st.$$

また，$\sum|c_n|$ が絶対収束するから $\lim_n c_n=0$．ゆえに

$$\lim_k u_{2k+1} = \lim_k(u_{2k}+c_{2k+1}) = \lim_k u_{2k}+\lim_k c_{2k+1} = st.$$

かくして

$$\lim_n u_n = st$$

が証明された．これは$\sum c_n$の和がstにひとしいということにほかならない．

例 3.

$$a_0+a_1x+a_2x^2+\cdots+a_nx^n+\cdots$$
$$b_0+b_1x+b_2x^2+\cdots+b_nx^n+\cdots$$

が絶対収束するときは

$$\begin{aligned}(a_0+a_1x+\cdots+a_nx^n+\cdots)(b_0+b_1x+\cdots+b_nx^n+\cdots)\\ = a_0b_0+(a_0b_1+a_1b_0)x+\cdots\\ +(a_0b_n+a_1b_{n-1}+\cdots+a_{n-1}b_1+a_nb_0)x^n+\cdots.\end{aligned}$$

問 1．例 3 の方法により$e^x\cos x$の Taylor 級数のx^4の項までを求める．

注意 2．じつをいうと，$\sum a_n, \sum b_n$がいずれも収束し，そのいずれか一方が絶対収束すれば，$\sum c_n$は収束し，$st=\sum c_n$であることが知られている．（証明略）

§9. 整級数

$$a_0+a_1x+a_2x^2+\cdots+a_nx^n+\cdots \qquad (1)$$

なる形の級数をxの**整級数**または**冪（ベキ）級数**と称する．たとえば，e^xの Taylor 級数

$$1+\frac{x}{1!}+\frac{x^2}{2!}+\cdots+\frac{x^n}{n!}+\cdots$$

は整級数の一例である．

整級数（1）ガ$x=x_0$ニ対シテ収束スルトキハ，$|x|<|x_0|$ナルxニ対シテ絶対収束スル．

証明：$\sum a_nx_0{}^n$が収束するのであるから$\lim_n a_nx_0=0$．ゆえに自然数Nを十分大きくとると

$$n \geqq N \quad ならば \quad |a_n x_0{}^n| < 1.$$

よって

$$n \geqq N ならば |a_n x^n| = |a_n x_0{}^n| \cdot \left|\frac{x}{x_0}\right|^n < \left|\frac{x}{x_0}\right|^n.$$

$|x|<|x_0|$ ならば $\left|\dfrac{x}{x_0}\right|<1$ であるから，$\sum\left|\dfrac{x}{x_0}\right|^n$ は収束し（§5，例1），したがって§6，問1により，$\sum|a_n x^n|$ も収束する．

整級数の収束については次の三つの場合が考えられる．

i）$x=0$ 以外の x の値に対しては収束しない場合：

例1．$1+1!x+2!x^2+\cdots+n!x^n+\cdots$：

$x \neq 0$ とすれば，§2，問2により $\lim_n \dfrac{1}{n!}\left(\dfrac{1}{x}\right)^n=0$. したがって $\lim_n n!x^n=0$ とはなりえない．よって $x \neq 0$ なるときはこの級数は収束しない．

ii）x のすべての値に対して収束する場合：e^x の Taylor 級数がその一例である．

iii）前記 i)，ii) 以外の場合：整級数 (1) が $x=x_1$ に対し発散するものとすれば，$|x_1|<|x|$ なる x に対しても発散する．なぜならば，もしかかる x に対し収束すれば，上に証明した定理により，$x=x_1$ に対しても絶対収束しなければならないからである．よって，この整級数 (1) が収束するような x に対しては

$$|x| \leqq |x_1|.$$

すなわち，かような x の絶対値 $|x|$ は上に有界であるから，その上限を R とすれば

$|x|<R$ ナルトキハ整級数ハ収束シ

$|x|>R$ ナルトキハ整級数ハ発散スル.

この R を整級数の**収束半径**, また開区間 $(-R\,;\,R)$ をその**収束区間**と称する.

i) の場合には収束半径は 0, また ii) の場合には $+\infty$ であると考える.

なお, $|x|>R$ なるときは整級数 (1) は発散するからその絶対値級数 $\sum|a_nx^n|$ ももとより発散する. また, $|x|<R$ なるときは $|x|<|x_0|<R$ なる x_0 に対し (1) は収束するのであるから, 本節最初の定理により

$|x|<R$ ナルトキハ $\sum|a_nx^n|$ ハ収束シ

$|x|>R$ ナルトキハ $\sum|a_nx^n|$ ハ発散スル

ことに注意する.

例 2. 整級数

$$\frac{x}{1}-\frac{x^2}{2}+\frac{x^3}{3}-\cdots+(-1)^{n-1}\frac{x^n}{n}+\cdots$$

は§7, 例 3 により $|x|<1$ ならば収束し, また $x=-1$ ならば発散する. ゆえに, この整級数の収束半径は 1 である.

整級数

$$a_0+a_1x+a_2x^2+\cdots+a_nx^n+\cdots \tag{1}$$

ノ収束半径ト整級数

$$a_1+2a_2x+\cdots+na_nx^{n-1}+\cdots \tag{2}$$

ノ収束半径トハ相ヒトシイ.

証明 : (1) の収束半径を R, (2) の収束半径を R_1 とし, $R=R_1$ を証明する. まず整級数 (2) に x を乗じて得られ

る整級数

$$a_1x+2a_2x^2+\cdots+na_nx^n+\cdots \tag{3}$$

の収束半径はやはり R_1 にひとしいことに注意する．最初に，$R\neq 0, +\infty$ である場合を考える．

i) $R_1 \leqq R$ の証明：

$$|a_nx^n| \leqq |na_nx^n| \tag{4}$$

であるから，(3) の絶対収束するような x に対しては (1) も絶対収束する．よって

$$|x| < R_1 \ \Rightarrow\ |x| \leqq R.$$

したがって

$$R_1 \leqq R.$$

ii) $R_1 \geqq R$ の証明：$|x|<R$ とし $|x|<|x_0|<R$ なる x_0 をとれば，$x=x_0$ に対し (1) は収束するのであるから，自然数 N を十分大きくとれば $n \geqq N$ なる n に対しては

$$|a_nx_0{}^n| < 1.$$

よって，そういう n に対しては

$$|na_nx^n| = n|a_nx_0{}^n|\cdot\left|\frac{x}{x_0}\right|^n < n\left|\frac{x}{x_0}\right|^n.$$

ここに $\left|\dfrac{x}{x_0}\right|<1$ であるから，§6，例1により，$\sum n\left|\dfrac{x}{x_0}\right|^{n-1}$ は収束し，したがって $\sum na_nx^n$ は絶対収束する．よって

$$|x| < R \ \Rightarrow\ |x| \leqq R_1$$

なのであるから

$$R \leqq R_1.$$

i) および ii) により $R\neq 0, +\infty$ の場合に $R=R_1$ が証明されたわけである．

つぎに，$R=0$ の場合には，もし $R_1>0$ ならば，$0<x<R_1$ なる x に対し (3) が絶対収束するのであるから，(4) により (1) もこの x に対し絶対収束することになる．これは $R=0$ という仮定にそむくから，$R_1=0$.

最後に，$R=+\infty$ の場合には，任意の x に対し (1) が収束するから，ii) と同様にして，(3) が任意の x に対し収束することが示される．すなわち，$R_1=+\infty$.

問 1. 整級数 (1) の収束半径が R ならば

$$1\cdot 2a_2+2\cdot 3a_3x+\cdots+(n-1)na_nx^{n-2}+\cdots$$

の収束半径も R であることを証明する.

整級数の収束半径を見いだすのに次の定理がしばしばもちいられる.

整級数 (1) ニオイテ極限値

$$R=\lim_n\left|\frac{a_n}{a_{n+1}}\right|$$

ガ存在スルトキハ，収束半径ハコノ極限値 R ニヒトシイ.

証明：まず，$x\neq 0$ ならば $\lim_n\dfrac{|a_{n+1}x^{n+1}|}{|a_nx^n|}=\lim_n\left|\dfrac{a_{n+1}}{a_n}\right|\cdot|x|$ であることに注意する.

i) $R\neq 0, +\infty$ の場合：$\lim_n\dfrac{|a_{n+1}x^{n+1}|}{|a_nx^n|}=\dfrac{|x|}{R}$. したがって，§6 の定理により，$\dfrac{|x|}{R}<1$ なるとき，すなわち

$|x|<R$ なるときは $\sum|a_nx^n|$ は収束し，

$|x|>R$ なるときは $\sum|a_nx^n|$ は発散する.

ゆえに R は収束半径である.

ii) $R=+\infty$ の場合：$\lim_n \frac{|a_{n+1}x^{n+1}|}{|a_n x^n|}=0$ であるから，すべての x に対して $\sum|a_n x^n|$ は収束する.

iii) $R=0$ の場合：$x\neq 0$ ならば $\lim_n \frac{|a_{n+1}x^{n+1}|}{|a_n x^n|}=+\infty$，したがって $\sum|a_n x^n|$ は収束しえない．ところで，もしかりに，ある x_1 ($\neq 0$) に対して $\sum a_n x_1{}^n$ が収束するとすれば $0<|x|<|x_1|$ なる x に対し $\sum|a_n x^n|$ が収束することになる．よって $x\neq 0$ ならば $\sum a_n x^n$ は収束することはありえない.

問 2.

$$1+\frac{\alpha}{1!}x+\frac{\alpha(\alpha-1)}{2!}x^2+\cdots$$
$$+\frac{\alpha(\alpha-1)\cdots(\alpha-n+1)}{n!}x^n+\cdots$$

の収束半径は，α が自然数でないとき，1 にひとしいことを証明する（§7，例 4 参照）.

§10. 整級数の微分法と積分法

整級数

$$a_0+a_1x+a_2x^2+\cdots+a_nx^n+\cdots \tag{1}$$

は，収束半径 R が 0 である場合を除けば，$|x|<R$ なる範囲を定義域とする変数 x の関数であると考えられる．$R=+\infty$ ならばこの関数は x のあらゆる値に対して定義され，また，$R\neq 0, +\infty$ ならばこの関数の定義域は開区間 $(-R\,;\,R)$ である*.

---

* ときとして $x=R$ または $x=-R$ に対し (1) の収束することがある.

1）微分法：

$$f(x) \equiv a_0 + a_1 x + a_2 x^2 + \cdots + a_n x^n + \cdots \qquad (2)$$

$$\varphi(x) \equiv a_1 + 2a_2 x + \cdots + n a_n x^{n-1} + \cdots \qquad (3)$$

トオケバ，$f(x)$ ハ微分可能デ，カツ

$$f'(x) = \varphi(x).$$

注意 1. 前節で証明したように，(3) の右辺の整級数の収束半径は (1) の収束半径 R にひとしいことに注意する．

証明：$|x|<R$ であるとし $|x|<r<R$ なる r を定めたうえで，$|x+h|<r$ であるとし，$h\to 0$ なるとき

$$\frac{f(x+h)-f(x)}{h} - \varphi(x)$$

$$= a_2\left[\frac{(x+h)^2-x^2}{h} - 2x\right] + a_3\left[\frac{(x+h)^3-x^3}{h} - 3x^2\right] + \cdots$$

$$+ a_n\left[\frac{(x+h)^n-x^n}{h} - nx^{n-1}\right] + \cdots$$

が 0 に近づくことを証明すればよいわけである．

平均値の定理によれば

$$(x+h)^n - x^n = n(x+\theta h)^{n-1}h \quad (0<\theta<1)$$

であるから，ふたたび平均値の定理をもちいれば

$$\frac{(x+h)^n-x^n}{h} - nx^{n-1}$$

$$= n[(x+\theta h)^{n-1} - x^{n-1}]$$

$$= n(n-1)(x+\theta_1\theta h)^{n-2}\theta h. \quad (0<\theta_1<1)$$

よって

$$\left|\frac{(x+h)^n-x^n}{h}-nx^{n-1}\right| < (n-1)nr^{n-2}|h|.$$

ゆえに

$$\left|\frac{f(x+h)-f(x)}{h}-\varphi(x)\right|$$

$$< |h|[1\cdot 2|a_2|+2\cdot 3|a_3|r+\cdots+(n-1)n|a_n|r^{n-2}+\cdots].$$

しかるに§9，問1によれば右辺のカッコの中の級数は収束する．よってその和をKで表わせば

$$\left|\frac{f(x+h)-f(x)}{h}-\varphi(x)\right| < hK.$$

ゆえに

$$\lim_{h\to 0}\left|\frac{f(x+h)-f(x)}{h}-\varphi(x)\right| = 0.$$

注意 2. この定理により整級数は《項別微分》できるといわれる．

例 1. §5，例1により

$$\frac{1}{1-x} = 1+x+x^2+\cdots+x^n+\cdots. \quad (-1<x<1)$$

両辺を微分すれば

$$\frac{1}{(1-x)^2} = 1+2x+\cdots+nx^{n-1}+\cdots. \quad (-1<x<1)$$

例 2.

$$\log(1+x) = \frac{x}{1}-\frac{x^2}{2}+\frac{x^3}{3}-\cdots+(-1)^{n-1}\frac{x^n}{n}+\cdots$$

$$(-1<x<1)$$

の両辺を微分すれば

$$\frac{1}{1+x}=1-x+x^2-\cdots+(-1)^{n-1}x^{n-1}+\cdots.$$

これは例1の最初の等式において x のかわりに $-x$ を入れたものにほかならない.

上に証明した定理をくりかえしもちいれば

$$f'(x)=a_1+2a_2x+3a_3x^2+\cdots+na_nx^{n-1}+\cdots$$

$$f''(x)=\qquad 1\cdot 2a_2+2\cdot 3a_3x+\cdots+(n-1)na_nx^{n-2}+\cdots$$

$$\cdots\cdots\cdots\cdots\cdots\cdots\cdots\cdots$$

$$f^{(n)}(x)=\qquad 1\cdot 2\cdot 3\cdots(n-1)na_n+2\cdot 3\cdots(n-1)n(n+1)a_{n+1}x+\cdots$$

$$\cdots\cdots\cdots\cdots\cdots\cdots\cdots\cdots$$

ゆえに

$$f'(0)=a_1,\ \ f''(0)=1\cdot 2a_2,\ \ \cdots,\ \ f^{(n)}(0)=n!a_n,\ \ \cdots.$$

また, $f(0)=a_0$ であるから

$$f(x)=f(0)+\frac{f'(0)}{1!}x+\frac{f''(0)}{2!}x^2+\cdots+\frac{f^{(n)}(0)}{n!}x^n+\cdots.$$

すなわち

整級数デ表ワサレル関数ハ Taylor 級数ニ展開サレ, ソノ Taylor 級数ハモトノ整級数ニホカナラナイ.

2) 積分法:

$$F(x)=a_0x+\frac{a_1}{2}x^2+\frac{a_2}{3}x^3+\cdots+\frac{a_{n-1}}{n}x^n+\cdots \tag{4}$$

とおけば

$$\left|\frac{a_{n-1}}{n}x^n\right|=|a_{n-1}x^{n-1}|\cdot\left|\frac{x}{n}\right|$$

であるから，$n>|x|$ なる n に対しては

$$\left|\frac{a_{n-1}}{n}x^n\right|<|a_{n-1}x^{n-1}|.$$

ゆえに，(4) の右辺の整級数の収束半径は (1) の収束半径 R より小ではない．よって，$|x|<R$ ならば，1) により，$F(x)$ は微分可能で，かつ

$$F'(x)=a_0+a_1x+a_2x^2+\cdots+a_{n-1}x^{n-1}+\cdots=f(x) \quad (5)$$

すなわち，$F(x)$ は $f(x)$ の原始関数なのである．こうなってみると，(4) の右辺の収束半径は，じつは，(1) の収束半径 R と一致しなければならないことがわかる．

$F(x)$ が $f(x)$ の原始関数であるとなったうえは，$f(x)$ の他の原始関数は (4) の右辺に定数を加えたものにすぎない．よって

$f(x)$ ガ収束半径 R ノ整級数 (1) デ表ワサレル場合ニハ，ソノ原始関数ハ Taylor 級数ニ展開スルコトガデキル．

例 3.

$$\frac{d\,\mathrm{Tan}^{-1}x}{dx}=\frac{1}{1+x^2}=1-x^2+x^4-x^6+\cdots$$
$$+(-1)^nx^{2n}+\cdots. \quad (-1<x<1)$$

よって

$$\mathrm{Tan}^{-1}x=C+x-\frac{x^3}{3}+\frac{x^5}{5}-\frac{x^7}{7}+\cdots+(-1)^n\frac{x^{2n+1}}{2n+1}+\cdots.$$

しかるに $\mathrm{Tan}^{-1}0=0$ であるから $C=0$，すなわち

$$\mathrm{Tan}^{-1}x=x-\frac{x^3}{3}+\frac{x^5}{5}-\frac{x^7}{7}+\cdots+(-1)^n\frac{x^{2n+1}}{2n+1}+\cdots.$$

$$(-1<x<1)$$

この等式がじつは $x=1$ に対しても成立することが次のごとくに示される.

$$\frac{1}{1+x^2}=1-x^2+x^4-x^6+\cdots+(-1)^n x^{2n}+(-1)^{n+1}\frac{x^{2n+2}}{1+x^2}$$

であるから

$$\begin{aligned}\mathrm{Tan}^{-1}1&=\int_0^1\frac{1}{1+x^2}dx\\&=1-\frac{1}{3}+\frac{1}{5}-\frac{1}{7}+\cdots\\&\qquad+(-1)^n\frac{1}{2n+1}+(-1)^{n+1}\int_0^1\frac{x^{2n+2}}{1+x^2}dx.\end{aligned}$$

しかるに

$$0<\int_0^1\frac{x^{2n+2}}{1+x^2}dx<\int_0^1 x^{2n+2}dx=\frac{1}{2n+3}$$

であるから

$$\lim_n(-1)^{n+1}\int_0^1\frac{x^{2n+2}}{1+x^2}dx=0.$$

ゆえに

$$\frac{\pi}{4}=\mathrm{Tan}^{-1}1=1-\frac{1}{3}+\frac{1}{5}-\frac{1}{7}+\cdots+(-1)^n\frac{1}{2n+1}+\cdots.$$

注意 3. この等式の右辺を Gregory（グレゴリー）の級数という. これをもちいて π の近似値を計算できるわけであるが, この級数の収束のしかたが緩慢なので実際の計算のためにはあまり便利ではない.

問 1. $\log 2=1-\frac{1}{2}+\frac{1}{3}-\frac{1}{4}+\cdots+(-1)^{n-1}\frac{1}{n}+\cdots$ を証明する（例 3 と同様の方法による).

最後に, (5) により

$$F'(x)=f(x)$$

であるから，$|a|<R$, $|b|<R$ ならば

$$\int_a^b f(x)dx$$

$$= F(b) - F(a)$$

$$= a_0(b-a) + a_1\left(\frac{b^2}{2} - \frac{a^2}{2}\right) + \cdots + a_{n-1}\left(\frac{b^n}{n} - \frac{a^n}{n}\right) + \cdots.$$

ゆえに

$$\int_a^b [a_0 + a_1x + a_2x^2 + \cdots + a_nx^n + \cdots]dx$$
$$= \int_a^b a_0dx + \int_a^b a_1xdx + \int_a^b a_2x^2dx + \cdots$$
$$+ \int_a^b a_{n-1}x^{n-1}dx + \cdots$$

すなわち，整級数は《**項別積分**》することが許されるのである．

問 2. 級数をもちいて

$$\int_0^a \frac{1}{\sqrt{1-x^2}}dx \quad (0<a<1)$$

を求め，これにより π の値を計算するための級数をつくる．

▶§ 11. 一様収束

《関数列》

$$f_0(x), f_1(x), f_2(x), \cdots, f_n(x), \cdots \tag{1}$$

のすべての《項》$f_n(x)$ が同じ点集合 D で定義されている場合を考える．

c が D の点であるとき，数列 $\{f_n(c)\}$ が収束すれば，関数列

(1) は点 $x=c$ で収束するといわれる．また，(1) が D のどの点でも収束するときは，関数列 (1) は D で収束するといわれる．このとき，D の各点 x における極限値を $f(x)$ で表わすと，いいかえれば

$$f(x)=\lim_n f_n(x)$$

とおくと，$f(x)$ が D で定義された関数であることはいうまでもない．この $f(x)$ を関数列 (1) の**極限関数**と称する．

この節では関数列 (1) が D で収束する場合だけについて述べる．なお，今後，関数列 (1) を記号 $\{f_n\}$ で表わすことがある．

例 1. $f_n(x)=a_0+a_1x+\cdots+a_nx^n$ とおくと，整級数 $\sum_{n=0}^{\infty}a_nx^n$ の収束半径 R が正のとき，その収束区間 $(-R;R)$ で $\{f_n\}$ はこの整級数を極限関数として収束する：

$$\sum_{n=0}^{\infty}a_nx^n=\lim_n f_n(x).$$

例 2. $f_n(x)=x^2+\dfrac{x^2}{1+x^2}+\dfrac{x^2}{(1+x^2)^2}+\cdots+\dfrac{x^2}{(1+x^2)^n}$ とおくと，

$$f(0)=\lim_n f_n(0)=0$$

$$f(x)=\lim_n x^2\cdot\frac{1-\dfrac{1}{(1+x^2)^{n+1}}}{1-\dfrac{1}{1+x^2}}$$

$$=\lim_n\left[1+x^2-\frac{1}{(1+x^2)^n}\right]=1+x^2\quad(x\neq 0).$$

例 1 の場合，前節により，収束区間 $(-R;R)$ で極限関数 $\sum_{n=0}^{\infty}a_nx^n$ は収束区間で微分可能であるから，もとより，連続関数である．これに反し，例 2 の場合には，$f_n(x)$ はいずれも $(-\infty;+\infty)$ で連続関数であるのに，$\lim_{x\to 0}f(x)=\lim_{x\to 0}(1+x^2)=1\neq f(0)$ であるから，極限関数 $f(x)$ は $x=0$ で不連続である．

どうしてこういうことが起こるか．$f_n(x)$ がすべて D で連続関数であるとき，どういう場合に極限関数 $f(x)$ が D で連続関数になるか．こういう問題を解明するために《一様収束》という概念が導入される．以下これについて説明しよう．

関数列 $\{f_n\}$ が D で極限関数 $f(x)$ に収束するというのは，くわしくいうと，D の各点 x において，どんな正数 ε を与えても，条件

$$n \geqq N \quad \Rightarrow \quad |f(x)-f_n(x)| < \varepsilon \tag{2}$$

に適するような自然数 N をえらびうるということである．ここに，正数 N の大きさは，もとより，ε の大きさにより影響を受けるが，一般には，さらに x が D のどの点であるかによっても影響を受ける．

たとえば，例2においては，$x \neq 0$ であるとして

$$|f(x)-f_N(x)| = \frac{1}{(1+x^2)^N} < \varepsilon \quad (0<\varepsilon<1)$$

とすると，

$$N > -\frac{\log \varepsilon}{\log(1+x^2)}$$

でなければならない．したがって，ε を一定にしておいても，x が0に近いところでは N はいくらでも大きくなるので，$(-\infty;+\infty)$ のどの x にも通用するような N はえらびえないのである．

このような事情があるので，任意の正数を与えたとき，x が D のどの点であっても条件 (2) に適するような，x に無関係な自然数 N をえらびうる場合をとくに重く見て，この場合を，関数列 $\{f_n\}$ は D で**一様収束**するということばで表わすことにする．このことばを使うと，さきに提出しておいた疑問に対して次のような一つの答が与えられる．

1) $f_n(x)$ がすべて D で連続関数で，関数列 $\{f_n\}$ が D で一様収束すれば，極限関数 $f(x)$ は D で連続関数である．

証明：ε は任意の正数とし，条件

$$x \in D,\ \ n \geqq N \ \ \Rightarrow\ \ |f(x)-f_n(x)| < \frac{\varepsilon}{3}$$

に適する自然数 N をえらぶと，$x \in D$，$x+h \in D$ ならば

$$\begin{aligned}|f(x+h)-f(x)| &\leqq |f(x+h)-f_N(x+h)| \\ &\quad +|f_N(x+h)-f_N(x)|+|f_N(x)-f(x)| \\ &< \frac{\varepsilon}{3}+|f_N(x+h)-f_N(x)|+\frac{\varepsilon}{3}.\end{aligned}$$

ところで，$f_N(x)$ は D で連続関数であるから，正数 δ を十分小さくとると

$$x \in D,\ \ x+h \in D,\ \ |h| < \delta \ \ \Rightarrow\ \ |f_N(x+h)-f_N(x)| < \frac{\varepsilon}{3}.$$

よって，これら二つの不等式から

$$x \in D,\ \ x+h \in D,\ \ |h| < \delta \ \ \Rightarrow\ \ |f(x+h)-f(x)| < \varepsilon.$$

（証明終）

D が開区間であるとき，D 自身では $\{f_n\}$ が一様収束でなくても $[a\,;b] \subseteq D$ なるどの閉区間 $[a\,;b]$ をとっても $[a\,;b]$ で $\{f_n(x)\}$ が一様収束であるとき，$\{f_n(x)\}$ は D で**広義の一様収束**をするという．D のどの点 x をとっても

$$x \in (a\,;b) \subseteq [a\,;b] \subseteq D$$

なる $[a\,;b]$ がかならずあるのだから，1）により極限関数 $f(x)$ は x で連続であることは明らかである．

よって，

2）$f_n(x)$ がすべて開区間 I で連続関数で，関数列 $\{f_n\}$ が I で広義の一様収束をすれば，極限関数 $f(x)$ は I で連続関数である．

つぎに，項別積分法と項別微分法については次の定理 3)，4) がある．

3）$[a\,;b]$ で $f_n(x)$ がすべて連続関数で，関数列 $\{f_n\}$ が $f(x)$ に一様収束すれば

$$\int_a^b f(x)dx = \lim_n \int_a^b f_n(x)dx \tag{3}$$

証明：ε がどんな正数でも，自然数 N を十分大きくとると，

$$x \in [a\,;\,b],\ n \geqq N \ \Rightarrow\ |f(x)-f_n(x)| < \frac{\varepsilon}{2(b-a)}.$$

よって，

$$n \geqq N \ \Rightarrow\ \left|\int_a^b f(x)dx - \int_a^b f_n(x)dx\right|$$

$$= \left|\int_a^b [f(x)-f_n(x)]dx\right| \leqq \int_a^b |f(x)-f_n(x)|dx$$

$$\leqq \frac{\varepsilon}{2(b-a)}\cdot(b-a) < \varepsilon.$$

4) 開区間 I で $f_n(x)$ がすべて連続微分可能で，関数列 $\{f_n'\}$ が広義の一様収束をすれば，$f(x)$ は I で連続微分可能で

$$f'(x) = \lim_n f_n'(x). \tag{4}$$

証明：$[a\,;\,b] \subseteq I$ なる $[a\,;\,b]$ をとり，$a \leqq x \leqq b$ なる x に対し

$$\varphi(x) = \lim_n f_n'(x)$$

とおくと，1) により，$\varphi(x)$ は $[a\,;\,b]$ で連続関数であるから，3) により

$$\int_a^x \varphi(t)dt = \lim_n \int_a^x f_n'(t)dt = \lim_n [f_n(x)-f_n(a)],$$

すなわち，

$$\int_a^x \varphi(t)dt = f(x)-f(a).$$

よって $a<x<b$ とすると，左辺は微分可能であるから，$f(x)$ も微分可能で，

$$f'(x) = \varphi(x) = \lim_n f_n'(x).$$

$x \in I$ なるどの x をとっても，$x \in (a\,;\,b) \subseteq [a\,;\,b] \subseteq I$ なる $[a\,;\,b]$ があるのであるから，これで 4) が証明されたわけである．

注意 1. (3) と (4) はそれぞれ次のように書けることに注意する．

$$\lim_n \int_a^b f_n(x)dx = \int_a^b \lim_n f_n(x)dx,$$

$$\lim_n \frac{df_n(x)}{dx} = \frac{d[\lim_n f_n(x)]}{dx}.$$

注意 2. 定理 2) と 4) とは I が $(a\,;+\infty)$，$(-\infty\,;\,b)$，$(-\infty\,;+\infty)$ であっても成立する．

(1) の関数を記号 + でつないで

$$f_0(x)+f_1(x)+f_2(x)+\cdots+f_n(x)+\cdots \tag{5}$$

と書いたものを関数項級数と称する．これに対し，§5，(2) のような級数をとくに定数項級数とよぶことがある．なお，(5) はしばしば

$$\sum_{n=0}^{\infty} f_n(x)$$

と略記される．

(5) において，

$$s_n(x) = f_0(x)+f_1(x)+f_2(x)+\cdots+f_n(x)$$

とおき，関数項級数 (5) の収束，一様収束，広義の一様収束はそれぞれ関数列 $\{s_n\}$ の収束，一様収束，広義の一様収束を意味するものと定める．このように定義すると，関数項級数についても上記の定理 1)，2)，3)，4) に類似の定理が成立するのであるが，これらについてはあらためて書くには及ばないであろう．

最後に関数項級数の一様収束についての定理を一つあげておく．

5) $f_n(x)$ $(n=0, 1, 2, \cdots)$ がすべて点集合 D で定義されている

とき，収束する定数項級数 $M=\sum_{n=0}^{\infty} M_n$ があって，x が D のどの点であっても

$$|f_n(x)| \leqq M_n \tag{6}$$

ならば，関数項級数 (5) は D で一様収束する．（Weierstrass（ワイエルシュトラス）の定理）

証明：$\sum_{n=0}^{\infty} M_n$ は収束するのであるから，(6) により，D の各点 x で正項級数 $\sum_{n=0}^{\infty}|f(x)|$ は収束し（§6，問 1），したがって，$\sum_{n=0}^{\infty} f_n(x)$ も収束する．よって，$F(x)=\sum_{n=0}^{\infty} f_n(x)$ は D で定義された関数である．

いま，ε が任意の整数であるとき，

$$n \geqq N \quad \Rightarrow \quad M-(M_0+M_1+M_2+\cdots+M_n)$$
$$= \sum_{p=n+1}^{\infty} M_p < \varepsilon$$

であるように自然数 N をえらぶと，

$$n \geqq N \quad \Rightarrow \quad \sum_{p=n+1}^{\infty} |f_p(x)| < \varepsilon.$$

しかるに，$|F(x)-s_n(x)|=\left|\sum_{p=n+1}^{\infty} f_p(x)\right| \leqq \sum_{p=n+1}^{\infty} |f_p(x)|$ であるから

$$n \geqq N \quad \Rightarrow \quad |F(x)-s_n(x)| < \varepsilon.$$

この N は x が D のどの点であるかには関係しない．すなわち，$\sum_{n=0}^{\infty} f_n(x)$ は D で一様収束するのである．

例 3. $\sum_{n=0}^{\infty} a_n x^n$ はその収束半径が R (>0) であるような整級数とし，$[a\,;\,b]$ を $[a\,;\,b] \subseteq (-R\,;\,R)$ なる任意の閉区間とする．$r=\max\{|a|,|b|\}$ とおくと，$x \in [a\,;\,b]$ ならば $|x| \leqq r < R$．したがって，$\sum_{n=0}^{\infty} |a_n| r^n$ は収束定数項級数で，

$$|a_n x^n| \leqq |a_n| r^n. \quad (n=0,1,2,\cdots)$$

よって，$\sum_{n=0}^{\infty} a_n x^n$ は $[a\,;\,b]$ で一様収束する．すなわち，収束区間 $(-R\,;\,R)$ で広義の一様収束をするのである．このことから，前

節で証明した整級数の微分法，積分法についての定理 1)，2) を導き出すことができる．

問 1．例 3 によって前節の 1)，2) を証明する．◀

演習問題 X.

1．$a>0$，$a_1=\sqrt{a}$，$a_n=\sqrt{a+a_{n-1}}$ とおくとき，$\{a_n\}$ が収束する増加数列であることを証明し，かつ $\lim_n a_n$ を求める．

2．数列 $\left\{\left(1+\frac{1}{n}\right)^n\right\}$ は狭義の増加数列，数列 $\left\{\left(1+\frac{1}{n}\right)^{n+1}\right\}$ は狭義の減少数列であることを証明し，これにより不等式 $\left(1+\frac{1}{n}\right)^n<e<\left(1+\frac{1}{n}\right)^{n+1}$，$\frac{1}{n+1}<\log\frac{n+1}{n}<\frac{1}{n}$ を証明する．

3．$u_n=1+\frac{1}{2}+\frac{1}{3}+\cdots+\frac{1}{n}-\log n$ とおくとき，前題をもちいて，$\{u_n\}$ が狭義の減少数列であることを証明し，$C=\lim_n u_n$ とおけば $C>1-\log 2>0$ であることを証明する（この C を Euler（オイラー）の定数という）．

4．$\lim_n \frac{1}{n}[(n+1)(n+2)\cdots 2n]^{\frac{1}{n}}$ を求める．

5．数列 $\frac{a_n}{b_n}$ $(a_n>0, b_n>0)$ が収束するとき，もし級数 $\sum_{n=0}^{\infty} b_n$ が収束すれば級数 $\sum_{n=0}^{\infty} a_n$ も収束すること（したがって $\sum_{n=0}^{\infty} a_n$ が発散すれば $\sum_{n=0}^{\infty} b_n$ も発散すること）を証明する．

6．$c_n>0$，$r=\lim_n \sqrt[n]{c_n}$ のとき級数 $\sum_{n=1}^{\infty} c_n$ は $r<1$ ならば収束し，$r>1$ ならば発散することを証明する．

次の級数の収束発散を判定する（7～11）：

7．$\sum_{n=1}^{\infty}\frac{n!}{n^n}$　　8．$\sum_{n=1}^{\infty}\frac{1}{n+1}\log\left(1+\frac{1}{n}\right)$

9．$\sum_{n=1}^{\infty}\frac{1}{\log(n+1)}$　　10．$\sum_{n=1}^{\infty}(-1)^n\frac{\log n}{n}$

11. $\sum_{n=1}^{\infty}\frac{1}{n}\sin\frac{1}{\sqrt{n}}$.

12. $\lim\sqrt[n]{|a_n|}=\frac{1}{r}$ なるとき r は整級数 $\sum_{n=0}^{\infty}a_nx^n$ の収束半径にひとしいことを証明する.

次の整級数の収束半径を定める (13〜16):

13. $x+\sum_{n=2}^{\infty}\left(1+\frac{1}{2}+\cdots+\frac{1}{n}\right)x^n$ 14. $\sum_{n=1}^{\infty}\frac{x^n}{\sqrt{n}}$

15. $\sum_{n=1}^{\infty}(\sqrt{n+1}-\sqrt{n})x^n$ 16. $1+\sum_{n=1}^{\infty}\frac{x^n}{n^n}$.

次の関数を x の整級数で表わす (17〜18):

17. $\log(x+\sqrt{x^2+1})$ 18. $\frac{\mathrm{Sin}^{-1}x}{\sqrt{1-x^2}}$.

19. 級数 $f(x)=\sum_{n=2}^{\infty}\frac{x^n}{(n-1)n}$ の収束する範囲を決定し, また $f''(x)$ を求めることにより $f(x)$ を初等関数で表わすことをこころみる.

20. 関数の展開をもちいて $\lim_{x\to+\infty}(\sqrt[3]{x^3+x+1}-\sqrt{x^2+x})$ を求める.

21. $f(x)=\sum_{n=0}^{\infty}a_nx^n$ が偶関数 (奇関数) であるための必要十分条件は

$$a_1=a_3=a_5=\cdots=a_{2k+1}=\cdots=0$$
$$(a_0=a_2=a_4=\cdots=a_{2k}=\cdots=0)$$

であることを証明する.

22. 級数 $\sum_{n=2}^{\infty}\frac{1}{n(\log n)^s}$ は $s>1$ ならば収束し, $s\leqq 1$ ならば発散することを証明する.

23. 無限積分 $\int_0^{\infty}\frac{\sin x}{x}dx$ の収束することを証明する.

24. $\sum_{n=1}^{\infty}c_n$ が絶対収束すれば $\sum_{n=1}^{\infty}c_n{}^2$ は収束することを証明する.

25. $u_n>0$, $\lim_n u_n=0$ なるときは, $\sum_{n=1}^{\infty}u_n$ と $\sum_{n=1}^{\infty}\log(1+u_n)$ は

一方が収束すれば他も収束することを証明する.

26. $y=\sum_{n=0}^{\infty}\frac{\alpha(\alpha+1)\cdots\alpha(\alpha+n-1)\beta(\beta+1)\cdots(\beta+n-1)}{1\cdot2\cdots n\cdot\gamma(\gamma+1)\cdots(\gamma+n-1)}x^n$

$$(-1<x<1,\ \alpha,\beta,\gamma\neq0,-1,-2,\cdots)$$

とおけば

$$x(1-x)y''+[\gamma-(\alpha+\beta+1)x]y'-\alpha\beta y=0$$

であることを証明する. この級数を Gauss の**超幾何級数**と称する.

27. $\alpha\neq0,-1,-2,\cdots$ なるとき

$$\sum_{n=0}^{\infty}\frac{1}{(\alpha+n)(\alpha+n+m)}=\frac{1}{m}\left(\frac{1}{\alpha}+\frac{1}{\alpha+1}+\cdots+\frac{1}{\alpha+m-1}\right)$$

を証明し, これにより級数

$$\frac{1}{1\cdot3}+\frac{1}{2\cdot4}+\cdots+\frac{1}{n(n+2)}+\cdots$$

の和を求める.

28. 整級数 $\sum_{n=0}^{\infty}c_nx^n$ は収束半径が1にひとしく, しかも $x=1$ においても収束し, $s=\sum_{n=0}^{\infty}c_n$ であるとする. $s_n=c_0+c_1+c_2+\cdots+c_n$ とおくとき, 次の等式を証明する.

$$s-\sum_{n=0}^{\infty}c_nx^n=(1-x)\sum_{n=0}^{\infty}(s-s_n)x^n$$

29. 前題において, $f(x)=\sum_{n=0}^{\infty}c_nx^n$ $(-1<x\leqq1)$ とおけば

$$\lim_{x\to1-0}f(x)=s=f(1)$$

であることを証明する (Abel (アーベル) の**連続定理**).

XI. 偏微分法

この章と次の XII 章では多変数の関数，それもおもに 2 変数の関数を取り扱う．この章の前半は偏微分法における計算を主とし，後半に至って，区間縮小法，関数の一様連続，積分記号の中での微分法，積分法等について説明する．その準備として平面上の点集合についても多少ことばを費やした．これは，また，次の XII 章で重積分を語る際にも必要な予備知識である．

§1. 2変数の関数

変数 x, y, z の間に，たとえば

$$z = x^2 y, \quad z = \frac{1}{\sqrt{1-x^2-y^2}}, \quad z = A \sin mx \cos ny \quad (A, m, n \text{ は定数}) \tag{1}$$

等の関係があるとき，z は 2 変数 x, y の関数であるといわれる．これは

x オヨビ y ニソレゾレ特定ノ値ヲ与エルト，コレニ応ジテ z ノ値ガ定マル

というほどの意味である．たとえば，$x=2$，$y=3$ とすれば $z=x^2y$ の値は $2^2\times3=12$ と定まるがごとくである．

2 変数 x, y の関数は一般に

$$f(x,y), \quad g(x,y), \quad \varphi(x,y), \quad \psi(x,y)$$
$$F(x,y), \quad G(x,y), \quad \Phi(x,y), \quad \Psi(x,y)$$

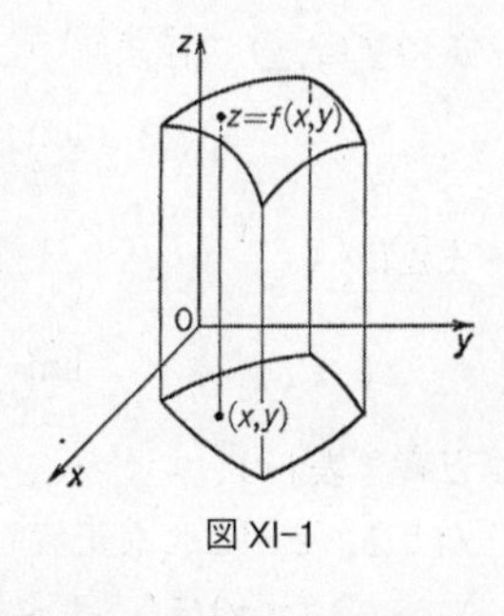

図 XI-1

等の記号で表わされる.

x, y をそれぞれ平面上の横座標, 縦座標と考えれば, 関数 $z=f(x, y)$ は平面上の点 (x, y) の位置を指定するに応じてその値が定まるような変数であると考えられる. その意味で2変数の関数は平面上の《点の関数》とよばれることがある.

また x, y, z を空間における点の座標と考えれば, 等式

$$z=f(x, y) \tag{2}$$

は曲面を表わす方程式と考えられる. この曲面は1変数の関数のグラフに相当するものである.

1変数の関数の場合と同様に, 2変数の関数の場合にもその関数の定義されている範囲を**定義域**という. 上に述べたように, 2変数の関数は平面上の点の関数と考えられるので, しぜん, その定義域は平面上の点の集合であると考えられる.

注意 1. 1変数の関数 $f(x)$ は y のあらゆる値に対し $\varphi(x, y)=f(x)$ であるような2変数の関数 $\varphi(x, y)$ と同一視することができる. $f(x)$ の定義域を E とすると $\varphi(x, y)$ の定義域は

$$\{(x, y) \mid x \in E, \quad y \in(-\infty ;+\infty)\}$$

であるわけである.

点 (x, y) を定点 (a, b) に近づけるに従い $f(x, y)$ の値が一定数に近づくとき, L を《x を a に, y を b に近づけたと

きの $f(x,y)$ の極限値》と称し，このことを

$$\lim_{\substack{x\to a\\ y\to b}} f(x,y) = L$$

または

$$\lim_{(x,y)\to(a,b)} f(x,y) = L \tag{3}$$

と書き表わす．いいかえると，$f(x,y)$ の定義域を D としたとき，ε がどんな正数であっても，それに応じて条件

$$(x,y)\in D,\ \ 0<\sqrt{(x-a)^2+(y-b)^2}<\delta \\ \Rightarrow\ \ |f(x,y)-L|<\varepsilon \tag{4}$$

に適する正数 δ をえらびうるならば，(3) と書くのである．条件 (4) を次の条件

$$(x,y)\in D,\ \ 0<|x-a|+|y-b|<\delta \\ \Rightarrow\ \ |f(x,y)-L|<\varepsilon$$

でおきかえても，けっきょく同じことになる*．また，(3) のかわりに

$$(x,y)\to(a,b)\ \ \Rightarrow\ \ f(x,y)\to L$$

と書くことがある．さらに，$f(x,y)$ の定義域が D であることを強調しようとするときには，(3) のかわりに

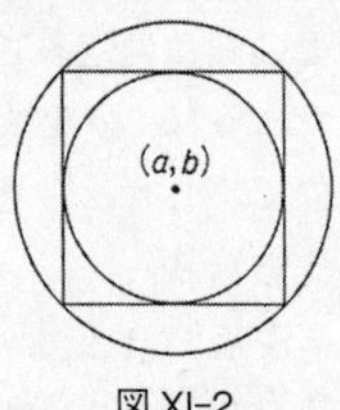

図 XI-2

$$\lim_{\substack{(x,y)\to(a,b)\\ (x,y)\in D}} f(x,y) = L,$$

または

---

* $\sqrt{(x-a)^2+(y-b)^2} \leqq |x-a|+|y-b| \leqq \sqrt{2}\sqrt{(x-a)^2+(y-b)^2}$ (図 XI-2).

$$\lim_{\substack{x\to a\\ y\to b}} f(x,y) = L \quad ((x,y)\in D)$$

という記法がもちいられる.

とくに

$$\lim_{\substack{x\to a\\ y\to b}} f(x,y) = f(a,b) \quad ((x,y)\in D)$$

であるとき，すなわち，εがどんな正数でも，条件

$$(x,y)\in D,\quad (x-a)^2+(y-b)^2<\delta^2 \Rightarrow |f(x,y)-f(a,b)|<\varepsilon \tag{5}$$

に適する正数δがあるときは，$f(x,y)$は点(a,b)において**連続**であるといわれる．$f(x,y)$がその定義域のすべての点で連続であるときはこれを**連続関数**と称する.

$f(x,y)$および$g(x,y)$が点(a,b)において連続ならば

$$\alpha f(x,y)+\beta g(x,y),\quad f(x,y)\cdot g(x,y) \quad (\alpha,\beta \text{は定数})$$

は点(a,b)において連続である．また，このとき$g(x,y)\neq 0$ならば

$$\frac{f(x,y)}{g(x,y)}$$

も点(a,b)において連続である.

また，$f(x,y)$，$\varphi(u,v)$，$\psi(u,v)$がいずれも連続関数で，点(u,v)が$\varphi(u,v)$および$\psi(u,v)$の定義域の点ならば点$(\varphi(u,v),\psi(u,v))$がいつでも$f(x,y)$の定義域に属するとする．このとき，《合成関数》$f[\varphi(u,v),\psi(u,v)]$は連続関数である*.

問1．関数$\dfrac{1}{\sqrt{1-x^2-y^2}}$の定義域を定める.

問 2. (1) の関数はいずれも連続関数であることを証明する.

問 3. $f(x, y)$ が連続関数なるときは $f(x, b)$ (ただし b は定数) は 1 変数 x の関数として連続関数であることを確かめる.

(a, b) が平面上の定点, r が正数であるとき,

$$U((a, b)\,;\,r) = \{(x, y) \mid (x-a)^2+(y-b)^2<r^2\}$$

とおいて, これを点 (a, b) の r 近傍, または点 (a, b) を中心とし半径が r にひとしい**円板**と名づける. この記号を使うと, 条件 (5) は

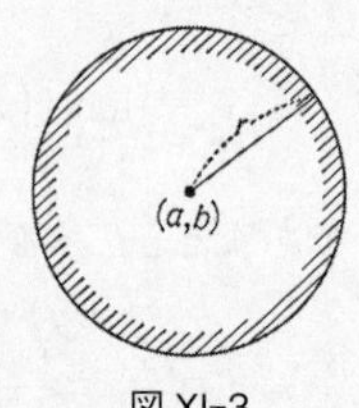

図 XI-3

$$(x, y) \in U((a, b)\,;\,\delta) \cap D \quad \Rightarrow \quad |f(x, y)-f(a, b)| < \varepsilon$$

と書くことができる.

§2. 偏導関数

関数 $f(x, y)$ において y に一定値 b を与えてこれを固定すれば, 1 変数 x の関数 $f(x, b)$ が得られる. このとき, もし $f(x, b)$ が $x=a$ に対して微分可能ならば, その微分係数を記号

$$f_x(a, b)$$

で表わし, これを点 (a, b) における $f(x, y)$ の x に関する**偏微分係数**と称する. また, このとき, $f(x, y)$ は点 (a, b) において x に関し**偏微分可能**であるという.

例 1. $f(x, y)\equiv x^2y$ の場合には $f(x, b)=x^2b$ であるから

＊　証明法は 1 変数の場合と同様である.

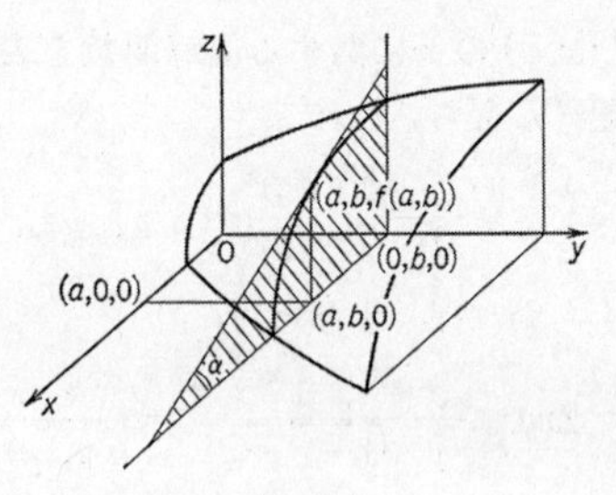

図 XI-4

$$f_x(a, b) = 2ab.$$

例 2. $g(x, y) \equiv \dfrac{1}{\sqrt{1-x^2-y^2}}$ の場合は $g(x, b) = \dfrac{1}{\sqrt{1-x^2-b^2}}$ であるから

$$g_x(a, b) = \frac{a}{(1-a^2-b^2)^{\frac{3}{2}}}.$$

例 1 において a および b はそれぞれ変数 x および y のいかなる値であってもさしつかえなく，その値にはべつだん制限がついていない．また，例 2 においては $a^2+b^2<1$ という制約があるにとどまる．よって，文字 a, b のかわりにそれぞれ文字 x, y をもちいて

$$f_x(x, y) = 2xy, \quad g_x(x, y) = \frac{x}{(1-x^2-y^2)^{\frac{3}{2}}}$$

と書くことができる．こう書くときは，たとえば $2xy$ は関数 x^2y の x に関する偏微分係数を表わすところの一つの関数であると考えられる．

一般に，関数 $f(x, y)$ の x に関する偏微分係数 $f_x(x, y)$ を x, y の関数とみなしたとき，これを関数 $f(x, y)$ の x に関する**偏導関数**と称する．

関数$z=f(x,y)$のxに関する偏導関数を表わすのには次のような記号がもちいられる：

$$f_x(x,y),\quad \frac{\partial f(x,y)}{\partial x},\quad \frac{\partial}{\partial x}f(x,y),\quad z_x,\quad \frac{\partial z}{\partial x}.$$

この記号をもちいれば，すなわち

$$\frac{\partial x^2 y}{\partial x}=2xy,\quad \frac{\partial}{\partial x}\frac{1}{\sqrt{1-x^2-y^2}}=\frac{x}{(1-x^2-y^2)^{\frac{3}{2}}}$$

である．

$f(x,y)$が与えられたとき，偏導関数$f_x(x,y)$を求めることを《$f(x,y)$をxに関して**偏微分する**》と称する．

以上をまとめてみれば，xに関する$f(x,y)$の偏導関数$f_x(x,y)$は，けっきょく，等式

$$f_x(x,y)=\lim_{h\to 0}\frac{f(x+h,y)-f(x,y)}{h}$$

によって定義される関数であるということになる．

関数$z=f(x,y)$のyに関する偏導関数$f_y(x,y)$も，同様にして，等式

$$f_y(x,y)=\lim_{k\to 0}\frac{f(x,y+k)-f(x,y)}{k}$$

によって定義される．$f_y(x,y)$とともに記号

$$\frac{\partial f(x,y)}{\partial y},\quad \frac{\partial}{\partial y}f(x,y),\quad z_y,\quad \frac{\partial z}{\partial y}$$

がもちいられることも上と同様である．$f_y(x,y)$を求めることを《$f(x,y)$をyに関して**偏微分する**》ということも，いまさらことわるまでもない．

問 1. x^3+y^3-3axy を x および y について偏微分する.

問 2. $r=\sqrt{x^2+y^2}$ とし, r, $\frac{1}{r}$, $\frac{x}{r}$, $\frac{y}{r}$, $\log r$ を x および y について偏微分する.

問 3. $z=f(x^2-y^2)$ なるとき $y\frac{\partial z}{\partial x}+x\frac{\partial z}{\partial y}=0$ を証明する（このことは f がいかなる関数であるかに関係しない. よって, このとき f が消去されたという).

§3. 全微分

この節では $z=f(x,y)$ の偏導関数 $f_x(x,y)$ および $f_y(x,y)$ がいずれも連続関数である場合を考える*.

$$\begin{aligned} f(x+h,y+k)-f(x,y) \\ &= [f(x+h,y+k)-f(x,y+k)] \\ &\quad +[f(x,y+k)-f(x,y)] \end{aligned}$$

の右辺において平均値の定数を使えば, これは

$$f_x(x+\theta_1 h,y+k)h+f_y(x,y+\theta_2 k)k$$
$$(0<\theta_1<1,\ 0<\theta_2<1)$$

にひとしい. よって

$$\rho = f_x(x+\theta_1 h,y+k)-f_x(x,y),$$
$$\sigma = f_y(x,y+\theta_2 k)-f_y(x,y)$$

とおけば**, 等式

$$f(x+h,y+k)-f(x,y) = f_x(x,y)h+f_y(x,y)k+\rho h+\sigma k \tag{1}$$

が得られる. ここに, $f_x(x,y)$ および $f_y(x,y)$ は連続関数

* このとき《$f(x,y)$ は連続微分可能である》という.

** $h=k=0$ なるときは $\rho=\sigma=0$ とおくものとする.

であるから

$$|h|+|k| \to 0 \quad \Rightarrow \quad \rho \to 0, \quad \sigma \to 0 \tag{2}$$

であることに注意すれば

$f_x(x,y)$ オヨビ $f_y(x,y)$ ガ連続関数ナラバ $f(x,y)$ ハ連続関数デアル

ことが知られる.

一般に,（$f_x(x,y)$ や $f_y(x,y)$ が点 (a,b) で連続であるかどうかには関係なく）$f_x(a,b)$ と $f_y(a,b)$ とが存在し

$$f(a+h, b+k)-f(a,b) = f_x(a,b)h+f_y(a,b)k+\rho h+\sigma k$$

$$|h|+|k| \to 0 \quad \Rightarrow \quad \rho \to 0, \ \sigma \to 0$$

のとき, $f(x,y)$ は点 (a,b) で**全微分可能**であるといい,

$$f_x(x,y)h+f_y(x,y)k$$

を点 (x,y) における $f(x,y)$ の**全微分**と称する. $|f_x(x,y)|+|f_y(x,y)|\neq 0$ である場合には, (2) からわかるように, 全微分は $f(x+h,y+k)-f(x,y)$ の近似値を与える.

このことばを使うと, 上に述べたことは, $f_x(x,y)$ と $f_y(x,y)$ が連続関数ならば $f(x,y)$ は全微分可能な関数であるということになる. なお, $f(x,y)$ が (a,b) で全微分可能ならば, 上の証明からわかるように, $f(x,y)$ は (a,b) で連続である.

注意 1. $f(x,y)$ の全微分を $df(x,y)$, h を dx, k を dy で表わして

$$df(x,y) = f_x(x,y)dx+f_y(x,y)dy$$

と書く習慣がある.

いま, $f(x,y)$ は全微分可能な関数, $\varphi(t), \psi(t)$ はいずれ

も微分可能な関数であるとし

$$F(t) = f[\varphi(t), \psi(t)]$$

とおく．ただし，$f[\varphi(t), \psi(t)]$ は

$$z = f(x, y) \quad \text{において} \quad x = \varphi(t),\ y = \psi(t) \tag{3}$$

とおいたものを意味する．

$$h = \varphi(t+l) - \varphi(t), \quad k = \psi(t+l) - \psi(t)$$

とおけば

$$\begin{aligned} F(t+l) - F(t) &= f[\varphi(t+l), \psi(t+l)] - f[\varphi(t), \psi(t)] \\ &= f[\varphi(t)+h, \psi(t)+k] - f[\varphi(t), \psi(t)] \\ &= f_x[\varphi(t), \psi(t)]h + f_y[\varphi(t), \psi(t)]k \\ &\qquad + \rho h + \sigma k. \quad (\text{(1) による}) \end{aligned}$$

よって

$$\begin{aligned} \frac{F(t+l) - F(t)}{l} &= f_x[\varphi(t), \psi(t)] \frac{\varphi(t+l) - \varphi(t)}{l} \\ &\quad + f_y[\varphi(t), \psi(t)] \frac{\psi(t+l) - \psi(t)}{l} \\ &\quad + \rho \cdot \frac{\varphi(t+l) - \varphi(t)}{l} + \sigma \cdot \frac{\psi(t+l) - \psi(t)}{l}. \end{aligned}$$

ここに，$\varphi(t), \psi(t)$ はもとより連続関数であるから

$$l \to 0 \quad \Rightarrow \quad h \to 0,\ k \to 0.$$

ゆえに，(2) により

$$l \to 0 \quad \Rightarrow \quad \rho \to 0,\ \sigma \to 0.$$

したがって

$$\lim_{l \to 0} \frac{F(t+l) - F(t)}{l} = f_x[\varphi(t), \psi(t)] \lim_{l \to 0} \frac{\varphi(t+l) - \varphi(t)}{l}$$

$$+f_y[\varphi(t),\psi(t)]\lim_{l\to 0}\frac{\psi(t+l)-\psi(t)}{l}.$$

すなわち，$F(t)=f[\varphi(t),\psi(t)]$ は微分可能でかつ

$$\boxed{\begin{aligned}&\frac{d}{dt}f[\varphi(t),\psi(t)]\\&\quad=f_x[\varphi(t),\psi(t)]\varphi'(t)+f_y[\varphi(t),\psi(t)]\psi'(t)\end{aligned}} \tag{4}$$

あるいは，(3) により (4) を

$$\boxed{\frac{dz}{dt}=\frac{\partial z}{\partial x}\frac{dx}{dt}+\frac{\partial z}{\partial y}\frac{dy}{dt}}$$

と書くこともできる．

一歩を進めて，2変数 u,v の関数 $\varphi(u,v)$，$\psi(u,v)$ があって

$$z=f(x,y) \quad \text{において} \quad x=\varphi(u,v),\ y=\psi(u,v)$$

とおいた場合を考える．

まず，$\varphi(u,v)$ および $\psi(u,v)$ がいずれも変数 u に関し偏微分可能であるとする．v の値を固定して $\varphi(u,v)$，$\psi(u,v)$ をしばらく1変数 u の関数であると考えれば，(4) により

$$\begin{aligned}&\frac{\partial}{\partial u}f[\varphi(u,v),\psi(u,v)]\\&\quad=f_x[\varphi(u,v),\psi(u,v)]\varphi_u(u,v)\\&\qquad+f_y[\varphi(u,v),\psi(u,v)]\psi_u(u,v).\end{aligned}$$

あるいは簡単に書いて

$$\boxed{\frac{\partial z}{\partial u}=\frac{\partial z}{\partial x}\frac{\partial x}{\partial u}+\frac{\partial z}{\partial y}\frac{\partial y}{\partial u}}$$

同様にして，$\varphi(u,v)$ および $\psi(u,v)$ がいずれも v に関し偏微分可能であるときには

$$\frac{\partial}{\partial v}f[\varphi(u,v),\psi(u,v)]$$

$$= f_x[\varphi(u,v),\psi(u,v)]\varphi_v(u,v) + f_y[\varphi(u,v),\psi(u,v)]\psi_v(u,v).$$

$$\boxed{\frac{\partial z}{\partial v} = \frac{\partial z}{\partial x}\frac{\partial x}{\partial v} + \frac{\partial z}{\partial y}\frac{\partial y}{\partial v}}$$

例 1．(4) においてとくに $\varphi(t)\equiv a+ht$，$\psi(t)\equiv b+kt$，したがって

$$F(t) = f(a+ht, b+kt)$$

(a, b, h, k は定数)

とすれば

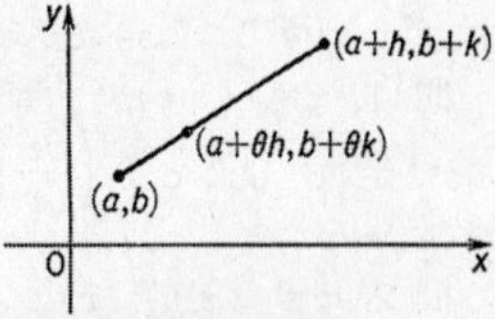

図 XI-5

$$F'(t) = \frac{d}{dt}f(a+ht, b+kt)$$

$$= f_x(a+ht, b+kt)h + f_y(a+ht, b+kt)k. \tag{5}$$

しかるに，平均値の定理によれば

$$F(1)-F(0) = F'(\theta) = \frac{d}{dt}f(a+\theta h, b+\theta k) \quad (0<\theta<1)$$

であるから，これを書き直せば，$f(x,y)$ が連続微分可能なるとき

$$\boxed{\begin{aligned} f(a+h, b+k)-f(a,b) = f_x(a+\theta h, b+\theta k)h \\ +f_y(a+\theta h, b+\theta k)k \\ (0<\theta<1) \end{aligned}} \tag{6}$$

ここに点 $(a+\theta h, b+\theta k)$ は点 (a,b) と点 $(a+h, b+k)$ を結ぶ線上の点であることに注意する．(6) は 2 変数の関数についての平

均値の定理である．

例 2. $f(x,y)$ は

$$U((a,b);r)=\{(x,y)\,|\,(x-a)^2+(y-b)^2<r^2\}$$

で定義された関数で，かつつねに

$$f_x(x,y)=f_y(x,y)=0$$

であるとする．(x,y) を定義域の任意の点とし，$x-a=h$，$y-b=k$ とおけば，(6) により

$$\begin{aligned} f(x,y)-f(a,b) &= f(a+h,b+k)-f(a,b) \\ &= 0\cdot h+0\cdot k=0. \end{aligned}$$

すなわち，(x,y) のいかんにかかわらず $f(x,y)=f(a,b)$．これは $f(x,y)$ がじつは定数であることを意味する．

問 1．$z=f(x,y)$，$x=\xi\cos\alpha-\eta\sin\alpha$，$y=\xi\sin\alpha+\eta\cos\alpha$（$\alpha$ は定数）なるとき $\left(\dfrac{\partial z}{\partial x}\right)^2+\left(\dfrac{\partial z}{\partial y}\right)^2=\left(\dfrac{\partial z}{\partial \xi}\right)^2+\left(\dfrac{\partial z}{\partial \eta}\right)^2$ を証明する．

問 2. $z=f(x,y)$，$x=r\cos\theta$，$y=r\sin\theta$ なるとき $\left(\dfrac{\partial z}{\partial x}\right)^2+\left(\dfrac{\partial z}{\partial y}\right)^2=\left(\dfrac{\partial z}{\partial r}\right)+\dfrac{1}{r^2}\left(\dfrac{\partial z}{\partial \theta}\right)^2$ を証明する．

§4. 高階偏導関数

関数 $z=f(x,y)$ の偏導関数 $f_x(x,y)$，$f_y(x,y)$ がさらに偏微分可能なときは，偏微分した結果を表わすのに次のような記号をもちいる．

$\dfrac{\partial f_x(x,y)}{\partial x}$:

$$f_{xx}(x,y),\quad \frac{\partial^2 f(x,y)}{\partial x^2},\quad \frac{\partial^2}{\partial x^2}f(x,y),\quad z_{xx},\quad \frac{\partial^2 z}{\partial x^2}$$

$\dfrac{\partial f_x(x,y)}{\partial y}$:

$$f_{xy}(x,y),\quad \frac{\partial}{\partial y}\frac{\partial f(x,y)}{\partial x},\quad \frac{\partial}{\partial y}\frac{\partial}{\partial x}f(x,y),\quad z_{xy},\quad \frac{\partial}{\partial y}\frac{\partial z}{\partial x}$$

$\dfrac{\partial f_y(x,y)}{\partial x}$:

$$f_{yx}(x,y),\quad \frac{\partial}{\partial x}\frac{\partial f(x,y)}{\partial y},\quad \frac{\partial}{\partial x}\frac{\partial}{\partial y}f(x,y),\quad z_{yx},\quad \frac{\partial}{\partial x}\frac{\partial z}{\partial y}$$

$\dfrac{\partial f_y(x,y)}{\partial y}$:

$$f_{yy}(x,y),\quad \frac{\partial^2 f(x,y)}{\partial y^2},\quad \frac{\partial^2}{\partial y^2}f(x,y),\quad z_{yy},\quad \frac{\partial^2 z}{\partial y^2}.$$

これらはいずれも $z=f(x,y)$ の第2階偏導関数と称せられる.

例 1.

$$\frac{\partial^2(x^2y)}{\partial x^2}=\frac{\partial(2xy)}{\partial x}=2y,\quad \frac{\partial}{\partial y}\frac{\partial(x^2y)}{\partial x}=\frac{\partial(2xy)}{\partial y}=2x,$$

$$\frac{\partial}{\partial x}\frac{\partial(x^2y)}{\partial y}=\frac{\partial x^2}{\partial x}=2x,\quad \frac{\partial^2(x^2y)}{\partial y^2}=\frac{\partial x^2}{\partial y}=0.$$

この例では $\dfrac{\partial}{\partial y}\dfrac{\partial(x^2y)}{\partial x}=\dfrac{\partial}{\partial x}\dfrac{\partial(x^2y)}{\partial y}$ であるが，本書で取り扱うほどの関数においては一般に等式

$$\frac{\partial f_x(x,y)}{\partial y}=\frac{\partial f_y(x,y)}{\partial x}$$

の成りたつことが多い．かような場合,

$$\frac{\partial}{\partial y}\frac{\partial f(x,y)}{\partial x},\quad \frac{\partial}{\partial x}\frac{\partial f(x,y)}{\partial y},\quad \frac{\partial}{\partial y}\frac{\partial z}{\partial x},\quad \frac{\partial}{\partial x}\frac{\partial z}{\partial y}$$

と書くかわりに簡単に

$$\frac{\partial^2 f(x,y)}{\partial x\partial y},\quad \frac{\partial^2 z}{\partial x\partial y}$$

と書く．x, y の順序に拘泥する必要がないからである．

ところで，いかなる場合に上の等式が成りたつかといえば，

$f_{xy}(x, y)$ ガ連続関数ナラバ $f_y(x, y)$ ハ x ニ関シ偏微分可能デカツ

$$f_{yx}(x, y) = f_{xy}(x, y) \tag{1}$$

であることが次のようにして証明されるのである．

$$\Delta = f(x+h, y+k) - f(x+h, y) - f(x, y+k) + f(x, y) \tag{2}$$

$$\Phi(x) = f(x, y+k) - f(x, y)$$

とおけば，平均値の定理により

$$\Delta = \Phi(x+h) - \Phi(x) = h\Phi'(x+\theta h).\quad (0<\theta<1)$$

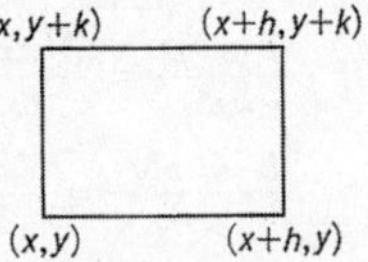

図 XI-6

しかるに $\Phi'(x) = f_x(x, y+k) - f_x(x, y)$ であるから

$$\Delta = h[f_x(x+\theta h, y+k) - f_x(x+\theta h, y)].$$

したがって，ふたたび平均値の定理により

$$\Delta = hkf_{xy}(x+\theta h, y+\theta_1 k).\quad (0<\theta<1)$$

ここで

$$\rho(h, k) = f_{xy}(x+\theta h, y+\theta_1 k) - f_{xy}(x, y)$$

とおけば

$$\Delta = hk[f_{xy}(x, y) + \rho(h, k)]. \tag{3}$$

ここに，$f_{xy}(x,y)$ は連続関数であるから，ε がどんな正数であっても，正数 δ を十分小さくとると，

$$|h|+|k|<\delta \quad \Rightarrow \quad |f_{xy}(x+h,y+k)-f_{xy}(x,y)|<\frac{\varepsilon}{2}.$$

よって，

$$|h|+|k|<\delta \quad \Rightarrow \quad |\rho(h,k)|<\frac{\varepsilon}{2}. \tag{4}$$

しかるに，(2) によれば

$$\frac{\Delta}{hk}=\frac{1}{h}\left[\frac{f(x+h,y+k)-f(x+h,y)}{k}\right.$$
$$\left.-\frac{f(x,y+k)-f(x,y)}{k}\right]$$

であるから

$$\lim_{k\to 0}\frac{\Delta}{hk}=\frac{1}{h}[f_y(x+h,y)-f_y(x,y)].$$

これと (3) とを見比べれば

$$\lim_{k\to 0}\rho(h,k)=\lim_{k\to 0}\frac{\Delta}{hk}-f_{xy}(x,y)$$
$$=\frac{1}{h}[f_y(x+h,y)-f_y(x,y)]-f_{xy}(x,y).$$

ここで，$0<|h|<\delta$ とすると，$0<|k|<\delta-|h|$ なる k に対しては，(4) により

$$|\rho(h,k)|<\frac{\varepsilon}{2}$$

であるから，

$$\left|\lim_{k\to 0}\rho(h,k)\right|\leqq\frac{\varepsilon}{2}<\varepsilon.$$

すなわち，

$0<|h|<\delta$ ならば

$$\left| \frac{f_y(x+h, y) - f_y(x+y)}{h} - f_{xy}(x, y) \right| < \varepsilon.$$

これは,

$$\lim_{h \to 0} \frac{f_y(x+h, y) - f_y(x, y)}{h} = f_{yx}(x, y)$$

が存在し, しかも

$$f_{xy}(x, y) = f_{yx}(x, y)$$

であることを意味する.

2階偏導関数が偏微分可能ならば, 3階偏導関数

$$f_{xxx}(x, y), \quad f_{xxy}(x, y), \quad f_{xyx}(x, y), \quad f_{xyy}(x, y),$$

$$f_{yxx}(x, y), \quad f_{yxy}(x, y), \quad f_{yyx}(x, y), \quad f_{yyy}(x, y)$$

が得られる. 以下同様にしてさらに高階の偏導関数が考えられる.

問 1. $f(x, y)$ の2階偏導関数および $f_{xxy}(x, y)$ が連続ならば

$$f_{xxy}(x, y) = f_{xyx}(x, y) = f_{yxx}(x, y) \tag{5}$$

であることを証明する.

本書で取り扱う関数においては多くの場合 (5) が成りたつのでこれらを

$$\frac{\partial^3 f(x, y)}{\partial x^2 \partial y}$$

で表わす.

$$\frac{\partial^3 f(x, y)}{\partial x \partial y^2}$$

についても同様のことがいわれる. また, 高階偏導関数

$$\frac{\partial^n f(x, y)}{\partial x^k \partial y^{n-k}}$$

の意味についても同様の解釈をすることに約束する.

問2. x^3+y^3-3axy の2階偏導関数を求める.

問3. $z=\varphi(y+ax)+\psi(y-ax)$ から φ, ψ を消去して $\dfrac{\partial^2 z}{\partial x^2}=a^2\dfrac{\partial^2 z}{\partial y^2}$ が得られることを証明する.

問4. $z=f(x,y)$, $x=\xi\cos\alpha-\eta\sin\alpha$, $y=\xi\sin\alpha+\eta\cos\alpha$ (α は定数) なるとき $\dfrac{\partial^2 z}{\partial x^2}+\dfrac{\partial^2 z}{\partial y^2}=\dfrac{\partial^2 z}{\partial \xi^2}+\dfrac{\partial^2 z}{\partial \eta^2}$ を証明する.

§5. Taylorの定理の拡張

$f(x,y)$ の n 階偏導関数がすべて連続であるとし*

$$F(t) = f(a+ht, b+kt)$$

とおけば (§3, (5))

$$F'(t) = f_x(a+ht, b+kt)h+f_y(a+ht, b+kt)k.$$

この等式をふたたび t に関して微分すれば

$$\begin{aligned} F''(t) &= [f_{xx}(a+ht, b+kt)h+f_{xy}(a+ht, b+kt)k]h \\ &\quad +[f_{yx}(a+ht, b+kt)h+f_{yy}(a+ht, b+kt)k]k \\ &= f_{xx}(a+ht, b+kt)h^2+2f_{xy}(a+ht, b+kt)hk \\ &\quad +f_{yy}(a+ht, b+kt)k^2. \end{aligned}$$

以下同様にして**

$$F^{(n)}(t) = h^n\frac{\partial^n}{\partial x^n}f(a+ht, b+kt)$$

---

* このことを《$f(x,y)$ は n 回連続微分可能である》ということばで表わす.

** 厳密にいえば数学的帰納法による. VIII, §2, Leibnizの定理の証明 (p. 282) 参照.

$$+nh^{n-1}k\frac{\partial^n}{\partial x^{n-1}\partial y}f(a+ht,b+kt)+\cdots$$

$$+\frac{n(n-1)(n-2)\cdots(n-r+1)}{r!}$$

$$\times h^{n-r}k^r\frac{\partial^n}{\partial x^{n-r}\partial y^r}f(a+ht,b+kt)+\cdots$$

$$+k^n\frac{\partial^n}{\partial y^n}f(a+ht,b+kt). \qquad (1)$$

この結果を略して

$$F^{(n)}(t)=\left(h\frac{\partial}{\partial x}+k\frac{\partial}{\partial y}\right)^{(n)}f(a+ht,b+kt) \qquad (2)$$

と書くことが多い．記号 $\frac{\partial}{\partial x}, \frac{\partial}{\partial y}$ をあたかも数であるがごとくにみなして，$\left(h\frac{\partial}{\partial x}+k\frac{\partial}{\partial y}\right)$ を n 乗した結果を書き，その各項のあとに $f(a+ht,b+kt)$ を書けば (1) が得られるという意味である．

さて，関数 $F(t)$ に Maclaurin の定理を使うと

$$F(t)=F(0)+F'(0)t+\frac{F''(0)}{2!}t^2+\cdots+\frac{F^{(k)}(0)}{k!}t^k+\cdots$$

$$+\frac{F^{(n-1)}(0)}{(n-1)!}t^{n-1}+\frac{F^{(n)}(\theta t)}{n!}t^n. \quad (0<\theta<1)$$

$t=1$ とし，(2) を参照すれば

$$f(a+h,b+k)=f(a,b)+\left(h\frac{\partial}{\partial x}+k\frac{\partial}{\partial y}\right)f(a,b)$$

$$+\frac{1}{2!}\left(h\frac{\partial}{\partial x}+k\frac{\partial}{\partial y}\right)^{(2)}f(a,b)+\cdots$$

$$+\frac{1}{k!}\left(h\frac{\partial}{\partial x}+k\frac{\partial}{\partial y}\right)^{(k)}f(a,b)+\cdots$$

$$+\frac{1}{(n-1)!}\left(h\frac{\partial}{\partial x}+k\frac{\partial}{\partial y}\right)^{(n-1)}f(a,b)$$

$$+\frac{1}{n!}\left(h\frac{\partial}{\partial x}+k\frac{\partial}{\partial y}\right)^{(n)}f(a+\theta h, b+\theta k) \quad (0<\theta<1)$$

(3)

これは Taylor の定理の 2 変数の関数への拡張である.

問 1. 任意の数 t に対して

$$f(tx, ty) = t^n f(x,y)$$

が成りたつとき, $f(x,y)$ を n 次の同次関数という. $f(x,y)$ が n 次の同次関数で r 回連続微分可能ならば

$$\left(x\frac{\partial}{\partial x}+y\frac{\partial}{\partial y}\right)^{(r)}f(x,y) = n(n-1)\cdots(n-r+1)f(x,y)$$

であることを証明する (Euler の定理).

§6. 極大と極小

点 (x,y) を点 (a,b) の近くにとるかぎりいつでも

$$f(x,y) < f(a,b)$$

であるとき, すなわち, 正数 δ を十分小さくとれば

$0<|h|+|k|<\delta$ なるかぎり

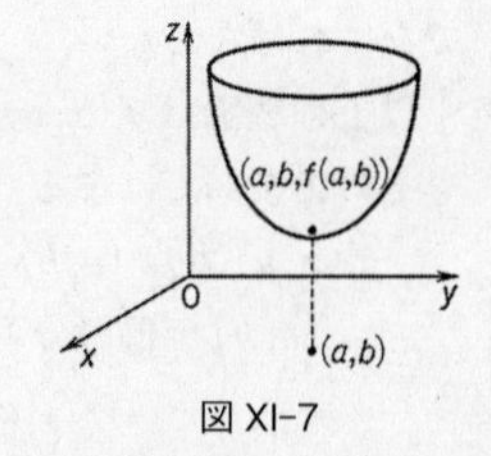

図 XI-7

$$f(a+h, b+k) < f(a, b)$$

であるときは，$f(x, y)$ は点 (a, b) において極大値 $f(a, b)$ をとるという．また

$$0 < |h|+|k| < \delta \quad \text{なるかぎり}$$

$$f(a+h, b+k) > f(a, b)$$

であるときは，$f(x, y)$ は点 (a, b) において極小値 $f(a, b)$ をとるという．極大値，極小値を総称して極値ということは1変数の場合と同様である．

$f(a, b)$ が極大値であるときは

$$0 < |h| < \delta \quad \text{なるかぎり} \quad f(a+h, b) < f(a, b)$$

であるから，1変数 x の関数 $f(x, b)$ は $x=a$ に対して極大値をとる．したがって，1変数 x の関数 $f(x, b)$ が $x=a$ において微分可能であるかぎり——いいかえれば，2変数 x, y の関数 $f(x, y)$ が点 (a, b) において x に関し偏微分可能であるかぎり，

$$f_x(a, b) = 0$$

でなければならない．同様にして，$f(x, y)$ が点 (a, b) において y に関し偏微分可能であるかぎり

$$f_y(a, b) = 0$$

でなければならない．

以上の議論は $f(x, y)$ が点 (a, b) で極小値をとる場合にもそのままあてはまる．よって

$f(x, y)$ ガ点 (a, b) デ極値ヲトルトキニハ，$f(x, y)$ ハ点 (a, b) デ偏微分可能デナイカ，サモナケレバ

$$f_x(a, b) = f_y(a, b) = 0 \tag{1}$$

デアル

ということになる.

これで極値を与える点をさがすべき範囲がわかったわけであるが, (1) を満足する点 (a,b) で $f(x,y)$ がじっさい極大値, 極小値を与えるか否かを判定するためには次の定理がしばしばもちいられる.

$f(x,y)$ ガ連続ナ2階偏導関数ヲ有スルトキ, (1) ガ成リタチ, カツ

i) $[f_{xy}(a,b)]^2-f_{xx}(a,b)f_{yy}(a,b)<0,\quad f_{xx}(a,b)<0$ ナラバ $f(a,b)$ ハ極大値デアル.

ii) $[f_{xy}(a,b)]^2-f_{xx}(a,b)f_{yy}(a,b)<0,\quad f_{xx}(a,b)>0$ ナラバ $f(a,b)$ ハ極小値デアル.

iii) $[f_{xy}(a,b)]^2-f_{xx}(a,b)f_{yy}(a,b)>0$ ナラバ $f(a,b)$ ハ極値デハナイ*.

証明 : $n=2$ として前節の (3) を書けば

$$f(a+h,b+k)=f(a,b)+hf_x(a,b)+kf_y(a,b)$$
$$+\frac{1}{2}[h^2f_{xx}(a+\theta h,b+\theta k)+2hkf_{xy}(a+\theta h,b+\theta k)$$
$$+k^2f_{yy}(a+\theta h,b+\theta k)].\quad (0<\theta<1)$$

よって, (1) に注意すれば

$$f(a+h,b+k)-f(a,b)$$
$$=\frac{1}{2}[h^2f_{xx}(a+\theta h,b+\theta k)+2hkf_{xy}(a+\theta h,b+\theta k)$$

* 以上三つの場合以外は, $f(a,b)$ が極値であるか否かはにわかに判定できない. さらに特別の吟味を必要とする.

$$+k^2 f_{yy}(a+\theta h, b+\theta k)]. \quad (0<\theta<1) \tag{2}$$

i）$f_{xx}(x, y)$ および $\Delta(x, y) = [f_{xy}(x, y)]^2 - f_{xx}(x, y) \times f_{yy}(x, y)$ は点 (a, b) で連続なのであるから，$f_{xx}(a, b) < 0$, $\Delta(a, b) < 0$ である以上，正数 δ を十分小さくとると，

$$|h|+|k| < \delta$$
$$\Rightarrow \quad f_{xx}(a+h, b+k) < 0, \quad \Delta(a+h, b+k) < 0,$$

したがって，

$$|h|+|k| < \delta$$
$$\Rightarrow \quad f_{xx}(a+\theta h, b+\theta k) < 0, \quad \Delta(a+\theta h, b+\theta k) < 0. \tag{3}$$

ここで，簡単のため，$A = f_{xx}(a+\theta h, b+\theta k)$, $B = f_{xy}(a+\theta h, b+\theta k)$, $C = f_{yy}(a+\theta h, b+\theta k)$, $D = Ah^2 + 2Bhk + Ck^2$ とおくと，

$$\begin{aligned} AD &= A^2h^2 + 2ABhk + ACk^2 \\ &= (Ah+Bk)^2 + (AC-B^2)k^2. \end{aligned} \tag{4}$$

よって，(3) により，$0 < |h|+|k| < \delta$ なる h, k に対しては $AD > 0$. しかるに，$A < 0$ であるから，$D < 0$. これは，(2) により，$0 < |h|+|k| < \delta$ ならば

$$f(a+h, b+k) - f(a, b) < 0.$$

であることを意味する．

ii）前の場合と同様にして，正数 δ を十分小さくとると，

$$|h|+|k| < \delta \quad \Rightarrow \quad A > 0, \quad \Delta(a+\theta h, b+\theta k) < 0.$$

また，(4) により $AD > 0$ であるから，$D > 0$. よって，

$$f(a+h, b+k) - f(a, b) > 0.$$

iii）$\varphi(t) = f(a+ht, b+kt)$ とおくと，

$$\varphi'(t) = f_x(a+ht, b+kt)h + f_y(a+ht, b+kt)k$$

$$\varphi''(t) = f_{xx}(a+ht, b+kt)h^2+2f_{xy}(a+ht, b+kt)hk$$
$$+f_{yy}(a+ht, b+kt)k^2$$

であるから,

$$\varphi'(0) = 0,$$
$$\varphi''(0) = f_{xx}(a, b)h^2+2f_{xy}(a, b)hk+f_{yy}(a, b)k^2.$$

iiia) このとき, $f_{xx}(a, b)>0$ ならば, $h\neq 0$, $k=0$ とすると $\varphi''(0)>0$ であるから, $\varphi(t)$ は $t=0$ において極小値をとる. すなわち, $|t|$ が十分小さければ

$$f(a+ht, b+kt)-f(a, b) = \varphi(t)-\varphi(0) > 0.$$

また,

$$f_{xx}(a, b)\varphi''(0) = [f_{xx}(a, b)h+f_{xy}(a, b)k]^2$$
$$+[f_{xx}(a, b)f_{yy}(a, b)-[f_{xy}(a, b)]^2]k^2$$

において, $f_{xx}(a, b)h+f_{xy}(a, b)k=0$, $k\neq 0$ とすると, $f_{xx}(a, b)\varphi''(0)<0$, すなわち, $\varphi''(0)<0$ であるから, $\varphi(t)$ は $t=0$ で極大値をとる. よって, そういう h, k に対して, $|t|$ が十分小さければ

$$f(a+ht, b+kt)-f(a, b) = \varphi(t)-\varphi(0) < 0.$$

以上のように, h, k のとりかたにより, $f(a+ht, b+kt)-f(a, b)$ の符号は一定しないので, $f(a, b)$ は極値ではありえない.

iiib) $f_{xx}(a, b)<0$ の場合の証明も同様である.

iiic) $f_{xx}(a, b)=0$, $f_{yy}(a, b)\neq 0$ のときも同様に証明できることは明かであろう.

iiid) 最後に, $f_{xx}(a, b)=f_{yy}(a, b)=0$ のときは,

$$\varphi''(0) = 2f_{xy}(a, b)hk, \quad f_{xy}(a, b) \neq 0$$

であるから，$f_{xy}(a, b)>0$ で $hk>0$ ならば $\varphi''(0)>0$，$hk<0$ ならば $\varphi''(0)<0$. よって，この場合にも，まえとおなじ理由で，$f(a, b)$ は極値ではありえない. $f_{xy}(a, b)<0$ のときも同様である.

例 1. $f(x, y)\equiv x^4+y^4-2x^2+4xy-2y^2$ の極値を求めてみる：連立方程式

$$f_x(x, y) \equiv 4x^3-4x+4y = 0,\quad f_y(x, y) \equiv 4y^3+4x-4y = 0$$

の根を求めれば

1) $x = \sqrt{2},\quad y = -\sqrt{2}$

2) $x = -\sqrt{2},\quad y = \sqrt{2}$

3) $x = 0,\quad y = 0$

しかるに

$$f_{xx} \equiv 4(3x^2-1),\quad f_{xy} \equiv 4,\quad f_{yy} \equiv 4(3y^2-1)$$

であるから

1) $[f_{xy}(\sqrt{2}, -\sqrt{2})]^2-f_{xx}(\sqrt{2}, -\sqrt{2})f_{yy}(\sqrt{2}, -\sqrt{2}) = 16-20\times 20<0$，$f_{xx}(\sqrt{2}, -\sqrt{2})=20>0$. よって $f(\sqrt{2}, -\sqrt{2})=-8$ は極小値である.

2) $[f_{xy}(-\sqrt{2}, \sqrt{2})]^2-f_{xx}(-\sqrt{2}, \sqrt{2})f_{yy}(-\sqrt{2}, \sqrt{2})=16-20\times 20<0$，$f_{xx}(-\sqrt{2}, \sqrt{2})=20>0$. よって $f(-\sqrt{2}, \sqrt{2})=-8$ は極小値である.

3) $[f_{xy}(0, 0)]^2-f_{xx}(0, 0)f_{yy}(0, 0)=16-4\times 4=0$. これは特別の吟味を必要とする場合である：まず，$h=k$，$h\neq 0$ とすれば

$$f(h, h)-f(0, 0) = 2h^4-0 > 0.$$

つぎに，$0<|h|<\sqrt{2}$，$k=0$ とすれば

$$f(h, 0)-f(0, 0) = h^4-2h^2 = h^2(h^2-2) < 0.$$

ゆえに $f(0, 0)$ は極大値でも極小値でもないことがわかる.

注意 1. この関数は x, y のあらゆる値に対して偏微分可能であるから，これが最大値や最小値をとる点があれば，そこでは

$f_x(x,y)=f_y(x,y)=0$ でなければならない．じっさい -8 が最小値であることは容易に確かめられる．なお，この関数は最大値をもたない．$|x|, |y|$ を大きくすればいくらでも大きな値をとるのである．

問 1．$xy(1-x-y)$ の極値を求める．

§7. 3個以上の変数の関数

2変数の関数と同様に3変数の関数を考えることができる．すなわち

変数 x, y, z ニソレゾレ特定ノ値ヲ与エルト，コレニ応ジテ変数 u ノ値ガ定マルトキハ，u ハ3変数 x, y, z ノ関数デアルトイワレル．

たとえば

$$u = x^3y^2z, \quad u = \sqrt{1-x^2-y^2-z^2}$$

等は3変数の関数の例である．

3変数 x, y, z の関数を表わすのには

$$f(x,y,z), \quad g(x,y,z), \quad \varphi(x,y,z), \quad \psi(x,y,z)$$
$$F(x,y,z), \quad G(x,y,z), \quad \Phi(x,y,z), \quad \Psi(x,y,z)$$

等の記号がもちいられる．

さらに進んでは，一般に n 個の変数 $x_1, x_2, \cdots, x_n$ の関数なるものが考えられる．すなわち，

変数 $x_1, x_2, \cdots, x_n$ ニソレゾレ特定ノ値ヲ与エルト，コレニ応ジテ変数 u ノ値ガ定マルトキハ，u ハ n 個ノ変数 $x_1, x_2, \cdots, x_n$ ノ関数デアルトイワレル．

たとえば

$$u = x_1x_2\cdots x_n, \quad u = \sqrt{1-x_1{}^2-x_2{}^2-\cdots-x_n{}^2}$$

等は n 個の変数の関数の例である．

$n=1$ の場合が1変数の関数，$n=2$ の場合が2変数の関数，

$n=3$ の場合が 3 変数の関数にあたることはことわるまでもないであろう. $n>1$ なるときの n 個の変数の関数を総称して多変数関数ということがある.

前節までに 2 変数の関数について述べたことは一般の多変数の関数についてもあてはまる. たとえば, 関数の連続の定義とか,

$$\frac{\partial}{\partial x_i}f(x_1, x_2, \cdots, x_n) \quad (i=1, 2, \cdots, n)$$

の定義など, ことさらに述べなくとも推知できるであろう.

§8. 陰関数

単位円の方程式

$$x^2+y^2-1=0 \tag{1}$$

を y について解けば

$$y=\sqrt{1-x^2} \tag{2}$$

$$y=-\sqrt{1-x^2} \tag{3}$$

なる二つの等式が得られる. (2) は x 軸より上方にある半円の方程式, また (3) は x 軸より下方にある半円の方程式である.

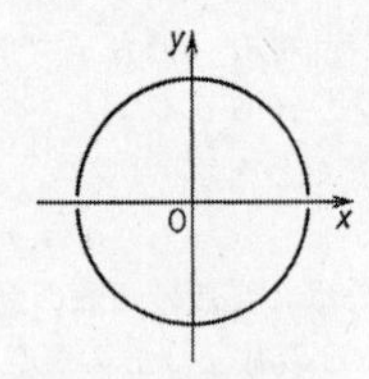

図 XI-8　$x^2+y^2-1=0$

いま, $F(x, y)\equiv x^2+y^2-1$ とおいて以上のことをくわしく述べれば次のごとくなる:

$$F(a, b)=0, \quad b>0$$

なるとき*, a に近い x の値を任意に与えれば, この x に対し等式

$$F(x, y)=0 \tag{4}$$

を満足しかつ b に近い y の値がちょうど一つあって, その y の値は等式 (2) によって与えられる. 逆に

---

* たとえば, $a=\dfrac{1}{\sqrt{2}}$, $b=\dfrac{1}{\sqrt{2}}$.

$$F(x, \sqrt{1-x^2}) = 0$$

であることはいうまでもない.

同様に

$$F(a, b) = 0, \quad b<0$$

なるとき*, a に近い x の値を与えれば, この x に対し等式 (4) を満足しかつ b に近い y の値がちょうど一つあって, その y の値は等式 (3) によって与えられる. 逆に

$$F(x, -\sqrt{1-x^2}) = 0$$

であることはいうまでもない.

以上いずれの場合にも

$$F_y(a, b) = 2b \neq 0$$

であることに注意する.

いままで述べてきたことは $F(x, y) \equiv x^2+y^2-1$ の場合だけにかぎらない. 一般に次の定理が成立するのである:

$F_x(x, y)$, $F_y(x, y)$ ガ連続関数**デ, カツ

$$F(a, b) = 0, \quad F_y(a, b) \neq 0$$

デアルトキ, a ニ近イ x ノ値ヲ与エレバソノ x ニ対シ等式

$$F(x, y) = 0$$

ヲ満足シカツ b ニ近イ y ガチョウド一ツ存在スル. コノ y ヲ $\varphi(x)$ デ表ワセバ (イイカエレバ $y=\varphi(x)$ トオケバ), スナワチ

$$F[x, \varphi(x)] = 0, \quad b = \varphi(a)$$

デアルワケデアル.

---

* たとえば, $a=\frac{1}{\sqrt{2}}$, $b=-\frac{1}{\sqrt{2}}$.

** $F(x, y)$ も, もとより, 連続関数である (§3).

ナオ，$\varphi(x)$ ハ微分可能ナ関数デ，カツ

$$\varphi'(a) = -\frac{F_x(a,b)}{F_y(a,b)} \tag{5}$$

証明：$F_y(a,b)>0$ である場合を証明する*：$F_x(x,y)$，$F_y(x,y)$ は連続関数であるから，点 (x,y) を点 (a,b) の近くにとれば $F_x(x,y)$，$F_y(x,y)$ の値はそれぞれ $F_x(a,b)$，$F_y(a,b)$ に近い．よって，正数 ε を十分小さくえらんで

$a-\varepsilon \leqq x \leqq a+\varepsilon,\quad b-\varepsilon \leqq y \leqq b+\varepsilon$

$$\Rightarrow\quad |F_x(x,y)| < |F_x(a,b)|+1,\quad F_y(x,y) > \frac{1}{2}F_y(a,b) > 0$$

ならしめることができる．以下においては，もっぱら

$$a-\varepsilon \leqq x \leqq a+\varepsilon,\quad b-\varepsilon \leqq y \leqq b+\varepsilon$$

なる点 (x,y) だけを考える．

いま，$f(y) \equiv F(a,y)$ とおけば $f'(y) \equiv F_y(a,y)>0$ であるから $f(y)$ は狭義の増加関数である．よって $f(b-\varepsilon)<f(b)=F(a,b)=0$，$f(b+\varepsilon)>f(b)=F(a,b)=0$．すなわち

$$F(a,b-\varepsilon) < 0,\quad F(a,b+\varepsilon) > 0.$$

したがって，x_0 を a の近くにとれば，いいかえると，十分小さい正数 δ をえらび

$$a-\delta < x_0 < a+\delta \quad (0<\delta\leqq\varepsilon)$$

なる x_0 をとれば，

$$F(x_0, b-\varepsilon) < 0,\quad F(x_0, b+\varepsilon) > 0.$$

ここで，かりに，$g(y) \equiv F(x_0, y)$ とおけば

$$g(b-\varepsilon) < 0,\quad g(b+\varepsilon) > 0$$

なのであるから，中間値の定理により

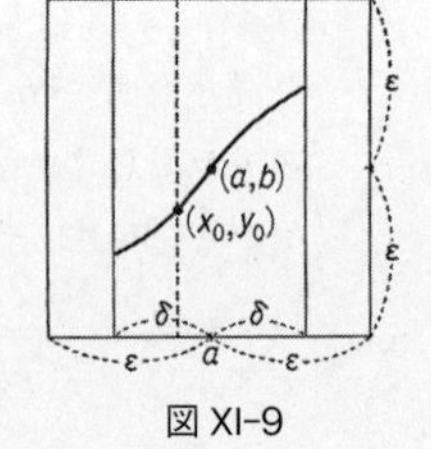

図 XI-9

* $F_y(a,b) < 0$ の場合には $F(x,y)$ のかわりに $-F(x,y)$ を考えればよい．

$$g(y_0)=0 \quad \text{すなわち} \quad F(x_0,y_0)=0 \quad (b-\varepsilon<y_0<b+\varepsilon)$$

なる y_0 が存在しなければならない．しかも，$g'(y)\equiv F_y(x_0,y)>0$ により $g(y)$ は狭義の増加関数であるところをみれば，かような y_0 はただ一つしかありえない．

x_0 を x と書き，また y_0 を y と書いて，以上の結果を書き改めれば次のごとくである：

$$a-\delta<x<a+\delta$$

なる x を与えれば，その x に対し条件

$$F(x,y)=0,\ \ b-\varepsilon<y<b+\varepsilon$$

に適する y がちょうど一つ存在する．

この y を $\varphi(x)$ で表わせば，$\varphi(a)=b$ であることはいうまでもない．以下，まず，関数 $\varphi(x)$ が $x=a$ で連続であることを証明しよう．平均値の定理

$$\begin{aligned}&F(a+h,b+k)-F(a,b)\\&\quad=F_x(a+\theta h,b+\theta k)h+F_y(a+\theta h,b+\theta k)k \quad (0<\theta<1)\end{aligned}$$

において

$$k=\varphi(a+h)-\varphi(a), \quad \text{すなわち} \quad \varphi(a+h)=b+k$$

とおけば，$F(a+h,b+k)=0$, $F(a,b)=0$ であるから

$$F_x(a+\theta h,b+\theta k)h+F_y(a+\theta h,b+\theta k)k=0. \tag{6}$$

よって

$$|k|=\left|-\frac{F_x(a+\theta h,b+\theta k)}{F_y(a+\theta h,b+\theta k)}h\right|<\frac{|F_x(a,b)|+1}{\dfrac{F_y(a,b)}{2}}|h|.$$

ゆえに

$$\lim_{h\to0}|\varphi(a+h)-\varphi(a)|=\lim_{h\to0}|k|=0. \tag{7}$$

これは $\varphi(x)$ が $x=a$ で連続であるということにほかならない．

さて，(6) により

$$\frac{\varphi(a+h)-\varphi(a)}{h} = -\frac{F_x(a+\theta h, b+\theta k)}{F_y(a+\theta h, b+\theta k)}$$

であるが，ここで $h\to 0$ ならしめれば (7) により $k\to 0$ であるから

$$\lim_{h\to 0}\frac{\varphi(a+h)-\varphi(a)}{h} = -\frac{F_x(a,b)}{F_y(a,b)}.$$

すなわち，(5) が得られたのである．

上の定理において得られた関数 $y=\varphi(x)$ を方程式

$$F(x,y) = 0$$

によって定義される**陰関数**と称する．

例 1. $x^2+y^2-1=0$ の場合：

$$\frac{dy}{dx} = -\frac{2x}{2y} = -\frac{x}{y} = -\frac{x}{\pm\sqrt{1-x^2}} \quad (0<x<1).$$

注意 1. $F_y(a,b)=0$ であっても

$$F(a,b) = 0, \quad F_x(a,b) \neq 0$$

であるときは，上の議論において x と y との役目を交換して考えると，点 (a,b) の近くにおいては x を y の陰関数

$$x = \psi(y)$$

として表わしうることがわかる．(1) においては点 $(1,0)$ がこの場合にあたる．

注意 2. 陰関数 $\varphi(x)$ が微分可能であることがわかった以上

$$F(x,y) = 0$$

の両辺を x について微分すれば

$$F_x(x,y)+F_y(x,y)\frac{dy}{dx} = 0.$$

これは (5) と同じ結果を与えることに注意する．

注意 3. 1 変数の関数 $f(x)$ の逆関数 $f^{-1}(x)$ は $f(y)-x=0$ によって定まる陰関数と考えることができる．

問 1. $x^3+y^3-3axy=0$ $(a>0)$ で定義される陰関数 y について $\dfrac{dy}{dx}, \dfrac{d^2y}{dx^2}$ を求める.

問 2. 問1の y の極値を求める (図 XI-10 参照).

§9. 曲線の特異点

前節の定理により, $F_x(x,y)$ および $F_y(x,y)$ が連続関数である場合, $F(a,b)=0$ でかつ

$$F_y(a,b) \neq 0 \quad \text{または} \quad F_x(a,b) \neq 0 \tag{1}$$

であるときには, 点 (a,b) に近い点 (x,y) に対しては等式

$$F(x,y) = 0 \tag{2}$$

を

$$y = \varphi(x) \quad \text{または} \quad x = \psi(y)$$

なる形に書き直しうることが知られた. (2) なる方程式は平面曲線を表わすといわれるゆえんである.

条件 (1) を満足しない点 (a,b), すなわち

$$F_x(a,b) = 0, \quad F_y(a,b) = 0$$

なる点 (a,b) を曲線 (2) の**特異点**と称する. 特異点の近くにおける曲線の様相はさまざまである. ここではこの問題に深入りすることなく, 一二の例をあげるにとどめる.

例 1. $x^3+y^3-3axy=0$ $(a>0)$ (Descartes (デカルト) の正葉線):

左辺を $F(x,y)$ で表わせば

$$F_x(x,y) \equiv 3x^2-3ay, \quad F_y(x,y) \equiv 3y^2-3ax.$$

ゆえに, $F(0,0)=0$, $F_x(0,0)=0$, $F_y(0,0)=0$. すなわち, 原点 $(0,0)$ は特異点であって, この場合, 図の示すごとく, 曲線は原点において自分自身に交わっている.

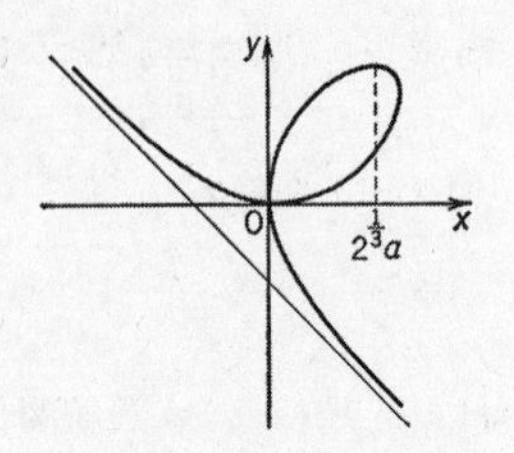

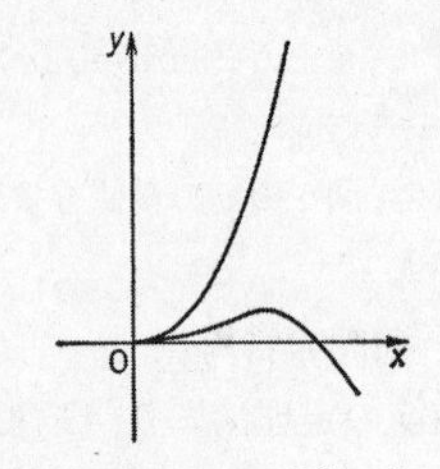

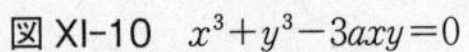
図 XI-10　$x^3+y^3-3axy=0$　　　図 XI-11　$(y-x^2)^2-x^5=0$

例 2.　$(y-x^2)^2-x^5=0$：

左辺を $F(x,y)$ で表わせば

$$F_x(x,y) \equiv -4x(y-x^2)-5x^4, \quad F_y(x,y) \equiv 2(y-x^2).$$

ゆえに，$F(0,0)=0$，$F_x(0,0)=0$，$F_y(0,0)=0$．すなわち，原点 $(0,0)$ は特異点であって，この場合，図の示すごとく，曲線の二つの部分が x 軸の同じ側で x 軸に接している．

問 1.　点 (a,b) が曲線 (2) の特異点でないときは，この点における接線の方程式は

$$F_x(a,b)(x-a)+F_y(a,b)(y-b) = 0$$

であることを証明する．

§10.　包 絡 線

方程式

$$(x-\alpha)^2+y^2-1 = 0 \tag{1}$$

によって表わされる曲線は点 $(\alpha,0)$ を中心とする半径 1 の円である．いま《助変数》α に種々の値を与えれば，ここに無限に多くの曲線（円）が得られる．

これら無限に多くの円が二つの直線

$$y=1 \quad および \quad y=-1$$

に接していることは図からも明らかであろう.

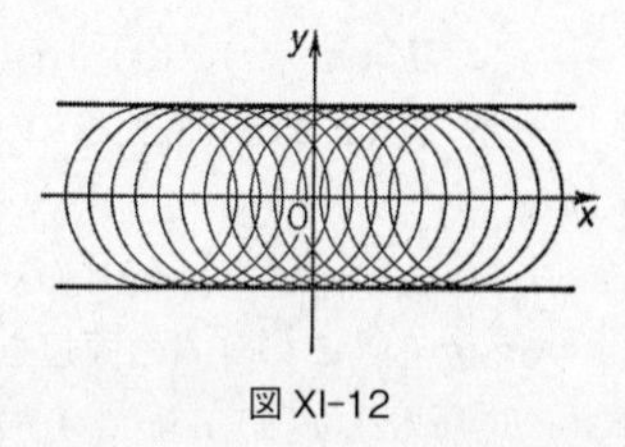

図 XI-12

一般に，助変数αを含む方程式

$$F(x, y, \alpha) = 0 \quad (2)$$

によって表される無限に多くの曲線があって，これらの曲線がすべて一定曲線

$$g(x, y) = 0 \qquad (3)$$

に接するとき*，曲線 (3) を《曲線族》(2) の**包絡線**と称する. $F(x, y, \alpha)$がx, y, αについて連続偏微分可能であるとき，包絡線は次のようにして求められる.

曲線 (2) と包絡線との接点の座標を(x, y)とすれば，x, yはいずれもαの関数である. よって

$$x = \varphi(\alpha), \quad y = \psi(\alpha) \qquad (4)$$

とおくときは，これはαを助変数とする包絡線の方程式であると考えられる. したがって，点(x, y)における包絡線の接線はX, Yを流通座標とする方程式

$$\psi'(\alpha)(X - x) - \varphi'(\alpha)(Y - y) = 0$$

によって与えられるわけである (I, §9). この接線はまた点(x, y)における曲線 (2) の接線

$$F_x(x, y, \alpha)(X - x) + F_y(x, y, \alpha)(Y - y) = 0$$

と一致しなければならない. したがって

* すなわち，共通の点を有し，その点において共通の接線を有するとき.

$$F_x(x,y,\alpha)\varphi'(\alpha)+F_y(x,y,\alpha)\psi'(\alpha)=0. \tag{5}$$

一方，点 (x,y) が曲線 (2) の点であることをかえりみれば

$$F[\varphi(\alpha),\psi(\alpha),\alpha]=0$$

であるから，この等式の両辺を α について微分して

$$F_x[\varphi(\alpha),\psi(\alpha),\alpha]\varphi'(\alpha)+F_y[\varphi(\alpha),\psi(\alpha),\alpha]\psi'(\alpha) \\ +F_\alpha[\varphi(\alpha),\psi(\alpha),\alpha]=0.$$

すなわち

$$F_x(x,y,\alpha)\varphi'(\alpha)+F_y(x,y,\alpha)\psi'(\alpha)+F_\alpha(x,y,\alpha)=0. \tag{6}$$

(5) と (6) とを見くらべれば，すなわち

$$F_\alpha(x,y,\alpha)=0. \tag{7}$$

この結果は包絡線上の点 (x,y) は二つの方程式

$$F(x,y,\alpha)=0,\quad F_\alpha(x,y,\alpha)=0 \tag{8}$$

を満足しなければならないことを意味する．

逆に，(8) を x および y について解いたものが (4) であると考えたとき，(6) によって (5) が成りたち，したがって曲線 (4) は曲線族 (2) と接することになる．

かくして，けっきょく，包絡線がある場合には，その方程式は (8) によって与えられることが明らかになった．くわしくいえば，(8) を x,y について解いて得たものが (4) であるとすれば，これが α を助変数とする包絡線の方程式である．あるいはまた，(8) から α を消去して

$$g(x,y)=0$$

なる形の方程式を得ればこれが包絡線の方程式であるとい

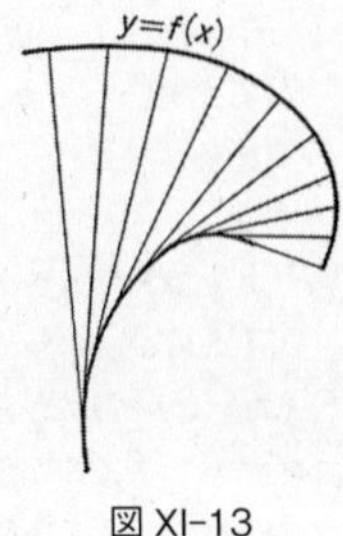

図 XI-13

ってもよい.

例 1. 2回連続微分可能な関数 $f(x)$ のグラフ

$$y-f(x)=0 \tag{9}$$

の点 $(\alpha, f(\alpha))$ における法線は方程式

$$(x-\alpha)+f'(\alpha)[y-f(\alpha)]=0 \tag{10}$$

で与えられる. α を助変数と考えれば, (10) はまた一つの曲線族(直線族)を表わすものと見ることができる. この曲線族の包絡線を求めてみよう.

(10) の両辺を α について微分すれば

$$-1+f''(\alpha)[y-f(\alpha)]-[f'(\alpha)]^2=0. \tag{11}$$

よって, (10) と (11) とから

$$x=\alpha-\frac{[1+[f'(\alpha)]^2]f'(\alpha)}{f''(\alpha)},\quad y=f(\alpha)+\frac{1+[f'(\alpha)]^2}{f''(\alpha)}. \tag{12}$$

これが求める包絡線の方程式であるが, VIII, §9 の (4) とくらべてみると, (12) は曲線 (9) の点 $(\alpha, f(\alpha))$ における曲率中心を与える式であることがわかる. したがって, 求める包絡線は (9) の曲率中心の軌跡にほかならないことが明らかになったわけである.

一般に平面曲線の曲率中心の軌跡をその曲線の**縮閉線**と称し, また縮閉線に対しもとの曲線をその**伸開線**と称する. (12) はすなわち (9) の縮閉線であり, また (9) は (12) の伸開線である.

問 1. 曲線 (1) について上記の方法をほどこし, その包絡線が $y=1$ および $y=-1$ であることを確かめる.

注意 1. 以上においては曲線 (2) が特異点をもたないものと仮定して話を進めた. 特異点のある場合には, (8) で与えられる曲線として包絡線以外に特異点の軌跡のあらわれることがある. これは, 特異点においては

$$F_x(x,y,\alpha)=0,\quad F_y(x,y,\alpha)=0$$

であるため，(6) から (7) が導かれるからである．

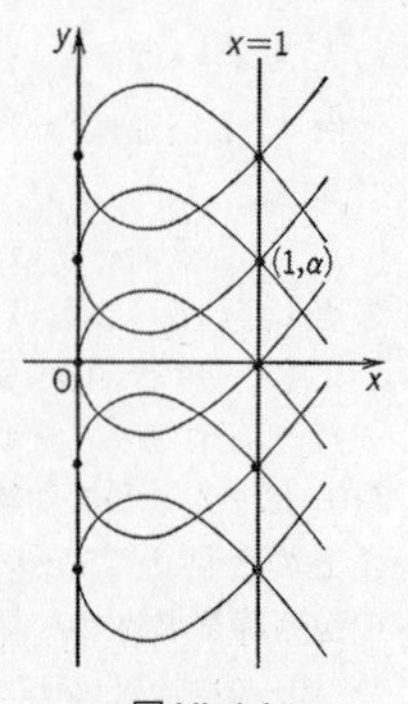

図 XI-14

$(y-\alpha)^2=x(x-1)^2$

例 2.

$F(x,y,\alpha)\equiv(y-\alpha)^2-x(x-1)^2=0$：

$F_\alpha(x,y,\alpha)\equiv-2(y-\alpha)$．よって，$F_\alpha(x,y,\alpha)=0$ から $y=\alpha$，これを $F(x,y,\alpha)=0$ に代入すれば $x(x-1)^2=0$，すなわち $x=1$ または $x=0$．しかるに

$F_x(x,y,\alpha)\equiv-(x-1)^2-2x(x-1)$

$F_y(x,y,\alpha)\equiv2(y-\alpha)$

であるから，$F_x(1,\alpha,\alpha)=F_y(1,\alpha,\alpha)=0$ となり，点 $(1,\alpha)$ は曲線 $F(x,y,\alpha)=0$ の特異点であり，$x=1$ は包絡線ではない．$x=0$ は包絡線である．

§11. 閉集合と開集合

まず，2変数の関数の定義域としてしばしば登場する点集合の例をいくつかあげておこう．

例 1．1変数の場合にならって，

$(a_1,a_2\,;\,b_1,b_2)$

$=\{(x,y)\,|\,a_1<x<b_1,\,a_2<y<b_2\}$

$[a_1,a_2\,;\,b_1,b_2]$

$=\{(x,y)\,|\,a_1\leqq x\leqq b_1,\,a_2\leqq y\leqq b_2\}$

とおき，これをそれぞれ（平面上の）開区間，閉区間と名づける．このとき，点 (a_1,a_2)，(b_1,b_2) はそれぞれ左下の頂点，右上の頂点とよ

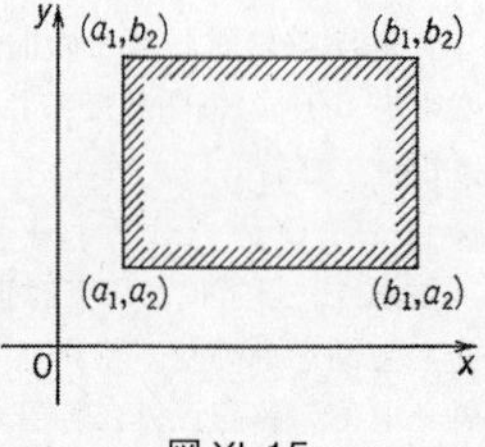

図 XI-15

ばれる．なお，《対角線》の長さが $\sqrt{(a_1-b_1)^2+(a_2-b_2)^2}$ にひとしいことに注意する．

例 2. $r>0$ のとき

$$U((a,b)\,;\,r)=\{(x,y)\,|\,(x-a)^2+(y-b)^2<r^2\}$$

を円板と称することは前に述べておいたが（§1），さらに，

$$\overline{U}((a,b)\,;\,r)=\{(x,y)\,|\,(x-a)^2+(y-b)^2\leqq r^2\}$$

を**閉円板**と称する．点 (a,b) を中心，r を半径とよぶことは前のとおりである．

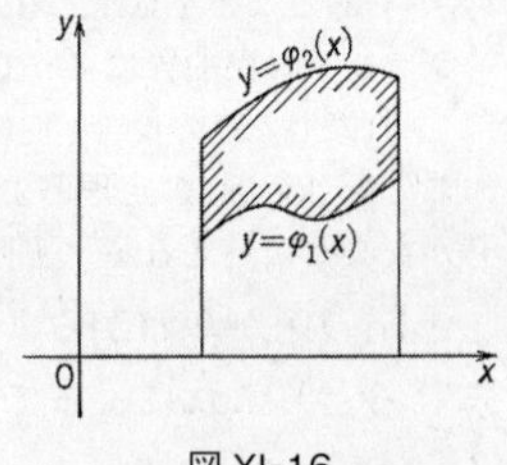

図 XI-16

例 3. 数直線上の閉区間 $[a_1\,;\,b_1]$ で $\varphi_1(x)$ および $\varphi_2(x)$ が連続関数で，$\varphi_1(x)\leqq\varphi_2(x)$ であるとき

$$\{(x,y)\,|\,a_1\leqq x\leqq b_1,\ \varphi_1(x)\leqq y\leqq\varphi_2(x)\}$$

を**縦線型集合**という．これは縦線（y 軸に平行な直線）との共通部分が一つの点か一つの線分であるような点集合である．同様にして**横線型集合**を定義することができる．

例 1 の $[a_1,a_2\,;\,b_1,b_2]$ や例 2 の $\overline{U}((a,b)\,;\,r)$ は縦線型集合であることに注意する．

例 4. 自分自身に交わらない閉曲線を**ジョルダン**（Jordan）**閉曲線**といい，ジョルダン閉曲線に囲まれた点集合を**ジョルダン領域**と名づける．また，ジョルダン閉曲線とこれの囲むジョルダン領域とを合わせた点集合は**ジョルダン閉領域**と名づけられる．$(a_1,a_2\,;\,b_1,b_2)$，$U((a,b)\,;\,r)$ はジョルダン領域，$[a_1,a_2\,;\,b_1,b_2]$，$\overline{U}((a,b)\,;\,r)$，縦線型集合はジ

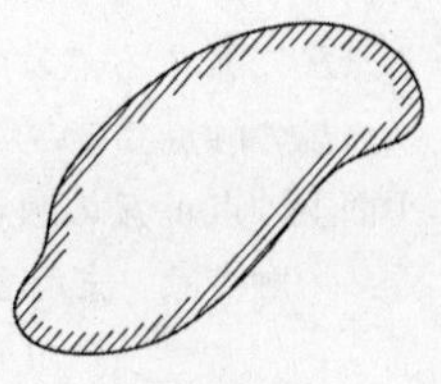
図 XI-17

ョルダン閉領域である.

注意 1. 閉曲線というのは，その方程式が

$$x=\varphi(t),\quad y=\psi(t),\quad (a\leqq t\leqq b)$$

であるとすると，$\varphi(a)=\varphi(b)$，$\psi(a)=\psi(b)$ であるような曲線のことである．また，閉曲線が自分自身に交わらないというのは，$\varphi(t_1)=\varphi(t_2)$，$\psi(t_1)=\psi(t_2)$，$a\leqq t_1\leqq t_2\leqq b$ ならばかならず $t_1=a$，$t_2=b$ であることを意味する．

ジョルダン閉曲線によって，平面はこれに囲まれた点集合（内部），曲線上の点の集合，曲線の外側（外部）とに分かたれる．このことを **Jordan の定理**とよんでいる．この定理は直観的には明らかなように見えるが，証明はなかなかむずかしい．

上記の例からわかるように，平面上の点集合 E が与えられると，これによって平面上の点は 2 種類に分類される．

まず，一つはその点のどの r 近傍をとってもかならず E の点がはいっているような点，いいかえると，r がどんな正数でも

$$U((x,y)\,;\,r)\cap E\neq\varnothing\quad(\varnothing \text{ は空集合})$$

であるような点である．こういう点は E の触点とよばれる．E に属する点は，もとより，E の触点である．つぎに，E の触点でない点を**外点**とよぶことにすると，これで平面上の点が E の触点と外点とに分類されたわけである．

E の触点は，また 2 種類に分けられる．条件

$$U((x,y)\,;\,r)\subseteq E$$

に適するような r 近傍 $U((x,y)\,;\,r)$ があるような点を E の**内点**と称する．これに反し，E の触点であっても，その

どの r 近傍にも E 以外の点がはいっているとき，いいかえると，E のどの r 近傍をとっても E の点と E 以外の点がはいっているとき，そういう点を E の**境界点**という．また，E の境界点全部の集合を $F(E)$ で表わし，これを E の**境界**と称する．

たとえば，$U((a,b)\,;\,r)$ の点はすべてその内点である．また，その周

$$\{(x,y)\,|\,(x-a)^2+(y-b)^2=r^2\}$$

に属する点はすべて $U((a,b)\,;\,r)$ の境界点である．

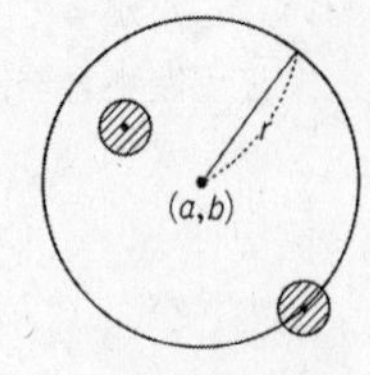

図 XI-18

問 1. E の外点は平面から E を除いた残りの点集合の内点であることを確かめる．

E の点がすべてその内点であるとき，E を**開集合**と称する．たとえば，$(a_1,a_2\,;\,b_1,b_2)$，$U((a,b)\,;\,r)$，一般にジョルダン領域は開集合である．

また，E の境界点がすべて E に属するとき，すなわち，$E=E\cup F(E)$ のとき，E は**閉集合**であるといわれる．たとえば，$[a_1,a_2\,;\,b_1,b_2]$，$\overline{U}((a,b)\,;\,r)$，縦線型集合，一般にジョルダン閉領域は閉集合である．

問 2. 有限個の閉集合 $E_1,E_2,\cdots,E_k$ の結び（和集合）$E_1\cup E_2\cup\cdots\cup E_k$ は閉集合であることを証明する（背理法による）．

次に述べる閉集合と点列に関する定理は重要である．

ここに，《点列》

$$(x_0, y_0), (x_1, y_1), (x_2, y_2), \cdots, (x_n, y_n), \cdots \quad (1)$$

と定点 (a, b) があって，

$$\lim_n [(x_n-a)^2+(y_n-b)^2] = 0$$

であるとき，この点列は**極限点 (a, b) に収束する**といわれる．このとき，もしこの点列 (1) の点がすべて同じ集合 E に属しているならば，点 (a, b) は E の外点ではありえないから，点 (a, b) は E の内点か境界点でなければならない．したがって，

E ガ閉集合デ，点列 (1) ガ極限点 (a, b) ニ収束シ，カツ

$$(x_n, y_n) \in E \quad (n=0, 1, 2, \cdots)$$

ナラバ，$(a, b) \in E$ デアル．

なお，

$$\sqrt{(x_n-a)^2+(y_n-b)^2} \leqq |x_n-a|+|y_n-b| \leqq \sqrt{2}\sqrt{(x_n-a)^2+(y_n-b)^2}$$

に注意すれば，点列 (1) が点 (a, b) に収束するための必要十分条件は

$$x_n \to a, \quad y_n \to b$$

であることがわかる．

§12. 平面における区間縮小法

平面の場合にも次のような**区間縮小法**の定理が成立する．

E ハ閉集合，ω_n $(n=0, 1, 2, \cdots)$ ハイズレモ平面上ノ

閉区間デ, ω_n ノ対角線ノ長サヲ $d(\omega_n)$ デ表ワシタトキ

$$\lim_n d(\omega_n) = 0, \quad \omega_{n+1} \subseteq \omega_n, \quad E \cap \omega_n \neq \emptyset$$

$$(n=0, 1, 2, \cdots)$$

ナラバ, 条件

$$(a, b) \in E \cap \omega_n, \quad (n=0, 1, 2, \cdots) \tag{1}$$

ニ適スル点 (a, b) ガ一ツ, ソシテタダ一ツ存在スル.

証明 : $\omega_n = [a_1^{(n)}, a_2^{(n)}\,;\, b_1^{(n)}, b_2^{(n)}]$ であるとすると, $0 < b_1^{(n)} - a_1^{(n)} < d(\omega_n)$, $\omega_{n+1} \subseteq \omega_n$ であるから,

$$b_1^{(n)} - a_1^{(n)} \to 0, \quad [a_1^{(n+1)}\,;\, b_1^{(n+1)}] \subseteq [a_1^{(n)}\,;\, b_1^{(n)}].$$

$$(n=0, 1, 2, \cdots)$$

よって, X, §2 により

$$a = \lim_n a_1^{(n)} = \lim_n b_1^{(n)}, \quad a_1^{(n)} \leqq a \leqq b_1^{(n)}$$

$$(n=0, 1, 2, \cdots)$$

なる a がちょうど一つあるはずである. 同様にして

$$b = \lim_n a_2^{(n)} = \lim_n b_2^{(n)}, \quad a_2^{(n)} \leqq b \leqq b_2^{(n)}$$

$$(n=0, 1, 2, \cdots)$$

なる b をとると

$$(a, b) \in \omega_n. \quad (n=0, 1, 2, \cdots) \tag{2}$$

いま, $(x_n, y_n) \in E \cap \omega_n$ なる点 (x_n, y_n) を $E \cap \omega_n$ のおのおのから一つずつとると,

$$(a - x_n)^2 + (b - y_n)^2 \leqq (d(\omega_n))^2$$

であるから，$(a-x_n)^2+(b-y_n)^2 \to 0$．すなわち，点列

$$(x_0, y_0), (x_1, y_1), (x_2, y_2), \cdots, (x_n, y_n), \cdots$$

は極限点 (a, b) に収束する．この点列の点はすべて閉集合 E に属するから，点 (a, b) は，前節の定理により，$(a, b) \in E$ でなければならない．このことと (2) とから (1) がすぐ出てくるわけである．

問 1．条件 (1) に適する点 (a, b) は一つしかないことを確かめる．

§13. 有界閉集合で連続な関数

点集合 E において条件

$$(x, y) \in E \quad \Rightarrow \quad |x| \leqq M, \ |y| \leqq M \tag{1}$$

に適する定数 M があるとき，E は**有界な点集合**であるといわれる．条件 (1) が成りたてば

$$E \subseteq [-M, -M ; M, M]$$

であり，また，逆に

$$E \subseteq [a_1, a_2 ; b_1, b_2] \tag{2}$$

なる閉区間 $[a_1, a_2 ; b_1, b_2]$ があれば，条件 (1) に適する定数 M があることは明らかである．したがって，E が有界であるとは条件 (2) に適する閉区間 $[a_1, a_2 ; b_1, b_2]$ があることであるといっても同じことになるわけである．たとえば，円板や閉区間は有界な点集合の一例である．

ついでながら，点集合 E が有界なとき，E に属する 2 点間の距離の上限を $d(E)$ で表わし，これを E の**直径**と称する．2 点 (x, y) と (x', y') の距離を $\mathrm{dist}((x, y), (x', y'))$ で

表わすことにすれば，すなわち

$$d(E) = \sup\{\mathrm{dist}((x,y),(x',y')) \mid (x,y)\in E,\ (x',y')\in E\}.$$

閉区間や閉区間の直径は対角線の長さにほかならないことに注意する.

まず,

1) $f(x,y)$ ガ有界閉集合 E デ連続関数ナラバ, $f(x,y)$ ハ E デ有界ナ関数デアル. スナワチ,

$$(x,y)\in E \ \Rightarrow\ |f(x,y)| \leqq M$$

ナル定数 M ガ存在スルノデアル.

証明：背理法によることとし, $f(x,y)$ が E で有界でないと仮定してみる.

$$E \subseteq \omega_0$$

なる閉区間 ω_0 をその対辺の中点を結ぶ線で4等分し，四つの閉区間 ω, $\omega', \omega'', \omega'''$ に分割すれば,

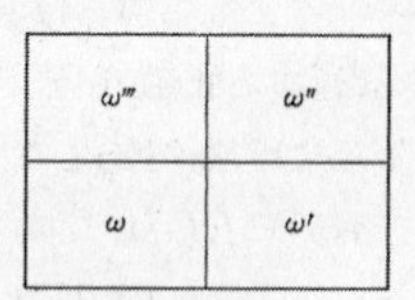

図 XI-19

$$E\cap\omega,\quad E\cap\omega',\quad E\cap\omega'',\quad E\cap\omega'''$$

のうち少なくとも一つにおいては $f(x,y)$ は有界でない（もし，どれにおいても有界なら $E\cap\omega_0 = E$ で有界であったことになる）. $\omega, \omega', \omega'', \omega'''$ のうちのそういう一つを ω_1 で表わし, ω_1 をまた4等分して得られる四つの閉区間のうちで, E との共通部分で $f(x,y)$ が有界でない閉区間を ω_2 で表わす. ω_2 をまた4等分し, … というようにこの手続きを限りなくくりかえしていくと，閉区間の列

$$\omega_0, \omega_1, \omega_2, \cdots, \omega_n, \cdots$$

が得られる．上記の定めかたからわかるとおり，

$$d(\omega_n) \to 0, \quad \omega_{n+1} \subseteq \omega_n \quad (n=0,1,2,\cdots)$$

で，しかもどの $E \cap \omega_n$ でも $f(x,y)$ は有界でないことに注意する．

前節の区間縮小法の定理により，

$$(a,b) \in E \cap \omega_n \quad (n=0,1,2,\cdots)$$

なる点 (a,b) をとると，この点で $f(x,y)$ は連続なのであるから，条件

$$(x,y) \in E, \ \sqrt{(x-a)^2+(y-b)^2} < \delta_0$$
$$\Rightarrow \quad |f(x,y)-f(a,b)| < 1$$

に適する正数 δ_0 をえらぶことができるはずである．いま，$d(\omega_N) < \delta_0$ であるように自然数 N を十分に大きくとると，$(a,b) \in E \cap \omega_N$ であるから

$$E \cap \omega_N \subseteq U((a,b)\,;\,\delta_0).$$

したがって，$(x,y) \in E \cap \omega_N$ ならば

$$|f(x,y)-f(a,b)| < 1, \quad \text{よって}$$
$$|f(x,y)| < |f(a,b)|+1.$$

すなわち，$f(x,y)$ は $E \cap \omega_N$ で有界であることになった．これは仮定に反する結果である．（証明終）

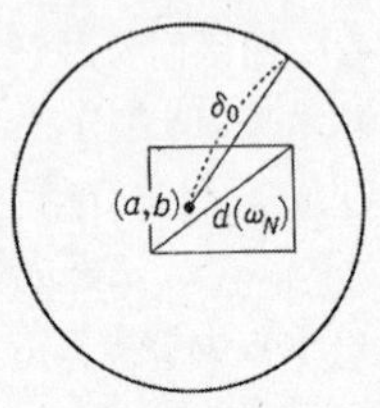

図 XI-20

この定理 1）からすぐ次の定理が出てくる．

2）$f(x,y)$ ガ有界閉集合 E デ連続デアルトキ

$$M = \sup\{f(x,y) \mid (x,y) \in E\},$$

$$m = \inf\{f(x,y) \mid (x,y) \in E\}$$

トオクト，

$(a,b) \in E,\ (c,d) \in E,\ f(a,b) = M,\ f(c,d) = m$

ナル点(a,b)ト(c,d)トガアル．スナワチ，MオヨビmハソレゾレEニオケル$f(x,y)$ノ最大値オヨビ最小値ナノデアル．

証明：かりに$(a,b) \in E,\ f(a,b) = M$なる点がないとすると，$M - f(x,y) > 0$であるから，$\dfrac{1}{M - f(x,y)}$はEで連続な関数である．したがって，Eで有界であるから，

$$(x,y) \in E \quad \Rightarrow \quad \frac{1}{M - f(x,y)} \leqq M_1$$

なる正の定数M_1があるはずである．ところが，この不等式を書き直すと，

$$f(x,y) \leqq M - \frac{1}{M_1} < M.$$

これは上限Mの定義に反するから，どうしても，$(a,b) \in E,\ f(a,b) = M$なる点(a,b)がなければならない．mについての証明も同様である．（証明終）

一般に，$f(x,y)$が点集合Eで定義された関数であるとき，εがどんな正数でも，条件

$$(x,y) \in E, \quad (x',y') \in E, \quad |x - x'| + |y - y'| < \delta$$
$$\Rightarrow \quad |f(x,y) - f(x',y')| < \varepsilon$$

に適する定数δが点$(x,y),(x',y')$に関係なく定まるとき，$f(x,y)$はEで**一様連続**であるといわれる．X，§3にならい前節の区間縮小法を使うと，1変数のときと同様に

次の定理 3）を証明することができる．

3）$f(x,y)$ ガ有界閉集合 E デ連続ナ関数ナラバ，$f(x,y)$ ハ E デ一様連続デアル．

問 1. この定理の証明をこころみる．

§14. 関数としての定積分

この節では積分

$$\int_{a_1}^{b_1} f(x,y)dx, \quad \int_{a_2}^{b_2} f(x,y)dy \tag{1}$$

を，それぞれ $[a_2\,;\,b_2]$ を定義域とする 1 変数 y の関数，$[a_1\,;\,b_1]$ を定義域とする 1 変数 x の関数と考えたときのことを話題とする．

1）$f(x,y)$ が閉区間 $\omega=[a_1, a_2\,;\,b_1, b_2]$ で連続ならば，(1) の積分はそれぞれ $[a_2\,;\,b_2]$，$[a_1\,;\,b_1]$ で連続な関数である*．

証明：$\int_{a_1}^{b_1} f(x,y)dx$ についてだけ証明する．

$f(x,y)$ は ω で一様連続であるから，ε がどの正数でも，それに応じて条件

$$(x,y)\in\omega, \quad (x,y+h)\in\omega, \quad |h|<\delta$$

$$\Rightarrow \quad |f(x,y+h)-f(x,y)|<\frac{\varepsilon}{2(b_1-a_1)}$$

に適する正数 δ を定めることができる．よって，$|h|<\delta$ な

---

* y を一定にすれば $f(x,y)$ は $[a_1\,;\,b_1]$ で x の連続関数であるから，(1) の第一の積分が存在することは明らかである．第二の積分についても同様である．

らば

$$\left|\int_{a_1}^{b_1} f(x, y+h)dx - \int_{a_1}^{b_1} f(x, y)dx\right|$$

$$= \left|\int_{a_1}^{b_1} [f(x, y+h) - f(x, y)]dx\right|$$

$$\leqq \frac{\varepsilon}{2(b_1-a_1)}(b_1-a_1) < \varepsilon.$$

縦線型集合についても，定理 1) に似た次の定理 2) がある．

2) $f(x, y)$ が縦線型集合 $D=\{(x, y) \mid a_1 \leqq x \leqq b_1, \varphi_1(x) \leqq y \leqq \varphi_2(x)\}$ で連続ならば，

$$F(x) = \int_{\varphi_1(x)}^{\varphi_2(x)} f(x, y)dy$$

は 1 変数 x の関数として $[a_1 ; b_1]$ で連続である．

証明：前節 1) により，D で $|f(x, y)| \leqq M$（M は定数）であるとする．

i) $\varphi_1(x) = \varphi_2(x)$ のとき：この場合には $F(x)=0$ であるから

$$|F(x+h) - F(x)| = \left|\int_{\varphi_1(x+h)}^{\varphi_2(x+h)} f(x, y)dy\right|$$

$$\leqq M[\varphi_2(x+h) - \varphi_1(x+h)]. \quad (2)$$

また，$\varphi_1(x)$ および $\varphi_2(x)$ は連続関数であるから

$$\lim_{h\to 0}\varphi_1(x+h) = \varphi_1(x) = \varphi_2(x) = \lim_{h\to 0}\varphi_2(x+h),$$

すなわち，

$$\lim_{h\to 0}[\varphi_2(x+h)-\varphi_1(x+h)]=0.$$

よって，(2) により

$$\lim_{h\to 0}[F(x+h)-F(x)]=0,$$

$$\text{すなわち}\quad \lim_{h\to 0}F(x+h)=F(x).$$

ii) $\varphi_1(x)<\varphi_2(x)$ のとき：まず，$D\subseteq\omega$ なる閉区間 $\omega=[a_1,a_2\,;\,b_1,b_2]$ をとって，条件

$$(x,y)\in D \quad \text{ならば} \quad f_D(x,y)=f(x,y)$$
$$(x,y)\in\omega-D \quad \text{ならば}^* \quad f_D(x,y)=0$$

によって ω を定義域とする関数 $f_D(x,y)$ を定める．もとより，ω で $|f_D(x,y)|\leqq M$ である．

つぎに，$\varphi_1(x)<\alpha<\beta<\varphi_2(x)$ なる定数 α,β をとると，正数 δ' を十分小さくえらんで

$$|h|<\delta' \quad \Rightarrow \quad \varphi_1(x+h)<\alpha<\beta<\varphi_2(x+h)$$

であるようにできる．今後は $|h|<\delta'$ なる h ばかり考えることとし，

$$M_1(h)=\max\{\varphi_1(x),\varphi_1(x+h)\},$$
$$m_1(h)=\min\{\varphi_1(x),\varphi_1(x+h)\}$$
$$M_2(h)=\max\{\varphi_2(x),\varphi_2(x+h)\},$$
$$m_2(h)=\min\{\varphi_2(x),\varphi_2(x+h)\}$$

とおくと，

---

* $\omega-D$ は ω に属し，D には属しない点全部の集合．

$$F(x+h)-F(x)$$
$$=\int_{\varphi_1(x+h)}^{\varphi_2(x+h)} f(x+h,y)dy-\int_{\varphi_1(x)}^{\varphi_2(x)} f(x,y)dy$$
$$=\int_{m_1(h)}^{M_2(h)} f_D(x+h,y)dy-\int_{m_1(h)}^{M_2(h)} f_D(x,y)dy$$
$$=\int_{m_1(h)}^{M_2(h)} [f_D(x+h,y)-f_D(x,y)]dy$$

であるから，

$$F(x+h)-F(x)=\int_{M_1(h)}^{m_2(h)} [f_D(x+h,y)-f_D(x,y)]dy$$
$$+\int_{m_1(h)}^{M_1(h)} [f_D(x+h,y)-f_D(x,y)]dy$$
$$+\int_{m_2(h)}^{M_2(h)} [f_D(x+h,y)-f_D(x,y)]dy.$$

ここに，$M_1(h)<\alpha<\beta<m_2(h)$ に注意する．

さて，$f(x,y)$ は D で一様連続であるから，ε が任意の正数であるとき，条件

$$(x,y)\in D,\quad (x+h,y)\in D,\quad |h|<\delta_0$$
$$\Rightarrow\quad |f(x+h,y)-f(x,y)|<\frac{\varepsilon}{3(b_2-a_2)}$$

に適する正数 δ_0 $(<\delta')$ をえらぶと

$$|h|<\delta_0 \quad\Rightarrow\quad \left|\int_{M_1(h)}^{m_2(h)} [f_D(x+h,y)-f_D(x,y)]dy\right|$$
$$=\left|\int_{M_1(h)}^{m_2(h)} [f(x+h,y)-f(x,y)]dy\right|$$

$$\leqq \frac{\varepsilon}{3(b_2-a_2)}[M_2(h)-m_1(h)] \leqq \frac{\varepsilon}{3}.$$

さらに，$m_1(h)=M_1(h)$ ならば上の等式の第二の積分の値は0である．また，$m_1(h)<M_1(h)$ ならば，$m_1(h)\leqq y<M_1(h)$ なる y に対しては $f_D(x+h,y)$ と $f_D(x,y)$ のうち一方は0でなければならない．よって，条件

$$|h|<\delta_1 \ \Rightarrow\ |\varphi_1(x+h)-\varphi_1(h)|<\frac{\varepsilon}{3(M+1)}$$

に適する正数 δ_1（$<\delta'$）をえらぶと，$M_1(h)-m_1(h)=|\varphi_1(x+h)-\varphi_1(h)|$ であるから．

$$|h|<\delta_1 \ \Rightarrow\ \left|\int_{m_1(h)}^{M_1(h)}[f_D(x+h,y)-f_D(x,y)]dy\right|$$

$$\leqq M\cdot|\varphi_1(x+h)-\varphi_1(x)|<\frac{\varepsilon}{3}.$$

同様にして，

$$|h|<\delta_2 \ \Rightarrow\ \left|\int_{m_2(h)}^{M_2(h)}[f_D(x+h,y)-f_D(x,y)]dy\right|<\frac{\varepsilon}{3}$$

であるように正数 δ_2（$<\delta'$）をえらぶことができる．

したがって，$\delta=\min\{\delta_0,\delta_1,\delta_2\}$ とおくと，

$$|h|<\delta \ \Rightarrow\ |F(x+h)-F(x)|<\varepsilon.$$

3）閉区間 $\omega=[a_1,a_2\,;\,b_1,b_2]$ で定義された関数 $f(x,y)$ が y を一定にすると1変数 x の関数として $[a_1\,;\,b_1]$ で連続，また，$f_y(x,y)$ が（2変数 x,y の関数として）ω で連続であるときは，y の関数 $\int_{a_1}^{b_1}f(x,y)dy$ は $[a_2\,;\,b_2]$ で微分可能で

$$\frac{d}{dy}\int_{a_1}^{b_1} f(x,y)dx = \int_{a_1}^{b_1} f_y(x,y)dx. \tag{3}$$

同様に，$f(x,y)$ が x を一定にしたとき y の関数として $[a_2\,;\,b_2]$ で連続，また，$f_x(x,y)$ が ω で連続であるときは，x の関数 $\int_{a_2}^{b_2} f(x,y)dy$ は $[a_1\,;\,b_1]$ で微分可能で

$$\frac{d}{dx}\int_{a_2}^{b_2} f(x,y)dy = \int_{a_2}^{b_2} f_x(x,y)dy.$$

証明：(3) のほうだけを証明する．

$f_y(x,y)$ は ω で一様連続であるから，ε がどんな正数でも，それに応じて条件

$$(x,y)\in\omega,\quad (x,y+h)\in\omega,\quad |h|<\delta$$

$$\Rightarrow\ |f_y(x,y+h)-f_y(x,y)| < \frac{\varepsilon}{2(b_1-a_1)}$$

に適する正数 δ を定めることができる．ところが，

$$\frac{f(x,y+h)-f(x,y)}{h} - f_y(x,y)$$

$$= f_y(x,y+\theta h)-f_y(x,y) \quad (0<\theta<1)$$

であるから，

$$(x,y)\in\omega,\quad (x,y+h)\in\omega,\quad |h|<\delta$$

$$\Rightarrow\ \left|\frac{f(x,y+h)-f(x,y)}{h} - f_y(x,y)\right| < \frac{\varepsilon}{2(b_1-a_1)}$$

よって，

$(x,y)\in\omega,\quad (x,y+h)\in\omega,\quad |h|<\delta\ \Rightarrow$

$$\left|\frac{1}{h}\left[\int_{a_1}^{b_1} f(x,y+h)dx - \int_{a_1}^{b_1} f(x,y)dx\right] - \int_{a_1}^{b_1} f_y(x,y)dx\right|$$

$$= \left| \int_{a_1}^{b_1} \left[\frac{f(x, y+h) - f(x, y)}{h} - f_y(x, y) \right] dx \right|$$

$$\leqq \frac{\varepsilon}{2(b_1 - a_1)} \cdot (b_1 - a_1) < \varepsilon.$$

すなわち

$$\lim_{h \to 0} \frac{1}{h} \left[\int_{a_1}^{b_1} f(x, y+h) dx - \int_{a_1}^{b_1} f(x, y) dx \right]$$

$$= \int_{a_1}^{b_1} f_y(x, y) dx.$$

例 1.

$$\int_0^1 x^\alpha \log x \, dx = -\frac{1}{(1+\alpha)^2} \quad (\alpha > 0). \tag{4}$$

$x^\alpha \log x$ は $x=0$ では定義されていない．左辺の積分は

$$0 < x \leqq 1, \quad y > 0 \quad ならば \quad f(x, y) = x^y \log x$$
$$x = 0, \quad y > 0 \quad ならば \quad f(0, y) = 0$$

とおいたときの次の積分を略記したものと考える：

$$\int_0^1 f(x, \alpha) dx.$$

証明：$0 < a_2 < \alpha < b_2$ とすると，閉区間 $[0, a_2 ; 1, b_2]$ で $\dfrac{\partial x^y}{\partial y} = f(x, y)$ は連続関数であるから，定理 3）により，

$$\frac{d}{dy} \int_0^1 x^y dx = \int_0^1 \frac{\partial x^y}{\partial y} dx$$

$$= \int_0^1 f(x, y) dx.$$

一方，$\displaystyle\int_0^1 x^y dx = \frac{1}{1+y}$ であるから

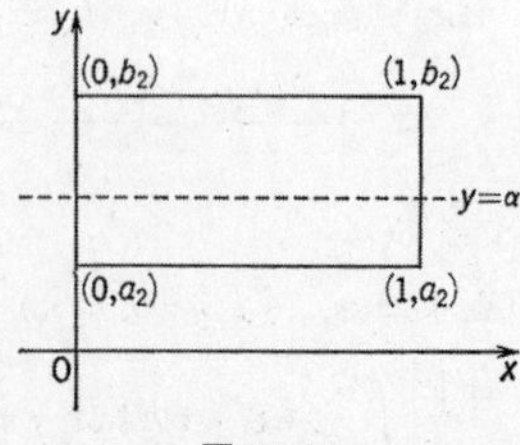

図 XI-21

$$\frac{d}{dy}\int_0^1 x^y dx = -\frac{1}{(1+y)^2}.$$

よって

$$\int_0^1 f(x,y)dx = -\frac{1}{(1+y)^2}.$$

ここで，$y=\alpha$ とおけば (4) が得られる．

演習問題 XI.

1．平面上の点 (x,y) の極座標を (r,θ) とし，$u=\log r$，$v=\theta$ とおくとき次の等式を証明する：

$$\frac{\partial u}{\partial x}=\frac{\partial v}{\partial y},\quad \frac{\partial u}{\partial y}=-\frac{\partial v}{\partial x},$$

$$\frac{\partial^2 u}{\partial x^2}+\frac{\partial^2 u}{\partial y^2}=0,\quad \frac{\partial^2 v}{\partial x^2}+\frac{\partial^2 v}{\partial y^2}=0.$$

($\Delta u=\dfrac{\partial^2 u}{\partial x^2}+\dfrac{\partial^2 u}{\partial y^2}$ とおけばあとの二つの等式はそれぞれ $\Delta u=0$，$\Delta v=0$ と書かれる．Δ は Laplace（ラプラス）の記号とよばれる．)

2．$z=xf(ax+by)+yg(ax+by)$ から f,g を消去する．

3．$u=f(r)$，$r=\sqrt{x^2+y^2+z^2}$ のとき $\Delta u\equiv\dfrac{\partial^2 u}{\partial x^2}+\dfrac{\partial^2 u}{\partial y^2}+\dfrac{\partial^2 u}{\partial z^2}$ を r，$\dfrac{\partial u}{\partial r}$，$\dfrac{\partial^2 u}{\partial r^2}$ で表わす．(3 変数の場合にも Δ をやはり Laplace の記号という．)

4．$\Delta\dfrac{1}{r}$，$\Delta A\dfrac{\sin kr}{r}$（$A,k$ は定数）を求める．ただし，$r=\sqrt{x^2+y^2+z^2}$.

5．$u(x,y)$ とし，$x=\dfrac{\zeta}{\zeta^2+\eta^2}$，$y=\dfrac{\eta}{\xi^2+\eta^2}$ とおくとき次の等式を証明する：

$$(x^2+y^2)\left[\frac{\partial^2 u}{\partial x^2}+\frac{\partial^2 u}{\partial y^2}\right] = (\xi^2+\eta^2)\left[\frac{\partial^2 u}{\partial \xi^2}+\frac{\partial^2 u}{\partial \eta^2}\right].$$

6. $u(x,y)$ において $x=r\cos\theta$, $y=r\sin\theta$ とおいて，Δu を $\dfrac{\partial u}{\partial r}, \dfrac{\partial u}{\partial \theta}, \dfrac{\partial^2 u}{\partial r^2}, \dfrac{\partial^2 u}{\partial r\partial\theta}, \dfrac{\partial^2 u}{\partial \theta^2}$ で表わす．

7. $u(x,y,z)$ において $x=r\sin\theta\cos\varphi$, $y=r\sin\theta\sin\varphi$, $z=r\cos\theta$ とおいて Δu を u の r,φ,θ に関する 2 階までの偏導関数で表わす（(r,θ,φ) を点 (x,y,z) の極座標という）．

8. 単振子の長さを l とすればその周期は $T=2\pi\sqrt{\dfrac{l}{g}}$ である（g は重力の加速度）．いま l,g がそれぞれ少量 $\varDelta l, \varDelta g$ だけ変化したときの T の変化の量を $\varDelta T$ とすれば，

$$\frac{\varDelta T}{T} \fallingdotseq \frac{1}{2}\left(\frac{\varDelta l}{l}-\frac{\varDelta g}{g}\right)$$

なることを証明する．

9. 直方体の稜の長さの和が一定であるとき体積の最大なものを求める．

10. $x^3-3axy+y^3$ $(a>0)$ の極値を求める．

11. $\log\sqrt{x^2+y^2}=\mathrm{Tan}^{-1}\dfrac{y}{x}$ で定められる陰関数 y の 2 階導関数を求める．

12. $x^3y^3+y-x=0$ で定められる陰関数 y の極値を求める．

13. 関数 $z=f(x,y)$ の x,y の間に $\varphi(x,y)=0$ なる条件がついているとする．この条件のもとに点 (a,b) で z が極値をとり，かつ $[\varphi_x(a,b)]^2+[\varphi_y(a,b)]^2\neq 0$ ならば x,y,λ を未知数とする連立方程式

$$\varphi(x,y)=0,\quad f_x(x,y)+\lambda\varphi_x(x,y)=0,$$
$$f_y(x,y)+\lambda\varphi_y(x,y)=0$$

は $x=a$, $y=b$, $\lambda=\lambda_0$ なる根を有することを証明する（λ_0 はある実数値）．

14. 曲線 $x^3+y^3-3xy=0$ の上の点 (x,y) の極座標を (r,θ) と

するとき，r の極値を求める．

15. 原点 $(0,0,0)$ から平面 $ax+by+cz+d=0$ への最短距離を求める．

16. 座標軸の上に両軸を有して面積が一定な楕円の包絡線を求める．

17. 座標の両軸の間にある部分の長さが一定値 a にひとしいような直線の包絡線を求める（この包絡線は**星芒形** asteroid とよばれる）．

18. 平行光線が半径 a なる凹球面鏡によって反射されるとき，球の中心をとおる定平面の上にある反射光線の包絡線を求める（この包絡線を**火線**という）．

19. 楕円 $\dfrac{x^2}{a^2}+\dfrac{y^2}{b^2}=1$ の縮閉線を求める．

20. 縮閉線の弧の長さはその両端に対応する原曲線上の点における曲率半径の差にひとしいことを証明する．ただし，この弧に対応する原曲線上の弧の上を点が動くとき曲率半径は増加しつづけるか減少しつづけるかいずれかであるとする．

21. 円 $x^2+y^2=a^2$ の伸開線で点 $(a,0)$ をとおるものを求める．（指針：円の方程式は $x=a\cos\theta$，$y=a\sin\theta$ とも書かれる．伸開線も θ を助変数とする方程式で表わす．）

22. 図形 D が次の条件 i)，ii) を満足するとき，D を**領域**と称

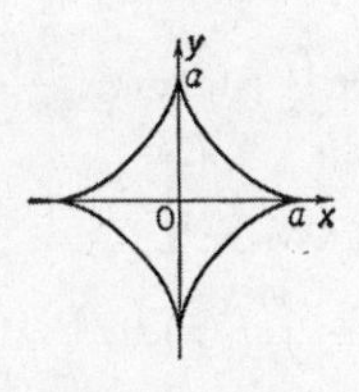

図 XI-22 星芒形

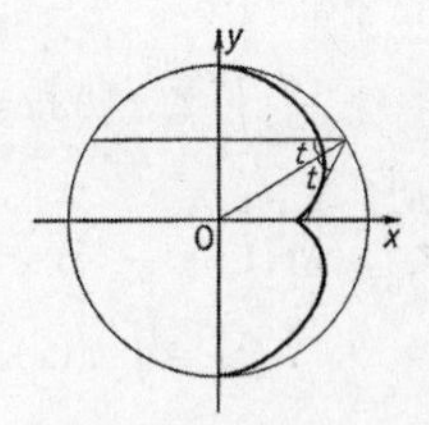

図 XI-23 火線

する：i) D は開集合である．すなわち，D の各点においてこれを中心とする十分小さい円を描けば円内の点はすべて D に属する．ii) D のどの 2 点をとってもこれを結ぶ折れ線のなかには D の点ばかりから成るものがある．いま領域 D で定義された関数 $f(x,y)$ があって，D の各点で $f_x(x,y)=f_y(x,y)=0$ ならば D で $f(x,y)$ は定数値関数であることを証明する．

23. 領域 D で定義された関数 $v(x,y)$，$v(x,y)$ の間に

$$\frac{\partial u(x,y)}{\partial x}=\frac{\partial v(x,y)}{\partial y},\quad \frac{\partial u(x,y)}{\partial y}=-\frac{\partial v(x,y)}{\partial x}$$

なる関係があるとする．もし，$u(x,y)$ が D で定数値関数ならば $v(x,y)$ も D で定数値関数であることを証明する．

24. 領域 D のどの 2 点を結ぶ線分もかならず D の点ばかりから成るとき，D は**凸領域**であるという．円板や（平面上の）開区間は凸領域である．凸領域 D の各点で $\dfrac{\partial^2 z(x,y)}{\partial x\partial y}=0$ ならば $z(x,y)$ は $\varphi(x)+\psi(y)$ なる形の関数であることを証明する．

25. $\omega=[a_1,a_2\,;\,b_1,b_2]$ で定義された関数 $f(x,y)$ が x を一定にしたとき y の関数として $[a_2,b_2]$ で連続，また，$f_x(x,y)$ が ω で連続であるとする．

$$F(x,t)=\int_{a_2}^{t} f(x,y)dy\quad (a_1<x<b_1,\ a_2<t<b_2)$$

とおいたとき，$F_x(x,t)$ および $F_t(x,t)$ を求める．

26. 前題において，$a_1=a_2=a$，$b_1=b_2=b$ であるとき

$$\frac{d}{dx}\int_a^x f(x,y)dy=f(x,x)+\int_a^x f_x(x,y)dy$$

を証明する．

27. $f(x)$ は $[0\,;\,+\infty)$ で連続な関数であるとし，

$$I_1(t)=\int_0^t f(x)dx,\quad I_2(t)=\int_0^t I_1(x)dx,$$

$$\text{一般に,}\quad I_{k+1}(t)=\int_0^t I_k(x)\,dx \quad (t>0)$$

とおくとき，次の等式を証明する．

$$I_n(t) = \int_0^t \frac{(t-x)^{n-1}}{(n-1)!} f(x)\,dx \quad (t>0)$$

（これを Cauchy の公式という）．

XII. 重積分

2変数の関数の積分である2重積分は，最初は，1変数のときのように，平面上の閉区間で定義される．しかし，1変数のときとちがい，2重積分は積分の範囲が閉区間だけにかぎらない．そのため，2重積分の一般的な定義を与えるにさきだち，平面上の点集合の面積について説明する必要が生ずる．これにより，IV章において定めた縦線型集合の面積の意味がいっそう明らかになってくる．なお，本章のおわりで3重積分についてもひととおり説明を与えておいた．

§1. 閉区間における2重積分

$f(x,y)$ が閉区間 $\omega=[a_1, a_2\,;\,b_1, b_2]$ で定義された有界な関数であるとき，$f(x,y)$ の ω における2重積分

$$\iint_\omega f(x,y)\,dxdy \qquad (1)$$

を次のように定義する．

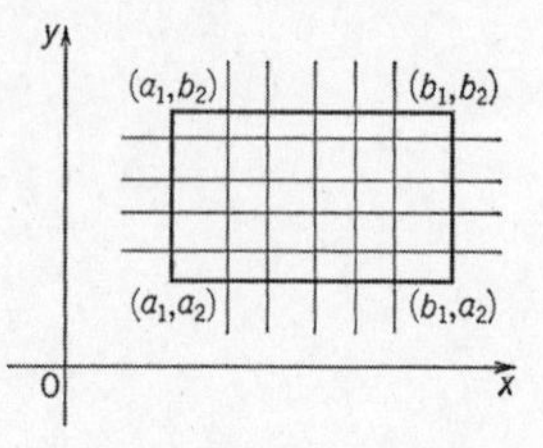

図 XII-1

まず，縦線および横線によって ω を有限個の小閉区間

$$\omega_1,\ \omega_2,\ \cdots,\ \omega_k \qquad (2)$$

に分割する．これらの小閉区間は，どの二つをとっても内点を共有することはないことに注意する．次に

$$M_i = \sup\{f(x,y) \mid (x,y) \in \omega_i\},$$
$$m_i = \inf\{f(x,y) \mid (x,y) \in \omega_i\} \quad (i=1,2,\cdots,k)$$

とおき,

$$S = \sum_{i=1}^{k} M_i |\omega_i|, \quad s = \sum_{i=1}^{k} m_i |\omega_i|$$

をそれぞれ《分割》(2) に対する $f(x,y)$ の過剰和, 不足和と名づける. ここに, $|\omega_i|$ は閉区間 ω_i の面積を表わすものとする*.

定義から

$$s \leqq S$$

は明らかであるが, さらに, (2) とは別の分割に対する $f(x,y)$ の過剰和, 不足和をそれぞれ S', s' で表わすと,

$$s \leqq S', \quad s' \leqq S$$

であることが１変数の積分のときと類似の方法（IX, §8, 問 1）で証明できる.

問 1. いま述べたことを確かめる.

したがって, 縦線および横線による ω のあらゆる分割に対する過剰和の下限, 不足和の上限をそれぞれ $f(x,y)$ の上積分, 下積分と名づけ, これをそれぞれ $\overline{\iint_\omega} f(x,y)dxdy$, $\underline{\iint_\omega} f(x,y)dxdy$ で表わすと

$$s \leqq \underline{\iint_\omega} f(x,y)dxdy \leqq \overline{\iint_\omega} f(x,y)dxdy \leqq S. \qquad (3)$$

とくに, 上積分と下積分とが一致するときは, $f(x,y)$

---

* $|[a_1, a_2 ; b_1, b_2]| = (b_1 - a_1)(b_2 - a_2)$.

はωで（リーマン）**積分可能**であるといい，その一致した値を（1）で表わして，これを$f(x,y)$のωにおける2重積分と称する．明らかに

$$s \leqq \iint_\omega f(x,y)dxdy \leqq S.$$

この定義から，すぐに，次の定理が導かれる：

1）$f(x,y)$ガωデ積分可能デアルタメノ必要十分条件ハ，ドンナ正数εニ対シテモ，条件

$$0 \leqq S-s < \varepsilon$$

ニ適スルヨウナωノ分割（2）ガアルコトデアル．

いま，分割（2）の各閉区間の直径（対角線の長さ）のうち最大のものをρで表わし，これを分割（2）の標径とよぶことにすると，

$f(x,y)$ガωデ積分可能デアルトキハ，εガドノ正数εデアッテモ，ソレニ応ジテ条件

$$\rho < \delta \quad \Rightarrow \quad 0 \leqq S-\iint_\omega f(x,y)dxdy < \varepsilon,$$

$$0 \leqq \iint_\omega f(x,y)dxdy-s < \varepsilon \qquad (4)$$

ニ適スル正数δヲ定メルコトガデキル．

問2. 上の定理をIX，§8と類似の方法で証明してみる．

2）$f(x,y)$ガωデ連続ナ関数デアルトキハ$f(x,y)$ハωデ積分可能デアル．

証明：$f(x,y)$はωで一様連続であるから（XI，§13），εがどんな正数でも条件

$$(x, y)\in\omega,\quad (x', y')\in\omega,\quad \sqrt{(x-x')^2+(y-y')^2} < \delta$$

$$\Rightarrow\quad |f(x, y)-f(x', y')| < \frac{\varepsilon}{|\omega|}$$

に適する正数 δ があるはずである．よって，分割 (2) をその標径 ρ が δ より小さいようにえらぶと，$M_i-m_i<\dfrac{\varepsilon}{|\omega|}$ ($i=1, 2, \cdots, k$) であるから

$$S-s = \sum_{i=1}^{k}(M_i-m_i)|\omega_i| < \frac{\varepsilon}{|\omega|}\sum_{i=1}^{k}|\omega_i| = \frac{\varepsilon}{|\omega|}\cdot|\omega|,$$

すなわち，

$$S-s < \varepsilon.$$

問３．定数値関数 μ は ω で積分可能で

$$\iint_\omega \mu\, dxdy = \mu|\omega|$$

であることを証明する．

問４．ω で $m\leqq f(x, y)\leqq M$ であるとき，

$$m|\omega| \leqq \underline{\iint_\omega} f(x, y)dxdy \leqq \overline{\iint_\omega} f(x, y)dxdy \leqq M|\omega|$$

を証明する．このとき，とくに $f(x, y)$ が ω で積分可能ならば，もとより，

$$m|\omega| \leqq \iint_\omega f(x, y)dxdy \leqq M|\omega|.$$

問５．ω で $f(x, y)\leqq g(x, y)$ で $f(x, y)$，$g(x, y)$ がともに有界であるとき，次の不等式を証明する．

$$\overline{\iint_\omega} f(x, y)dxdy \leqq \overline{\iint_\omega} g(x, y)dxdy.$$

3) $f(x, y)$ と $g(x, y)$ がいずれも ω で積分可能ならば，$f(x, y)+g(x, y)$ も ω で積分可能で

$$\iint_\omega [f(x,y)+g(x,y)]dxdy$$
$$=\iint_\omega f(x,y)dxdy+\iint_\omega g(x,y)dxdy. \qquad (5)$$

証明：分割 (2) に対する $f(x,y)$, $g(x,y)$, $f(x,y)+g(x,y)$ の過剰和と不足和をそれぞれ

$$S_1, s_1\ ;\ S_2, s_2\ ;\ S, s$$

で表わすと,

$$\sup\{f(x,y)+g(x,y)\mid(x,y)\in\omega_i\}$$
$$\leqq \sup\{f(x,y)\mid(x,y)\in\omega_i\}+\sup\{g(x,y)\mid(x,y)\in\omega_i\}$$
$$\inf\{f(x,y)+g(x,y)\mid(x,y)\in\omega_i\}$$
$$\geqq \inf\{f(x,y)\mid(x,y)\in\omega_i\}+\inf\{g(x,y)\mid(x,y)\in\omega_i\}$$

であるから,

$$S\leqq S_1+S_2,\quad s\geqq s_1+s_2. \qquad (6)$$

いま, ε が任意の正数であるとき, 分割 (2) として標径 ρ が十分小さい分割をえらぶと, (4) により

$$0\leqq S_1-\iint_\omega f(x,y)dxdy<\frac{\varepsilon}{4},$$
$$0\leqq \iint_\omega f(x,y)dxdy-s_1<\frac{\varepsilon}{4},$$
$$0\leqq S_2-\iint_\omega g(x,y)dxdy<\frac{\varepsilon}{4},$$
$$0\leqq \iint_\omega g(x,y)dxdy-s_2<\frac{\varepsilon}{4}.$$

したがって, (6) により

$$\iint_\omega f(x,y)dxdy+\iint_\omega g(x,y)dxdy-\frac{\varepsilon}{2} \leqq s \leqq S$$

$$\leqq \iint_\omega f(x,y)dxdy+\iint_\omega g(x,y)dxdy+\frac{\varepsilon}{2}. \qquad (7)$$

すなわち,

$$S-s < \varepsilon.$$

よって, $f(x,y)+g(x,y)$ は ω で積分可能である.

また,

$$s \leqq \iint_\omega [f(x,y)+g(x,y)]dxdy \leqq S$$

なのであるから, (7) により

$$\left|\iint_\omega [f(x,y)+g(x,y)]dxdy - \left[\iint_\omega f(x,y)dxdy+\iint_\omega g(x,y)dxdy\right]\right| < \frac{\varepsilon}{2}.$$

この不等式はその左辺が定数であって, しかも右辺の ε がどんな正数であっても成立するのであるから, 左辺はどうしても 0 にひとしくなければならない. すなわち, 等式 (5) が証明されたのである.

4) $f(x,y)$ が ω で積分可能ならば, $\alpha f(x,y)$ も ω で積分可能で

$$\iint_\omega \alpha f(x,y)dxdy = \alpha\iint_\omega f(x,y)dxdy. \quad (\alpha\text{ は定数})$$

証明 : i) $\alpha=0$ のときは明らかである.

ii) $\alpha>0$ のときは, 分割 (2) において

$$\sup\{\alpha f(x,y)|x\in\omega_i\} = \alpha\sup\{f(x,y)|x\in\omega_i\}$$
$$\inf\{\alpha f(x,y)|x\in\omega_i\} = \alpha\inf\{f(x,y)|x\in\omega_i\}$$

であるから，$\alpha f(x,y)$ の過剰和，不足和をそれぞれ S', s' で表わすと

$$S' = \alpha S, \quad s' = \alpha s.$$

よって，S' の下限も s' の上限も $\alpha\iint_\omega f(x,y)dxdy$ にひとしいことがわかる．

iii）$\alpha<0$ のときは，分割（2）において

$$\sup\{\alpha f(x,y)|x\in\omega_i\} = \alpha\inf\{f(x,y)|x\in\omega_i\}$$
$$\inf\{\alpha f(x,y)|x\in\omega_i\} = \alpha\sup\{f(x,y)|x\in\omega_i\}$$

であるから，

$$S' = \alpha s, \quad s' = \alpha S.$$

よって，S' の下限も s' の上限も $\alpha\iint_\omega f(x,y)dxdy$ にひとしい．

注意 1． $f(x,y)$，$g(x,y)$ が ω で積分可能ならば，3）と 4）により，$\alpha f(x,y)+\beta g(x,y)$ も ω で積分可能で

$$\iint_\omega [\alpha f(x,y)+\beta g(x,y)]dxdy$$
$$= \alpha\iint_\omega f(x,y)dxdy+\beta\iint_\omega g(x,y)dxdy. \quad (\alpha,\beta \text{ は定数})$$

§2．点集合の面積

1 変数の関数のときは区間で定義されている場合をおもに考えた．2 変数の関数となると，区間以外の点集合で定義された関数を考えることがしばしば起こる（XI，§11）．そういう関数についても 2 重積分を定義する準備として，

ここでは，点集合の面積の定義をとりあげることにする．

E が有界な点集合であるとき，条件

$$(x,y)\in E \quad \text{ならば} \quad \chi_E(x,y)=1,$$
$$(x,y)\overline{\in} E \quad \text{でなければ} \quad \chi_E(x,y)=0$$

によって，関数 $\chi_E(x,y)$ を定め，これを E の**特性関数**と称する．こうして特性関数 $\chi_E(x,y)$ を定義したうえで，

$$E\subseteqq\omega=[a_1, a_2, ; b_1, b_2] \tag{1}$$

なる閉区間 ω をとったとき，$\chi_E(x,y)$ がこの閉区間 ω で積分可能ならば

$$|E|=\iint_\omega \chi_E(x,y)dxdy$$

とおいて，これを E の面積と称する．$\chi_E(x,y)$ が ω で積分可能でないときは E は面積をもたない点集合であると考える．E が面積をもつかもたないかということや面積の大きさは条件（1）に適する ω のえらびかたには関係がない．条件（1）に適する ω ならばどの ω を使っても同じ結果が得られるのである．

問 1. いま述べたことを確かめる．

問 2. $E_1\subseteqq E_2$ で E_1 および E_2 が面積をもつとき，$|E_1|\leqq|E_2|$ を証明する．

注意 1. $\overline{\iint_\omega}\chi_E(x,y)dxdy=0$ ならば $\iint_\omega \chi_E(x,y)dxdy=0$．よって，$|E|=0$ である．

ω を縦線および横線によって有限個の小閉区間

$$\omega_1,\ \omega_2,\ \cdots,\ \omega_k \tag{2}$$

に分割したとき，この分割に対する $\chi_E(x,y)$ の過剰和と不

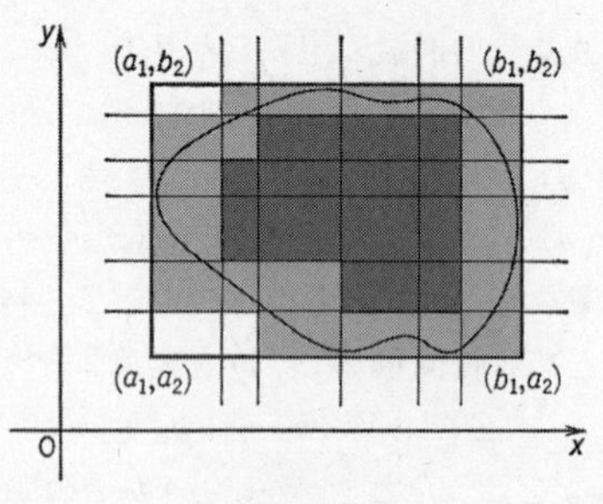

図 XII-2

足和をそれぞれS_Eとs_Eで表わすことにすると，S_EはEの点を含むようなすべてのω_iの面積の和にひとしく，s_Eは$\omega_i \subseteq E$なるすべてのω_iの面積の和にひとしい．したがって，$S_E - s_E$はEの点を含みはするが，$\omega_i \subseteq E$ではないようなすべてのω_iの面積の和であるということになる．

注意 2. $0 \leqq s_E \leqq S_E$なのであるから，$|E|=0$であるとは，εがどんな正数でも，$S_E < \varepsilon$であるような分割 (2) があるというのと同意義である．

問 3. 上の定義による$[a_1, a_2 ; b_1, b_2]$の面積が$(b_1 - a_1)(b_2 - a_2)$にひとしいことを証明する．

問 4. $|E_1| = |E_2| = 0$ならば$|E_1 \cup E_2| = 0$であることを証明する．

例 1. $\varphi(x)$が$[a_1 ; b_1]$で連続ならば，グラフ

$$G = \{(x, y) \mid a_1 \leqq x \leqq b_1, y = \varphi(x)\}$$

の面積は0である．

証明：εは任意の正数であるとし，まず，

$$\frac{n_1 \varepsilon}{3(b_1 - a_1)} < \inf\{\varphi(x) \mid x \in [a_1 ; b_1]\}$$

$$\leqq \sup\{\varphi(x)\,|\,x\in[a_1\,;\,b_1]\} < \frac{n_2\varepsilon}{3(b_1-a_1)}$$

なる整数 n_1, n_2 を定め，$a_2=\dfrac{n_1\varepsilon}{3(b_1-a_1)}$，$b_2=\dfrac{n_2\varepsilon}{3(b_1-a_1)}$，$\omega=[a_1, a_2\,;\,b_1, b_2]$ とおけば，$G\subseteq\omega$ である．

つぎに，$\varphi(x)$ は $[a_1\,;\,b_1]$ で一様連続であるから（X，§3），条件

$$x\in[a_1\,;\,b_1],\quad x'\in[a_1\,;\,b_1],\quad |x-x'|<\delta$$

$$\Rightarrow\quad |\varphi(x)-\varphi(x')| < \frac{\varepsilon}{3(b_1-a_1)}$$

に適する正数 δ をえらび，$[a_1\,;\,b_1]$ において

$$a_1 = x_0 < x_1 < x_2 < \cdots < x_{p-1} < x_p = b_1,$$
$$0 < x_i - x_{i-1} < \delta \quad (i=1, 2, \cdots, p)$$

なる分点 $x_1, x_2, \cdots, x_{p-1}$ を定める．

こうしたうえで，ω を

縦線：$x = x_i \quad (i=1, 2, \cdots, p-1)$

横線：$y = \dfrac{j\varepsilon}{3(b_1-a_1)}$

$$(j=n_1+1, n_1+2, \cdots, n_2-1)$$

によって小閉区間に分割し，これらの小閉区間のうち G の点を含むものを

$$\omega_1,\ \omega_2,\ \cdots,\ \omega_q \qquad (3)$$

で表わすことにする．(3) の小閉区間のうち，隣りあった二つの縦線

$$x = x_{i-1},\quad x = x_i$$

に挟まれるものは1個か2個であるから，その面積は

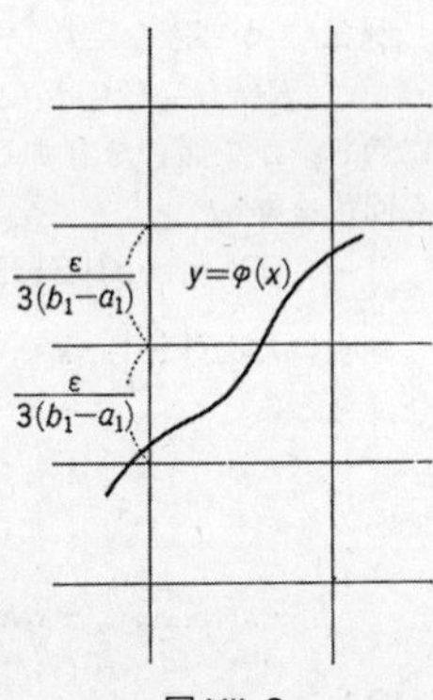

図 XII-3

$$2\times\frac{\varepsilon}{3(b_1-a_1)}(x_i-x_{i-1})$$

より大きくはない．したがって，

$$\sum_{n=1}^{q}|\omega_n| \leqq \sum_{i=1}^{p}\frac{2\varepsilon}{3(b_1-a_1)}(x_i-x_{i-1})$$
$$= \frac{2\varepsilon}{3(b_1-a_1)}\sum_{i=1}^{p}(x_i-x_{i-1})$$

すなわち，

$$\sum_{n=1}^{q}|\omega_n| < \varepsilon.$$

注意 3. $\psi(y)$ が $\{y|a_2\leqq y\leqq b_2\}$ で連続関数であるとき，上と同様にして，$|\{(x,y)|x=\psi(y), a_2\leqq y\leqq b_2\}|=0$ を証明することができる．

注意 4. x 軸に平行な線分は定数値関数のグラフであるから，その面積は 0 である．また，y 軸に平行な線分の面積も 0 である．

例 2. ε がどんな正数でも，条件

$$E(\varepsilon)\subseteq E\subseteq E'(\varepsilon),\quad 0\leqq|E'(\varepsilon)|-|E(\varepsilon)|<\varepsilon$$

に適し，かつ面積を有する点集合 $E(\varepsilon), E'(\varepsilon)$ があるときは，E も面積を有し

$$|E| = \sup\{|E(\varepsilon)|\,|\varepsilon>0\}=\inf\{|E'(\varepsilon)|\,|\varepsilon>0\}. \tag{4}$$

証明：$0\leqq\left|E\left(\frac{\varepsilon}{2}\right)\right|-s_{E\left(\frac{\varepsilon}{2}\right)}<\frac{\varepsilon}{4}, 0\leqq S_{E'\left(\frac{\varepsilon}{2}\right)}-\left|E'\left(\frac{\varepsilon}{2}\right)\right|<\frac{\varepsilon}{4}$ なる分割 (2) をとると，

$$s_{E\left(\frac{\varepsilon}{2}\right)}\leqq s_E\leqq S_E\leqq S_{E'\left(\frac{\varepsilon}{2}\right)}$$

であるから

$$S_E-s_E\leqq S_{E'\left(\frac{\varepsilon}{2}\right)}-s_{E\left(\frac{\varepsilon}{2}\right)}<\left|E'\left(\frac{\varepsilon}{2}\right)\right|-\left|E\left(\frac{\varepsilon}{2}\right)\right|+\frac{\varepsilon}{4}+\frac{\varepsilon}{4}.$$

すなわち，

$$S_E-s_E<\varepsilon.$$

よって，E は面積を有する．また，等式 (4) は

$$|E|-\varepsilon<|E(\varepsilon)|\leqq|E|\leqq|E'(\varepsilon)|<|E|+\varepsilon$$

から明らかである．

1) 有界ナ点集合 $E_1, E_2, \cdots, E_k$ ガイズレモ面積ヲモチ

$$i \neq j \quad \Rightarrow \quad |E_i \cap E_j| = 0$$

デアルトキハ，$E_1 \cup E_2 \cup \cdots \cup E_k$ モ面積ヲモチ，

$$|E_1 \cup E_2 \cup \cdots \cup E_k| = |E_1| + |E_2| + \cdots + |E_k|.$$

証明：$k=2$ のときだけを証明する．$k>2$ のときの証明には数学的帰納法をもちいる．

$E_1 \cup E_2 \subseteq \omega$ なる閉区間 ω をとると，仮定により $\chi_{E_1}(x, y)$ および $\chi_{E_2}(x, y)$ は ω で積分可能である．また，

$$\iint_\omega \chi_{E_1 \cap E_2}(x, y)\,dxdy = 0 \tag{5}$$

なのであるから，$\chi_{E_1 \cap E_2}(x, y)$ も ω で積分可能である．したがって，$\chi_{E_1 \cup E_2}(x, y) = \chi_{E_1}(x, y) + \chi_{E_2}(x, y) - \chi_{E_1 \cap E_2}(x, y)$ も ω で積分可能で

$$\begin{aligned}
&\iint_\omega \chi_{E_1 \cup E_2}(x, y)\,dxdy \\
&\quad = \iint_\omega \chi_{E_1}(x, y)\,dxdy + \iint_\omega \chi_{E_2}(x, y)\,dxdy \\
&\qquad - \iint_\omega \chi_{E_1 \cap E_2}(x, y)\,dxdy.
\end{aligned}$$

よって，(5) により

$$|E_1 \cup E_2| = |E_1| + |E_2|.$$

いま証明した定理 1) から次の定理がすぐ出てくる．

2) 有界ナ点集合 E ガ面積ヲ有スルタメノ必要十分条件ハ，

$$|F(E)| = 0 \tag{6}$$

デアルコトデアル*.

証明：まず, $E \subseteq \omega$ なる閉区間 ω として, $E \cup F(E) \subseteq \omega - F(\omega)$ であるような ω を採用する. すなわち, E の点も $F(E)$ の点も ω の内点であるような ω を採用するのである. そういう ω の分割 (2) の小閉区間のうち, E と共通点をもってはいるが $\omega_i \subseteq E$ でないような ω_i を

$$\omega_1', \ \omega_2', \ \cdots, \ \omega_p' \tag{7}$$

で表わし,

$$W = \omega_1' \cup \omega_2' \cup \cdots \cup \omega_p'$$

とおくと, この節のはじめ (p. 504) で述べたように

$$S_E - s_E = |\omega_1'| + |\omega_2'| + \cdots + |\omega_p'|.$$

したがって, 1) と注意 4 により,

$$S_E - s_E = |W|.$$

i) (必要の証明) E が面積を有するとすると, ε がどんな正数であっても,

$$S_E - s_E < \varepsilon, \quad \text{すなわち} \quad |W| < \varepsilon$$

であるような ω の分割 (2) をえらぶと, $F(E) \subseteq W$ であるから

$$\chi_{F(E)}(x, y) \leqq \chi_W(x, y),$$

したがって, 前節問 5 により,

$$\overline{\iint_\omega} \chi_{F(E)}(x, y) dxdy \leqq \iint_\omega \chi_W(x, y) dxdy = |W|.$$

---

* $F(E)$ は E の境界である (XI, §11).

よって，

$$0 \leqq \overline{\iint_{\omega}} \chi_{F(E)}(x, y)\,dxdy < \varepsilon.$$

この不等式は ε がどんな正数でも成立するのであるから，

$$\overline{\iint_{\omega}} \chi_{F(E)}(x, y)\,dxdy = 0.$$

注意1により，これは，とりもなおさず，(6) にほかならない．

ii)（十分の証明）$|F(E)|=0$ であるとすると，ε がどんな正数であっても，(2) の小閉区間のうちで $F(E)$ と共通点をもつ ω_i の面積の和が ε より小さいように分割 (2) を定めることができる．このとき，(7) はそういう小閉区間

$$\omega_1'',\ \omega_2'',\ \cdots,\ \omega_q''$$

の一部であるから，

$$|\omega_1'|+|\omega_2'|+\cdots+|\omega_p'| \leqq |\omega_1''|+|\omega_2''|+\cdots+|\omega_q''| < \varepsilon.$$

したがって，

$$S_E - s_E < \varepsilon.$$

これは $\chi_E(x, y)$ が ω で積分可能であることを意味する．すなわち，E は面積をもつのである．

前節で ω で連続な関数は ω で積分可能であることを証明したが，じつは，不連続点があっても ω で関数が積分可能なこともあるのである．たとえば，

3) $f(x, y)$ ガ $\omega=[a_1, a_2\,;\,b_1, b_2]$ デ有界デアルトキ，

ソノ不連続点全部ノ集合ノ面積ガ0ナラバ，$f(x,y)$ハωデ積分可能デアル.

証明：εを任意の正数とし，

$$M=\sup\{f(x,y)\,|\,(x,y)\in\omega\},$$
$$m=\inf\{f(x,y)\,|\,(x,y)\in\omega\}$$

とおいたとき，ωを縦線と横線で小閉区間に分割し，$f(x,y)$の不連続点を含むすべての小閉区間の面積の和が

$$\frac{\varepsilon}{2(M-m+1)}$$

より小さいようにすることができる．すなわち，不連続点を含まない小閉区間を

$$\omega_1,\ \omega_2,\ \cdots,\ \omega_p$$

で表わし，不連続点を含む小閉区間を

$$\omega_{p+1},\ \omega_{p+2},\ \cdots,\ \omega_k$$

で表わすとき，

$$\sum_{j=p+1}^{k}|\omega_j|<\frac{\varepsilon}{2(M-m+1)}$$

であるように分割 (2) を定めうるというのである．

ところで，有界閉集合$E=\omega_1\cup\omega_2\cup\cdots\cup\omega_p$で$f(x,y)$は連続であるから，XI, §13, 3) により，Eで一様連続である．よって，条件

$$(x,y)\in E,\ \ (x',y')\in E,\ \ |x-x'|+|y-y'|<\delta$$
$$\Rightarrow\ \ |f(x,y)-f(x',y')|<\frac{\varepsilon}{2|\omega|}$$

に適する正数δをえらび，分割用の縦線と横線をさらにふ

やして ω を直径が δ より小さい小閉区間

$$\omega_1',\ \omega_2',\ \cdots,\ \omega_l' \tag{8}$$

に細分してみる．これらの小閉区間のうち，$\omega_i' \subseteqq E$ である ω_i' を

$$\omega_1',\ \omega_2',\ \cdots,\ \omega_q'$$

であるとすれば，もとより

$$\omega_{q+1}' \cup \omega_{q+2}' \cup \cdots \cup \omega_l' = \omega_{p+1} \cup \omega_{p+2} \cup \cdots \cup \omega_k$$

である．

ここで，$M_i' = \sup\{f(x,y) \mid (x,y) \in \omega_i'\}$，$m_i' = \inf\{f(x, y) \mid (x,y) \in \omega_i'\}$ とおき，分割 (8) に対する $f(x,y)$ の過剰和，不足和をそれぞれ S', s' で表わすと

$$S' - s' = \sum_{i=1}^{q} (M_i' - m_i') |\omega_i'| + \sum_{j=q+1}^{l} (M_j' - m_j') |\omega_j'|$$

$$< \frac{\varepsilon}{2|\omega|} \sum_{i=1}^{q} |\omega_i'| + (M - m) \sum_{j=q+1}^{l} |\omega_j'|.$$

ところが，

$$\frac{\sum_{i=1}^{q} |\omega_i'|}{|\omega|} \leqq 1,$$

$$\sum_{j=q+1}^{l} |\omega_j'| = \sum_{j=p+1}^{k} |\omega_j| < \frac{\varepsilon}{2(M-m+1)}.$$

であるから，上の不等式から

$$S' - s' < \frac{\varepsilon}{2} + \frac{\varepsilon}{2} = \varepsilon.$$

これは，$f(x,y)$ が ω で積分可能なことを意味する．

§3. 面積のある点集合での2重積分

これから後，$f(x,y)$ が点集合で定義されているというとき，とくにことわらないかぎり，その点集合は面積をもつ点集合であると約束しておく．D は，したがって，有界な点集合である．また，ω は閉区間 $[a_1, a_2; b_1, b_2]$ を表わすこととする．

$f(x,y)$ が D で定義されているとき，$D \subseteq \omega$ であるとし，XI，§14にならい

$$(x,y) \in D \quad \text{ならば} \qquad f_D(x,y) = f(x,y)$$
$$(x,y) \notin D \quad \text{でなければ} \quad f_D(x,y) = 0$$

とおいて，$f_D(x,y)$ が ω で積分可能なとき，$f(x,y)$ は D で積分可能であるという．また，

$$\iint_D f(x,y)dxdy = \iint_\omega f_D(x,y)dxdy.$$

によって D における $f(x,y)$ の2重積分を定義する．このとき，$D \subseteq \omega$ なる閉区間 ω ならばどの ω をとっても，積分可能の定義や2重積分の値はいつも同じことになることに注意する．

$f_D(x,y)$ の不連続点は $f(x,y)$ の不連続点および D の境界点以外にはありえないことは明らかである．D が面積をもつ以上，その境界の面積は0であるから（前節2)），前節問4および前節3）により，

1) D デ定義サレタ有界ナ関数 $f(x,y)$ ノ不連続点ノ集合ノ面積ガ0ナラバ，$f(x,y)$ ハ D デ積分可能デアル．

トクニ，Dデ有界ナ連続関数$f(x,y)$ハDで積分可能デアル．

§1，注意1によれば

2) $f_1(x,y)$オヨビ$f_2(x,y)$ガDデ積分可能ナラバ$\alpha f_1(x,y)+\beta f_2(x,y)$（$\alpha,\beta$ハ定数）モ$D$デ積分可能デ

$$\iint_D [\alpha f_1(x,y)+\beta f_2(x,y)]dxdy$$
$$=\alpha\iint_D f_1(x,y)dxdy+\beta\iint_D f_2(x,y)dxdy$$

また，§1，問5により

3) $f_1(x,y)$，$f_2(x,y)$ガDデ積分可能デ$f_1(x,y)\leqq f_2(x,y)$ナラバ

$$\iint_D f_1(x,y)dxdy\leqq\iint_D f_2(x,y)dxdy.$$

例1．Dで$f(x,y)\equiv\mu$（μは定数）のときは$f_D(x,y)=\mu\chi_D(x,y)$であるから，2）により

$$\iint_D \mu\,dxdy=\iint_\omega \mu\,\chi_D(x,y)dxdy$$
$$=\mu\iint_\omega \chi_D(x,y)dxdy=\mu\cdot|D|.$$

この例1と3）とから

4) $f(x,y)$ガDデ積分可能デ，$m\leqq f(x,y)\leqq M$（m,Mハ定数）ナラバ

$$m\cdot|D|\leqq\iint_D f(x,y)dxdy\leqq M\cdot|D|$$

問1. $|D|=0$ ならば，D で定義されたどの有界関数 $f(x,y)$ も D で積分可能で，$\iint_D f(x,y)dxdy=0$ であることを証明する.

5) D_1 オヨビ D_2 デ $f(x,y)$ ガ積分可能デ $|D_1\cap D_2|=0$ ナラバ，$f(x,y)$ ハ $D_1\cup D_2$ デ積分可能デ

$$\iint_{D_1\cup D_2} f(x,y)dxdy = \iint_{D_1} f(x,y)dxdy+\iint_{D_2} f(x,y)dxdy$$

証明：$D=D_1\cup D_2$, $D\subseteq\omega$ とすると，

$$f_D(x,y) = f_{D_1}(x,y)+f_{D_2}(x,y)-\chi_{D_1\cap D_2}(x,y)f_D(x,y).$$

$f_{D_1}(x,y)$，$f_{D_2}(x,y)$ は仮定により ω で積分可能，また $|D_1\cap D_2|=0$ であるから $\chi_{D_1\cap D_2}(x,y)f_D(x,y)$ も ω で積分可能（問1）である．よって，2) により，$f_D(x,y)$ は ω で積分可能，したがって $f(x,y)$ は $D=D_1\cup D_2$ で積分可能で，

$$\iint_\omega f_D(x,y)dxdy = \iint_\omega f_{D_1}(x,y)dxdy+\iint_\omega f_{D_2}(x,y)dxdy -\iint_\omega \chi_{D_1\cap D_2}(x,y)f_D(x,y)dxdy$$

しかるに，問1により

$$\iint_\omega \chi_{D_1\cap D_2}(x,y)f_D(x,y)dxdy = 0$$

であるから，いま得られた等式は求める等式にほかならない.

問2. $f(x,y)$ が $D_1, D_2, \cdots, D_k$ で積分可能で，$i\neq j \Rightarrow |D_i\cap D_j|=0$ ならば，$f(x,y)$ は $D=D_1\cup D_2\cup\cdots\cup D_k$ で積分可能で，次の

等式が成りたつことを証明する．

$$\iint_D f(x,y)dxdy = \iint_{D_1} f(x,y)dxdy + \iint_{D_2} f(x,y)dxdy + \cdots + \iint_{D_k} f(x,y)dxdy$$

§4. 2重積分の計算法

まず実例をとって話を始める．

例 1. 関数x^2yを（xをしばらく定数のごとくみなして）変数yだけの関数と考え，$y=0$から$y=\sqrt{a^2-x^2}$まで積分すれば，（$a>0$とする）

$$\int_0^{\sqrt{a^2-x^2}} x^2y\,dy = \left[\frac{x^2y^2}{2}\right]_0^{\sqrt{a^2-x^2}} = \frac{x^2(a^2-x^2)}{2}. \tag{1}$$

得られた結果$\dfrac{x^2(a^2-x^2)}{2}$をあらためて変数xの関数と考えればこれは連続関数であるから，$x=0$から$x=a$まで積分すれば

$$\int_0^a \frac{x^2(a^2-x^2)}{2}dx = \left[\frac{a^2x^3}{6} - \frac{x^5}{10}\right]_0^a = \frac{a^5}{15}.$$

すなわち

$$\int_0^a \left[\int_0^{\sqrt{a^2-x^2}} x^2y\,dy\right]dx = \frac{a^5}{15}. \tag{2}$$

この結果を図 XII-4 について考えれば次のとおりである．

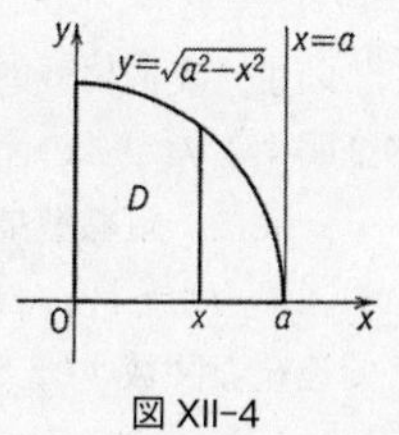

図 XII-4

$D=\{(x,y)\,|\,0\leqq x\leqq a, 0\leqq y\leqq\sqrt{a^2-x^2}\}$とおくと，積分 (1) は縦線が縦線型集合$D$に切り取られる線分——縦断線分——に沿っての積分と考えることができる．このような積分を縦線$x=0$と

$x=a$ との間のすべての縦断線分についてつくり，また，これを $x=0$ から $x=a$ まで積分したものが (2) にほかならない．これが，じつは，D における関数 x^2y の 2 重積分の値と一致するのである．すなわち，

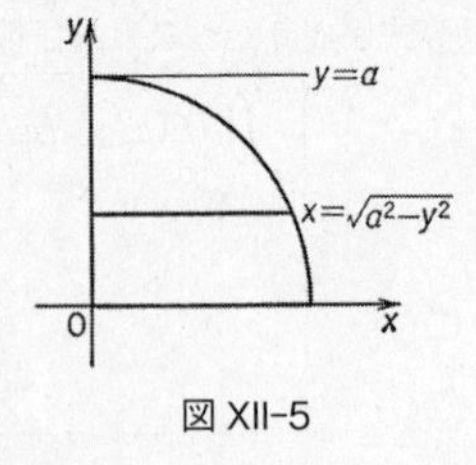

図 XII-5

$$\iint_D x^2y\,dxdy=\int_0^a\left[\int_0^{\sqrt{a^2-x^2}}x^2y\,dy\right]dx$$

なお，同じ D について，まず，横線が D によって切り取られる線分——横断線分——に沿って x^2y を変数 x に関して積分し，しかるのちこの積分を $y=0$ から $y=a$ まで変数 y に関して積分すると

$$\int_0^a\left[\int_0^{\sqrt{a^2-y^2}}x^2y\,dx\right]dy$$

$$=\int_0^a\left[\frac{x^3y}{3}\right]_0^{\sqrt{a^2-y^2}}dy=\int_0^a\frac{(a^2-y^2)^{\frac{3}{2}}y}{3}dy$$

$$=\left[-\frac{1}{3}\cdot\frac{1}{2}\cdot\frac{2}{5}(a^2-y^2)^{\frac{5}{2}}\right]_0^a=\frac{a^5}{15}.$$

よって

$$\iint_D x^2y\,dxdy=\int_0^a\left[\int_0^{\sqrt{a^2-x^2}}x^2y\,dy\right]dx$$

$$=\int_0^a\left[\int_0^{\sqrt{a^2-y^2}}x^2y\,dx\right]dy.$$

いま，実例について述べたことが一般に成りたつことを証明するのがこの節の目的である．

一般に，縦線型集合

$$D=\{(x,y)\,|\,a_1\leqq x\leqq b_1,\ \varphi_1(x)\leqq y\leqq\varphi_2(x)\}$$

で連続な関数 $f(x,y)$ の積分

$$\int_{\varphi_1(x)}^{\varphi_2(x)} f(x,y)dy \tag{3}$$

は，変数xの関数として，$[a_1;b_1]$で連続である（XI, §14, 2)）．よって，次のような《**累次積分**》

$$\int_{a_1}^{b_1}\left[\int_{\varphi_1(x)}^{\varphi_2(x)} f(x,y)dy\right]dx \tag{4}$$

をつくると，これが2重積分

$$\iint_D f(x,y)dxdy \tag{5}$$

にひとしいことをこれから証明する．2重積分の定義はいままで述べてきたとおりであるが，(4) によるときは1変数の積分を2回くりかえすだけのことであるから，2重積分の値を実際に計算するのには，例1のように累次積分のほうがよく用いられる．

まず，

$$a_2 = \inf\{\varphi_1(x)\,|\,a_1 \leqq x \leqq b_1\},$$
$$b_2 = \sup\{\varphi_2(x)\,|\,a_1 \leqq x \leqq b_1\},$$
$$\omega = [a_1, a_2;b_1, b_2]$$

とおくと，$D \subseteqq \omega$である．つぎに，前節にならって$f_D(x,y)$を定めれば，(4) は

$$I(\omega) = \int_{a_1}^{b_1}\left[\int_{a_2}^{b_2} f_D(x,y)dy\right]dx$$

にひとしいことに注意する．xを一定にしたとき，yの関数$f_D(x,y)$は，一般には，点$y=\varphi_1(x)$と$y=\varphi_2(x)$で不連続点をもつが，$f_D(x,y)$は有界であるから，特異積分

$\int_{a_2}^{b_2} f_D(x,y)dy$ は存在し，その値は (3) にひとしいのである．

なお，ω において $m \leqq f_D(x,y) \leqq M$ ならば

$$m|\omega| \leqq I(\omega) \leqq M|\omega|$$

である．

問 1. 上の不等式を証明する．

もう一つ，縦線と横線によって ω を小閉区間

$$\omega_1,\ \omega_2,\ \cdots,\ \omega_k \tag{6}$$

に分割すると，

$$I(\omega) = I(\omega_1) + I(\omega_2) + \cdots + I(\omega_k) \tag{7}$$

であることにも注意する．

問 2. 等式 (7) を確かめる．

さて，

$$M_i = \sup\{f_D(x,y) \mid (x,y) \in \omega_i\},$$
$$m_i = \inf\{f_D(x,y) \mid (x,y) \in \omega_i\} \quad (i=1,2,\cdots,k)$$

とおけば，

$$m_i|\omega_i| \leqq I(\omega_i) \leqq M_i|\omega_i|$$

であるから，$f_D(x,y)$ の分割 (6) に対する過剰和，不足和をそれぞれ S, s とすると，(7) により

$$s \leqq I(\omega) \leqq S.$$

しかるに，前節 1) により，$f_D(x,y)$ は ω で積分可能なのであるから，s の上限および S の下限はいずれも 2 重積分 (5) にひとしい．よって，上の不等式により，$I(\omega)$ も 2 重積分 (4) と一致しなければならない．すなわち，

$$\iint_D f(x,y)dxdy = \int_{a_1}^{b_1}\left[\int_{\varphi_1(x)}^{\varphi_2(x)} f(x,y)dy\right]dx \tag{8}$$

とくにDがωと一致している場合には，(8) が

$$\int_{a_1}^{b_1}\left[\int_{a_2}^{b_2} f(x,y)dy\right]dx = \int_{a_2}^{b_2}\left[\int_{a_1}^{b_1} f(x,y)dx\right]dy$$

$$\left(=\iint_\omega f(x,y)dxdy\right)$$

となることはいうまでもない．

同様に$f(x,y)$が横線型集合$D=\{a_2\leqq y\leqq b_2, \psi_1(y)\leqq x\leqq \psi_2(y)\}$で積分可能なときは

$$\iint_D f(x,y)dxdy = \int_{a_2}^{b_2}\left[\int_{\psi_1(y)}^{\psi_2(y)} f(x,y)dx\right]dy \tag{9}$$

とくに，$D\subseteq\omega$で，Dが縦線型集合でもあり，また横線型集合でもあるときは

$$\int_{a_1}^{b_1}\left[\int_{\varphi_1(x)}^{\varphi_2(x)} f(x,y)dy\right]dx = \int_{a_2}^{b_2}\left[\int_{\psi_1(y)}^{\psi_2(y)} f(x,y)dx\right]dy$$

すなわち，

$$\int_{a_1}^{b_1}\left[\int_{a_2}^{b_2} f_D(x,y)dy\right]dx = \int_{a_2}^{b_2}\left[\int_{a_1}^{b_1} f_D(x,y)dx\right]dy. \tag{10}$$

例 2. $D=\{(x,y)\,|\,a_1\leqq x\leqq b_1, \varphi_1(x)\leqq y\leqq \varphi_2(x)\}$のときは，§2により

$$|D| = \iint_\omega \chi_D(x,y)dxdy = \iint_D 1\cdot dxdy$$

$$= \int_{a_1}^{b_1}\left[\int_{\varphi_1(x)}^{\varphi_2(x)} dy\right]dx$$

$$= \int_{a_1}^{b_1} [\varphi_2(x) - \varphi_1(x)]dx. \tag{11}$$

IV, §11 では縦線型集合の面積を積分で天下り（アマクダリ）式に定義しておいたが，それが本章§2の意味での面積にほかならないことが例2で明らかになったわけである．

注意 1. VI, §4, 注意1で点集合

$$E = \{(r, \theta) \,|\, \alpha \leqq \theta \leqq \beta, 0 \leqq r \leqq f(\theta)\}$$

が面積をもつと述べておいたが，そのことは次のようにして示される．

まず，VI, §3, 例4で扇形 $\{(r, \theta) \,|\, \alpha \leqq \theta \leqq \beta, 0 \leqq r \leqq a\}$ の面積が $\dfrac{a^2}{2}(\beta - \alpha)$ であることを証明したが，これにはIV, §11, 問2の図形の面積を表わす公式

$$\frac{\lambda_1 {x_1}^2 - \lambda_2 {x_2}^2}{2} + \int_{x_1}^{x_2} f(x)dx$$

が使われた．この公式は縦線型集合の面積の公式 (11) によるもので，確かに本章§2の意味での面積であるから，上の扇形の場合も本章§2の意味での面積が $\dfrac{a^2}{2}(\beta - \alpha)$ であるということになる．

ところで，VI, §4の

$$\frac{{m_1}^2}{2}(\theta_1 - \alpha) + \frac{{m_2}^2}{2}(\theta_2 - \theta_1) + \cdots + \frac{{m_n}^2}{2}(\beta - \theta_{n-1})$$

$$\frac{{M_1}^2}{2}(\theta_1 - \alpha) + \frac{{M_2}^2}{2}(\theta_2 - \theta_1) + \cdots + \frac{{M_n}^2}{2}(\beta - \theta_{n-1})$$

は，§2, 1) により，それぞれ E の部分集合である小扇形の結びの面積，E を部分集合とする小扇形の結びの面積にひとしい．よって，§2, 例2に注意すれば，E が§2の意味で面積をもつことは明らかであろう．

$f(x,y) \geqq 0$である場合には2重積分に対して次のような幾何学的意味を与えることができる：

$\{(x,y,z) \mid (x,y) \in D,$
$0 \leqq z \leqq f(x,y)\}$

をDの上の（立体）**縦線集合**とよぶことにすれば

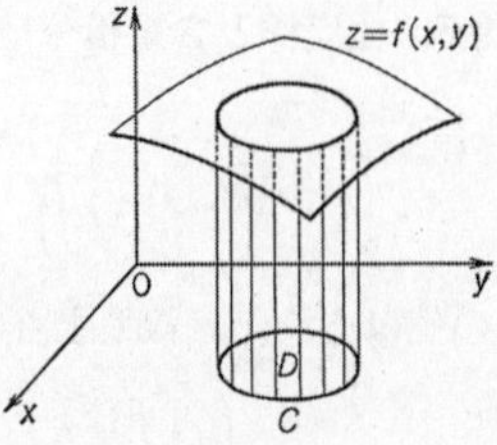

$\iint_D f(x,y)dxdy$ ハ D ノ上ノ $f(x,y)$ ノ立体縦線集合ノ体積ヲ表ワス

のである．（正しくいえばこれが立体縦線集合の体積の定義である．）

図 XII-6

例3. 直線$\dfrac{x}{3}+\dfrac{y}{2}=1$および$x$軸，$y$軸で限られる三角形を底面とし，点$(0,0,1)$を頂点とする三角錐の体積$V$を求める．

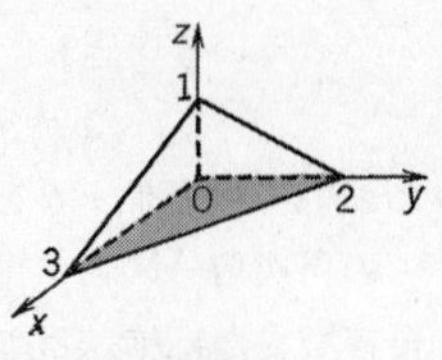

図 XII-7

$$V=\int_0^2\left[\int_0^{3\left(1-\frac{y}{2}\right)}\left(1-\frac{x}{3}-\frac{y}{2}\right)dx\right]dy$$

$$=\int_0^2\left[\left(1-\frac{y}{2}\right)x-\frac{x^2}{6}\right]_0^{3\left(1-\frac{y}{2}\right)}dy$$

$$=\frac{3}{2}\int_0^2\left(1-\frac{y}{2}\right)^2dy$$

$$=\frac{3}{2}\int_0^2\left(1-y+\frac{y^2}{4}\right)dy$$

$$=\frac{3}{2}\left[y-\frac{y^2}{2}+\frac{y^3}{12}\right]_0^2=1$$

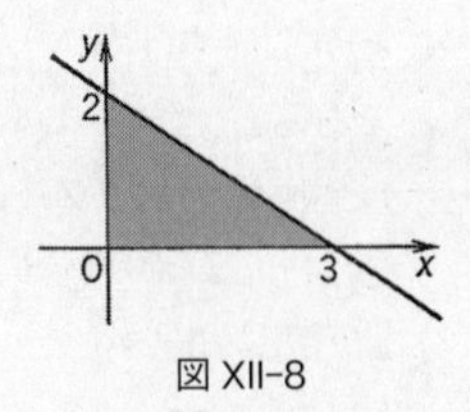

図 XII-8

§5. 極座標と2重積分

2重積分

$$\iint_D f(x, y)dxdy \tag{1}$$

の値は，Dが縦線型または横線型集合のときは

$$\int_{a_1}^{b_1}\left[\int_{\varphi_1(x)}^{\varphi_2(x)} f(x, y)dy\right]dx, \quad \text{または}$$

$$\int_{a_2}^{b_2}\left[\int_{\phi_1(y)}^{\phi_2(y)} f(x, y)dx\right]dy \tag{2}$$

を計算することによって求められる．

Dが縦線型でも横線型でもないときには，累次積分（2）を直接もちいて2重積分（1）を計算するわけにはいかない．そういうときに，

$$x = r\cos\theta, \quad y = r\sin\theta \tag{3}$$

とおいて極座標r, θをもちいると，（1）を変数r, θについての累次積分の形に書き直しうる場合がある．また，Dが縦線型または横線型のときにも，場合によっては，極座標によったほうが直接(2)によるよりも計算がやさしくなることがまれではない．すなわち，つぎのような定理があるのである．

極座標デ表ワスト

$$D = \{(r, \theta) \,|\, \alpha \leqq \theta \leqq \beta, r_1(\theta) \leqq r \leqq r_2(\theta)\}$$

デアルトキハ，

$$\iint_D f(x, y)dxdy$$

$$= \int_\alpha^\beta \left[\int_{r_1(\theta)}^{r_2(\theta)} f(r\cos\theta, r\sin\theta) r\,dr \right] d\theta$$

$$= \iint_D f(r\cos\theta, r\sin\theta) r\,drd\theta \tag{4}$$

ココニ，$r_1(\theta)$ ト $r_2(\theta)$ ハ $[\alpha\,;\beta]$ デ連続ナ関数デアルトスル.

最初に，

i) $0<\beta-\alpha<\pi$ で，

ii) 曲線弧 $\{(r,\theta)\,|\,\alpha\leqq\theta\leqq\beta, r=r_1(\theta)\}$，$\{(r,\theta)\,|\,\alpha\leqq\theta\leqq\beta, r=r_2(\theta)\}$ は，いずれも，どの縦線とも1回より多くは交わらない

場合を証明する（図 XII-9）．このとき，D は縦線型集合であるから，(1) の2重積分は (2) の第一の累次積分の形に書けることに注意する.

まず，

$$-\frac{\pi}{2} < \alpha < \beta < \frac{\pi}{2} \quad \text{または} \quad \frac{\pi}{2} < \alpha < \beta < \frac{3\pi}{2} \tag{5}$$

であるとし，(3) から r を消去して得られる等式

$$y = x\tan\theta \tag{6}$$

により，(2) における積分

$$\int_{\varphi_1(x)}^{\varphi_2(x)} f(x,y)dy \tag{7}$$

においては積分変数を y から θ に変更すれば（図 XII-10），

$$\int_{\theta_1(x)}^{\theta_2(x)} f(x, x\tan\theta) x\sec^2\theta\,d\theta.$$

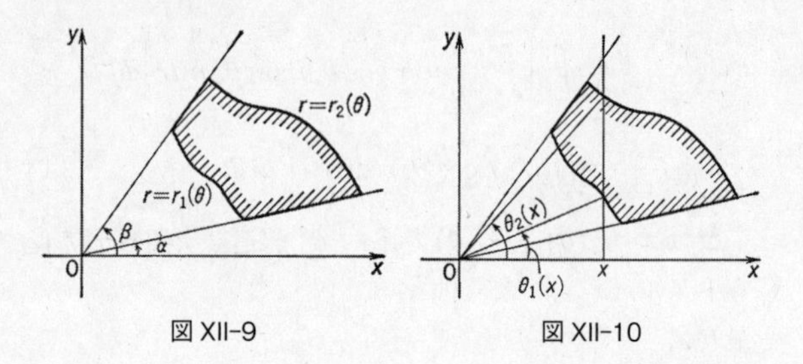

図 XII-9　　図 XII-10

$$\left(\theta_1(x)=\mathrm{Tan}^{-1}\frac{\varphi_1(x)}{x},\ \theta_2(x)=\mathrm{Tan}^{-1}\frac{\varphi_2(x)}{x}\right)^*$$

よって（図 XII-11），

$$\iint_D f(x,y)\,dxdy$$

$$=\int_{a_1}^{b_1}\left[\int_{\theta_1(x)}^{\theta_2(x)} f(x, x\tan\theta)x\sec^2\theta\,d\theta\right]dx$$

$$=\int_{\alpha}^{\beta}\left[\int_{x_1(\theta)}^{x_2(\theta)} f(x, x\tan\theta)x\sec^2\theta\,dx\right]d\theta$$

$$=\int_{\alpha}^{\beta}\left[\int_{x_1(\theta)}^{x_2(\theta)} f(x, x\tan\theta)x\,dx\right]\sec^2\theta\,d\theta.$$

さて

$$\int_{x_1(\theta)}^{x_2(\theta)} f(x, x\tan\theta)x\,dx$$

において

---

* $\theta_1(0)=\alpha$,　$\theta_2(0)=\beta$ とする．

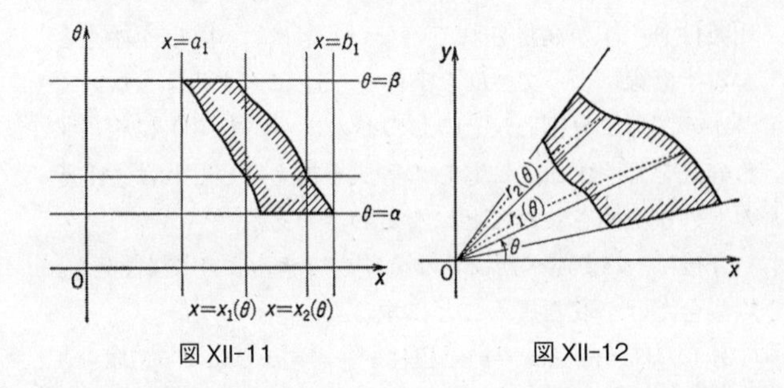

図 XII-11

図 XII-12

$$x = r\cos\theta \tag{8}$$

とおいて積分変数を x から r に変更すれば
(図 XII-12)

$$\int_{x_1(\theta)}^{x_2(\theta)} f(x, x\tan\theta)x\,dx$$

$$= \int_{r_1(\theta)}^{r_2(\theta)} f(r\cos\theta, r\sin\theta)r\cos\theta\cos\theta\,dr.$$

これを上式に代入すれば，すなわち (4) が得られる．(6)，(8) と 2 回にわたっておこなった変数の変更を重ね合わせれば，とりもなおさず，これは (3) にほかならない．

$$0 < \alpha < \beta < \pi \quad \text{または} \quad \pi < \alpha < \beta < 2\pi \tag{9}$$

である場合には，積分 (7)，変換 (6) のかわりに

$$\int_{\phi_1(y)}^{\phi_2(y)} f(x, y)dx, \quad x = y\cot\theta$$

から出発して上とほぼ同様の手続きをおこなえば，やはり，(4) を証明することができる．

条件 i), ii) が満足されていないときには, 極Oを始点とする半直線によって, D を条件 i), ii) に適するようないくつかの図形に分割し, そのおのおのについて (4) に相当する等式を証明する. これらの等式を加え合わせれば (4) そのものが証明されたことになるわけである.

今後は, いま述べたような分割ができるような《穏健な》点集合だけを取り扱うことにする.

例 1. 球 $x^2+y^2+z^2=a^2$ と円柱 $x^2+y^2=ax$ とによって限られた立体の体積はいちおう

$$I=4\iint_D\sqrt{a^2-x^2-y^2}\,dxdy$$

によって表わされる (図 XII-13). ただし, D は x 軸と半円 $y=\sqrt{ax-x^2}$ とによって限られる図形を表わす. これを計算するため, (4) をもちいれば, 半円 $y=\sqrt{ax-x^2}$ の方程式は $r=a\cos\theta$, また $\sqrt{a^2-x^2-y^2}=\sqrt{a^2-r^2}$ であるから

$$I=4\int_0^{\frac{\pi}{2}}\left[\int_0^{a\cos\theta}\sqrt{a^2-r^2}\,rdr\right]d\theta=4\int_0^{\frac{\pi}{2}}\left[-\frac{1}{3}(a^2-r^2)^{\frac{3}{2}}\right]_0^{a\cos\theta}d\theta$$

$$=4\int_0^{\frac{\pi}{2}}\frac{a^3}{3}(1-\sin^3\theta)\,d\theta=\frac{2\pi}{3}a^3-\frac{8}{9}a^3=\frac{2}{9}(3\pi-4)a^3.$$

例 2. $\displaystyle\int_0^{+\infty}e^{-x^2}dx=\frac{\sqrt{\pi}}{2}$ を証明する.

$$I(a)=\int_0^a e^{-x^2}dx$$

とおけば

$$[I(a)]^2=\int_0^a e^{-x^2}dx\int_0^a e^{-y^2}dy$$

$$=\int_0^a\left[\int_0^a e^{-x^2-y^2}dy\right]dx=\iint_\omega e^{-x^2-y^2}dxdy.$$

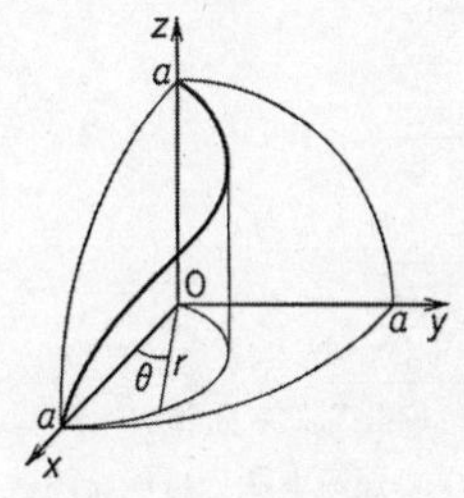

図 XII-13　$x^2+y^2+z^2=a^2$
$x^2+y^2=ax$

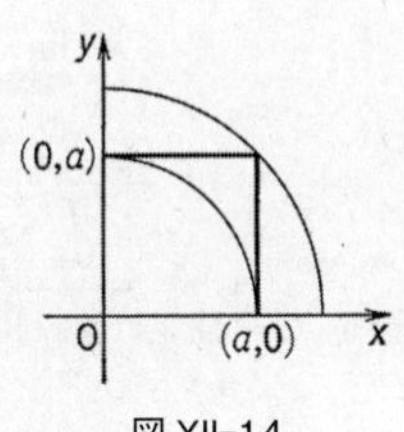

図 XII-14

ここに ω は長方形

$$0 \leqq x \leqq a, \quad 0 \leqq y \leqq a$$

を表わす．よって，原点を中心とし半径がそれぞれ $a, \sqrt{2}a$ にひとしい円の第１象限にある部分（四分円）をそれぞれ D_1, D_2 で表わせば（図 XII-14），

$$\iint_{D_1} e^{-x^2-y^2}dxdy < \iint_{\omega} e^{-x^2-y^2}dxdy < \iint_{D_2} e^{-x^2-y^2}dxdy.$$

ここに

$$\iint_{D_1} e^{-x^2-y^2}dxdy = \int_0^{\frac{\pi}{2}} \left[\int_0^a e^{-r^2} r\,dr\right] d\theta = \int_0^{\frac{\pi}{2}} \left[-\frac{e^{-r^2}}{2}\right]_0^a d\theta$$

$$= \frac{\pi}{4}(1-e^{-a^2}).$$

同様に

$$\iint_{D_2} e^{-x^2-y^2}dxdy = \frac{\pi}{4}(1-e^{-2a^2}).$$

ゆえに

$$\frac{\sqrt{\pi}}{2}\sqrt{1-e^{-a^2}} < I(a) < \frac{\sqrt{\pi}}{2}\sqrt{1-e^{-2a^2}}.$$

よって

$$\lim_{a\to+\infty} I(a) = \frac{\sqrt{\pi}}{2},$$

すなわち

$$\boxed{\int_0^{+\infty} e^{-x^2}dx = \frac{\sqrt{\pi}}{2}}$$

注意 1. Gは開集合，Dは$D\cup F(D)\subseteq G$なる面積をもつ点集合，また，$\varphi(x,y)$および$\psi(x,y)$はGで連続偏微分可能な関数であるとする．このとき，《写像》

$$x' = \varphi(x,y),\quad y' = \psi(x,y)$$

によってGがG'に1対1に写像され，$f(x',y')$が同じ写像によるDの像D'で連続ならば，

$$\iint_{D'} f(x',y')dx'dy'$$

$$= \iint_D f[\varphi(x,y),\psi(x,y)]\left|\begin{vmatrix}\varphi_x(x,y), \varphi_y(x,y)\\ \psi_x(x,y), \psi_y(x,y)\end{vmatrix}\right|dxdy \quad (10)$$

であることが知られている．なお，

$$\begin{vmatrix}\varphi_x(x,y), \varphi_y(x,y)\\ \psi_x(x,y), \psi_y(x,y)\end{vmatrix}$$

は$\varphi(x,y)$，$\psi(x,y)$の関数行列式またはJacobi（ヤコビ）行列式という名でよばれる．

問 1. 公式 (10) によって (4) を導き出してみる．

空間の点の座標として(x,y,z)のかわりに(r,θ,z)をもちいることがある．ここにzの意味はそのままとし，(r,θ)はその点からxy平面へおろした垂線の足(x,y)の極座標であ

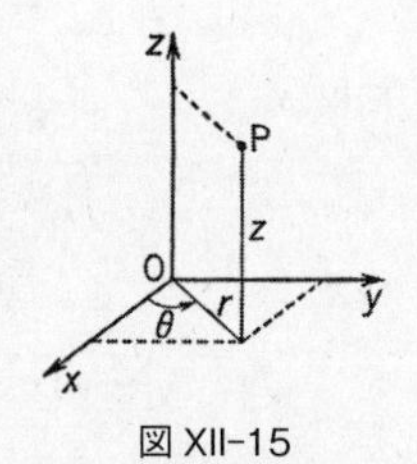

図 XII-15

る．(r, θ, z) を円柱座標と称する．r, θ の連続関数 $g(r, \theta)$ が与えられたとき

$$z = g(r, \theta)$$

が曲面を表わすことは $z=f(x, y)$ の場合と同様である．

とくに $g(r, \theta) > 0$ であるときには，D の上の $g(r, \theta)$ の縦線集合の体積は

$$\boxed{\int_\alpha^\beta \left[\int_{r_1(\theta)}^{r_2(\theta)} g(r, \theta) r\, dr\right] d\theta} \tag{11}$$

で与えられる．たとえば $-\dfrac{\pi}{2} < \alpha < \beta < \dfrac{\pi}{2}$ であるとしてこれを証明しておこう．

$$f(x, y) \equiv g\left(\sqrt{x^2+y^2}, \operatorname{Tan}^{-1}\frac{y}{x}\right)$$

とおけば縦線集合の体積は

$$\iint_D f(x, y)\, dxdy$$

にひとしい．しかるに，$f(r\cos\theta, r\sin\theta) \equiv g(r, \theta)$ であるから，(4) によりこの積分の値はまた (11) にひとしいというわけなのである．

§6. 体　積

$f_1(x, y)$ および $f_2(x, y)$ が面積のある点集合 D で連続な関数で，$f_1(x, y) \leqq f_2(x, y)$ であるとき，《立体縦線型集合》

$$\{(x, y, z) \mid (x, y) \in D, f_1(x, y) \leqq z \leqq f_2(x, y)\}$$

の体積は，

$$|V| = \iint_D [f_2(x,y) - f_1(x,y)]dxdy \qquad (1)$$

によって与えられる．とくに，Dが（平面上の）縦線型集合

$$D = \{(x,y) \mid a \leqq x \leqq b, \varphi_1(x) \leqq y \leqq \varphi_2(x)\}$$

のときは，

$$|V| = \int_a^b \left[\int_{\varphi_1(x)}^{\varphi_2(x)} [f_2(x,y) - f_1(x,y)]dy\right]dx$$

となるが，ここに

$$\int_{\varphi_1(x)}^{\varphi_2(x)} [f_2(x,y) - f_1(x,y)]dy$$

はx軸に垂直な平面によって立体を切った切り口の面積にほかならない．よって，この切り口の面積を$A(x)$で表わせば

$$\boxed{|V| = \int_a^b A(x)dx} \qquad (2)$$

例 1．楕円面

$$\frac{x^2}{a^2} + \frac{y^2}{b^2} + \frac{z^2}{c^2} = 1 \qquad (3)$$

によって囲まれる立体（いわゆる楕円体）の体積を求めてみる：

(3) を書き直して

$$\frac{y^2}{b^2\left(1 - \dfrac{x^2}{a^2}\right)} + \frac{z^2}{c^2\left(1 - \dfrac{x^2}{a^2}\right)} = 1$$

としてみれば，x軸に垂直な平面で楕

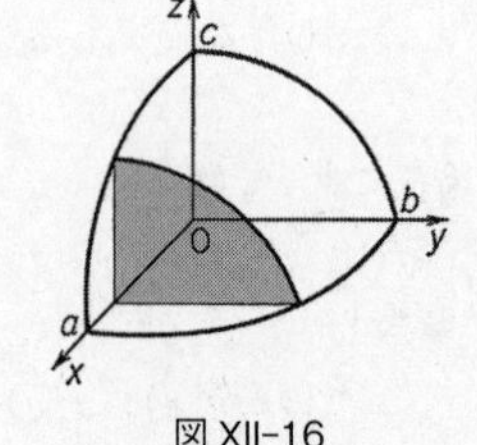

図 XII-16

$$\frac{x^2}{a^2} + \frac{y^2}{b} + \frac{z^2}{c^2} = 1$$

円体を切った切り口が楕円でかつその面積は

$$A(x)=\pi b\sqrt{1-\frac{x^2}{a^2}}\cdot c\sqrt{1-\frac{x^2}{a^2}}=\pi bc\left(1-\frac{x^2}{a^2}\right)$$

であることがわかる*．ゆえに楕円体の体積は

$$\int_{-a}^{a}\pi bc\left(1-\frac{x^2}{a^2}\right)dx=\pi bc\left[x-\frac{x^3}{3a^2}\right]_{-a}^{a}=\frac{4}{3}\pi abc.$$

とくに，$a=b=c$ なるときは，(3) は

$$x^2+y^2+z^2=a^2$$

となり，これは球面の方程式である．よって半径 a の球の体積は

$$\frac{4}{3}\pi a^3.$$

平面曲線

$$y=f(x)\quad (f(x)\geqq 0)$$

が x 軸のまわりに回転したとき生ずる曲面を《x 軸を軸とする**回転面**》と称する．また，この回転面と 2 平面

$$x=a,\quad x=b\quad (a<b)$$

で限られる立体

$$\{(x,y,z)\,|\,a\leqq x\leqq b,\ y^2+z^2\leqq[f(x)]^2\}$$

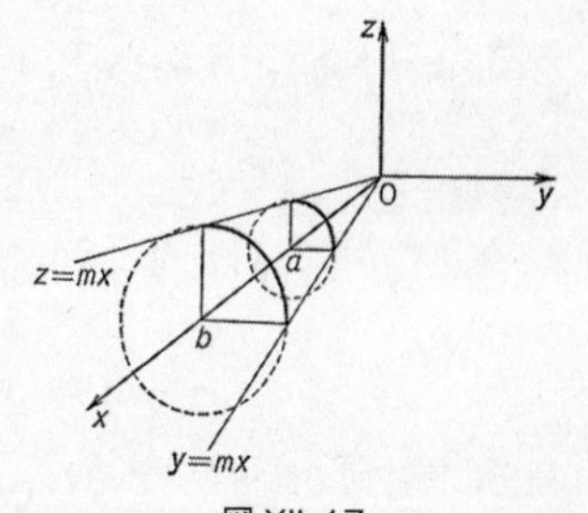

図 XII-17

を**回転体**と称する．x 軸に垂直な平面による回転体の切り口は半径 $f(x)$ の円であるから**

---

*　演習問題 VI，22.

**　VI，§3，例 4.

$$A(x)=\pi[f(x)]^2,$$

ゆえに回転体の体積は，$f(x)$ が $[a;b]$ で連続であるとき，

$$\boxed{\pi\int_a^b [f(x)]^2dx}$$

例 2. 直円錐台は直線 $y=mx$ を x 軸のまわりに回転して得られる直円錐面と二つの平面

$$x=a,\quad x=b\quad (0<a<b)$$

とで囲まれる立体であると考えられる．よってその体積は

$$|V|=\pi\int_a^b m^2x^2dx=\pi m^2\left[\frac{x^3}{3}\right]_a^b$$

$$=\frac{\pi}{3}m^2(b^3-a^3).$$

2 底面の半径をそれぞれ r_1, r_2 とし，高さを h とすれば

$$r_1=ma,\quad r_2=mb,\quad h=b-a$$

であるから

$$|V|=\frac{\pi}{3}m^2(b-a)(a^2+ab+b^2)$$

$$=\frac{\pi}{3}h(r_1{}^2+r_1r_2+r_2{}^2).$$

ゆえに両底面の面積をそれぞれ A_1, A_2 とすれば

$$|V|=\frac{1}{3}h(A_1+\sqrt{A_1A_2}+A_2).$$

あるいは

$$|V|=\frac{\pi}{6}h(2r_1{}^2+2r_1r_2+2r_2{}^2)=\frac{\pi}{6}h(r_1{}^2+(r_1+r_2)^2+r_2{}^2)$$

$$=\frac{h}{6}\left[\pi r_1{}^2+4\cdot\pi\left(\frac{r_1+r_2}{2}\right)^2+\pi r_2{}^2\right]$$

において $\pi\left(\dfrac{r_1+r_2}{2}\right)^2=A_3$ とおけば

$$|V| = \frac{1}{6}h(A_1+4A_3+A_2).$$

ここに A_3 は両底面の中央にある切り口の面積である.

§7. 曲面の面積

曲面の面積を定義しようとすると手軽にはかたづかない. これは本書の程度を越えるめんどうな問題である. したがって, 曲線の長さの場合のように, まず曲面の面積が何を意味するかを定義し, その定義から出発して面積を表わす公式を導くという道筋をたどるわけにはいかない. ここでは, ただ, 面積のある点集合 D で $f_x(x,y), f_y(x,y)$ が有界な連続関数であるときは, 曲面

$$z = f(x,y) \tag{1}$$

の D の真上にある部分の面積は

$$S = \iint_D \sqrt{1+[f_x(x,y)]^2+[f_y(x,y)]^2}\,dxdy$$
$$= \iint_D \sqrt{1+\left(\frac{\partial z}{\partial x}\right)^2+\left(\frac{\partial z}{\partial y}\right)^2}\,dxdy \tag{2}$$

によって与えられるものと天下り的に定めることにとどめる.

とくに, D が閉区間 ω と一致しかつ (1) が平面であるとき, すなわち

$$z = px+qy+r \quad (p, q, r \text{ は定数})$$

の場合には

$$S = \iint_\omega \sqrt{1+p^2+q^2}\,dxdy = \sqrt{1+p^2+q^2}\,|\omega|. \tag{3}$$

ところで, この平面の方向余弦は

$$\pm\frac{p}{\sqrt{p^2+q^2+1}}, \quad \pm\frac{q}{\sqrt{p^2+q^2+1}}, \quad \mp\frac{1}{\sqrt{p^2+q^2+1}}$$

であるから，この平面が xy 平面となす鋭角を γ とすれば

$$\sec\gamma=\sqrt{1+p^2+q^2}.$$

したがって，(3) を書き直せば

$$|\omega|=S\cos\gamma.$$

すなわち，この場合には公式 (2) が正しい答を与えることが確かめられたわけである．

平面曲線

$$y=f(x)\quad (f(x)\geqq 0)\tag{4}$$

を x 軸のまわりに回転して得られる回転面の場合には，その方程式は

$$y^2+z^2=[f(x)]^2,\quad \text{すなわち}\quad z=\sqrt{[f(x)]^2-y^2}$$

であるから

$$\frac{\partial z}{\partial x}=\frac{f(x)f'(x)}{\sqrt{[f(x)]^2-y^2}},\quad \frac{\partial z}{\partial y}=\frac{-y}{\sqrt{[f(x)]^2-y^2}}.$$

ゆえに

$$\begin{aligned}S&=2\int_a^b\left[\int_{-f(x)}^{f(x)}\frac{\sqrt{[f(x)]^2+[f(x)f'(x)]^2}}{\sqrt{[f(x)]^2-y^2}}dy\right]dx\\&=2\int_a^b f(x)\sqrt{1+[f'(x)]^2}\left[\int_{-f(x)}^{f(x)}\frac{1}{\sqrt{[f(x)]^2-y^2}}dy\right]dx\\&=2\int_a^b f(x)\sqrt{1+[f'(x)]^2}\left[\operatorname{Sin}^{-1}\frac{y}{f(x)}\right]_{-f(x)}^{f(x)}dx.\end{aligned}$$

すなわち

$$S=2\pi\int_a^b f(x)\sqrt{1+[f'(x)]^2}\,dx=2\pi\int_a^b y\sqrt{1+\left(\frac{dy}{dx}\right)^2}\,dx.\tag{5}$$

平面曲線 (4) の弧の長さを s で表わせば

$$\frac{ds}{dx}=\sqrt{1+[f'(x)]^2}$$

であるから，(5) はまた

$$S = 2\pi\int_0^L y\,ds$$

とも書けることに注意する．ここに L は (4) の長さを表わす．

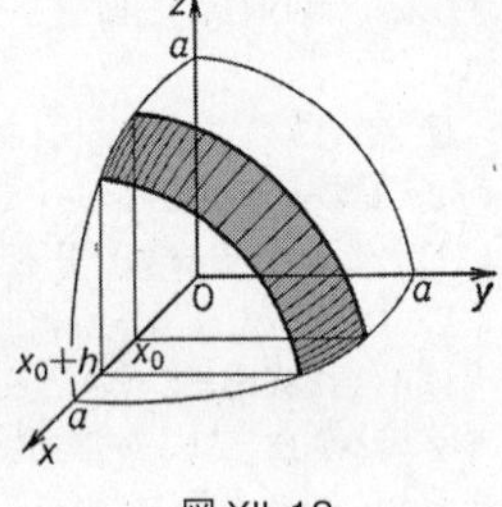

図 XII-18

例 1. 球面 $x^2+y^2+z^2=a^2$ は半円 $y=\sqrt{a^2-x^2}$ を x 軸のまわりに回転したものであるからその表面積は (5) により

$$S = 2\pi\int_{-a}^{a}\sqrt{a^2-x^2}\sqrt{1+\frac{x^2}{a^2-x^2}}\,dx$$

$$= 2\pi a\int_{-a}^{a}dx = 4\pi a^2.$$

また，平面 $x=x_0$ と $x=x_0+h$ との間にある球帯の表面積は

$$2\pi\int_{x_0}^{x_0+h}\sqrt{a^2-x^2}\sqrt{1+\frac{x^2}{a^2-x^2}}\,dx$$

$$= 2\pi a\int_{x_0}^{x_0+h}dx = 2\pi ah.$$

すなわち，球帯の表面積はその高さ h のみによって定まることがわかる．

注意 1. 曲線の長さは内接する折れ線の長さの上限として定義された．内接折れ線の長さの集合が上に有界でないときは曲線は長さをもたないと考える約束であった (IV, §12)．この流儀に従い，曲面積を内接多面体の表面積の上限として定義しようとすると，不都合なことが起こるのである．

半径が r，高さが h の直円柱の表面積は通常 $2\pi rh$ であると考えられている．これは一つの母線に沿って直円柱の表面を切ってひろげると，2 辺の長さが $2\pi r$ と h とにひとしい長方形になることからみて，きわめて自然な考えかたというべきであろう．ところが，内接多面体によって上記のように曲面積を定義することにすると，直円柱は表面積をもたないことになってしまうのである．

図 XII-19 のように，円柱の底面の周を $2n$ 個の弧に等分し，この $2n$ 個の等分点をとおって母線をひく．つぎに，円柱を輪切りにしてこれを m 個の小円柱に等分して，各小円柱の底面がさきにひいた母線と交わる点に印をつけておく．さてそのうえで，いちばん上の底面で，まず，そういう交点を一つおきにとり，そのすぐ下の底面では上の底面で採用しなかった交点の真下にある点をとり，図のようにこれらの点を頂点とする三角形をつくる．この手続きを順々に下の小円柱に及ぼしていけば，ここに図 XII-21 のような内接多面体ができる．

図 XII-20 において，

$$\mathrm{BC} = 2r\sin\frac{\pi}{n},\ \ \mathrm{AM} = \sqrt{\left(\frac{h}{m}\right)^2 + r^2\left(1-\cos\frac{\pi}{n}\right)^2}$$

であるから，内接多面体の表面積 $S_{m,n}$ は

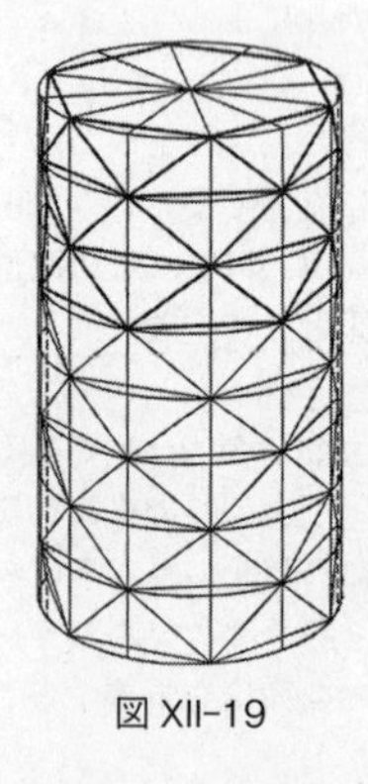

図 XII-19

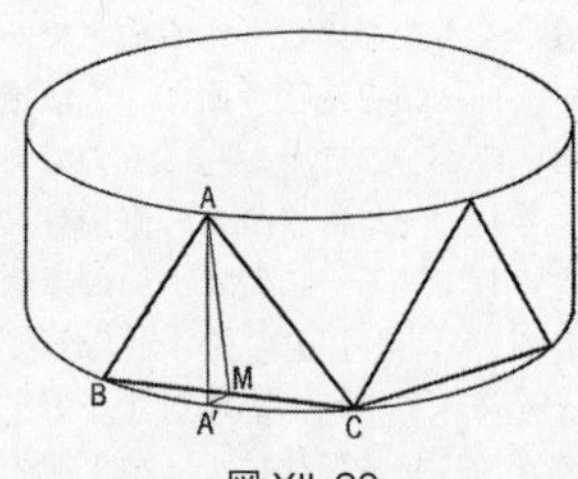

図 XII-20

$$2mn\cdot r\sin\frac{\pi}{n}\sqrt{\left(\frac{h}{m}\right)^2+4r^2\left(\sin\frac{\pi}{2n}\right)^4}.$$

ここで，$m=n^3$ とする．すると

$$\begin{aligned}&\lim_{n\to+\infty} S_{m,n}\\&\quad=\lim_{n\to\infty}2\pi r\cdot\left(\frac{n}{\pi}\sin\frac{\pi}{n}\right)\sqrt{h^2+\frac{r^2n^2\pi^4}{4}\left(\frac{2n}{\pi}\cdot\sin\frac{\pi}{2n}\right)^4}\\&\quad=+\infty\end{aligned}$$

であるから，内接多面体の表面積は有界でないわけである．

なお，この例をはじめて指摘したSchwarzにちなんで，この内接多面体をSchwarzのチョウチンとよぶ人がいる．

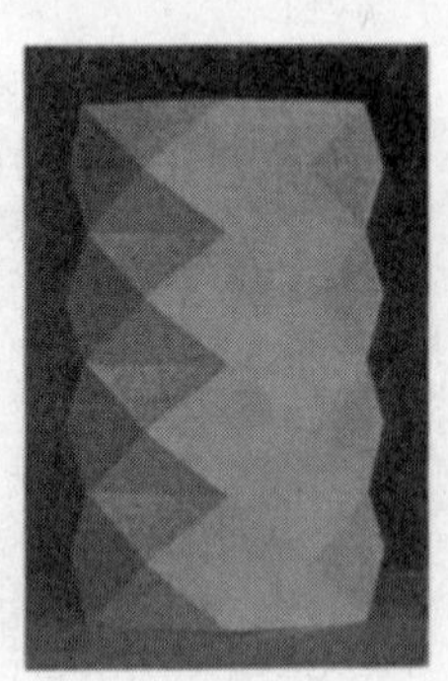

図 XII-21

§8. 3重積分

3変数の関数 $f(x,y,z)$ の3重積分について簡単に説明しておく．話は2重積分の場合と同様な筋道をたどる．なお，点集合の内点や境界点，つづいては開集合や閉集合の概念は，空間の場合にも平面の場合と同様に定義できる．

$f(x,y,z)$ が空間の《閉区間》(直方体)

$$\begin{aligned}\omega&=[a_1,a_2,a_3\,;\,b_1,b_2,b_3]\\&=\{(x,y,z)\,|\,a_1\leqq x\leqq b_1,a_2\leqq y\leqq b_2,a_3\leqq z\leqq b_3\}\end{aligned}$$

で定義された有界な関数であるとき，$f(x,y,z)$ の ω にお

ける3重積分

$$\iiint_{\omega} f(x, y, z)\,dxdydz \tag{1}$$

は次のようにして定義される.

まず, 座標平面に平行な平面によって, ω を小閉区間

$$\omega_1, \omega_2, \cdots, \omega_k \tag{2}$$

に分割し,

$$M_i = \sup\{f(x, y, z) \mid (x, y, z) \in \omega_i\},$$

$$m_i = \inf\{f(x, y, z) \mid (x, y, z) \in \omega_i\} \quad (i=1, 2, \cdots, k)$$

とおいて, 過剰和 S と不足和 s を等式

$$S = \sum_{i=1}^{k} M_i |\omega_i|, \quad s = \sum_{i=1}^{k} m_i |\omega_i|$$

によって定義する. ここに, $|\omega_i|$ は ω_i の体積を表わす記号である*.

あらゆる分割 (2) について, いまのような過剰和と不足和を定め, そうして得られる過剰和全部の集合の下限と不足和全部の集合の上限とが一致したとき, その一致した値を (1) で表わして, これを ω における $f(x, y, z)$ の3重積分と称する. また, このとき, $f(x, y, z)$ は ω で積分可能であるといわれる.

E が空間における点集合で, $E \subseteq \omega$ なる閉区間 ω があるとき, E は有界な点集合であるといわれる. E が有界な点集合であるとき, E の《特性関数》$\chi_E(x, y, z)$ を条件

---

* ω の体積は $(b_1-a_1)(b_2-a_2)(b_3-a_3)$.

$$(x,y,z) \in E \quad \text{ならば} \qquad \chi_E(x,y,z) = 1$$
$$(x,y,z) \in E \quad \text{でなければ} \quad \chi_E(x,y,z) = 0$$

で定め，$\chi_E(x,y,z)$ が ω で積分可能であるとき，

$$|E| = \iiint_\omega \chi_E(x,y,z)dxdydz$$

を E の**体積**と称する．χ_E が ω で積分可能でないときは E は体積をもたないと考える．これからは，体積をもつ点集合だけを考えることにする．

$f(x,y,z)$ が有界な点集合 V で定義された関数であるとき，条件

$$(x,y,z) \in V \quad \text{ならば} \qquad f_V(x,y,z) = f(x,y,z)$$
$$(x,y,z) \in V \quad \text{でなければ} \quad f_V(x,y,z) = 0$$

とおいて関数 $f_V(x,y,z)$ を定義し，$f_V(x,y,z)$ が $V \subseteq \omega$ なる閉区間 ω で積分可能ならば，$f(x,y,z)$ は V で積分可能であるという．また，

$$\iiint_V f(x,y,z)dxdydz = \iiint_\omega f_V(x,y,z)dxdydz$$

とおいて，これを V における $f(x,y,z)$ の3重積分と称する．

有界点集合 V で $f(x,y,z)$ が有界な連続関数ならば，$f(x,y,z)$ は V で積分可能である．

今後は $f(x,y,z)$ は V で有界な連続関数であると仮定する．

D が xy 平面上の面積をもつ点集合で，V が D の上の立体縦線型集合

$$\{(x,y,z)\,|\,(x,y)\in D,\ f_1(x,y)\leqq z\leqq f_2(x,y)\}$$

$$(f_1(x,y) \text{ と } f_2(x,y) \text{ は } D \text{ で連続な関数})$$

であるときは

$$\iiint_V f(x,y,z)\,dxdydz$$

$$=\iint_D\left[\int_{f_1(x,y)}^{f_2(x,y)} f(x,y,z)\,dz\right]dxdy \tag{3}$$

であることが，§4，(8) と同様の方法で証明される．

例 1．(3) において，$f(x,y,z)=\chi_V(x,y,z)$ とすると，

$$|V|=\iint_D[f_2(x,y)-f_1(x,y)]\,dxdy.$$

すなわち，§6，(1) は本節で定義した意味での体積を確かに表わしているのである．

とくに，D が平面上の縦線集合

$$\{(x,y)\,|\,a_1\leqq x\leqq b_1,\ \varphi_1(x)\leqq y\leqq\varphi_2(x)\}$$

のときは，§4，(8)，(10) により

$$\iiint_V f(x,y,z)\,dxdydz$$

$$=\int_{a_1}^{b_1}\left[\int_{\varphi_1(x)}^{\varphi_2(x)}\left(\int_{f_1(x,y)}^{f_2(x,y)} f(x,y,z)\,dx\right)dy\right]dx \tag{4}$$

例 2．$V=\{(x,y,z)\,|\,x^2+y^2+z^2\leqq 1, x\geqq 0, y\geqq 0, z\geqq 0\}$ のとき，(4) により，

$$\iiint_V x\,dxdydz$$

$$=\int_0^1\left[\int_0^{\sqrt{1-x^2}}\left(\int_0^{\sqrt{1-x^2-y^2}} x\,dz\right)dy\right]dx$$

$$= \int_0^1 x\left[\int_0^{\sqrt{1-x^2}} \sqrt{1-x^2-y^2}\,dy\right]dx$$

$$= \int_0^1 x\left[\frac{y\sqrt{1-x^2-y^2}}{2}+\frac{1-x^2}{2}\,\mathrm{Sin}^{-1}\frac{y}{\sqrt{1-x^2}}\right]_0^{\sqrt{1-x^2}}dx$$

$$= \int_0^1 \frac{\pi}{4}x(1-x^2)\,dx = \frac{\pi}{4}\left[\frac{x^2}{2}-\frac{x^4}{4}\right]_0^1$$

$$= \frac{\pi}{16}.$$

さらに，Vが上のようにDの上の縦線型集合であるときは，やはり§4,（8）と同様の方法で

$$\iiint_V f(x,y,z)\,dxdydz$$

$$= \int_{a_3}^{b_3}\left[\iint_D f_V(x,y,z)\,dxdy\right]dz \tag{5}$$

を証明することができる．

（5）において円柱座標(r,φ,z)をもちいれば*，§5,（4）により

$$\iiint_V f(x,y,z)\,dxdydz$$

$$= \int_{a_3}^{b_3}\left[\int_\alpha^\beta\left(\int_{r_1}^{r_2} f_V(r\cos\varphi, r\sin\varphi, z)\,r\,dr\right)d\varphi\right]dz$$

$$= \iiint_V f(r\cos\varphi, r\sin\varphi, z)\,r\,drd\varphi dz. \tag{6}$$

ここで空間における極座標なるものを導入して，これに

---

* 円柱座標は以前(r,θ,z)と書いたが今後は(r,φ,z)とする．

よって3重積分を書き直すことをこころみる：

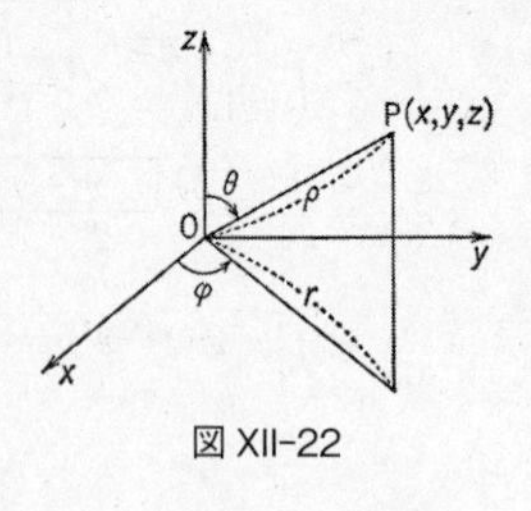

図 XII-22

原点と点 (x, y, z) とを結ぶ線分の長さを ρ, この線分の z 軸の正の部分となす角を θ $(0 \leqq \theta \leqq \pi)$, またこの線分の xy 平面への正射影が x 軸の正の部分となす角を φ とするとき, (ρ, θ, φ) をこの点の（空間における）**極座標**と称する．すなわち

$$r = \rho \sin\theta,$$

$$x = \rho \sin\theta \cos\varphi, \quad y = \rho \sin\theta \sin\varphi, \quad z = \rho \cos\theta.$$

V はその境界が原点 O を始点とする半直線と2点より多くの交点をもたないものと仮定し, $\Delta = [r_1, a_3 ; r_2, b_3]$ とおいて, (6) を次のように書き直してみる：

$$\iiint_V f(x, y, z)\, dxdydz$$

$$= \int_\alpha^\beta \left[\int_{a_3}^{b_3} \left(\int_{r_1}^{r_2} f_V(r\cos\varphi, r\sin\varphi, z)\, r\, dr \right) dz \right] d\varphi$$

$$= \int_\alpha^\beta \left[\iint_\Delta f_V(r\cos\varphi, r\sin\varphi, z)\, r\, drdz \right] d\varphi.$$

つぎに2重積分

$$\iint_\Delta f_V(r\cos\varphi, r\sin\varphi, z)\, r\, drdz$$

において

$$z = \rho\cos\theta, \quad r = \rho\sin\theta$$

とおくことにより，変数 (r,z) を変数 (ρ,θ) に変更してみれば

$$\iint_\Delta f_V(r\cos\varphi, r\sin\varphi, z)r\,drdz$$

$$=\iint_\Delta [f_V(\rho\sin\theta\cos\varphi, \rho\sin\theta\sin\varphi, \rho\cos\theta)\rho\sin\theta]\rho\,d\rho d\theta.$$

よって，けっきょく，

$$\boxed{\begin{aligned}&\iiint_V f(x,y,z)\,dxdydz\\&=\iiint_V f(\rho\sin\theta\cos\varphi, \rho\sin\theta\sin\varphi,\\&\qquad \rho\cos\theta)\rho^2\sin\theta\,d\rho d\theta d\varphi\end{aligned}}$$

なる等式が得られる．

例 3. $x^2+y^2+z^2\leqq 1$ なる範囲を V とすれば

$$\iiint_V (x^2+y^2+z^2)\,dxdydz$$

$$=\iiint_V \rho^2\cdot\rho^2\sin\theta\,d\rho d\theta d\varphi$$

$$=8\int_0^{\frac{\pi}{2}}\left[\int_0^{\frac{\pi}{2}}\left(\int_0^1 \rho^4\cdot\sin\theta\,d\rho\right)d\theta\right]d\varphi$$

$$=8\int_0^{\frac{\pi}{2}}\left[\int_0^{\frac{\pi}{2}}\left[\frac{\rho^5}{5}\sin\theta\right]_0^1 d\theta\right]d\varphi=\frac{8}{5}\int_0^{\frac{\pi}{2}}\left[\int_0^{\frac{\pi}{2}}\sin\theta\,d\theta\right]d\varphi$$

$$=\frac{8}{5}\int_0^{\frac{\pi}{2}}[-\cos\theta]_0^{\frac{\pi}{2}}d\varphi=\frac{8}{5}\int_0^{\frac{\pi}{2}}d\varphi=\frac{4\pi}{5}.$$

演習問題 XII.

次の累次積分の順序を変更する（1〜3）：

1. $\int_0^a \left[\int_0^{x^2} f(x, y)dy\right]dx$

2. $\int_0^a \left[\int_{\alpha x}^{\beta x} f(x, y)dy\right]dx \quad (a>0, 0<\alpha<\beta)$

3. $\int_0^{2a} \left[\int_{\frac{x^2}{4a}}^{3a-x} f(x, y)dy\right]dx.$

4. $\iint_{\frac{x^2}{a^2}+\frac{y^2}{b^2}\leqq 1} f(x, y)dxdy = ab\iint_{x^2+y^2\leqq 1} f(ax, by)dxdy$ を証明する*.

次の曲面で囲まれる立体の体積を求める（5〜11）：

5. $0<a<b$, $0<c$ とし，3 点 $(a, 0, 0)$, $(b, 0, 0)$, $(0, c, 0)$ を頂点とする三角形の上に立つ三角柱，曲面 $z=x^2+y^2$，および xy 平面.

6. 曲面 $x^2+y^2=a^2$ と曲面 $y^2+z^2=a^2$.

7. 柱面 $2y=e^x+e^{-x}$，曲面 $z(e^x+e^{-x})=y(e^x-e^{-x})$，平面 $x=0$, $x=1$, $z=0$.

8. 原点 O を中心とし a を半径とする球，《渦巻線》$r=\dfrac{2a\theta}{\pi}$ $\left(0\leqq\theta\leqq\dfrac{\pi}{2}\right)$ を導線とする柱面，および平面 $x=0$.

9. 曲面 $x^2+y^2-z^2=a^2$，平面 $z=b$ および平面 $z=-b$.

10. $\dfrac{x^2}{a^2}+\dfrac{y^2}{b^2}+\dfrac{z^4}{c^4}=1$　　11. $x^{\frac{2}{3}}+y^{\frac{2}{3}}+z^{\frac{2}{3}}=a^{\frac{2}{3}}$.

12. 柱面 $(x^2+y^2)^2=a^2(x^2-y^2)$ の内部にある曲面 $xy=az$ の部分の表面積を求める（指針：極座標をもちいる．$a>0$）.

---

*　左辺は $\iint_D f(x, y)dxdy$，ただし $D=\left\{(x, y)\ \middle|\ \dfrac{x^2}{a^2}+\dfrac{y^2}{b^2}\leqq 1\right\}$ を表わす．右辺についても同様である.

13. サイクロイド $x=a(t-\sin t)$, $y=a(1-\cos t)$ $(0\leqq t\leqq 2\pi)$ を x 軸のまわりに回転して生ずる曲面の表面積およびこの曲面で囲まれる立体の体積を求める.

14. $x^2+(y-b)^2=a^2$ $(b>a>0)$ を x 軸のまわりに回転して生ずる《円環体》の体積および表面積を求める.

15. 物体 V の各点 (x,y,z) における密度を $\rho(x,y,z)$ で表わせば V の質量は

$$\iiint_V \rho(x,y,z)dxdydz$$

にひとしい. 地球を半径 a の球とみなし, 地心から距離 r の点の密度が $\rho_0=\dfrac{\sin kr}{kr}$ であると仮定したとき, 地球の平均密度を求める. ただし, ρ_0, k は正の定数.

16. 物体 V の各点 (x,y,z) における密度を $\rho(x,y,z)$ で表わしたとき

$$M\cdot X=\iiint_V x\rho(x,y,z)dxdydz,$$

$$M\cdot Y=\iiint_V y\rho(x,y,z)dxdydz,$$

$$M\cdot Z=\iiint_V z\rho(x,y,z)dxdydz$$

で与えられる点 (X,Y,Z) を V の**重心**と名づける. ただし, M は V の質量であるとする. 原点を中心とし a を半径とする密度が一様な半球の重心を求める.

17. 物体 V の点 (x,y,z) における密度を $\rho(x,y,z)$, またこの点から定直線 g への距離を $r(x,y,z)$ で表わすとき

$$I=\iiint_V [r(x,y,z)]^2\rho(x,y,z)dxdydz$$

を V の g に関する**慣性能率**といい

$$R = \sqrt{\frac{I}{M}} \quad (M \text{ は } V \text{ の質量})$$

を V の g に関する**回転半径**と称する．V の重心をとおって g に平行な直線 g_0 に関する V の慣性能率を I_0，また g と g_0 との距離を a とすれば

$$I = I_0 + a^2 M$$

であることを証明する．

18. 平面 $x=\pm a$, $y=\pm b$, $z=\pm c$ で囲まれる直方体の密度が一様であるとき，この直方体の z 軸およびこれに平行な稜に関する回転半径を求める．

19. $\int_{-\infty}^{+\infty} e^{-\lambda x^2+\mu x}dx$ $(\lambda>0)$ を求める．

20. $f(x), g(x), h(x)$ は $[0\,;+\infty)$ で連続な関数であるとし，

$$\varphi(x) = \int_0^x f(x-t)g(t)dt, \quad \psi(x) = \int_0^x g(x-t)h(t)dt$$

とおくとき，次の等式を証明する．

$$\int_0^x \varphi(x-t)h(t)dt = \int_0^x f(x-t)\psi(t)dt.$$

注意 たたみ込み（演習問題 IV，24）の記号を使うと，この等式は次のように書かれる．

$$(f*g)*h(x) = f*(g*h)(x).$$

付録　微分方程式の解法

§1. 微分方程式とその解

微分方程式というのは，たとえば

$$y' = x - y \tag{1}$$

$$y'' + P(x)y' + Q(x) = 0 \tag{2}$$

のように，未知の関数（ここでは y），その導関数（ここでは y', y''）ならびに独立変数（ここでは x）の間の関係を表わす等式のことである（IV 章，§1）．

微分方程式が未知関数の n 階導関数を含みかつ n よりも高階の導関数を含まないとき，これを **n 階の微分方程式**と称する．(1) は 1 階の微分方程式であり，また (2) は 2 階の微分方程式である．

微分方程式を満足する関数をその微分方程式の解と名づける．

たとえば，微分方程式 (1) において

$$y = e^{-x} + x - 1$$

とおけば，(1) は

$$-e^{-x} + 1 = x - (e^{-x} + x - 1)$$

という恒等式になる．$e^{-x} + x - 1$ はすなわち微分方程式 (1) の解であるというわけである．

微分方程式の解を求めることをその微分方程式を《解く》という．

微分方程式の一般的な理論は本書の程度を越えるので本

書ではそこまでは立ち入らない．ここでは，1階および2階の微分方程式のうちの数種について，その解きかたを説明するにとどめる．

注意 1. じつをいうと，たとえば

$$(x-a)\frac{\partial z}{\partial x}+(y-b)\frac{\partial z}{\partial y}=z-c \tag{3}$$

$$\frac{\partial^2 z}{\partial x^2}+\frac{\partial^2 z}{\partial y^2}=0 \tag{4}$$

のように未知関数（ここでは z），その偏導関数 $\left(\text{ここでは } \frac{\partial z}{\partial x}, \frac{\partial z}{\partial y}, \frac{\partial^2 z}{\partial x^2}, \frac{\partial^2 z}{\partial y^2}\right)$ および独立変数（ここでは x, y）の間の関係を表わす等式もまた微分方程式と称せられる．区別を必要とするときには，(1)，(2) のような微分方程式を**常微分方程式**，(3)，(4) のような微分方程式を**偏微分方程式**とよぶことになっている．

§2. 変数分離形の場合

微分方程式が

$$M(x)+N(y)y'=0 \tag{1}$$

なる形に書かれるとき，これを**変数分離形の微分方程式**という．ここに $M(x)$ は x だけの関数，$N(y)$ は y だけの関数である．

(1) の両辺の原始関数を求めれば

$$\int M(x)dx+\int N(y)y'dx=C. \quad (C \text{ は定数})$$

よって，置換積分法により

$$\boxed{\int M(x)dx+\int N(y)dy=C} \tag{2}$$

すなわち，y が微分方程式（1）の解ならば y は等式（2）を満足しなければならない．逆に，y が（2）を満足するとき，これが（1）の解であることは（2）の両辺を x について微分してみれば明らかである．

例 1．$\sqrt{1+y^2}-xy'=0$：

$$\frac{1}{x}-\frac{1}{\sqrt{1+y^2}}y'=0$$

と書き直せば

$$\log|x|-\log(y+\sqrt{1+y^2})=C_1,\quad \text{すなわち}$$
$$y+\sqrt{1+y^2}=e^{-C_1}|x|.\quad (C_1 \text{は定数})$$

したがって

$$y=\frac{1}{2}\left(Cx-\frac{1}{Cx}\right).$$

問 1．次の微分方程式を解く：

1）$x+yy'=0$　　2）$y'=y$.

§3. 同次形の場合

微分方程式が

$$y'=f\left(\frac{y}{x}\right) \tag{1}$$

の形のときは，これを**同次形の微分方程式**という．

$$y=ux,\ \text{したがって}\ y'=u+u'x$$

とおけば，（1）は

$$u-f(u)+u'x=0$$

と変形される．これを $x[u-f(u)]$ で除すれば，ここに変数分離形の微分方程式

$$\frac{1}{x}+\frac{1}{u-f(u)}u'=0$$

が得られる．

なお，μ を $u-f(u)=0$ の根とすれば $y=\mu x$ も (1) の解であることに注意する．

例 1．$y'=2\dfrac{y}{x}+\dfrac{1}{2}\dfrac{y^2}{x^2}$：

$y=ux$, $y'=u+u'x$ とおけば

$$u+u'x=2u+\frac{1}{2}u^2,\quad \text{すなわち}\quad 2u+u^2-2xu'=0.$$

両辺を $x(2u+u^2)$ で除すれば

$$\frac{1}{x}-\frac{2u'}{2u+u^2}=0,\quad \text{すなわち}\quad \frac{1}{x}-\left(\frac{1}{u}-\frac{1}{u+2}\right)u'=0.$$

よって

$$\log|x|-\log|u|+\log|u+2|=C_1,\quad \text{すなわち}\quad \frac{x(u+2)}{u}=C.$$

$u=\dfrac{y}{x}$ としてもとにもどせば

$$2x^2+xy-Cy=0. \tag{2}$$

なお，$2u+u^2=0$ の根は $u=0,-2$．ゆえに $y\equiv0$ および $y=-2x$ もまた解である．$y=-2x$ は (2) において $C=0$ とおいたものと考えられる．

問 1．$x^2+y^2-2xyy'=0$ を解く．

ついでに

$$y'=f\left(\frac{l_1x+m_1y+q_1}{l_2x+m_2y+q_2}\right)\quad (l_1, m_1, q_1, l_2, m_2, q_2 \text{ は定数}) \tag{3}$$

なる形の微分方程式について一言しておく.

i) $l_1m_2-l_2m_1\neq 0$ の場合：$x=\xi+h$, $y=\eta+k$ とおけば

$$l_1x+m_1y+q_1 = l_1\xi+m_1\eta+l_1h+m_1k+q_1$$
$$l_2x+m_2y+q_2 = l_2\xi+m_2\eta+l_2h+m_2k+q_2.$$

よって

$$l_1h+m_1k+q_1 = 0,\quad l_2h+m_2k+q_2 = 0$$

となるように h, k を定めれば* (3) は

$$\frac{d\eta}{d\xi} = f\left(\frac{l_1\xi+m_1\eta}{l_2\xi+m_2\eta}\right)$$

なる同次形の方程式となる. ここに

$$y' = \frac{dy}{dx} = \frac{dy}{d\eta}\frac{d\eta}{d\xi}\frac{d\xi}{dx} = \frac{d\eta}{d\xi}$$

に注意する.

ii) $l_1m_2-l_2m_1=0$ の場合：$m_1=m_2=0$ ならば (3) は

$$y' = f\left(\frac{l_1x+q_1}{l_2x+q_2}\right)$$

となり, これは変数分離形である.

$m_1\neq 0$ のときには, $l_2=\dfrac{m_2}{m_1}l_1$ であるから

$$\eta = l_1x+m_1y,\ \text{したがって}\ \eta' = l_1+m_1y'$$

とおけば, (3) は

$$\eta' = l_1+m_1f\left(\frac{m_1\eta+m_1q_1}{m_2\eta+m_1q_2}\right)$$

なる変数分離形の方程式となる.

---

* $l_1m_2-l_2m_1\neq 0$ であるから, かような h, k はかならず存在する.

$m_2 \neq 0$ のときには $\eta = l_2 x + m_2 y$ とおけば，やはり変数分離形の方程式が得られる．

問 2. $y' = \dfrac{x-y+1}{x+y-3}$ を解く．

§4. 全微分形の場合

微分方程式

$$M(x,y) + N(x,y)y' = 0 \tag{1}$$

において $M(x,y)$ と $N(x,y)$ が連続な偏導関数を有しかつその間に

$$\frac{\partial M(x,y)}{\partial y} = \frac{\partial N(x,y)}{\partial x} \tag{2}$$

なる関係があるとき，これを**全微分形の微分方程式**という．これは，この条件のもとにおいては

$$\frac{\partial u(x,y)}{\partial x} = M(x,y) \tag{3}$$

$$\frac{\partial u(x,y)}{\partial y} = N(x,y) \tag{4}$$

なる関数 $u(x,y)$ が存在し，したがって (1) が

$$\frac{\partial u(x,y)}{\partial x} + \frac{\partial u(x,y)}{\partial y}y' = 0 \tag{5}$$

なる形に書かれうるのによるのである．

(3)，(4) を満足する $u(x,y)$ は次のようにして求められる：

$$u(x,y) = \int M(x,y)dx + \varphi(y) \tag{6}$$

とおけば (3) の成りたつことは明らかであるから，(4) も成りたつように $\varphi(y)$ を定めることをこころみる．

$$\frac{\partial u(x,y)}{\partial y} = \frac{\partial}{\partial y}\int M(x,y)dx + \varphi'(y)$$

により，(4) が成りたつためには

$$\frac{\partial}{\partial y}\int M(x,y)dx + \varphi'(y) = N(x,y),$$

すなわち

$$\varphi'(y) = N(x,y) - \frac{\partial}{\partial y}\int M(x,y)dx \tag{7}$$

であるように $\varphi(y)$ を定めればよいわけである．

しかるに，(2) により

$$\frac{\partial}{\partial y}\left[\frac{\partial}{\partial x}\int M(x,y)dx\right] = \frac{\partial M(x,y)}{\partial y} = \frac{\partial N(x,y)}{\partial x}$$

であるから，XI 章，§4 (p. 452) により

$$\frac{\partial}{\partial x}\left[\frac{\partial}{\partial y}\int M(x,y)dx\right] = \frac{\partial}{\partial y}\left[\frac{\partial}{\partial x}\int M(x,y)dy\right]$$
$$= \frac{\partial N(x,y)}{\partial x}.$$

すなわち

$$\frac{\partial}{\partial x}\left[N(x,y) - \frac{\partial}{\partial y}\int M(x,y)dx\right] = 0.$$

これは (7) の右辺が y だけの関数であることを意味し，したがって (7) に適合する $\varphi(y)$ がじっさい求められることを示す：

$$\varphi(y) = \int\left[N(x,y) - \frac{\partial}{\partial y}\int M(x,y)dx\right]dy.$$

このようにして，(1) の解 y は

$$\frac{\partial u(x,y)}{\partial x} + \frac{\partial u(x,y)}{\partial y}y' = 0 \tag{5}$$

を満足し，したがって等式

$$u(x,y) = C \quad (C\text{ は定数}) \tag{8}$$

を満足しなければならない．逆に，(8) を満足する y が解であることもまた明らかである．ここに

$$\boxed{\begin{aligned} u(x,y) \equiv &\int M(x,y)dx \\ &+ \int\left[N(x,y) - \frac{\partial}{\partial y}\int M(x,y)dx\right]dy \end{aligned}}$$

注意 1. 変数分離形の微分方程式 $M(x)+N(y)y'=0$ においては

$$\frac{\partial M}{\partial y} = 0 = \frac{\partial N}{\partial x}$$

であるから，これは全微分形の特別の場合である．ひいては，同次形の微分方程式の解きかたも全微分形の微分方程式の解きかたに帰着すると考えられるわけである．

例 1. $2(xy+x)+(x^2+1)y'=0$：

$$\frac{\partial 2(xy+x)}{\partial y} = 2x = \frac{\partial(x^2+1)}{\partial x}$$

であるから，これは全微分形である．

$$u(x,y) = \int 2(xy+x)dx + \varphi(y) = x^2y + x^2 + \varphi(y)$$

$$\varphi(y) = \int [(x^2+1)-x^2]dy = \int dy = y.$$

よって

$$x^2y+x^2+y = C.$$

例 2. $y+xy'=0$：

$$\frac{\partial y}{\partial y} = 1 = \frac{\partial x}{\partial x}$$

であるから全微分形である．この場合にはわざわざ上記のような手続きをしなくても，視察により

$$y = \frac{\partial(xy)}{\partial x},\ \ x = \frac{\partial(xy)}{\partial y}$$

であることは明らかである．よって，解は

$$xy = C.$$

問 1. $y-x^2+(x+y^2)y'=0$ を解く．

§5. 積分因子

微分方程式

$$(5x^2+4xy+1)+(x^2+1)y' = 0 \tag{1}$$

は全微分形ではない．これは

$$\frac{\partial}{\partial y}(5x^2+4xy+1) = 4x,\ \ \frac{\partial}{\partial x}(x^2+1) = 2x$$

から明らかである．しかしながら，(1) の両辺に (x^2+1) を乗じて

$$(x^2+1)(5x^2+4xy+1)+(x^2+1)^2y' = 0 \tag{2}$$

とすれば

$$\frac{\partial}{\partial y}[(x^2+1)(5x^2+4xy+1)] = 4(x^2+1)x = \frac{\partial}{\partial x}(x^2+1)^2$$

であるから，ここに全微分形の微分方程式が得られたことにな

る.

(2) を解けば

$$(x^2+1)^2(x+y) = C \tag{3}$$

なる解が得られるが, (1) の解 y は (2) を満足し, したがって (3) を満足しなければならない. また, 逆に, (3) によって定められる y は (2) を満足し, したがって (1) を満足する. いいかえれば, (3) は (1) の解を与えるのである.

一般に, 微分方程式

$$M(x,y)+N(x,y)y' = 0 \tag{4}$$

が全微分形でない場合, この両辺に関数 $\mu(x,y)$ を乗じて得られる微分方程式

$$\mu(x,y)M(x,y)+\mu(x,y)N(x,y)y' = 0 \tag{5}$$

が全微分形になるならば, $\mu(x,y)$ を微分方程式 (4) の**積分因子**と称する. (x^2+1) は, とりもなおさず, 微分方程式 (1) の積分因子なのである.

$\mu(x,y)$ が (4) の積分因子であるときは

$$\frac{\partial}{\partial y}[\mu(x,y)M(x,y)] = \frac{\partial}{\partial x}[\mu(x,y)N(x,y)],$$

すなわち

$$\mu\frac{\partial M}{\partial y}+M\frac{\partial \mu}{\partial y} = \mu\frac{\partial N}{\partial x}+N\frac{\partial \mu}{\partial x}$$

あるいは

$$\frac{1}{\mu}\left(N\frac{\partial \mu}{\partial x}-M\frac{\partial \mu}{\partial y}\right) = \frac{\partial M}{\partial y}-\frac{\partial N}{\partial x}. \tag{6}$$

逆にこの偏微分方程式を満足する $\mu(x,y)$ が (4) の積分因

子であることも明らかであろう.

偏微分方程式 (6) から, 積分因子 $\mu(x, y)$ を求めることは一般には容易でない. しかし, 特殊の場合には比較的簡単にこれを求めうることがある. たとえば, 積分因子 μ が x だけの関数であるとすれば (6) は

$$\frac{1}{\mu}\frac{d\mu}{dx} = \frac{1}{N}\left(\frac{\partial M}{\partial y} - \frac{\partial N}{\partial x}\right) \tag{7}$$

となるはずである. よって, この場合には (7) の右辺は x だけの関数でなければならない. 逆に, (7) の右辺が x だけの関数ならば x だけの関数である積分因子が (7) から求められうる:

$$\boxed{\mu = e^{\int \frac{1}{N}\left(\frac{\partial M}{\partial y} - \frac{\partial N}{\partial x}\right)dx}} \tag{8}$$

この節のはじめに書いた微分方程式を例にとれば, (7) の右辺にあたるものは

$$\frac{1}{x^2+1}(4x-2x) = \frac{2x}{x^2+1}.$$

よって, (8) により

$$\mu = e^{\int \frac{2x}{x^2+1}dx} = e^{\log(x^2+1)} = x^2+1$$

なる積分因子が得られる.

問 1. 次の微分方程式を解く:

1) $y - xy' = 0$ 2) $2\cos x \cos y - \sin x \sin y \cdot y' = 0$.

§6. 線形の場合

$$y' + P(x)y = Q(x) \tag{1}$$

なる形の微分方程式を（1 階）**線形微分方程式**という．

この場合には，$M(x,y)\equiv P(x)y-Q(x)$，$N(x,y)\equiv 1$ であるから

$$\frac{1}{N}\left(\frac{\partial M}{\partial y}-\frac{\partial N}{\partial x}\right)=P(x).$$

よって，前節（8）により $\mu=e^{\int P(x)dx}$ なる積分因子が得られる．（1）の左辺はこの積分因子 μ を乗ずると

$$e^{\int P(x)dx}\frac{dy}{dx}+P(x)e^{\int P(x)dx}y\equiv\frac{d}{dx}\left(ye^{\int P(x)dx}\right). \tag{2}$$

ゆえに，（1）の両辺に μ を乗ずれば

$$\frac{d}{dx}\left(ye^{\int P(x)dx}\right)=Q(x)e^{\int P(x)dx}.$$

したがって

$$ye^{\int P(x)dx}=\int Q(x)e^{\int P(x)dx}dx+C.$$

すなわち

$$\boxed{y=e^{-\int P(x)dx}\left[\int Q(x)e^{\int P(x)dx}dx+C\right]} \tag{3}$$

とくに，$Q(x)\equiv 0$ のとき，すなわち $y'+P(x)y=0$ のときは

$$\boxed{y=Ce^{-\int P(x)dx}} \tag{4}$$

注意 1． 微分方程式（1）の場合 $ye^{\int P(x)dx}-\int Q(x)e^{\int P(x)dx}dx$ が §4 の $u(x,y)$ に相当するわけである．同節のようにして $u(x,y)$ を求めてもよいが，いまの場合上のように視察によるほうが早道

である.

問 1.

$$y'+P(x)y=Q(x)y^n \quad (n\neq 0, 1)$$

を Bernoulli（ベルヌイ）の**微分方程式**という．$\eta=y^{1-n}$ とおくことにより，これを線形方程式に変形しうることを示す.

問 2. 次の微分方程式を解く：

1) $y'-\dfrac{3y}{x}=x$　　2) $y'+2y\tan x=\sin x$

3) $y'-y=xy^2$.

§7. 一般解と特殊解

§2 から §6 にかけて取り扱った 1 階微分方程式の解きかたは，結局のところ，いずれも全微分形微分方程式の解きかたに帰着する．ところで全微分形微分方程式のスベテノ解は

$$u(x,y)=C \tag{1}$$

なる形で与えられるが，これには定数を表わす文字 C が含まれている．一般に C の値は一つにかぎらず，これにさまざまな値を与えうるのであって，その意味では**《任意定数》**とよばれる．任意定数 C にたとえば 1 とか 200 とか特定の値を与えたもの一つ一つが解なのである.

(1) のように，《任意定数》を含む解を**一般解**といい，C に特定の値を与えたものを**特殊解**という．一般解とはすべての特殊解を代表的に書き表わしたものにほかならない.

a, b をそれぞれ特定の数とし

$$x=a \text{ のとき } y=b \tag{2}$$

となるような解に対する C の値 C_0 は

$$C_0 = u(a, b)$$

によって定まる．よって

$$u(x, y) = C_0 \tag{3}$$

の与える y が条件 (2) に適合する特殊解というわけである．条件 (2) を**初期条件**と称する．

例 1．§4，例 2 において微分方程式

$$y + xy' = 0$$

の一般解は

$$y = \frac{C}{x}$$

であって，$y=\dfrac{1}{x}$ は $x=1$ のとき $y=1$ なる初期条件を満足する特殊解である．

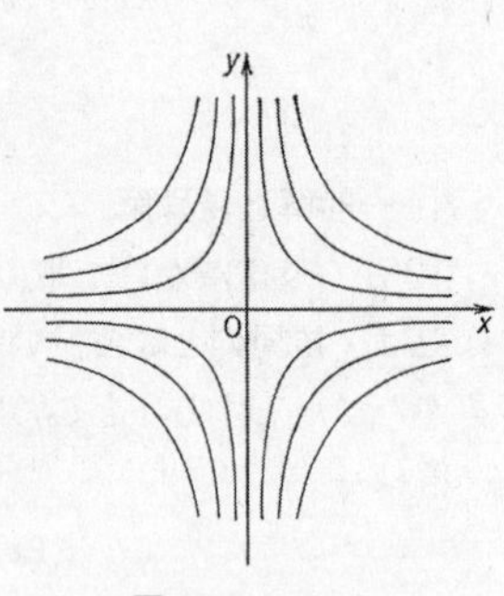

図 A-1 $xy=C$

一般に微分方程式の解が表わす曲線をその微分方程式の**積分曲線**と称する．上に述べたように一般に微分方程式は無数の特殊解を有するので積分曲線は一つの曲線族を形づくり，一般解を与える方程式 (1) はこの曲線族を代表的に表わすと考えられる．初期条件 (2) を指定することは積分曲線が点 (a, b) をとおることを指定するということにほかならない．

以上のごとく考えてくると，微分方程式はそのすべての特殊解に共通な性質を表わす方程式であると考えることができる．あるいは，そのすべての積分曲線に共通な性質を

表わすといっても同じことである.

例 2. 同次形の微分方程式

$$(x^2+y^2)-2xyy'=0$$

すなわち $y'=\dfrac{1}{2}\left(\dfrac{x}{y}+\dfrac{y}{x}\right)$

はその積分曲線が $y=mx$ なる直線との交点において方向係数が $\dfrac{1}{2}\left(\dfrac{1}{m}+m\right)$ にひとしい接線をもつことを表わす. この方向係数は直線 $y=mx$ によって定まり,

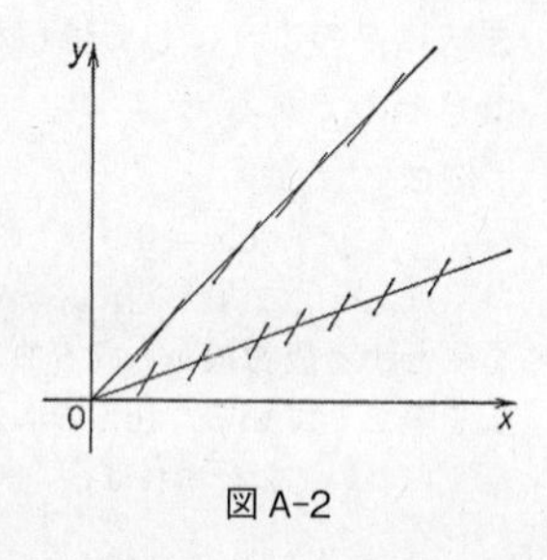

図 A-2

積分曲線のいかんにはかかわりがない. すなわち, この直線上に接点をもつ接線はすべて互いに平行なのである. この微分方程式の一般解は

$$x^2-y^2=Cx$$

である (§3, 問1).

いままで述べてきたことを逆にして考えれば次のごとくなる:

ここに C を助変数とする方程式

$$f(x,y,C)=0 \tag{4}$$

によって一つの曲線族が与えられているとする. (4) の両辺を x について微分すれば

$$f_x(x,y,C)+f_y(x,y,C)y'=0.$$

これと (4) とから C を消去して, 微分方程式

$$F(x,y,y')=0 \tag{5}$$

が得られるものとすれば, (4) はすなわち微分方程式 (5)

の積分曲線の方程式にほかならない．一般に1階常微分方程式はこのようにして得られたものであると考えることができるのである．

例3. 方程式

$$y^2-2Cx=0 \qquad (6)$$

は原点 $(0,0)$ に頂点を有し，x 軸を軸とする放物線から成る曲線族を表わしている．(6) の両辺を x について微分すれば

$$2y\frac{dy}{dx}-2C=0.$$

これと (6) とから C を消去して微分方程式

$$y^2-2xyy'=0$$

$$\text{すなわち}\quad y'=\frac{y}{2x} \quad (7)$$

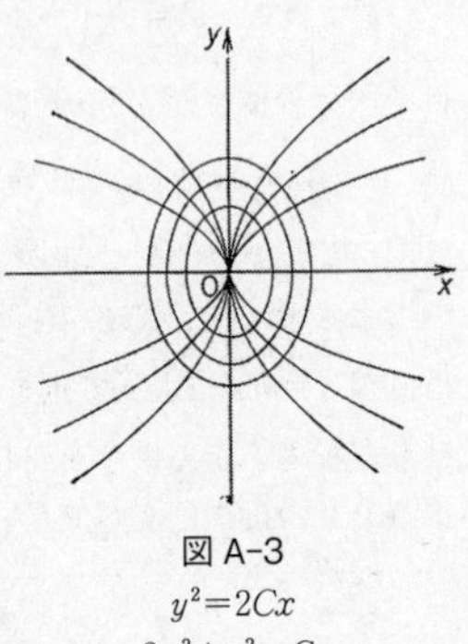

図 A-3

$y^2=2Cx$

$2x^2+y^2=C_1$

が得られる．逆に，(7) を解いて (6) を得ることは容易である．

ところで，いま，曲線族 (6) と直交するような曲線を求める問題を考えてみよう．この曲線が (6) の放物線のうちの一つと交わる点を (x,y) とすれば，この点における放物線の接線の方向係数は (7) により $\dfrac{y}{2x}$ であるから，求める曲線のその点における接線の方向係数は $-\dfrac{2x}{y}$ にひとしい．これは，いいかえれば，求める曲線は微分方程式

$$y'=-\frac{2x}{y}$$

の積分曲線でなければならないということを意味する．この微分方程式を解けば

$$2x^2+y^2=C. \tag{8}$$

この方程式は原点を中心とし互いに相似な楕円から成る曲線族を表わす．これがすなわち曲線族 (6) と直交する曲線——いわゆる**直交曲線**——の形づくる曲線族である．

問 1. x 軸上に中心を有し原点をとおる円から成る曲線族の微分方程式を求める．

問 2. 曲線族

$$y=\frac{p(x)C+q(x)}{r(x)C+s(x)}$$

の微分方程式は

$$y'=P(x)+Q(x)y+R(x)y^2$$

（Riccati（リッカチ）の微分方程式）

なる形であることを証明する．

§8. Clairaut の微分方程式

微分方程式が

$$y=xy'+f(y') \tag{1}$$

なる形であるとき，これを Clairaut（クレロー）の微分方程式という*．

$$p=y'$$

とおいてこれを (1) に代入すれば

$$y=xp+f(p). \tag{2}$$

この両辺を x について微分すれば

$$p=p+xp'+f'(p)p'.$$

---

*　$f(y')$ は $\alpha y'+\beta$（α, β は定数）なる形には書けない関数であるとする．

よって

$$p'[x+f'(p)] = 0.$$

ゆえに，y が (1) の解ならば $p'=0$ かまたは $x+f'(p)=0$ でなければならない．

i) $p'=0$ とすれば $p=C$（C は定数）である．これを (2) に代入すればすなわち

$$y = xC+f(C). \tag{3}$$

逆に，(3) の両辺を x について微分すれば $y'=C$ であるから，(3) で与えられる y は微分方程式 (1) を確かに満足する．(3) で定められる解 y を前節にならって (1) の**一般解**と称し，《任意定数》C に特定値を与えたときこれを**特殊解**ということにする．なお，(3) は直線族を表わすことに注意する．

ii) $x+f'(p)=0$ とすれば

$$x = -f'(p). \tag{4}$$

これを (2) に代入すれば

$$y = -pf'(p)+f(p). \tag{5}$$

ここで p を助変数とみなせば，(4)，(5) は一つの曲線の方程式になる．$f''(p) \neq 0$ と仮定すればこの曲線が (1) の積分曲線であることは次のようにして知られる：

(4) および (5) から

$$\frac{dx}{dp} = -f''(p), \quad \frac{dy}{dp} = -f''(p)\cdot p.$$

ゆえに，この曲線の方向係数は p にひとしい．すなわち，(4) と (5) とから p を消去して y を x の関数として表わし

たとすれば

$$\frac{dy}{dx}=p.$$

しかるにまた，(4)，(5) から

$$y=xp+f(p).$$

よって

$$y=x\frac{dy}{dx}+f\left(\frac{dy}{dx}\right).$$

(4)，(5) で与えられる積分曲線は直線ではないからどの特殊解とも一致することはない．じつは，これは一般解 (3) の表わす曲線族の包絡線なのである．このことは (3) の包絡線を与える方程式

$$y=Cx+f(C),$$
$$0=x+f'(C)$$

と (4)，(5) とを見くらべることによって確かめられる．

解 (4)，(5) を**特異解**と称する．

問 1. $y=xy'-y'^2$ を解く（図 A-4）．

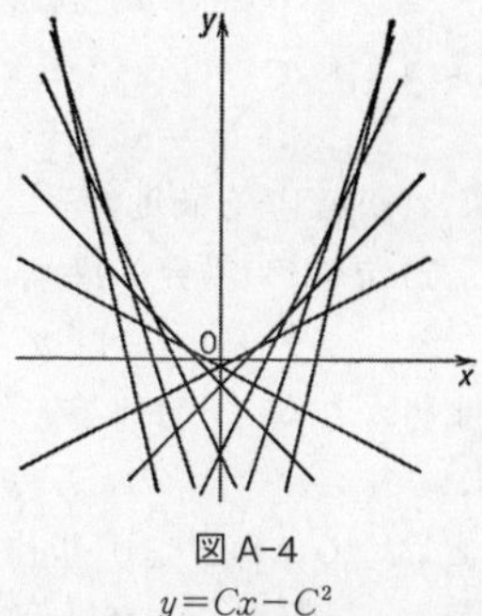

図 A-4
$y=Cx-C^2$
$4y=x^2$

§9. 2階線形微分方程式 $y''+qy=0$

$$y''+P(x)y'+Q(x)y=R(x)$$

の形の微分方程式を**2階線形微分方程式**という．本書で

は $P(x)$ および $Q(x)$ がいずれも定数である場合，すなわち

$$y''+py'+qy = R(x) \quad (p, q \text{ は定数}) \tag{1}$$

の場合だけを扱うことにする．

とくに，この節では $p=0$, $R(x)\equiv 0$ である場合：

$$y''+qy = 0 \tag{2}$$

の解きかたについて説明する．

1) $q=0$ の場合：(2) は

$$y'' = 0 \tag{3}$$

となるから

$$y' = C_1. \quad (C_1 \text{ は定数})$$

よって

$$y = C_1x+C_2. \quad (C_1, C_2 \text{ は定数}) \tag{4}$$

これが (3) を満足することは明らかである．

2) $q<0$ の場合：$q=-a^2$ $(a>0)$ とおけば，(2) は

$$y''-a^2y = 0 \tag{5}$$

と書かれる．

$$y = e^{ax}u$$

とおいてこれを (5) に代入すれば

$$e^{ax}(a^2u+2au'+u'')-a^2e^{ax}u = 0 \quad \text{すなわち}$$

$$u''+2au' = 0.$$

$v=u'$ とおけば，これは

$$v'+2av = 0$$

であるから

$$v = Ce^{-2ax} \quad (\S 6 \text{ の } (4))$$

よって

$$u = C_2e^{-2ax}+C_1. \quad \left(C_2=-\frac{C}{2a}\right)$$

したがって

$$y = C_1e^{ax}+C_2e^{-ax}. \quad (C_1, C_2 \text{ は定数}) \tag{6}$$

これが (5) を満足することはただちに確かめられる.

3) $q>0$ の場合：$q=a^2$ $(a>0)$ とおけば, (2) は

$$y''+a^2y = 0 \tag{7}$$

と書かれる. 両辺に $2y'$ を乗ずれば

$$2y'y''+2a^2yy' = 0.$$

よって

$$y'^2+a^2y^2 = A^2. \quad (A \text{ は定数}, \ A \geqq 0) \tag{8}$$

y が (7) の解で, もし同じ点で $y=0$, $y'=0$ となることがあれば, この y に対しては $A=0$, したがって $y'^2+a^2y^2=0$ であるから

$$\boxed{y \equiv 0}$$

また, $y\equiv 0$ がじっさい (7) の解であることは明らかである.

ところで, いま, y_1 および y_2 がともに (7) の解で, かつ, ある区間のすべての点で $y_1=y_2$ であったとしてみる. $y=y_1-y_2$ とおけば y は, やはり, (7) の解で*, しかもその区間の各点で $y=0$, $y'=0$ であるから, $y\equiv 0$, すなわち

$$y_1 \equiv y_2.$$

いいかえれば, (7) の二つの解の値がある区間で一致すれ

---

* $y''+a^2y=y_1''-y_2''+a^2(y_1-y_2)=(y_1''+a^2y_1)-(y_2''+a^2y_2)=0.$

ばいたるところその値は一致しなければならないのである.

これだけの注意をしたうえで $y\equiv 0$ 以外の (7) の解を求めてみよう：(8) から

$$y' = \sqrt{A^2 - a^2y^2} \quad \text{または} \quad y' = -\sqrt{A^2 - a^2y^2}.$$

ただし, $y\equiv 0$ でないのであるから, $A>0$.

まず, $y'=\sqrt{A^2-a^2y^2}$ のほうをとって

$$A^2 - a^2y^2 \neq 0 \tag{9}$$

であると仮定すると

$$\frac{y'}{\sqrt{A^2-a^2y^2}} = 1.$$

よって

$$\frac{1}{a}\,\mathrm{Sin}^{-1}\frac{a}{A}y = x + B. \quad (B \text{ は定数})$$

すなわち

$$\begin{aligned} y &= \frac{A}{a}\sin a(x+B) \\ &= \frac{A}{a}\sin ax\cos aB + \frac{A}{a}\cos ax\sin aB. \end{aligned}$$

ゆえに, $C_1 = \dfrac{A}{a}\cos aB$, $C_2 = \dfrac{A}{a}\sin aB$ とおけば

$$\boxed{y = C_1 \sin ax + C_2 \cos ax \quad (C_1, C_2 \text{ は定数})} \tag{10}$$

$y'=-\sqrt{A^2-a^2y^2}$ のほうをとっても, (9) を仮定すれば, やはり同じ結果 (10) に到達する.

(10) が x のすべての値に対し (7) を満足することは容

易に確かめられる.

なお, $C_1=C_2=0$ とすればさきに除外した解 $y\equiv 0$ が得られることに注意する.

こうして (10) を得たうえで, 仮定 (9) : $A^2-a^2y^2\neq 0$ について吟味してみよう.

i) (7) の解 y が定数値関数ならば $y''\equiv 0$. よって, (7) により $y\equiv 0$. ゆえに, $A>0$, $A^2-a^2y^2\equiv 0$ なる (7) の解はありえない.

ii) したがって, $A>0$ なるとき (8) の解 y が (7) の解ならば, かならず, $A^2-a^2y^2\neq 0$ であるような点 $x=x_0$ があるはずである. この y はもとより連続関数なのであるから, x_0 を中点とするある区間においても $A^2-ay^2\neq 0$. よって, この区間ではこの y は (10) において C_1, C_2 にある特定の値 $\overline{C}_1, \overline{C}_2$ を与えたものと一致する:

$$y=\overline{C}_1\sin ax+\overline{C}_2\cos ax.$$

さきに述べた注意により, この等式はいたるところ——$A^2-a^2y^2=0$ であるようなところでも——成りたたなければならない.

以上により

微分方程式 (7) ノ解ハ (10) デ与エラレ, コレ以外ニハナイ

ことが明らかになったわけである.

§10. 2階線形微分方程式 $y''+py'+qy=0$

この節では $R(x)\equiv 0$ なる場合:

$$y''+py'+qy=0 \tag{1}$$

の解きかたを説明する．

$$y=ue^{vx} \quad (v\text{ は定数})$$

とおいて (1) に代入すれば

$$e^{vx}(u''+2vu'+v^2u)+pe^{vx}(u'+vu)+que^{vx}=0,$$

すなわち

$$u''+(2v+p)u'+(v^2+vp+q)u=0.$$

ゆえに

$$v=-\frac{p}{2}, \quad y=ue^{-\frac{p}{2}x}$$

とすれば

$$u''+\frac{1}{4}(4q-p^2)u=0.$$

1) $4q-p^2=0$ の場合：前節の 1) により

$$u=C_1x+C_2.$$

すなわち

$$y=e^{-\frac{p}{2}x}(C_1x+C_2). \quad (C_1, C_2\text{ は定数}) \tag{2}$$

2) $4q-p^2<0$ の場合：前節の 2) により

$$u=C_1e^{\frac{1}{2}\sqrt{p^2-4q}x}+C_2e^{-\frac{1}{2}\sqrt{p^2-4q}x}.$$

よって

$$y=C_1e^{\frac{1}{2}(-p+\sqrt{p^2-4q})x}+C_2e^{\frac{1}{2}(-p-\sqrt{p^2-4q})x}. \quad (C_1, C_2\text{ は定数}) \tag{3}$$

3) $4q-p^2>0$ の場合：前節の 3) により

$$u=C_1\sin\left(\frac{\sqrt{4q-p^2}}{2}x\right)+C_2\cos\left(\frac{\sqrt{4q-p^2}}{2}x\right).$$

よって

$$y=e^{-\frac{p}{2}x}\left[C_1\sin\left(\frac{\sqrt{4q-p^2}}{2}x\right)\right.$$
$$\left.+C_2\cos\left(\frac{\sqrt{4q-p^2}}{2}x\right)\right].\quad (C_1, C_2 \text{ は定数})\qquad (4)$$

ここで，p^2-4q が方程式

$$t^2+pt+q=0 \qquad (5)$$

の判別式であることに注意すれば，1）の場合は（5）が重根 $-\dfrac{p}{2}$ をもつ場合，また，2）は（5）が二つの実根 $\dfrac{1}{2}(-p+\sqrt{p^2-4q})$ および $\dfrac{1}{2}(-p-\sqrt{p^2-4q})$ をもつ場合，さらにまた，3）は（5）が虚根 $\dfrac{1}{2}(-p+i\sqrt{4q-p^2})$ および $\dfrac{1}{2}(-p-i\sqrt{4q-p^2})$ をもつ場合にあたることがわかる．よって以上の結果をまとめて述べれば次のごとくになる：

1）方程式（5）が重根 α をもつ場合には，（1）の解は

$$y=e^{\alpha x}(C_1x+C_2). \qquad (6)$$

2）方程式（5）が相異なる二つの実根 a, b をもつ場合には

$$y=C_1e^{ax}+C_2e^{bx}. \qquad (7)$$

3）方程式（5）が虚根 $\alpha+\beta i$，$\alpha-\beta i$ をもつ場合には

$$y=e^{\alpha x}(C_1\sin\beta x+C_2\cos\beta x). \qquad (8)$$

上記において C_1, C_2 はいずれも任意の定数である．（6），（7），（8）はそれぞれの場合において，いずれも微分方程式の一般解とよばれる．C_1, C_2 に特定値を与えたものが特殊解である．

問 1.

$$\left.\begin{array}{lll} 1)\text{ の場合：} & y_1=xe^{\alpha x}, & y_2=e^{\alpha x} \\ 2)\text{ の場合：} & y_1=e^{ax}, & y_2=e^{bx} \\ 3)\text{ の場合：} & y_1=e^{\alpha x}\sin\beta x, & y_2=e^{\alpha x}\cos\beta x \end{array}\right\} \quad (9)$$

とおけば，いずれの場合にも

$$\boxed{y_1y_2'-y_1'y_2 \neq 0}$$

であることを確かめる．

問 2. 次の微分方程式を解く：

1) $y''+3y'+2y=0$　　2) $y''+2y'+5y=0$.

§11. 定数変化法

y, u を微分方程式

$$y''+py'+qy=R(x) \tag{1}$$

の二つの解とし

$$v=y-u$$

とおけば

$$\begin{aligned} &y''+py'+qy-R(x)=0, \\ &u''+pu'+qu-R(x)=0 \\ &v''+pv'+qv=[y''+py'+qy-R(x)] \\ &\qquad\qquad\qquad -[u''+pu'+qu-R(x)]=0 \end{aligned}$$

であるから，v は微分方程式

$$y''+py'+qy=0 \tag{2}$$

の解である．

これをもってみれば

(1) ノ任意ノ解 y ハ (1) ノ特定ノ解 u ト (2) ノ解 v ト ノ和ニヒトシイ．

すなわち，前節 (9) の y_1, y_2 をもちいれば，(1) の解はすべて

$$y = u + C_1y_1 + C_2y_2 \quad (C_1, C_2 \text{ は定数}) \tag{3}$$

で与えられるわけである．(3) は微分方程式 (1) の**一般解**であるといわれる．また《任意定数》C_1 および C_2 に特定の値を与えたものは特殊解と称する．こうして，(1) のすべての解を求める問題は，けっきょく，そのうちの一つ——一つの**特殊解**——を求める問題に帰着させられる．

その一つの特殊解として．(3) の y_1, y_2 をもちいて

$$y = w_1y_1 + w_2y_2 \quad (w_1, w_2 \text{ は } x \text{ の関数}) \tag{4}$$

なる形のものを求めてみる：

(4) の両辺を x について微分すれば

$$y' = w_1y_1' + w_2y_2' + w_1'y_1 + w_2'y_2.$$

ここで w_1, w_2 に

$$w_1'y_1 + w_2'y_2 \equiv 0 \tag{5}$$

なる条件をつければ

$$y' = w_1y_1' + w_2y_2'. \tag{6}$$

この両辺をふたたび x について微分すれば

$$y'' = w_1y_1'' + w_2y_2'' + w_1'y_1' + w_2'y_2'. \tag{7}$$

y_1, y_2 は (2) の解であるから，(4)，(6)，(7) を (1) に代入すれば

$$w_1'y_1' + w_2'y_2' = R(x). \tag{8}$$

前節の問 1 により

$$\varDelta \equiv y_1y_2' - y_1'y_2 \neq 0$$

であるから，(5) と (8) とから w_1', w_2' を求めれば

$$w_1{}' = -\frac{R(x)y_2}{\varDelta}, \quad w_2{}' = \frac{R(x)y_1}{\varDelta}$$

$$w_1 = -\int\frac{R(x)y_2}{\varDelta}dx, \quad w_2 = \int\frac{R(x)y_1}{\varDelta}dx.$$

この w_1, w_2 をもちいて $w_1y_1+w_2y_2$ をつくれば，これが(1) の解であることは容易に確かめられる．かくして，微分方程式 (1) の一般解は

$$y = \left[C_1 - \int\frac{R(x)y_2}{\varDelta}dx\right]y_1 + \left[C_2 + \int\frac{R(x)y_1}{\varDelta}dx\right]y_2$$

$$\varDelta = y_1y_2{}' - y_1{}'y_2$$

によって与えられるということになった．以上で説明した方法は**《定数変化法》**という名で知られている．

例 1． $y''+2y'+y=8e^x$：

$t^2+2t+1=0$ は重根 -1 を有するから，$y''+2y'+y=0$ の解は

$$y = e^{-x}(C_1+C_2x).$$

よって

$$w_1{}'e^{-x}+w_2{}'e^{-x}x = 0, \quad -w_1{}'e^{-x}+w_2{}'(e^{-x}-xe^{-x}) = 8e^x$$

から $w_1{}', w_2{}'$ を求めれば

$$w_1{}' = -8e^{2x}x, \quad w_2{}' = 8e^{2x}.$$

すなわち

$$w_1 = -2e^{2x}(2x-1), \quad w_2 = 4e^{2x}.$$

よって

$$-2e^x(2x-1)+4xe^x = 2e^x$$

は一つの特殊解である．したがって一般解は

$$y = 2e^x+e^{-x}(C_1+C_2x).$$

注意 1． 実際には上記の定数変化法によらなくても特殊解をたやすく見いだしうる場合が多い．たとえば，上例の場合 $y=\lambda e^x$

（λ は定数）を与えられた微分方程式に代入してみれば，$\lambda=2$ のとき，すなわち $y=2e^x$ とするとき，これが一つの特殊解であることがすぐわかる．

問 1．$y''+4y=\sin x$ を解く．

演習問題（付録）

次の微分方程式を解く（1～20）：

1．$(a^2+y^2)-2x\sqrt{ax-a^2}\,y'=0 \quad (a>0)$

2．$(1+x^2)y^3+(1-y^2)x^3y'=0$

3．$xy'=y+\sqrt{x^2+y^2}$

4．$(x+y)+(y-x)y'=0$

5．$y'=\sqrt{ax+by+c} \quad (b\neq 0)$

6．$3x^2+6xy^2+(6x^2y+4y^3)y'=0$

7．$\dfrac{x+yy'}{\sqrt{1+x^2+y^2}}+\dfrac{y'}{1+y^2}=0$

8．$x^2y+y^2+2xy+(x^2+x)(x+2y)y'=0$（指針：§5，(8) により積分因子を求める）

9．$xy'-(x+1)y=\dfrac{e^x}{\sqrt{x^2-1}}$

10．$\sin x\cos x\,y'-y=\sin^3 x$

11．$2xy'+y+3x^2y^2=0$

12．$y=y'x+y'-y'^2$

13．$y=y'x+\sqrt{1+y'^2}$

14．$y''+2y'+4y=7e^x-4x-6$

15．$y''-2y'+2y=e^x\cos mx$

16．$y''-2y'+y=x^2e^x$

17．$y''-3y'+2y=\sin x+x^3$

18. $x^2y''+2xy'-6y=0$ (指針：$x=e^t$ とおく)

19. $ay''=\sqrt{1+y'}$ $(a\neq 0)$ (指針：$y'=p$ とおいて p についての微分方程式を解く)

20. $yy''=y'(y'+1)$ $\left(\text{指針：} y'=p,\ y''=p\dfrac{dp}{dy}\right)$.

21. 曲率の一定な曲線は円弧であることを証明する.

22. 曲線族 $xy=C$ の直交曲線族を求める.

23. $y(3x^2+y^2)-2x^3y'=0$ で定められる曲線族およびその直交曲線族を求める.

24. 2点 $(-a,0)$ および $(a,0)$ から曲線の接線への距離の積がつねに定数 b^2 にひとしいとき，この曲線を求める．この2点が接線の同じ側にある場合とそうでない場合を区別する.

25. $y_1(x), y_2(x), y_3(x)$ が $y'+P(x)y=Q(x)$ の特殊解ならば $\dfrac{y_3(x)-y_1(x)}{y_2(x)-y_1(x)}$ は定数にひとしいことを証明する.

問題解答

I. 微分法

§1. 問 1. $f(0)=-2,\ f(1)=2,\ f(-1)=-4,\ f\left(\frac{1}{2}\right)=-\frac{7}{16}$

§3. 問 1. 1) $(-\infty\,;0)\cup(0\,;+\infty)$ 2) $(-1\,;1)$ 3) $[-\sqrt{2}\,;-1)\cup(-1\,;\sqrt{2}]$

§8. 問 1. $3c^2x-y-2c^3=0,\ x+3c^2y-3c^5-c=0$

§9. 問 1. $b\neq0$ のときは，$x=t,\ y=-\frac{c}{b}-\frac{a}{b}t$；$b=0$ のときは，$x=-\frac{c}{a}-\frac{b}{a}t,\ y=t.$

問 4. $x=c^2-3(1-c^2)(t-c),\ y=3c-c^3+2c(t-c)$

§11. 問 1. $f\left(-\frac{1}{2}\right)=\frac{3}{4}$

演習問題 I.

1. 2. 3. 4.

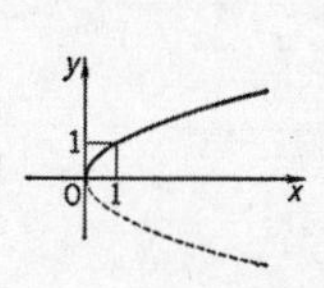

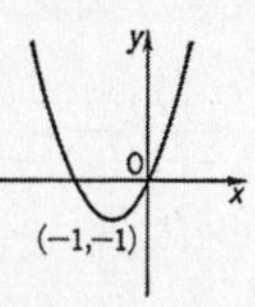

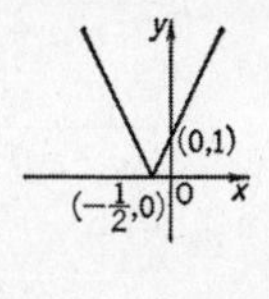

5.

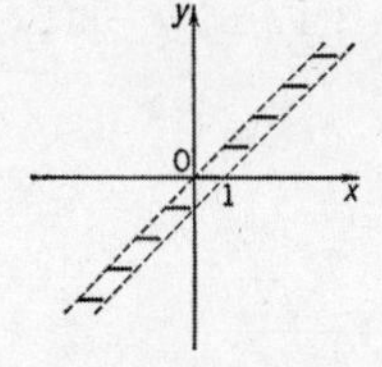

6. 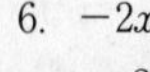 $-2x$　7. $3x^2+8x$　8. $-2+2x$

9. $-\frac{2}{x^3}$　10. $-\frac{a}{x^2}+c$

11. $\frac{1}{2\sqrt{1+x}}$　12. $\frac{2}{\sqrt{x}}-\frac{5}{x^2}$

13. $1-3x^2$　14. $\frac{x}{\sqrt{1+x^2}}$

15. $\frac{-x}{\sqrt{1-x^2}}$　16. $\frac{1}{p}$

17. $\left(\frac{1}{\sqrt{3}}\,;\,\frac{1}{3\sqrt{3}}\right)$ および $\left(-\frac{1}{\sqrt{3}}\,;\,-\frac{1}{3\sqrt{3}}\right)$

19. 接線 $cx+\sqrt{1-c^2}\,y-1=0$, 法線 $\sqrt{1-c^2}\,x-cy=0$

21. 極小値 $\frac{2}{3}$ $\left(x=\frac{1}{3}\right)$ 22. 極大値 1 $(x=0)$

23. 3 $(x=4)$ 24. 正方形 26. i) a, $b-gt$

ii) $t=\frac{2b}{g}$, $x=\frac{2ab}{g}$ iii) $t=\frac{b}{g}$, $y=\frac{b^2}{2g}$ iv) $x=\frac{ab}{g}$

28. $|2x|$, p, $\sqrt{4x^2+2px}$, $\sqrt{2px+p^2}$

29. $|x|$, $\frac{C^4}{|x^3|}$, $\frac{\sqrt{x^4+C^4}}{|x|}$, $\frac{C^2\sqrt{x^4+C^4}}{|x^3|}$ 30. $\frac{55}{9}$m

II. 微分法の公式

§1. 問 1. 1) $\frac{1}{2\sqrt{x}}(1+15x^2+14x^3)$

2) $5x^4+24x^3+9x^2+34x+32$ 問 2. 1) $-\frac{4a^2x}{(a^2+x^2)^2}$

2) $\frac{1+5x^3}{2\sqrt{x}\,(1-x^3)^2}$ 問 3. 1) $\frac{x^3+1}{x^2\sqrt{2x^3-1}}$ 2) $\frac{\sqrt{x+\sqrt{1+x^2}}}{2\sqrt{1+x^2}}$

3) $\frac{(a+b)(ab-x^2)}{(a-x)(b-x)\sqrt{(a^2-x^2)(b^2-x^2)}}$

§3. 問 1. 1) $3(x^2-1)$ 2) $4(x^3-3x)$

3) $-\frac{2(x+a)}{(1+2ax+x^2)^2}$ 4) $\frac{nx^{n-1}}{(1-x^n)^2}$

§4. 問 1. $y^6-3(1+x^3)y^4-2(1+x^3)y^3+3(1+x^3)^2y^2-6(1+x^3)^2y-(1+x^3)^2x^3=0$

§5. 問 1. 1) $-\frac{4}{3}x^{-\frac{7}{3}}$ 2) $\frac{2(1+2x)}{3\sqrt[3]{1+x+x^2}}$

演習問題 II.

1. $5x^4+12x^2+7$ 2. $-\frac{a}{2x\sqrt{x}}+\frac{b}{2\sqrt{x}}+\frac{3c\sqrt{x}}{2}$

3. $\dfrac{1-4x-3x^2}{(1+x+x^2)^2}$ 4. $\dfrac{-x^2+2ax+bc-ca-ab}{(x-b)^2(x-c)^2}$

5. $3x^2+2(a+b)x+ab$ 6. $-\dfrac{2n(x-a)}{[(x-a)^2+b^2]^{n+1}}$

7. $\dfrac{-2x^3}{\sqrt{a^4-x^4}}$ 8. $\dfrac{2x-5}{2\sqrt{(x-2)(x-3)}}$

9. $\dfrac{x}{\sqrt[3]{(1+3x)^4}\sqrt{1+2x}}$ 10. $\dfrac{1}{3\sqrt[3]{x^2}\sqrt{1-\sqrt[3]{x^2}}\,(1+\sqrt[3]{x})}$

11. $-\dfrac{2a^2}{x^3}\left(1+\dfrac{a^2}{\sqrt{a^4-x^4}}\right)$ 12. $-\dfrac{(a^{\frac{2}{3}}-x^{\frac{2}{3}})^{\frac{1}{2}}}{x^{\frac{1}{3}}}$

13. $-\dfrac{m(x+3)+n(x+1)}{(x+1)^{m+1}(x+3)^{n+1}}$

14. $x^{m-1}(a+bx^n)^{p-1}[ma+(m+np)bx^n]$

15. $\dfrac{1}{a^2}\left(\dfrac{x}{\sqrt{x^2+a^2}}-1\right)$ 17. $-\dfrac{(x+1)(5x^2+14x+5)}{(x+2)^4(x+3)^5}$

18. $\sqrt[5]{(a^2+x^2)^4}\sqrt[3]{(b^2+x^2)^2}\left(\dfrac{8}{5}\dfrac{x}{a^2+x^2}+\dfrac{4}{3}\dfrac{x}{b^2+x^2}\right)$

19. $\dfrac{2(a+b)(ab-x^2)}{3\sqrt[3]{(a-x)^4(b-x)^4(a+x)^2(b+x)^2}}$

20. $\dfrac{2a^4x+a^2x^3-5x^5}{\sqrt{a^2-x^2}}$

24. $2ab$（二辺の長さがそれぞれ $\sqrt{2}a$, $\sqrt{2}b$ にひとしい長方形）

III. 平均値の定理

§1. 問 2. 問 3. いずれも微分可能でない

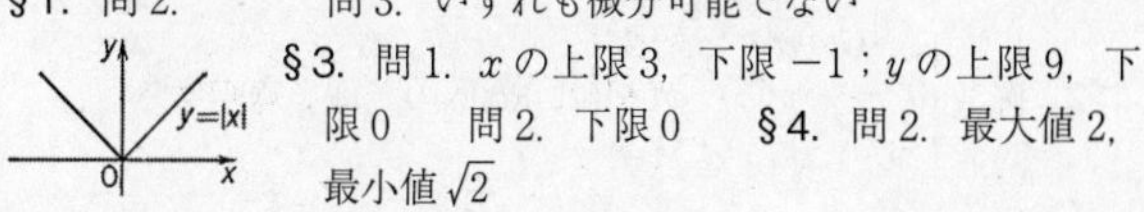

§3. 問 1. x の上限 3, 下限 -1；y の上限 9, 下限 0 問 2. 下限 0 §4. 問 2. 最大値 2, 最小値 $\sqrt{2}$

§6. 問 7. 極大値 $\dfrac{26244}{3125}$, 極小値 0

演習問題 III.

2. 1個

6. 極大値 5 ($x=0$), 極小値 0 ($x=-1$), -27 ($x=2$)

7. 極大値 $\dfrac{9+4\sqrt{2}}{7}$ ($x=-\sqrt{2}$), 極小値 $\dfrac{9-4\sqrt{2}}{7}$ ($x=\sqrt{2}$)

8. 極大値 $\dfrac{\sqrt[3]{4}}{3}\left(x=\dfrac{4}{3}\right)$, 極小値 0 ($x=2$)

9. 極大値 10 ($x=-2$), 極大値 17 ($x=1$), 極小値 0

10. 極大値 10 ($x=-1$), 極小値 6 ($x=1$), 0

11. $\dfrac{a_1+a_2+\cdots+a_n}{n}$　12. もとの正方形の辺の $\dfrac{1}{6}$

13. 定直線に関する A の対称点 A′ と B とを結ぶ直線が定直線と交わる点　14. $(a^{\frac{2}{3}}+b^{\frac{2}{3}})^{\frac{3}{2}}$　15. $f(x)=\alpha x-\dfrac{\alpha^p}{p}-\dfrac{x^q}{q}$ とおいて, $[0\,;+\infty)$ における $f(x)$ の最大値が 0 であることを証明する.　16. i) $\dfrac{-1+\sqrt{4x-3}}{2}$　ii) $\dfrac{3}{4}\leqq x$　iii) $\dfrac{1}{\sqrt{4x-3}}$　17. 背理法による　18. 閉区間 $[a\,;b]$ における $f(x)$ の最大値もしくは最小値を与える点を考える

19. $f(x)-\mu x$ に前問を適用する　20. $\dfrac{d}{dx}\dfrac{f(x)}{g(x)}=0$ に注意

21. 背理法による. $g(x)\neq 0$ ならば $\dfrac{d}{dx}\dfrac{f(x)}{g(x)}=\dfrac{f'(x)g(x)-f(x)g'(x)}{[g(x)]^2}$ なることに注意

22. 関数 $\begin{vmatrix} f(a) & \varphi(a) & \psi(a) \\ f(b) & \varphi(b) & \psi(b) \\ f(x) & \varphi(x) & \psi(x) \end{vmatrix}$ に Rolle の定理を適用する

IV. 積 分 法

§2. 問1. 1) $2\sqrt{x}+C$　　2) $\frac{2}{9}x^4\sqrt{x}+C$

§3. 問3. $\frac{(x^3+5)^3}{9}+C$

§5. 問1. $\frac{4}{3}\sqrt{2}$　　問2. $\frac{4}{3}$　　§11. 問1. $\frac{1}{6}$

演習問題 IV.

1. $\frac{x^4}{2}-\frac{5x^3}{3}-\frac{3x^2}{2}+4x+C$

2. $\frac{4}{5}x^{\frac{5}{2}}-\frac{9}{5}x^{\frac{5}{3}}+\frac{10}{3}x^{\frac{3}{2}}-3x+C$　　3. $-\frac{2\sqrt{a-bx}}{b}+C$

4. $\frac{(a^2+x^2)^3}{6}+C$　　5. $\frac{2\sqrt{x^3+3}}{3}+C$

6. $-\frac{2(\sqrt{a}-\sqrt{x})^3}{3}+C$　　7. $2\sqrt{x^2+x+1}+C$

8. $\frac{1}{2}\sqrt[3]{(x^3+6x+5)^2}+C$　　9. $\frac{x^3}{3a^2}-\frac{(\sqrt{x^2-a^2})^3}{3a^2}+C$

10. 部分積分法による　　13. $\frac{a^4}{4}$　　14. $\frac{a^2}{6}$　　15. $\sqrt{5}-2$

16. $\frac{16}{105}$　　17. $\frac{2-\sqrt{2}}{3}a^3$　　18. $\frac{ab}{6}$　　19. $\frac{1}{12}$

20. $\frac{\alpha\beta}{7}$, Pの軌跡は $xy=$定数　　21. $\frac{4\sqrt{3}}{45}$　　22. $6\sqrt{3}$

23. 2次方程式 $t^2\int_a^b[f(x)]^2dx+2t\int_a^b f(x)g(x)dx+\int_a^b[g(x)]^2dx=0$ の判別式を考える

V. 指数関数と対数関数

§6. 問1. ce^{cx}, $(2x+x^2)e^x$　　問3. $(x^2-2x+2)e^x+C$

§7. 問1. $x^x(\log x+1)$　　問3. $\frac{1}{2}x^2\log x-\frac{x^2}{4}+C$

演習問題 V.

1. $\frac{2ab}{a^2-b^2x^2}$　　2. $-\frac{2}{\sqrt{1+x^2}}$　　3. $xe^{\sqrt{x}}$

4. $(m-2x^2)x^{m-1}e^{-x^2}$　　5. $\frac{x^{\sqrt{x}}}{\sqrt{x}}\left(\frac{1}{2}\log x+1\right)$　　6. $\frac{1}{1+e^x}$

7. $xa^x(\log a)^2$　　8. $nx^{n-1}\log a\cdot a^{x^n}$　　9. $\frac{1}{3}\log|x^3+2|+C$

10. $\log\left(x+\frac{1}{2}+\sqrt{1+x+x^2}\right)+C$　(§7, (9))

11. $\frac{2}{3}\sqrt{(1+\log x)^3}+C$　　12. $\frac{x}{x+1}\log x-\log(x+1)+C$

13. $-e^{-x}(x^3+3x^2+6x+6)+C$　　16. $\frac{1}{2}$　　17. $\frac{8}{3}\log 2-\frac{7}{9}$

18. $\frac{1}{4}(3\sqrt{3}-1)+\frac{3}{8}\log\frac{3+2\sqrt{3}}{3}$　(§8, 例2)

19. $\sqrt{2}+\log(1+\sqrt{2})$　　20. $\frac{a}{2}\left(e-\frac{1}{e}\right)$

22. 数学的帰納法　　25. 数学的帰納法　　26. i) $a<0$ ならば1個　　ii) $a=0$, $b\leqq 0$ ならばない　　iii) $a=0$, $b>0$ ならば1個　　iv) $a>0$, $a\log a>a-b$ ならば2個　　v) $a>0$, $a\log a=a-b$ ならば1個（重根）　　vi) $a\log a<a-b$ ならばない　　27. $0<a\leqq e^{\frac{1}{e}}$　　28. $f(x)=\varphi(x)e^x$ であるとすれば $\varphi(x)$ は定数であることを証明する　　29. 両辺を x について微分し $x=0$ とおいてみる

VI. 三角関数と逆三角関数

§1. 問1. $\sec x\tan x$, $-\operatorname{cosec} x\cot x$

§2. 問 3. 1) $\mathrm{Sin}^{-1}x+\dfrac{x}{\sqrt{1-x^2}}$　　2) 0

§3. 問 2. $\dfrac{1}{2}x+\dfrac{\sin 2x}{4}+C$

演習問題 VI.

1. $\sin^{m-1}x\cos^{n-1}x(m\cos^2x-n\sin^2x)$
2. $2x\tan x(\tan x+x\sec^2x)$　　3. $\cot x$　　4. $-\sec x$
5. $\dfrac{ab}{a^2\cos^2x+b^2\sin^2x}$　　6. $\dfrac{1}{|x|\sqrt{x^2-1}}$　　7. $-\dfrac{2}{1+x^2}\dfrac{x}{|x|}$
8. $4\,\mathrm{cosec}^2 2x$　　9. 最大値 $\sqrt{a^2+b^2}$，最小値 $-\sqrt{a^2+b^2}$
12. $a+b$　　13. $\dfrac{3x}{8}+\dfrac{\sin 2x}{4}+\dfrac{\sin 4x}{32}+C$
14. $a^2+b^2\neq 0$ のとき $\dfrac{e^{ax}(a\sin bx-b\cos bx)}{a^2+b^2}+C$,

$\dfrac{e^{ax}(b\sin bx+a\cos bx)}{a^2+b^2}+C$　　15. $\mathrm{Sin}^{-1}\dfrac{2x-a}{|a|}+C$

16. $\dfrac{1}{\sin^2\alpha}\mathrm{Tan}^{-1}\dfrac{x-\cos\alpha}{\sin\alpha}+C$
17. $x\,\mathrm{Sin}^{-1}x+\sqrt{1-x^2}+C$
18. $\dfrac{1}{2}\left(a^2\mathrm{Sin}^{-1}\dfrac{x}{a}-x\sqrt{a^2-x^2}\right)+C$ ($x=a\sin t$ なる置換をおこなう)
19. $\displaystyle\int\sin^n x\,dx=-\frac{1}{n}\sin^{n-1}x\cos x+\frac{n-1}{n}\int\sin^{n-2}x\,dx$,

$\displaystyle\int_0^{\frac{\pi}{2}}\sin^{2p}x\,dx=\frac{(2p-1)(2p-3)\cdots3\cdot1}{(2p)(2p-2)\cdots4\cdot2}\frac{\pi}{2}$, $\displaystyle\int_0^{\frac{\pi}{2}}\sin^{2p+1}x\,dx$

$\displaystyle=\frac{(2p)(2p-2)\cdots4\cdot2}{(2p+1)(2p-1)\cdots3\cdot1}$　　22. πab（離心角）　　23. a^2

25. $8a, 3\pi a^2$　　26. $8a$　　29. $\dfrac{\pi^2}{4}$

VII. 不定積分の計算法

§3. 問 1. 1) $-\dfrac{1}{x}+\dfrac{2}{(x-1)^3}+\dfrac{1}{(x-1)^2}+\dfrac{2}{x-1}$

2) $\dfrac{1}{x}+\dfrac{1}{(x^2+2)^2}-\dfrac{x}{x^2+2}$

§4. 問 1. 1) $-\dfrac{x}{(x-1)^2}+\log\dfrac{(x-1)^2}{|x|}+C$

2) $\log\dfrac{|x|}{\sqrt{x^2+2}}+\dfrac{x}{4(x^2+2)}+\dfrac{1}{4\sqrt{2}}\mathrm{Tan}^{-1}\dfrac{x}{\sqrt{2}}+C$

§5. 問 1. 1) $\dfrac{6x^2+6x+1}{12(\sqrt{4x+1})^3}+C$

2) $\sqrt{x}-\dfrac{3}{4}\sqrt[3]{x}+\dfrac{3}{4}\sqrt[6]{x}-\dfrac{3}{8}\log|2\sqrt[6]{x}+1|+C$

問 2. 1) $2\,\mathrm{Tan}^{-1}(x+\sqrt{x^2+2x-1})+C$

2) $-2\,\mathrm{Tan}^{-1}\sqrt{\dfrac{3-x}{x-2}}+C$

問 3. 1) $-\dfrac{(1+x^3)^{\frac{2}{3}}}{2x^2}+C$

2) $\dfrac{2}{3}\left[\dfrac{(x^3+a^3)^{\frac{7}{2}}}{7}-\dfrac{a^3(x^3+a^3)^{\frac{5}{2}}}{5}\right]+C$

§6. 問 1. $\dfrac{1}{\sqrt{2}}\mathrm{Tan}^{-1}\dfrac{\tan\dfrac{x}{2}}{\sqrt{2}}+C$

演習問題 VII.

1. $\dfrac{1}{3}\log\dfrac{(x+1)^2(x-2)}{(x-1)(x+2)^2}+C$

2. $-\dfrac{1}{2(x-1)^2}-\dfrac{1}{4(x-1)}-\dfrac{1}{4(x+1)}+\dfrac{1}{4}\log\left|\dfrac{x-1}{x+1}\right|+C$

3. $\dfrac{1}{8}\dfrac{x}{x^2+1}-\dfrac{1}{4}\dfrac{x}{(x^2+1)^2}+\dfrac{1}{8}\,\mathrm{Tan}^{-1}x+C$

4. $-\dfrac{x+1}{4(x^2+1)}+\dfrac{1}{2}\,\mathrm{Tan}^{-1}x+\dfrac{1}{4}\log\left|\dfrac{x-1}{\sqrt{x^2+1}}\right|+C$

5. $\dfrac{1}{6}\log\left|\dfrac{x-1}{x+1}\right|+\dfrac{\sqrt{2}}{3}\,\mathrm{Tan}^{-1}\dfrac{x}{\sqrt{2}}+C$

6. $\log|x^2+x-3|+C$ （$t=x^2+x-3$ とおく）

7. $\dfrac{1}{\sqrt{2}}\log\left|x-\dfrac{3}{4}+\sqrt{x^2-\dfrac{3}{2}x+\dfrac{1}{2}}\right|+C$

8. $\dfrac{3x-2x^3}{3\sqrt{(1-x^2)^3}}+C$ 9. $\mathrm{Sin}^{-1}\dfrac{3x+1}{\sqrt{5}\,(1+x)}+C$

10. $-\sqrt{1-x^2}+2\,\mathrm{Tan}^{-1}\sqrt{\dfrac{1+x}{1-x}}+C$

11. $\dfrac{3}{5}(1+x^{\frac{2}{3}})^{\frac{5}{2}}-(1+x^{\frac{2}{3}})^{\frac{3}{2}}+C$ 12. $\dfrac{x}{\sqrt[3]{1+x^3}}+C$

13. $\sqrt{1+x}-\sqrt{1-x}+\log\dfrac{\sqrt{1+x}-1}{1-\sqrt{1-x}}+C$

14. $\dfrac{1}{2}\,\mathrm{Tan}^{-1}\sqrt{\dfrac{1+x^2}{1-x^2}}-\dfrac{3}{4}\sqrt{1-x^4}+\dfrac{1}{4}\sqrt{1-x^4}\,(1-x^2)+C$

15. $\dfrac{x^5}{5}\left[(\log x)^4-\dfrac{4}{5}(\log x)^3+\dfrac{12}{5^2}(\log x)^2-\dfrac{24}{5^3}\log x+\dfrac{24}{5^4}\right]+C$

16. $\dfrac{x}{a^2}+\dfrac{1}{a(a+be^x)}-\dfrac{1}{a^2}\log|a+be^x|+C$

17. $e^x+e^{2x}+\dfrac{e^{3x}}{3}+C$ 18. $\dfrac{2}{a^2-b^2}\,\mathrm{Tan}^{-1}\left[\dfrac{a+b}{a-b}\tan\dfrac{x}{2}\right]+C$

19. $-\dfrac{\cos x}{2\sin^2 x}+\dfrac{1}{2}\log\left|\tan\dfrac{x}{2}\right|+C$

20. $\dfrac{x\,\mathrm{Sin}^{-1}x}{\sqrt{1-x^2}}+\log\sqrt{1-x^2}+C$ （$x=\sin t$ とおく）

21. $x[(\mathrm{Sin}^{-1}x)^2-2]+2\sqrt{1-x^2}\,\mathrm{Sin}^{-1}x+C$

22. $\dfrac{1}{2}\log\dfrac{1+\sqrt{\sin x}}{1-\sqrt{\sin x}}-\mathrm{Tan}^{-1}\sqrt{\sin x}+C$ （$t=\sqrt{\sin x}$ とおく）

23. $x\tan x+\log|\cos x|-\dfrac{x^2}{2}+C$ （$\tan^2 x=\sec^2 x-1$ に注意）

24. $\dfrac{1}{ab}\mathrm{Tan}^{-1}\left(\dfrac{b}{a}\tan x\right)+C$ （分母分子を $\cos^2 x$ で割る）

26. $(2p)!!=(2p)(2p-2)\cdots 4\cdot 2$, $(2p+1)!!=(2p+1)(2p-1)\cdots 3\cdot 1$ （$0!!=1$ と定める）なる記号を使えば，m, n がともに偶数なる場合には，$\dfrac{(m-1)!!(n-1)!!}{(m+n)!!}\dfrac{\pi}{2}$，その他の場合には $\dfrac{(m-1)!!(n-1)!!}{(m+n)!!}$　27. $\dfrac{p!q!}{(p+q+1)!}$ （$x=\sin^2 t$ とおく）

28. $\dfrac{17}{15}-\dfrac{7\pi}{16}$ （$x=\sin t$ とおく）

29. $-\dfrac{2}{3}+\dfrac{\pi}{4}$ （$t=\tan x$ とおく）　30. $\pi-2$

31. $n!\left[1-\left(1+\dfrac{a}{1!}+\dfrac{a^2}{2!}+\cdots+\dfrac{a^n}{n!}\right)e^{-a}\right]$

VIII. 高階微分係数

§1. 問 1. $\alpha(\alpha-1)(\alpha-2)\cdots(\alpha-n+1)(1+x)^{\alpha-n}$
　問 2. $a^x(\log a)^n$

§5. 問 1. 極大値 $f(0)=2$，極小値 $f(4)=-254$

§7. 問 2. $(n\pi, 0)$　§8. 問 1. $\dfrac{2}{(1+4x^2)^{\frac{3}{2}}}$

§9. 問 2. $\left(x-\dfrac{a}{4}(e^{\frac{2x}{a}}-e^{-\frac{2x}{a}}), a(e^{\frac{x}{a}}+e^{-\frac{x}{a}})\right)$

演習問題 VIII.

1. $\dfrac{1\cdot3\cdot5\cdots(2n-1)}{2^n(1-x)^n\sqrt{1-x}}$　2. $\dfrac{(-1)^n n!(a-b)}{(x+b)^{n+1}}$

3. $(-1)^n\dfrac{n!}{2}\left[\dfrac{1}{(x+1)^{n+1}}+\dfrac{1}{(x-1)^{n+1}}\right]$

4. $n!\left[(1-x)^n-\dfrac{n^2}{1^2}(1+x)(1-x)^{n-1}+\dfrac{n^2(n-1)^2}{1^2\cdot2^2}(1+x)^2(1-x)^{n-2}-\cdots+(-1)^n(1+x)^n\right]$　5. $2^{n-1}\cos\left(2x+\dfrac{n\pi}{2}\right)$

6. $e^{ax}a^{n-2}[(ax+n)^2-n]$　7. $f^{(2k)}(0)=2^{2k-1}[(k-1)!]^2$, $f^{(2k+1)}(0)=0$　8. $f^{(2k)}(0)=0$, $f^{(2k+1)}(0)=a(1^2-a^2)(3^2-a^2)\cdots[(2k-1)^2-a^2]$　12. $\dfrac{x}{1!}-\dfrac{x^3}{3!}+\dfrac{x^5}{5!}-\cdots+(-1)^{n-1}\times\dfrac{x^{2n-1}}{(2n-1)!}+R$,　$R=\dfrac{x^{2n}}{(2n)!}\sin\left(\theta x+2n\cdot\dfrac{\pi}{2}\right)$ または $\dfrac{x^{2n+1}}{(2n+1)!}\times\sin\left(\theta x+(2n+1)\dfrac{\pi}{2}\right)$　13. 極小値 -22 $(x=3)$

14. 極大値 b^5 $(x=0)$, 極小値 $b^5-\dfrac{4^4}{5^5}a^5$ $\left(x=\dfrac{4}{5}a\right)$

15. 極小値 4 $(x=0)$

16. 右図　18. $(0,0)$

19. $\left(\dfrac{3}{2},\dfrac{5}{4}\sqrt[3]{20}\right)$, $\left(\dfrac{2}{3},0\right)$

20. $(2,2e^{-2})$

22. $\left(\dfrac{1}{\sqrt{2}},-\log\sqrt{2}\right)$

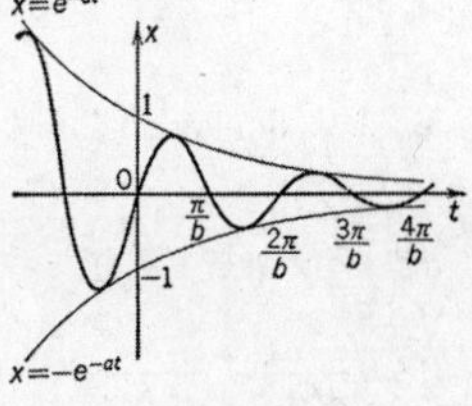

23. $\dfrac{(\dot{x}^2+\dot{y}^2)^{\frac{3}{2}}}{|\dot{x}\ddot{y}-\ddot{x}\dot{y}|}$,　$x_0=x-\dfrac{(\dot{x}^2+\dot{y}^2)\dot{y}}{\dot{x}\ddot{y}-\ddot{x}\dot{y}}$,　$y_0=y+\dfrac{(\dot{x}^2+\dot{y}^2)\dot{x}}{\dot{x}\ddot{y}-\ddot{x}\dot{y}}$

24. $\dfrac{\left[r^2+\left(\dfrac{dr}{d\theta}\right)^2\right]^{\frac{3}{2}}}{\left|r^2+2\left(\dfrac{dr}{d\theta}\right)^2-r\dfrac{d^2r}{d\theta^2}\right|}$　25. $4a\left|\sin\dfrac{t}{2}\right|$　26. $\dfrac{\dot{x}\ddot{y}-\ddot{x}\dot{y}}{\dot{x}^3}$

27. $ff''-f'^2\geqq 0$, $gg''-g'^2\geqq 0$ から $(f+g)(f''+g'')-(f'+g')^2\geqq 0$ を導けばよい　29. $u=(x^2-1)^n$ とおけば $(x^2-1)u'=2nxu$ なることに注意　30. 部分積分法　31. 10.0995

32. $f(\alpha_0)+\dfrac{\alpha-\alpha_0}{1}f'(\alpha_0)+\dfrac{(\alpha-\alpha_0)^2}{2}f''[\alpha_0+\theta(\alpha-\alpha_0)]=0$ に注意

IX. 関数の極限値

§1. 問5. $|f(x)|=\max\{f(x), -f(x)\}$ であることを利用

§2. 問2. $\lim_{x\to 2-0}[x]=1$, $\lim_{x\to 2+0}[x]=2$　§3. 問3. $\dfrac{1}{2}$　問4. $\dfrac{1}{2}$

§6. 問1. 0　§7. 問3. 6　問4. 1, $\dfrac{1}{2}$

演習問題 IX.

1. $\dfrac{1}{6}$　2. $\dfrac{\alpha^2}{\beta^2}$　3. 1　4. 0　5. $-2a$

6. 1 ($\lim_{x\to+0}\log x^x$ を求める)　7. 1　8. e^2　9. $-\dfrac{1}{2}$

10. $\dfrac{1}{2}$　13. $\dfrac{\pi}{3\sqrt{3}}$　14. π　15. $\dfrac{\pi}{\sqrt{2}}$

16. $\dfrac{a}{a^2+b^2}, \dfrac{b}{a^2+b^2}$　17. 1　18. $\pi\sqrt{2}$　19. $\dfrac{\pi}{\sqrt{2}}$

20. $\dfrac{2\pi}{\sin\alpha}$　25. $x-y=0$, $x+y=0$

X. 数列と級数

§8. 問1. $1+x-\dfrac{x^3}{3}-\dfrac{x^4}{6}$　　§10. 問2. $\dfrac{\pi}{6}=\dfrac{1}{2}+\dfrac{1}{2\cdot 3}\left(\dfrac{1}{2}\right)^3$

$$+\frac{3}{2\cdot 4\cdot 5}\left(\frac{1}{2}\right)^5+\cdots+\frac{3\cdot 5\cdots(2n-1)}{2\cdot 4\cdots(2n)(2n+1)}\left(\frac{1}{2}\right)^{2n+1}+\cdots$$

演習問題 X.

1. $\dfrac{\sqrt{4a+1}+1}{2}$　　2. $(1\,;+\infty)$ で $\left(1+\dfrac{1}{x}\right)^x$ は狭義の増加関数, $\left(1+\dfrac{1}{x}\right)^{x+1}$ は狭義の減少関数（演習問題 V, 21 参照）

3. $u_n=(1-\log 2)+\left(\dfrac{1}{2}-\log\dfrac{3}{2}\right)+\cdots+\left(\dfrac{1}{n-1}-\log\dfrac{n}{n-1}\right)+\dfrac{1}{n}$ に注意　　4. $\dfrac{4}{e}$　　7. 収束

8. 収束　$\left(\log\left(1+\dfrac{1}{n}\right)<\dfrac{1}{n}\text{ に注意}\right)$

9. 発散　$\left(\displaystyle\sum_{n=1}^{\infty}\dfrac{1}{n}\text{ と比較する}\right)$　　10. 収束　$\left(x>3\text{ ならば }\dfrac{\log x}{x}\text{ は減少関数}\right)$　　11. 収束　$\left(\sin\dfrac{1}{\sqrt{n}}<\dfrac{1}{\sqrt{n}}\text{ に注意}\right)$

13. 1　　14. 1　　15. 1　　16. $+\infty$

17. $\displaystyle\sum_{n=0}^{\infty}(-1)^n\frac{(2n-1)(2n-3)\cdots 3\cdot 1}{(2n)(2n-2)\cdots 4\cdot 2}\cdot\frac{x^{2n+1}}{2n+1}$　$(-1<x<1)$

$\left(\dfrac{d}{dx}\log(x+\sqrt{1+x^2})=\dfrac{1}{\sqrt{1+x^2}}\text{ に注意}\right)$

18. $\dfrac{\mathrm{Sin}^{-1}x}{\sqrt{1-x^2}}=\displaystyle\sum_{n=0}^{\infty}\dfrac{2\cdot 4\cdots(2n)}{3\cdot 5\cdots(2n+1)}x^{2n+1}$

19. $-1\leqq x\leqq 1$, $(1-x)\log(1-x)+x$

20. $-\frac{1}{2}$　22. $\int_2^\infty \frac{dx}{x(\log x)^s}$ と比較する

23. 級数 $\sum_{n=1}^{\infty}\int_{(n-1)\pi}^{n\pi} \frac{\sin x}{x}dx$ を考える

25. $\log(1+u_1)+\log(1+u_2)+\cdots+\log(1+u_n) < 1+u_1+\cdots+u_n<(1+u_1)(1+u_2)\cdots(1+u_n)$

27. $\sum_{n=0}^{\infty}\frac{1}{(\alpha+n)(\alpha+n+m)} = \sum_{n=0}^{\infty}\frac{1}{m}\left(\frac{1}{(\alpha+n)}-\frac{1}{(\alpha+n+m)}\right)$, $\frac{3}{4}$

XI. 偏微分法

§1. 問 1. $x^2+y^2<1$　§2. 問 1. $3x^2-3ay$, $3y^2-3ax$

問 2. $\frac{\partial}{\partial x}r=\frac{x}{r}$, $\frac{\partial}{\partial y}r=\frac{y}{r}$; $\frac{\partial}{\partial x}\frac{1}{r}=-\frac{x}{r^3}$, $\frac{\partial}{\partial y}\frac{1}{r}=-\frac{y}{r^3}$;

$\frac{\partial}{\partial x}\frac{x}{r}=\frac{y^2}{r^3}$, $\frac{\partial}{\partial y}\frac{x}{r}=-\frac{xy}{r^3}$; $\frac{\partial}{\partial x}\frac{y}{r}=-\frac{xy}{r^3}$, $\frac{\partial}{\partial y}\frac{y}{r}=\frac{x^2}{r^3}$;

$\frac{\partial}{\partial x}\log r=\frac{x}{r^2}$, $\frac{\partial}{\partial y}\log r=\frac{y}{r^2}$　§4. 問 2. $6x, -3a, 6y$

§6. 問 1. 極大値 $\frac{1}{27}$　§8. 問 1. $\frac{x^2-ay}{ax-y^2}$, $\frac{2a^3xy}{(ax-y^2)^3}$

問 2. $x=\sqrt[3]{2}a$ で極大値 $\sqrt[3]{4}a$

演習問題 XI.

2. $b^2\frac{\partial^2 z}{\partial x^2}-2ab\frac{\partial^2 z}{\partial x\partial y}+a^2\frac{\partial^2 z}{dy^2}=0$　3. $\frac{2}{r}\frac{\partial u}{\partial r}+\frac{\partial^2 u}{\partial r^2}$

4. $\Delta\frac{1}{r}=0$, $u=A\frac{\sin kr}{r}$ とおけば $\Delta u=-k^2u$　6. $\frac{\partial^2 u}{\partial r^2}+\frac{1}{r^2}\frac{\partial^2 u}{\partial\theta^2}+\frac{1}{r}\frac{\partial u}{\partial r}$　7. $\frac{\partial^2 u}{\partial r^2}+\frac{1}{r^2}\frac{\partial^2 u}{\partial\theta^2}+\frac{1}{r^2\sin^2\theta}\frac{\partial^2 u}{\partial\varphi^2}+\frac{2}{r}\frac{\partial u}{\partial r}+$

$\dfrac{\cot\theta}{r^2}\dfrac{\partial u}{\partial\theta}$　9. 立方体　10. (a,a) において極小値 $-a^3$

11. $\dfrac{d^2y}{dx^2}=\dfrac{2(x^2+y^2)}{(x-y)^3}$　12. 極大値 $\sqrt[5]{\dfrac{4}{27}}\left(x=\sqrt[5]{\dfrac{9}{8}}\right)$

14. $(0,0)$ で最小値 0, $\left(\dfrac{3}{2},\dfrac{3}{2}\right)$ で極大値 $\dfrac{3\sqrt{2}}{2}$

15. $\dfrac{|d|}{\sqrt{a^2+b^2+c^2}}$　16. $xy=$定数 の形の双曲線二つ

17. $x^{\frac{2}{3}}+y^{\frac{2}{3}}=a^{\frac{2}{3}}$ $(x=a\cos^3\theta, y=a\sin^3\theta)$　18. $\left(\dfrac{x}{a}\right)^2+\left(\dfrac{y}{a}\right)^2=\dfrac{1}{4}+\dfrac{3}{4}\left(\dfrac{y}{a}\right)^{\frac{2}{3}}$　19. $(ax)^{\frac{2}{3}}+(by)^{\frac{2}{3}}=(a^2-b^2)^{\frac{2}{3}}$

21. $x=a(\cos\theta+\theta\sin\theta)$, $y=a(\sin\theta-\theta\cos\theta)$

25. $F_x(x,t)=\displaystyle\int_{a_2}^{t}f_x(x,y)dy$, $F_t(x,t)=f(x,t)$

XII. 重 積 分

演習問題 XII.

1. $\displaystyle\int_0^{a^2}\left[\int_{\sqrt{y}}^{a}f(x,y)dx\right]dy$

2. $\displaystyle\int_0^{a\alpha}\left[\int_{\frac{y}{\beta}}^{\frac{y}{\alpha}}f(x,y)dx\right]dy+\int_{a\alpha}^{a\beta}\left[\int_{\frac{y}{\beta}}^{a}f(x,y)dx\right]dy$

3. $\displaystyle\int_0^{a}\left[\int_0^{2\sqrt{ay}}f(x,y)dx\right]dy+\int_a^{3a}\left[\int_0^{3a-y}f(x,y)dx\right]dy$

5. $\dfrac{c}{12}(b-a)(a^2+b^2+c^2+ab)$　6. $\dfrac{16}{3}a^3$

7. $\dfrac{1}{16}(e-e^{-1})^2$　8. $\pi a^3\left(\dfrac{1}{3}-\dfrac{\pi}{16}\right)$　9. $\dfrac{2\pi b}{3}(3a^2+b^2)$

10. $\dfrac{8\pi}{5}abc$　(§6, (2) をもちいる)　11. $\dfrac{4\pi}{35}a^3$　(§6, (2)

をもちいる)　12. $\dfrac{a^2}{9}(20-3\pi)$　13. $\dfrac{64\pi}{3}a^2, 5\pi^2a^3$

14. $2\pi^2a^2b, 4\pi^2ab$　15. $3\rho_0\dfrac{\sin ka-ka\cos ka}{k^3a^3}$

16. $\left(0, 0, \dfrac{3a}{8}\right)$　18. $\sqrt{\dfrac{a^2+b^2}{3}}, 2\sqrt{\dfrac{a^2+b^2}{3}}$　19. $\sqrt{\dfrac{\pi}{\lambda}e^{\frac{\mu^2}{4\lambda}}}$

20. $\displaystyle\int_0^x \varphi(x-t)h(t)dt=\int_0^x\left[\int_0^{x-t}f(x-t-u)g(u)du\right]h(t)dt$

$\displaystyle=\int_0^x\left[\int_t^x f(x-v)g(v-t)dv\right]h(t)dt$

$\displaystyle=\int_0^x f(x-v)\left[\int_0^v g(v-t)h(t)dt\right]dv$

付録　微分方程式の解法

§2. 問1. 1) $x^2+y^2=C$　2) $y=Ce^x$

§3. 問1. $x^2-y^2=Cx$　問2. $x^2-2xy-y^2+6y+2x=C$

§4. 問1. $y^3+3xy-x^3=C$　§5. 問1. 1) $y=Cx$
2) $\sin^2 x\cos y=C$　§6. 問2. 1) $y=Cx^3-x^2$

2) $y=\cos x+C\cos^2 x$　3) $y=\dfrac{1}{Ce^{-x}-x+1}$, $y\equiv 0$

§7. 問1. $2xyy'+x^2-y^2=0$　§8. 問1. 一般解 $y=Cx-C^2$,
特異解 $4y=x^2$　§10. 問2. 1) $y=C_1e^{-x}+C_2e^{-2x}$
2) $y=e^{-x}(C_1\sin 2x+C_2\cos 2x)$

§11. 問1. $y=C_1\sin 2x+C_2\cos 2x+\dfrac{1}{3}\sin x$

演習問題(付録)

1. $\mathrm{Tan}^{-1}\dfrac{\sqrt{ax-a^2}}{a}=\mathrm{Tan}^{-1}\dfrac{y}{a}+\mathrm{Tan}^{-1}C$, これを書き直すと

$a\sqrt{ax-a^2}-ay=C(a^2+y\sqrt{ax-a^2})$

2. $y\equiv 0,\ x^{-2}+y^{-2}=2\log\left(\dfrac{Cx}{y}\right)$　　3. $x^2=C^2+2Cy$

4. $\mathrm{Tan}^{-1}\dfrac{y}{x}=\log(C\sqrt{x^2+y^2})$

5. $x+C=\dfrac{2}{b}\left[\sqrt{ax+by+c}-\dfrac{a}{b}\log(a+b\sqrt{ax+by+c})\right]$

6. $x^3+3x^2y^2+y^4=C$　　7. $y=\tan(C-\sqrt{1+x^2+y^2})$

8. $xy(x+y)=C(x+1)$　　9. $y=e^x\sqrt{x^2-1}+Cxe^x$

10. $y=C\tan x-\sin x$　　11. $y=\dfrac{1}{x^2+C\sqrt{x}},\ y\equiv 0$

12. $y=C(x+1)-C^2,\ 4y=(x+1)^2$ （特異解）

13. $y=Cx+\sqrt{1+C^2},\ y=\sqrt{1-x^2}$ （特異解）

14. $y=e^{-x}(C_1\cos\sqrt{3}x+C_2\sin\sqrt{3}x)+e^x-x-1$

15. $m\neq\pm 1$ のとき $y=e^x\left(C_1\cos x+C_2\sin x+\dfrac{\cos mx}{1-m^2}\right)$,

$m=\pm 1$ のとき $y=e^x\left(C_1\cos x+C_2\sin x+\dfrac{1}{2}x\sin x\right)$

16. $y=\dfrac{x^4}{12}e^x+(C_1+C_2x)e^x$

17. $y=C_1e^x+C_2e^{2x}+\dfrac{3}{10}\cos x+\dfrac{1}{10}\sin x+\dfrac{x^3}{2}+\dfrac{9x^2}{4}+\dfrac{21x}{4}+\dfrac{45}{8}$　　18. $y=\dfrac{C_1}{x^3}+C_2x^2$　　19. $y=\dfrac{1}{12a^2}(x+C_1)^3-x+C_2$

20. $y\equiv C,\ y=-x+C,\ y=C_1+C_2e^{\frac{x}{C_1}}$　　22. $x^2-y^2=C$

23. $Cx(x^2+y^2)=y^2,\ (x^2+y^2)^2=C(2x^2+y^2)$

24. $\dfrac{x^2}{a^2+b^2}+\dfrac{y^2}{b^2}=1,\ \dfrac{x^2}{a^2-b^2}-\dfrac{y^2}{b^2}=1$

文庫版によせて

本書は，微分積分学のすみずみまで配慮して書かれた格調高い名著である．

また，本書は演習問題というものを読者自身のなすべき仕事あるいは行為と定義しているが，それはまことに優れたアイディアである．なぜなら，ふつう著者は演習問題を読者に対しておこなう指示もしくは命令と定義するからである．

したがって，著者は本書により数学および数学教育に対して，些かの寄与をしたと言ってよかろう．

赤 攝也

索　引

ア　行

アーベル (Abel) の連続定理　437
一様収束 (uniform convergence) 430
　広義の——　431
一様連続 (uniformly continuous) 396, 483
一般解 (general solution) 559, 564, 573
陰関数 (implicit function)　468
ウォリス (Wallis) の不等式　246
渦巻線 (spiral)　544
右端　20
n 階導関数 (nth derivative)　279
n 階の接触　321
エルミート (Hermite) の多項式 325
円環体 (torus)　545
円柱座標 (cylindrical coordinates) 529
円板 (circular disc)　442
オイラー (Euler)
　——の定数　435
　——の定理　457
凹関数 (狭義の)　309

カ　行

解 (solution)　547
開区間 (open interval)　20, 474
開集合 (openset)　477
外点 (outer point, exterior point) 476
回転体 (body of revolution)　531
回転半径　546
回転面 (surface of revolution)　531
ガウス (Gauss) の記号　58
下界 (lower bound)　103
下限 (infimum, greatest lower bound)　103
過剰和　171
火線 (caustic)　493
下端　145
割線 (secant)　41
加法性　146
加法定理 (addition theorem)　213
最小値 (minimum)　243
関数 (function)　15
　多変数——　464
　2変数の——　438
慣性能率　545
ガンマ関数 (gamma function) 383
幾何平均 (geometrical mean)　119
奇関数 (odd function)　17
基線 (ground line)　242
逆関数 (inverse function)　126
逆三角関数 (inverse trigonometric function)　235
逆正弦関数 (inverse sine)　232
逆正接関数 (inverse tangent)　235
逆余弦関数 (inverse cosine)　233
級数 (series)　401
境界 (boundary)　477
境界点 (boundary point)　477
共役数 (conjugate number)　251

極（pole）　242
極限関数　429
極限値（limiting value）　334
　——が有限確定　353
　——の公式　343
　数列の——　384
　単調関数の——　356
　不定形の——　359
極座標（polar coordinates）　242, 542
極大値（maximum）　54
極値（extremum）　55
曲率（curvature）　314
曲率円　320
曲率中心（center of curvature）　322
曲率半径（radius of curvature）　320
近似和　375
偶関数（even function）　17
区間（interval）　20
区間縮小法　393, 478
矩形公式　377
グレゴリー（Gregory）の級数　427
原始関数（primitive function）　37, 135, 166
　$1/x$ の——　204
　関数の和の——　138
減少関数（decreasing function）　179
　狭義の——　179
減少数列（decreasing sequence）　391
懸垂線（catenary）　226, 315
項（term）　385, 401
交項級数（alternating series）　405
コーシー（Cauchy）
　——の公式　495
　——の収束定理　400
合成関数（composite function）　67
項別積分（integration term by term）　428
項別微分（differentiation term by term）　424
公理（axiom）　104

サ　行

最確値　130
左端　20
三角関数（trigonometric function）　228
　——の積分法　237
　——の導関数　228
3重積分（triple integral）　537
算術平均（arithmetical mean）　119
指数関数（exponential function）　212
　——の微分法と積分法　219
　広義の——　215
指数の法則　216
重心（center of gravity）　545
重積分（multiple integral）　496
収束（convergence）　401
収束区間　419
収束する（converge）　368, 371
収束半径（radius of convergence）　419
従属変数（dependent variable）　16
縮閉線（evolute）　473
シュワルツ（Schwarz）
　——導関数　323
　——のチョウチン　537
　——の不等式　202
上界（upper bound）　99, 102

消去 445
上限（supremum, least upper bound） 101, 102
条件収束（conditional convergence） 414
上端 145
常微分方程式（ordinary differential equation） 548
乗法定理（multiplication theorem） 213, 218
剰余式の積分表示 294
初期条件（initial condition） 560
初等関数（elementary function） 143
初等超越関数（elementary transcendental function） 237
ジョルダン（Jordan）
——の定理 476
——閉曲線（Jordan's closed curve） 475
——閉領域 475
——領域（Jordan domain） 475
伸開線（involute） 473
シンプソン（Simpson）の公式 379
数学的帰納法（mathematical induction） 74
数列（sequence of numbers） 385
整級数（power series） 417
——の微分法と積分法 422
正項級数 403
正則曲線（regular curve） 189
正則弧（regular arc） 189
星芒形（asteroid） 493
積分因子（integrating factor） 556
積分可能（integrable） 498
積分曲線（integral curve） 560
積分する（integrate） 135, 145
積分定数（integration constant） 76
積分変数 145
積分法（integration） 133, 425
——の公式 249
接線（tangent, tangential line） 42
——影 60
——の長さ 60
接線公式 378
絶対収束（absolute convergence） 412
接点（point of contact, point of tangency） 42
漸近線（asymptote） 383
全微分（total differential） 446
全微分可能（totally differentiable） 446
全変動（total variation） 194
増加関数（increasing function） 116
狭義の—— 116
増加数列（increasing sequence） 391
相加平均（arithmetical mean） 119
双曲正弦（hyperbolic sine） 215
双曲正接（hyperbolic tangent） 215
双曲線関数（hyperbolic function） 215
双曲余弦（hyperbolic cosine） 215
相乗平均（geometrical mean） 119

タ 行

台形公式 378
対数（logarithm） 218
対数関数（logarithmic function） 218

——の微分法と積分法　219
広義の——　218
代数関数（algebraic function）　79
対数微分法（logarithmic differentiation）　88, 223
体積（volume）　538
楕円積分（elliptic integral）　267
たたみ込み（convolution）　203
縦線　23
縦線型集合　177, 475
縦線集合　144, 521
——の面積　157
ダルブー（Darboux）の定理　131
単調関数（monotone function）　117
単調数列（monotone sequence）　391
端点　20
値域（range）　19
置換積分法（integration by substitution）　139, 153
中間値の定理　123
超越関数（transcendental function）　79
——の積分法　268
超幾何級数（hypergeometric series）　437
調和級数（harmonic series）　402
直角座標（rectangular coordinates）　242
直径（diameter）　480
直交曲線　563
直交する　59
定義域（domain）　19, 439
定数（constant）　18
定数値関数　22
定数変化法（variation of constants）　572
定積分（definite integral）　145
——（解析的定義）　156
——（幾何学的定義）　142
——の加法性　146, 162
——の公式　152
——の数値計算　377
関数としての——　484
関数の和の——　152
極限値としての　371
デカルト（Descartes）の正葉線（folium cartesii）　469
テーラー（Taylor）
——級数　407
——展開　407
——の定理　291
——の定理の拡張　455
導関数（derived function, derivative）　31
関数の商の——　65
関数の積の——　63
高階——　278
合成関数の——　66
動径（radius vector）　241
解く（solve）　547
特異解（singular solution）　565
特異積分（improper integral）　367
特異点（singular point）　366, 469
特殊解（particular solution）　559, 564, 573
特性関数（characteristic function）　503
独立変数（independent variable）　16
凸（convex）　302
凸関数（convex function）　302
狭義の——　309

凸領域 494

ナ 行

内点 (inner point, interior point) 476
長さ 180
2重積分 (double integral) 496
Newton (ニュートン) の近似法 326
任意定数 559

ハ 行

挟み撃ち 338, 387
発散 (divergence) 388, 402
半開区間 20
　左—— 20
　右—— 20
反例 (counter example) 52
左上右下の状態 51
左下右上の状態 50
微分 (differential) 40
微分可能 (differentiable) 27, 32
　n回—— 279
　左—— 31
　右—— 30
微分係数 (differential coefficient) 27
　左—— 31
　右—— 30
微分商 (differential quotient) 27
微分する (differentiate) 28, 280
微分方程式 (differential equation) 134
　n階の—— (—— of the nth order) 547
　クレロー (Clairaut) の—— 563
　線形—— (linear ——) 558
　全微分形の—— (total ——) 552
　同次形の—— (homogeneous ——) 554
　2階線形—— (linear —— of the second order) 565
　ベルヌイ (Bernoulli) の—— 559
　変数分離形の—— (—— with separable variables) 548
　リッカチ (Riccati) の—— 563
微分法の公式 578
標径 372
不足和 158
不定積分 (indefinite integral) 37, 135
　——の計算法 249
　——の公式 138
部分積分法 (integration by parts) 141, 153
部分分数 (partial fractions) 259
部分列 (subsequence) 390
部分和 401
プラス無限大 351
不連続 (discontinuous) 91
分数関数 78
分数式 78
閉円板 475
平均速度 26
平均値の定理 (mean value theorem) 112
　コーシー (Cauchy) の—— 113
　第一—— 147, 168
平均変化率 26
平均変動 26
閉区間 (closed interval) 20, 396, 474

閉集合（closed set）477
冪級数（power series）417
変域　18
偏角（argument, amplitude）241
変曲点（point of inflection）310
変数（variable）15, 18
偏導関数（partial derivative）443
　高階——　450
偏微分可能（partially differentiable）442
偏微分係数（partial differential coefficient）442
偏微分する（partially differentiate）444
偏微分法　438
偏微分方程式（partial differential equation）548
法線（normal）42
　——影　60
　——の長さ　60
包絡線（envelope）471

マ　行

マイナス無限大　352
マクローリン（Maclaurin）の定理　292
未定係数法　259
無限小（infinitesimal）355
無限積分（infinite integral）370
無理関数（irrational function）78
　——の積分法　262
　——の導関数　81
面積　169, 176
　曲面の——　533
　点集合の——　502

ヤ　行

ヤコビ（Jacobi）行列（Jacobian）528
有界（bounded）99
　——な点集合　480
　——変動（bounded variation）194
　上に——　99, 102
　下に——　103
有限区間　20
有理関数（rational function）78
　——とその導関数　75
　——の積分法　259
　——の部分分数表示　253
有理式（rational function）78
有理整関数（rational integral function）78
有理整式（rational integral function）78
　——の因数分解　251
横線　23
横線型集合　475

ラ・ワ行

ライプニッツ（Leibniz）の定理　282
ラプラス（Laplace）の記号　491
リーマン積分（Riemann integral）498
リーマン積分可能　498
離心角（eccentric angle）583
領域（domain）475
累次積分（iterated integral）517
Legendre（ルジャンドル）の球関数（spherical function）325
連続（continuous）38, 91, 441
　左——　95

本書は一九五五年十一月二十五日、培風館から刊行された。
底本には改訂版（一九六七年一月三十日刊行）を使用した。

数学文章作法 推敲編　結城浩

ただ何となく推敲していませんか？ 語句の吟味・全体のバランス・レビューなど、文章をより良くするために効果的な方法を、具体的に学びましょう。

数学序説　吉田洋一／赤攝也

数学は嫌いだ、苦手だという人のために。幅広いトピックを歴史に沿って解説。刊行から半世紀以上にわたり読み継がれてきた数学入門のロングセラー。

ルベグ積分入門　吉田洋一

リーマン積分ではなぜいけないのか。反例を示しつつ、ルベグ積分誕生の経緯と基礎理論を丁寧に解説。いまだ古びない往年の名教科書。（赤攝也）

私の微分積分法　吉田耕作

ニュートン流の考え方にならうと微積分はどのように展開される？ 対数・指数関数、三角関数から微分方程式、数値計算の話題まで。（俣野博）

力学・場の理論　L・D・ランダウ／E・M・リフシッツ　水戸巌ほか訳

圧倒的に名高い「理論物理学教程」に、ランダウ自身が構想した入門篇があった！ 幻の名著「小教程」がいまよみがえる。（山本義隆）

量子力学　L・D・ランダウ／E・M・リフシッツ　好村滋洋／井上健男訳

非相対論的量子力学から相対論的理論までを、簡潔で美しい理論構成で登る入門教科書。大教程2巻をもとに新構想の別版。（江沢洋）

ラング線形代数学(上)　サージ・ラング　芹沢正三訳

学生向けの教科書を多数執筆している名教師による線形代数入門。他分野への応用を視野に入れつつ、具体的かつ平易に基礎・基本を解説。

ラング線形代数学(下)　サージ・ラング　芹沢正三訳

『解析入門』でも知られる著者はアルティンの高弟だった。下巻では群・環・体の代数的構造を俯瞰する抽象の高みへと学習者を誘う。

数と図形　H・ラーデマッヘル／O・テープリッツ　山崎三郎／鹿野健訳

ピタゴラスの定理、四色問題から素数にまつわる未解決問題まで、身近な「数」と「図形」の織りなす世界へ誘う読み切り22篇。（藤田宏）

科学の社会史　古川安
大学、学会、企業、国家などと関わりながら「制度化」の歩みを進めて来た西洋科学。現代に至るまでの約五百年の歴史を概観した定評ある入門書。

πの歴史　ペートル・ベックマン　田尾陽一／清水韶光訳
円周率だけでなく意外なところに顔をだすπ。ユークリッドやアルキメデスによる探究の歴史に始まり、オイラーの発見したπの不思議にいたる。

やさしい微積分　L・S・ポントリャーギン　坂本實訳
微積分の基本概念・計算法を全盲の数学者がイメージ豊かに解説。版を重ねて読み継がれる定番の入門教科書。練習問題・解答付きで独習にも最適。

フラクタル幾何学(上)　B・マンデルブロ　広中平祐監訳
「フラクタルの父」マンデルブロの主著。膨大な資料を基に、地理・天文・生物などあらゆる分野から事例を収集・報告したフラクタル研究の金字塔。

フラクタル幾何学(下)　B・マンデルブロ　広中平祐監訳
「自己相似」が織りなす複雑で美しい構造とは。その数理とフラクタル発見までの歴史を豊富な図版とともに紹介。

数学基礎論　前原昭二　竹内外史
集合をめぐるパラドックス、ゲーデルの不完全性定理からファジー論理、P＝NP問題などのより現代的な話題まで。大家による入門書。（田中一之）

現代数学序説　松坂和夫
『集合・位相入門』などの名教科書で知られる著者による、懇切丁寧な入門書。組合せ論・初等数論を中心に、現代数学の一端に触れる。（荒井秀男）

不思議な数eの物語　E・マオール　伊理由美訳
自然現象や経済活動に頻繁に登場する超越数e。この数の出自と発展の歴史を描いた一冊。ニュートン、オイラー、ベルヌーイ等のエピソードも満載。

工学の歴史　三輪修三
オイラー、モンジュ、フーリエ、コーシーらは数学者であり、同時に工学の課題に方策を授けていた。「ものつくりの科学」の歴史をひもとく。

ちくま学芸文庫

微分積分学（びぶんせきぶんがく）

二〇一九年七月十日　第一刷発行

著　者　吉田洋一（よしだ・よういち）

発行者　喜入冬子
発行所　株式会社　筑摩書房
東京都台東区蔵前二―五―三　〒一一一―八七五五
電話番号　〇三―五六八七―二六〇一（代表）
装幀者　安野光雅
印刷所　株式会社精興社
製本所　加藤製本株式会社

ISBN978-4-480-09925-9 C0141